制度の設計者が語る

わかりやすい
中山間地域等直接支払制度の解説

山下 一仁／著

大成出版社

はしがき

　新しい食料・農業・農村基本法の主要政策の1つとして平成12年度から農政史上初の直接支払いが中山間地域等へ導入された。制度の設計者である私としては、単に新しい行政手法として直接支払いを導入するというだけではなく、集落協定の締結を通じて新しい中山間地域農業の発展を推進できるのではないかという期待を持って、新制度の発足を迎えた。こうした意図は、小田切東京大学助教授と山口県農林部による「集落協定の知恵袋運動」及び各地での積極的な取組みによって、かなりの程度実現されたといえよう。予算額に比べ、これほど大きなインパクトを地域農業に与えた農業政策は近年なかったのではないかと評価された。財政当局の担当者が座右の銘としている「少額多効」である。しかしながら、まだ取組みの遅れている地域も少なくない。平成12年度の実施に当たり、担当課長であった私はこれまでの公務員人生で経験したことのないほど地方へ出張し、制度の解説、疑問点への説明等に努力した。しかし、言葉での説明には限界もあるうえ、私が訪問できなかった地域もあることから、本書を上梓し、制度の内容、考え方等について解説することとした。特に、制度の基礎にある基本的な考え方、哲学を十分説明することにより、制度の細部の理解を助けるとともに、将来予定されている制度改善の参考ともしたいと考えた次第である。

　情報公開が唱えられているが、中央省庁の政策の成立過程を詳細に記述した書物は多くない。その意味で本書は情報をできる限りオープンにしたくないという人々から批判を受けるかもしれない。しかし、その批判を覚悟であえて本書を上梓することとしたのは、「農政史上初」といわれる本制度がいかなる経緯・過程を経て成立したかを書き残しておくことは、将来における制度の再検討に少なからぬ意義を持つものと考えたからである。人間の記憶ほどあてにならないものはなく、また、時間の経過により資料も散逸していく。直接支払い制度の設計全てに関わった者として記憶や資料が散逸しない間に記録を残そうとした次第である。

　第1章は序的なものであり、私が制度検討に着手した時の状況はどうであったかについて述べている。第2章では中山間地域農業の現状について解説するとともに、直接支払い導入の理論的基礎について説明している。第3章はEUの条件不利地域対策の歴史・制度・運用等について解説している。第4章は制度の成立過程を大蔵

省・自治省(当時・以下同じ)・与党との折衝、検討会での議論等について記述している。第5章は制度の解説、第6章は中山間地域等総合振興対策、第7章は直接支払いについての評価・実践・展望を記している。

特に、第2章においては、中山間地域への直接支払いは従来財政当局等が主張していたような零細農家を温存するものではなく、逆に農地の流動化を促進し農業の構造改革を進めるものであることを経済理論により解明している。この分析は、食料・農業政策センターでの議論に触発されて行ったものである。なお、同センターでの議論のほか、「農村と都市をむすぶ」誌、山村振興連盟での議論も参考として巻末に記載した。直接支払制度に対する理解を助けることになろう。

ただし、本書中意見にわたる部分は、農林水産省の見解ではなく、私の個人的見解である。また、制度の評価等も私の立場からのものである。別の立場に立つ人からは異なる評価がなされるであろう。予めお断りしておきたい。

アメリカの大学では教科書を最初から最後まで取り上げることはしない。1章を説明したかと思うと4章に飛ぶということもまれではない。本書の読み方も同様であり、全てお読みいただければ幸いであるが、2章、4章、5章及び7章を中心に読まれ、他の章はより詳しい知識が必要となった時に参考にされるという読まれ方でもさしつかえない。

本書の刊行に当たり、私とともに、本制度の実現、実施に努力した次の同僚の方々に深く感謝の意を表したい。農林水産省では、大きな案件に対処する場合、同じ局内の他の課、さらには他の局からも応援を得てプロジェクト・チームを組織するのが常である。しかし、中山間地域等直接支払いについては新基本法の重要課題であったにもかかわらず、地域振興課のメンバーのみで対応した。これは我々の誇りでもある。

　　塚本和男　小風茂　平野統三　竹田秀一　島田英俊　高橋伸悦　田中久二
　　牛見哲也　廣田祐一　川村一憲　細川直樹　佐藤芳春　五井野公司

本制度、本書は彼らの流した汗と涙(悔し涙も嬉し涙も)の成果物である。

これらの方々の中には、既に農林水産省を去られたり、故郷に戻られた方もいる。遠くない将来再び一堂に会し、当時の想い出話に花を咲かせたいものである。

私にこの仕事を与えていただくとともに、さまざまな局面で貴重な助言をいただいた農林水産省幹部及び上司の方々にも感謝したい。

　また、本制度の実現には、後藤康夫元農林水産事務次官をはじめとする欧州連合日本政府代表部の諸先輩方や農林水産省国際部によるEU諸制度の研究の蓄積が大きく貢献している。後藤氏には検討会に参加いただくとともに、本書の刊行に当たり励しの言葉をいただいた。

　与党幹部の方々には直接支払いの導入を決定されるとともに、"農政改革大綱"、"制度骨子"をとりまとめいただいた。大蔵省・自治省の優秀なカウンターパートとの議論は制度を深化する上で極めて有意義であった。

　さらに、祖田修京都大学教授をはじめとする検討会に参加された委員・専門委員の方々には制度の創設にご尽力いただくとともに、北海道において本制度の定着に尽力された奥田晋一道庁農村振興課補佐をはじめとする全国各自治体の中山間地域担当者の方々、島根県農業協同組合中央会の黒川愼司氏、全国農業会議所の伊藤嘉朗氏、岩崎泰彦氏をはじめとする農業団体の関係者の方々には、本制度の定着・普及にご尽力いただいた。また、本書については服部信司東洋大学教授、小田切徳美東京大学助教授より貴重な助言、コメントをいただいた。あわせて深く感謝する次第である。

　2001年5月

山　下　一　仁

目　次

はしがき
第1章　中山間地域等直接支払制度前史……………………………………1

第2章　中山間地域の果たしている役割と特徴……………………………10
　1．中山間地域の定義………………………………………………………10
　2．役割………………………………………………………………………10
　3．中山間地域の全体的な特徴……………………………………………15
　4．中山間地域農業の特徴…………………………………………………22
　　(1)　現状（結果）………………………………………………………22
　　(2)　条件不利性…………………………………………………………27
　　(3)　耕作放棄が耕作放棄を呼ぶ………………………………………32
　5．中山間地域等直接支払いの基礎理論…………………………………38

第3章　ＥＵの条件不利地域対策……………………………………………45
　1．ＥＵの原則………………………………………………………………45
　2．ＥＵ農業政策の枠組みと特徴…………………………………………47
　3．条件不利地域対策の歴史・制度・運用………………………………49
　　(1)　成立の経緯…………………………………………………………49
　　(2)　制度…………………………………………………………………52
　4．制度の変遷とAgenda2000………………………………………………67
　　(1)　ＥＵ規則の変遷……………………………………………………67
　　(2)　各国による運用の変遷……………………………………………68
　　(3)　Agenda2000による改革……………………………………………70
　5．ＥＵ条件不利地域対策の分析・評価…………………………………75
　　(1)　分析…………………………………………………………………75
　　(2)　評価…………………………………………………………………77
　　（参考）　ＥＵ農業環境直接支払い

第4章　直接支払制度成立過程 …………………………………………………… 81

1．基本的スタンスの決定と農政改革大綱策定（1998年12月）………… 81
 (1)　基本的スタンスの発見 ……………………………………………… 81
 (2)　ＷＴＯ農業協定 ……………………………………………………… 85
 (3)　財政当局との折衝 …………………………………………………… 87
 (4)　基本的スタンスの確立と与党説明 ………………………………… 95

2．中山間地域等直接支払制度検討会報告及び制度骨子の決定
 （1999年8月）………………………………………………………… 103
 (1)　直接支払制度検討会の発足 ………………………………………… 103
 (2)　検討会での議論 ……………………………………………………… 106
 (3)　食料・農業・農村基本法案の国会審議 …………………………… 139
 (4)　与党による「直接支払制度骨子」の決定 ………………………… 140
 (5)　概算要求（財源）…………………………………………………… 142

3．大蔵省折衝 ………………………………………………………………… 143
 (1)　対象地域 ……………………………………………………………… 143
 (2)　単価の水準 …………………………………………………………… 148
 (3)　零細農家の取扱い …………………………………………………… 148
 (4)　規模拡大加算 ………………………………………………………… 148
 (5)　耕作放棄の解消 ……………………………………………………… 150
 (6)　財政構造改革の推進に関する特別措置法上の制度的補助金
  　とすることについて ………………………………………………… 151
 (7)　基金方式の採用 ……………………………………………………… 152
 (8)　新過疎法から除外される旧過疎法の地域について ……………… 153
 (9)　卒業 …………………………………………………………………… 153

4．自治省折衝 ………………………………………………………………… 155

第5章　制度の解説 ……………………………………………………………… 156

1．対象地域及び対象農地 …………………………………………………… 163
 (1)　基本的な考え方 ……………………………………………………… 163
 (2)　対象地域 ……………………………………………………………… 164
 (3)　対象農地 ……………………………………………………………… 165
 (4)　対象農地の指定方法 ………………………………………………… 176

2．対象行為……………………………………………………………185
　　　(1)　基本的な考え方………………………………………………185
　　　(2)　集落協定………………………………………………………185
　　　(3)　個別協定………………………………………………………189
　　　(4)　協定違反の場合の直接支払いの返還と不可抗力の場合の免責……190
　　3．対象者………………………………………………………………191
　　4．単価…………………………………………………………………193
　　5．地方公共団体の役割………………………………………………198
　　6．期間…………………………………………………………………200

第6章　中山間地域等総合振興対策………………………………………203
　　1．中山間地域等の振興に当たっての問題点………………………205
　　2．中山間地域等の総合振興対策……………………………………206
　　　(1)　地域特性に応じた合理的な地域区分………………………206
　　　(2)　地域特性に応じた目標の設定及び地域別振興アクションプ
　　　　　 ランの策定……………………………………………………206
　　　(3)　対策の推進……………………………………………………208
　　3．第3セクター支援の必要性………………………………………211

第7章　中山間地域等直接支払制度の評価、実践、展望………………213
　　1．評価…………………………………………………………………213
　　2．実践…………………………………………………………………216
　　　(1)　推進体制………………………………………………………221
　　　(2)　集落協定の範囲………………………………………………226
　　　(3)　対象農地・対象者……………………………………………229
　　　(4)　対象行為としての「多面的機能を維持・増進する活動」………230
　　　(5)　5年間の協定期間について…………………………………232
　　　(6)　交付金の使途…………………………………………………234
　　　(7)　地方交付税……………………………………………………236
　　3．展望…………………………………………………………………237

参　考

1. 農水省の山下地域振興課長に聞く（平成11年10月18日山陽新聞）………239
2. 「農林と都市をむすぶ」誌における議論………………………………………240
3. 食料・農業政策研究センターにおける議論…………………………………258
4. 山村振興連盟における議論……………………………………………………270

資　料

1. 中山間地域等直接支払制度検討会報告………………………………………277
2. 中山間地域等直接支払制度骨子………………………………………………297
3. 中山間地域等直接支払交付金実施要領及び要領の運用……………………300
4. 中山間地域等総合振興方針……………………………………………………340
5. 直接支払いに類似した県単独事業の実績・効果……………………………343
6. 平成12年度の中山間地域等直接支払制度の全国の取組状況………………349
7. 都道府県の特認基準の概要……………………………………………………350

あとがき

参考文献

第1章　中山間地域等直接支払制度前史

　平成12年度（2000年度）我が国農政史上初の直接支払制度がスタートした。ほぼ2年前の1998年8月に地域振興課長に就任して以来、同年12月の農政改革大綱の決定、省内及び政府部内での調整、1999年8月の中山間地域等直接支払制度検討会の報告、与党による中山間地域等直接支払制度骨子の決定、これを踏まえた事業費総額700億円、国費330億円の対大蔵概算要求、同年秋から冬にかけての大蔵省、自治省（地方交付税）との折衝等1年半をかけてこの直接支払制度の企画・設計・立案に微力ながら尽力してきた者としては我が子の誕生を見る思いがした。

　当初、地域振興課長に就任した際には、農林水産省の幹部から1999年8月の概算要求まで頑張ってくれといわれた。予定を大幅にオーバーして2000年末まで直接支払制度の実施も担当することとなった。しかし、人事上の予定の狂いは直接支払制度の担当としては良い効果をもたらしたと思われる。予想した以上の展開・効果を挙げているところもあるが、全体としては、事業実施初年度とはいえ、必ずしも私が予想した通りには進まなかったからである。創業は易く、守成は難しということであろうか。

　概算要求直後の1999年9月、全国の都道府県担当者に農林水産省の大講堂に参集していただき、検討会報告、制度骨子について説明し、さらに、2000年1月には各地区でブロック会議を開催し、異例のことではあるが、都道府県担当者だけではなく市町村担当者にも制度の詳細を説明した。

　小田切東大助教授は直接支払制度を地方裁量主義と評価し、生源寺東大教授は、新基本法の地方公共団体に関する規定を地方の自主性を尊重するものとして評価していた。しかし、12年度に限ったものではあるが、直接支払制度の実施結果は皮肉にも地方公共団体の取組の差を如実に示すものとなった。

　都道府県レベルでは、道庁の担当者が市町村担当者に検討会報告書を少なくとも3回読むことを指導し、2回以上各市町村を巡回指導した北海道、県知事自らが各市町村における集落協定の進行管理表を作成させ強力に協定締結を働きかけた岩手県、県庁担当課長がシンポジウム開催等を積極的に推進した新潟県、県庁の出先機関が積極的に集落に入り協定締結を支援するとともに、優良な事例をホームページ

を活用して全国に紹介した山口県等では集落協定の締結率が相当程度にまでなっている。その一方で、残念ながら締結率が５割にも及ばない県もみられる。

　市町村レベルでは、県庁出先機関と市の担当者及び集落の代表者が知恵を出し合い、全国に先駆けてモデル的な集落協定を結んだ大分県竹田市、独自の交付金配分方法を決定した新潟県高柳町、旧町村単位（一部農協支所単位）で広域的な集落協定を締結し、集落を超えて農地の利用集積を行おうとしている岩手県大東町ほか、担当者が精力的に集落を回っている市町村がみられる。その半面で取組みの遅れている市町村もみられる。

　2000年１月のブロック会議での説明が理解されていないことが判明したため、５月にこれを文書で通知したところ、農林水産省は政策変更したとの批判を受けた。（北海道庁は私のブロック会議での説明をテープで起こして議事録を作成し、各市町村に配布したため、北海道ではこのような誤解は生じていない。）７月以降はブロック説明会や県別説明会を開催するとともに、「推進にあたっての留意点」、「各地域からの問題点と解決策」等を作成・配布し、周知徹底に努めた。　しかし、集落協定締結率の低いところでは、その理由を制度が厳しいからであるとし、直接支払制度の思想・骨格を壊しかねないような要求を行うところもみられた。制度が悪いというのであれば、ある県では協定締結率が100％近く、隣の県で50％を切るという実態を説明できないのではなかろうか。新しい基本法の地方裁量主義は、地方公共団体により高いレベルの責任と義務を課すものとなったといえよう。

　佐迫尚美東大名誉教授は2000年１月の時点で既に次のような指摘を行っている（『月刊ＮＯＳＡＩ』平成12年１月号）。
　「しかし、こういう地域裁量権の大きさは、実際の運用にあたっては諸刃の剣になる可能性があります。つまり、市町村の行政的力量が問われるわけです。特に微妙なのは、市町村の内部の農家に、今までと全く同じことをやっていながら、一方でたまたま急傾斜地に農地があるためにお金がもらえる、他方にはないためにもらえないという差別が明確に出る点です。全く同じ農業を同じようにやりながら、一方はお金がもらえて、他方はもらえない。そこは非常に難しい問題です。それをいかにして地域住民に納得させるかということです。
　おそらく市町村の対応は分かれると思います。一方では最小限必要な事務的な手続きだけをやるというものがある。他方では、それをある程度プールしながら、特定の事業や地域活動をやっていく。そういう市町村ごとの対応の差が、かなりはっ

きり出てくるのではないかと思います。
　…　従来、いわば点として先行していた直接支払制度はいずれも、かなり意欲的な一部の市町村でやられていた。そこではこういう制度を生かすだけの主体的な力量なり条件なりがあったわけです。ところが今度は全部ということになりますと、一種の画一主義ないし平等主義のようなものが働く可能性がある。いわば形式だけを揃える。その中でそれぞれの地域が、どれだけ地域の特性を生かしたものとしてこの政策を活用していけるのか。そのことによって、この政策の意味なり将来展望なりが変わってくるのではないか。その点では地方のほんとうの力量が試される時代に入ってきたのだと思う。」

　農政改革大綱、中山間地域等直接支払制度検討会報告が出されて以来既に相当な時間が経過しているが、時間の経過は本制度の基本的な理解を深化させるのではなく、その思想を風化させる方向に働きかねないことを強く懸念するようになった。これが、本書を上梓することとした動機である。

　私は1998年7月の農林水産省の大幅な人事異動時にＥＵ（欧州連合）日本政府代表部参事官から地域振興課長に就任する予定であった。しかし、5月頃妻が絶対安静を要する重篤な病に患ったため、いつベルギーから帰国できるか判らないという状況になってしまった。妻の病状が小康を得た機会をとらえて7月に帰国し、成田空港から妻を直接日赤病院へ入院させた。このため、他の人達より一月遅れて8月に地域振興課長の辞令を受けたが、農林水産省には私の人事に関連する一連の人事異動を凍結してまでも私が帰国できる状態となるまで待っていただいたわけである。帰国直後、ある幹部には「君を遊ばしておけるほど農林水産省に余裕はない」と言われ、別の幹部には「直接支払制度を任せられる人材は少ない」と言われた。食料・農業・農村基本問題調査会のとりまとめが迫る中で、食料自給率目標の策定、株式会社による農地取得と並んで中山間地域等直接支払いを新基本法の柱とすることを決断した際、農林水産省幹部の人事構想の中に、私がブラッセルのＥＵ日本政府代表部の勤務を終えて帰国することがインプットされていたようである。

　しかし、農林水産省幹部から持ち上げられて人生意気に感じたものの、事柄の重大性は十分認識できた。直接支払いという考え方は過去に何度も財政当局から拒否されていたのであり、かっては無力感さえあった。

小田切東大助教授は「「中山間地域」という用語をともない、農政サイドから条件不利地域問題が提起されはじめたのは1988年の米価審議会小委員会報告においてである。稲作大規模層を基準とする米価算定への転換を提言したこの報告は、同時に「中山間部等生産性の向上が困難な地域の稲作の位置づけや所得確保問題、また水田をどのように維持するか等の問題について、地域における土地利用のあり方とも関連させながら価格政策とは別途検討される必要がある」とした問題提起をしている。」と指摘している（『中山間地域の現局面と新たな政策課題』（農林業問題研究2000年3月））。これは後藤康夫元農林水産事務次官の証言と符合している。後藤氏は食糧庁長官時代1987年産米価において30年振りに生産者米価を引き下げた。内外価格差の問題が指摘される中で稲作の生産性向上を米価に反映させなければ制度自体維持できなくなると判断されたのである。しかし、生産性向上を図れといわれてもできない地域をどうするのかという指摘が長く胸にひっかかったという。このため、1992年3月（財）森とむらの会『条件不利地域の農林業政策』において直接支払いの導入を提言されたが、農政は反応できかった。後藤氏のような傑出した次官経験者をもってしても農林水産省に決断させることは難しかったのである。

　私が帰国した1998年7月までには農林水産省としても中山間地域へ直接支払いを導入することは決断していた。これは極めて重大かつ画期的な決断であった。ただし、制度の内容は決っていなかった。EUの条件不利地域政策については既に数多くの研究者が紹介し、農政当局も勉強していないわけではなかったが、日本型の直接支払いとはどのようなものとなるか具体的なイメージはなかった。財政当局には日本のように農業の構造改善が進んでいない中で直接支払いを導入すれば零細農家温存につながるので好ましくないという意見や衰退しつつある中山間地域を守る意味があるのかという意見が強かった。財政当局の中には、直接支払いの導入には反対する、あるいは農林水産省がどうしてもというのであれば認めてもよいがそれは限定的なものにすべきであるという考え方が多かったように思われた。他方、EUの政策について「直接所得補償」という訳語が定着していたことから、EUの政策内容を深く検討することなく、直接支払いによって中山間地域の農家の所得を補償すべきであるという意見もあった。農政当局も数年前まで「千差万別な地域の中で種々な農業経営が行われており、どれだけの所得補償を行うべきか一律に算定できない」と答弁していた。この直接支払いについては、単価と対象地域が制度設計の最大のポイントであったが、直接支払いの単価をどういう方法、考え方に立って設

定するのかについてアイデアはなかったのであり、もし、所得を補償することとなれば膨大な財政負担が予想されたし、個々の経営の所得を補償しようとすれば答弁にあるように制度の設計は不可能と思われた。また、対象地域としての中山間地域の範囲を何で確定するかについても明らかではなかった。私としては、新しい制度は財政当局だけではなく、与党も含め万人の納得できる合理性を持つものでなければならないと考えたが、それを何に求めるのかはっきりしなかった。生源寺東大教授の言を借りるとWHYの問題は決着していたが、HOWの問題は方向さえ定まっていなかった。

「まず第一に、中山間地域の農業に対してなぜ特別の施策が必要かという論点である。WHYの問題といってよい。そして第二に、仮にWHYの問題にポジティブな答えが得られたとして、いったいどのような施策であれば、その答えの方向に沿った効果を期待できるかという論点がある。いわばHOWの問題である。

　WHYの問題とHOWの問題を峻別しておくことが大切である。しかるに、ある時期までの中山間地域農業をめぐる政策論議は、ふたつのレベルの問題を整理できないままの状態にあった。食料・農業・農村基本問題調査会は、1997年12月の「中間取りまとめ」の時点で、直接所得支払いについて見解を一本化できなかった。問題は一本化に失敗した理由であるが、筆者のみるところ、WHYの問題をめぐる議論とHOWの問題をめぐる議論がかみ合わず、すれ違いに終始してしまった点にある。直接支払いに対する賛成論は、例えば、「農業生産条件の面で平地地域と比較して不利な面を多く抱えていることから、適切な農業生産活動を維持するため、これを補うことが必要である」(「中間取りまとめ」)と指摘し、もっぱらなぜ特別の施策が必要であるかを強調する。他方で反対論は、「EU型の直接所得補償措置をそのまま導入することは、零細な農業構造を温存することや農業者の生産意欲を失わせることにつながる」(同上)と述べる。具体的な手法を念頭において、その副作用を問題視したのである。

　WHYとHOWの平行線状態は、最終答申に至ってようやく解消される。答申は、WHYの問題に対してはっきりした答えを提出した。その内容は、新しい基本法の条文にほぼそのまま引き継がれている。すなわち、先に引用した第35条では、中山間地域農業に対する支援策を、「多面的機能の確保を特に図るための施策」と位置づけたのである。では、もう一方のHOWの問題についてはどうか。基本問題調査会答申は、「真に政策支援が必要な主体に焦点を当てた運用」と「施策の透明性」を求めたものの、具体的な手法のあり方には踏み込まなかった。ターゲットの明確

化と透明性の確保は、これはこれで大切である。けれども、HOWの問題に対する正面きった答えは、答申を受けて政府と与党のあいだで合意された農政改革大綱（1998年12月）によって提起され、直接支払制度検討会のなかで練り上げられることになるのである。」(生源寺真一『農政大改革』P．165〜P．166)

　基本調査会答申が出される前の1998年7月、生源寺東大教授の報告を基に食料・農業政策センターで行われた議論の中で、佐迫尚美東大名誉教授が行った次の発言は長年農政をフォローされてきた研究者のいら立ちを示している。「デカップリングをどうするかという問題は、現在、中央段階では非常に観念的に議論されているけれども、実態から言うと地方ではもうすでに走りだしている。地方というのは県とか市町村段階ですが、特定の人を限定し、事業対象を限定した形で、ソフトの経費ですね、いわば流動費的なものを交付するという施策があらわれてきている。ところが中央ではいつになっても、デカップリングを全体としてどうするかとか、EUとどう違うかという議論しか出なくて、現実は一向に進まない。末端ではそれでは済まなくなって、とにかく今までの政策のすき間みたいなところをどうカバーするかという所で具体的に動き出していると思うのです。だから、先ほど言った基本問題調査会で、議論をまた振り出しに戻して、EU型デカップリングがいいか悪いかなんて話をしているのはおかしい。むしろ現在は日本型デカップリングの具体的な形態はいかにあるべきかという問題として設定すべき段階に来ていると思うのです。」(『農業構造問題研究第199号』P．55〜P．56)

　さらに、小田切助教授は『中山間地域における新たな政策課題（未定稿）』（1999年9月）において「直接支払政策 … の「枠組み」は、農政改革大綱によってかなり踏み込んだ方向が示されている。これは、今回の直接支払い政策をめぐる「大綱」のある種の「先進性」を示しているようにも思われる。しかしそれは、本来、基本問題調査会の場で議論し、また「答申」で表明されるべき内容であったと言えよう。いずれにしても、「答申」と「大綱」は断絶的である。」としている。農林水産省内を見透かしているかのような鋭い指摘である。「答申」の時点では直接支払いの中身は決まっていなかったのである。

　帰国後EUの条件不利地域政策を再検討した。さらに、生源寺教授の著作も読み、国際経済学の比較優位論により中山間地域農業問題へアプローチしようとする考え方には強い興味を持ったが、直接支払制度についての具体的イメージはわかなかっ

た。このように白紙の状態からスタートしたが、過去の経験から、何とか着地点は見つけられるのではないかという妙な楽観は持っていた。むしろ白紙の状態であったからこそ第4章で述べる新しいアイデアを思いつくことができた。シナトラがマイクがスタンドからはずれることを発見したとき天啓だと叫んだように、後からみれば当たり前だと思われるかもしれないが、このアイデアを思いついたことは私にとっては天啓のようなものであった。しかし、基本的なスタンスを思いついた後においても、政府・与党による1998年12月の農政改革大綱、1999年8月の中山間地域等直接支払制度骨子の決定まで、私のアイデアが財政当局にも政治的にも通用するのかどうか、相当なプレッシャーを感じながら作業をしたことは事実であり、帰国後1年間は剣道の修業はお預けとなった。

　本書では、まず、私の頭の中にあったことや政府内でのやりとり、検討会委員との意見交換など公表されていない経過も含め、直接支払い制度がどのような思想を持って企画、設計、立案されたかを説明することとしたい。本制度は、政府部内、与党、検討会、地方公共団体の種々な意見を反映して構築されたものであるが、検討過程において制度の骨格にあたる基本的なスタンスは一度も揺らぐことはなかったという評価を検討会に参加された方々から受けた。

　「私も検討会の中に入らせてもらって、勉強させてもらいました。9回の検討会が行なわれたわけです。最初の段階で構造改善局の地域振興課の山下さんを中心にして骨格に関して明確なビジョンがもたれていたと思います。それは最後まで貫かれたという感じがしています。と同時に、検討会の中でもって出されてきたいろいろな意見が柔軟に取り入れられて、特に小田切さんなんかが出された都道府県知事に一定の裁量権を与え、それによって政策に柔軟性をもたせるという考え方などを積極的に取り入れられて、本当に評価の高い中山間地の直接支払い制度の最終的な案にまとめられたという印象をもっています。」（『農村と都市をむすぶ』第579号における服部信司教授の発言）

　その制度の基本的なスタンスが理解されれば制度の細部の理解は容易である。"一刀は万刀に化し、万刀は一刀に化す"のである。北海道庁の担当者が検討会報告書を熟読するよう市町村担当者に指導しているのは制度の基本を理解してはじめて応用が可能となると考えたからであろう。

　先ほど自治体の担当者の方への苦言を呈したが、我々にとってはむしろ"光"の

第1章　中山間地域等直接支払制度前史　　7

部分の印象が強い。山口県及び小田切助教授の"知恵袋運動"により、中山間地域を担当する全国の自治体担当者のネットワークができつつある。これら自治体担当者の活発な活動により、中山間地域農業の活性化が図られることを期待している。小田切助教授より引用してみよう。

「今、中山間地域の多くの集落では、直接支払い制度の集落協定締結のための話し合いに取り組んでいます。本年度から適用されるこの制度は、導入初発期ということもあり、十分な取り組みの余裕が無い地域も多く見られます。しかし、他方では、この制度の活用をめぐっては、素晴らしいアイデアが、着実に生まれてきています。山口県のいくつかの中山間地域を、行政担当者としてまた研究者として踏査した私達には、むしろそうした中山間地域のたくましさが強く印象に残りました。おこがましくも地域の方々を励ますつもりで出かけたにもかかわらず、逆に励まされたのが現実です。そこで、あたかも地域から湧き出てくるかのようなこうした「知恵」や「エネルギー」を、県内外で活躍する地域リーダー、それを支える地域マネージャーの方々に伝えることができないか、そしてどこでも湧き出しつつあろう「知恵」の更なる飛躍の参考に供することは出来ないかとの思いで、このメモの作成を思い立ちました。」(『知恵袋第1報』より)

「今回は、広島県をはじめとする県外の事例を沢山加えることができました。それらは、各県の担当者の方が、それぞれ出会った「知恵」を、山口県農林部のＨＰ上の「掲示板」にわざわざお書き込みいただいたものであります。地域の垣根を越えたこうした交流が、今回のこの制度を契機として進み出したことも、大いに嬉しく思っています。農水省による『地域の知恵が活きている取組・推進事例』(農水省ＨＰ上で公開)も含めて、肝心なことは、伝える者は誰であっても、草の根からの情報を、少しでも多く、少しでも力強く、情報発信することだろうと思います。

今始まったこうした草の根からの情報発信、そして地域の水平的連携こそが、中山間地域におけるボトムアップによる政策形成や地域の政策参加の道を保証するものと思われます。そして、それこそが新たな農業・農村政策のあるべき方向と確信しております。

「集落協定のあり方」から「農業・農村政策のあり方」まで、様々な意味を込めて、各種の「袋」を少しでも大きなものにしていく「知恵袋運動」への参加を、あらためて皆さんに呼びかけます。」(『知恵袋第3報』より)

地域農政の現場で出されてくる種々な知恵やエネルギーこそが「地方公共団体は、……その地方公共団体の区域の自然的、経済的、社会的諸条件に応じた施策を策定

し、実施する」と規定した新基本法第8条に命を吹き込むことができると信じている。

　本書では直接支払制度の検討経過及び基本的思想を明らかにした上で、制度の解説と現在制度が全国各地でどのように実施されているかを述べることとし、今後の制度の浸透と改善に資することとしたい。農政史上初の直接支払制度の政策決定過程及び初年度の経過を明らかにすることにより、本制度のさらなる発展を期待するものである。

第2章　中山間地域の果たしている役割と特徴

1．中山間地域の定義

　直接支払制度で条件不利地域としての中山間地域等をどのように定義したのかについては、第4章で詳しく説明することとし、ここでは中山間地域がどのような特徴を有しているかを統計的に解説するための前提として、統計上の中山間地域の定義を説明する。表2－1にあるように、中山間地域とは、山間地域及び（山間地域と平地地域、都市的地域の間にある）中間地域を合わせた概念である。農山村地域から比較的平坦な地域を除いた地域であるとイメージしていただければよい。

（表2－1）農林統計に用いる農業地域類型の基準指標

都市的地域	人口密度が500人／km²以上、ＤＩＤ面積が可住地の5％以上を占める等都市的な集積が進んでいる市町村
平地農業地域	耕地率が20％以上、林野率が50％未満又は50％以上であるが平坦な耕地が中心の市町村
中間農業地域	平地農業地域と山間農業地域との中間的な地域であり、林野率は主に50％～80％で、耕地は傾斜地が多い市町村
山間農業地域	林野率が80％以上、耕地率が10％未満の市町村

注：決定順位：都市的地域→山間農業地域→平地農業地域→中間農業地域

2．役割

　中山間地域は国土の骨格的な部分に位置し、国土全体の約7割を占めるとともに、総人口の14％が居住している。地目構成をみると、平地農業地域では耕地が39％、林野が35％であるのに対し、中山間地域では耕地は7％、林野は82％を占めており、林野部分が極めて大きなウェイトを占めている。中山間地域は河川の源、上流域に位置しているのである。さらに、そこにある農地も傾斜農地が多くなるとともに、標高の高いところに位置している。傾斜農地については後に詳細に説明するが、標高300m以上に位置する農地は、水田では平地農業地域で2.2％にすぎないものが中山間地域では20.0％となり、畑では平地農業地域で4.1％にすぎないものが中山間地域では24.7％となる（『農村漁村地域活性化要因調査報告書』（1993年3月）より）。

(表2－2）中山間地域等の主要指標

	全　　国	中山間地域	中間農業地域	山間農業地域
市町村数（H12）	3,230 (100.0)	1,753 (54.3)	1,020 (31.6)	733 (22.7)
総面積（H11） （千ha）	37,179 (100.0)	25,277 (68.0)	11,904 (32.0)	13,373 (36.0)
耕地面積（H11） （千ha）	4,866 (100.0)	2,013 (41.4)	1,500 (30.8)	513 (10.6)
うち田（H11）	2,660 (100.0)	1,016 (38.2)	766 (28.8)	250 (9.4)
林野面積（H2） （千ha）	25,026 (100.0)	20,159 (80.5)	8,404 (33.6)	11,755 (47.0)
総世帯数（H7） （千戸）	44,108 (100.0)	5,479 (12.4)	3,990 (9.0)	1,489 (3.4)
総農家数（H12） 　（千戸）	3,120 (100.0) 〔7.1〕	1,318 (42.2) 〔24.1〕	915 (29.3) 〔22.9〕	403 (12.9) 〔27.1〕
農家林家数（H2） （千戸）	1,595 (100.0)	1,023 (64.1)	683 (42.8)	341 (21.3)
総人口（H7） （千人）	125,570 (100.0)	17,465 (13.9)	12,860 (10.2)	4,605 (3.7)
高齢者人口比率 　（H7）（％）	14.5	21.7	20.9	23.8
農家人口（H12） 　（千人）	10,467 (100.0) 〔8.3〕	4,023 (38.4) 〔23.0〕	2,919 (27.9) 〔22.7〕	1,104 (10.5) 〔24.0〕
農業集落数（H12）	135,179 (100.0)	65,675 (48.6)	42,190 (32.0)	23,485 (17.4)
農業粗生産額 （H10）（億円）	98,680 (100.0)	36,062 (36.5)	28,181 (28.6)	8,108 (8.0)

資料：農林水産省「農林業センサス」、「耕地及び作付面積統計」、「生産農業所得統計」、
　　　国土地理院「全国都道府県市町村別面積調」、総務庁「国勢調査」
注：（　）書きは農業地域類型別の構成比（％）、〔　〕書きは総世帯数及び総人口に対
　　する割合（％）である。

　このような立地特性から、中山間地域で農業や林業が営まれることは、洪水防止、水資源かん養等の公益的機能（多面的機能）を国民に提供していることとなる。中

山間地域の農林地はダムや防波堤のように国民の生命、生活の基盤を守る役割を果たしているといえよう。

（表2－3）水田の耕作放棄と土砂災害発生確率との関係

耕作放棄以前	耕作放棄率50％未満	耕作放棄率50％以上
0.56	1.62	2.03

資料：農林水産省「土砂災害抑制機能調査（平成6年）」
注：土砂災害発生確率とは、地滑りが発生しやすい一定面積の地域（5～10ha）で100年間に土砂災害が発生する回数である。

（表2－4）耕地の荒廃が原因で過去5年間に被害が発生した旧市区町村数（複数回答）

	被害のあった旧市区町村数（旧市町村全体に対する割合）	鳥獣害	病虫害	土砂崩れ	ほ場の荒廃	水害	土壌汚染	水質汚染
全国	1,317 (11.6％)	485	619	143	524	120	7	14
平地農業地域	258 (7.5％)	47	134	27	112	28	1	2
中山間地域	803 (14.8％)	378	362	106	288	75	4	5

資料：農林水産省「農業センサス（平成7年）」

また、日本に生息する絶滅のおそれのある野生生物1,150種のうち975種が中山間地域に生息している。水田は水路を通じて河川とつながっているため、ドジョウ、メダカ、タニシ等の生息地であり、湿地である水田は広大な干潟としてシギ、チドリ類の飛来地となっている。水田は維持・管理されることによって生態系の保全に役立っているのである。これはイギリスで農地の境界である生垣が鳥類等の生育地になっているのと同様である。ヨーロッパではこれを人文的景観（cultural landscape）と呼んで維持しようとしている。長年農業が営まれている場合、伝統的な農業は自然環境、生態系の一部となっている。これら農業が崩れれば自然はもとの姿に戻ることはできなくなるのである。しかし、近代農業はこれら伝統的農業が維持してきた生け垣、ため池、石の壁、小さい森等を破壊してしまう。これがEUの主張である。

また、自然生態系の保全や伝統文化の維持を通じて、中山間地域は都市住民に対し保健休養の場を提供している。

(表2-5) 中山間地域の農業・農村の公益的機能の経済的評価（代替法）

機能 （主要なもの）	評価額 （億円／年）	機能量 （1年当たり）	比　　較
洪水防止 （貯水量）	1兆1,496	24億m³	黒四ダム（1.73億m³）の14個分
水資源かん養 （貯水量）	6,023	110億m³	黒四ダム64個分
土壌浸食防止 （土壌浸食抑制量）	1,745	3,200万m³	東京ドーム（124万m³）の26個分
土砂崩壊防止 （土砂災害抑制件数）	839	1,000件	全国の土砂災害発生件数（750件／年）の1.3倍
大気浄化（大気汚染ガスの吸収量）	42	SO_2：2.1万t NO_2：2.9万t	火力発電所排出量（1,576t）の13か所分 〃　　　（2,364t）の12か所分
保健休養・やすらぎ （農村への旅行者数）	1兆0,128	56百万人	全国民（1.2億人）の半数が毎年1回程度は中山間を訪問
合　　計	3兆0,319		

資料：農林水産省農業総合研究所「農業・農村の公益的機能の評価結果（H10）」
注：合計の評価額は有機性廃棄物処理機能（26億円）及び気候緩和機能（20億円）を含む

　以上の機能は、中山間地域の農林業の外部経済的効果である。先般の地球温暖化防止のためのハーグ会議で我が国産業界の意向を強く受けた環境庁は森林の維持・管理によるCO_2の吸収を認めるよう提案し、ヨーロッパ諸国や世界の環境団体から何もしなくてもCO_2削減が達成されてしまうと猛反発を受けたようである。しかし、産業界が森林の果たす多面的機能に気づいたことは評価できる。

　もとより、中山間地域の農業はそれ本来の価値もある。中山間地域農業は粗生産額、農業者数、農地面積いずれをとっても全国の約4割のシェアを持っている。

(表2-6) 農業生産等に占める位置付け

	農業粗生産額 （億円）	農業就業人口 （万人）	耕地面積 （万ha）
全　　国	94,718（100）	389（100）	483（100）
中 山 間	34,661（ 37）	149（ 38）	200（ 41）

資料：農林水産省「生産農業所得統計（平成11年）」、「農業センサス（平成12年）」、「耕地及び作付面積統計（平成12年）」

食料自給力確保の観点からも健全な農業が中山間地域に存することは重要である。現在のカロリーベースでの食料自給率40％は、何もしないで寝たままの状態で身体を維持するのに必要なカロリー数さえまかなえない水準である。国民は食料自給率の低さにもっと注目してよいと思われる。一知半解の議論として「農業も石油に依存しているので石油が輸入できなくなればいくら農業を守っても食料は供給できない。」という議論がある。しかし、石油があっても生命身体を維持できるための最低限の食料生産すらできないというのが現状なのであるから、この議論は石油が途絶したら日本国民全員飢えて死ねと言っているに他ならない。石油で機械が動かなくなったり、化学肥料がなくなったりしても、労働等の他の生産要素を増加することによって農業生産は維持できる。この議論は生産要素に代替性があるという経済学の初歩を理解しないものであり、川野重任東大名誉教授の言を借りれば「食料だけ確保しても原油がなくなったら一切駄目になるなどといった議論もありますが、この論自体、危機の重大性を予言、確信しているといえないこともありません。」（拙著『ＷＴＯと農政改革』Ｐ．32、Ｐ．298)。

　小倉武一は『誰がための食料生産か』（1987年）において、ある食料をいかに管理するかという法律制度はあった（注…食糧管理法を指す）が、食料をいかに確保するかという制度がないことは問題であり、非常時に備えて、農地を確保する（土地の備蓄）ことによって食料生産の潜在力を維持しておく必要性を強調している。

　食料が供給されなくなって困るのは消費者、国民全体である。しかし、食料自給率の向上を生産者団体が要求するところに、飽食の時代の危さがある。現在の日本人の食生活は、リスクに対処するためのコストや保険料を一切支払わないで今を最大限楽しもうとしているようなものである。事故が発生した際にはとんでもない犠牲を払わなければならない。

　スイスは各家屋に核シェルターとなる地下室を作ることを義務づけるほど安全保障を重視する国である。スイスは、またパンがおいしくないことでも有名である。これは食料安全保障のため新しく収穫された小麦は備蓄用に回し、備蓄用に回していた古い小麦から食べるからである。スイスを旅行すると高い山地に牛が飼われている風景に出会う。酪農家に支払われる牛乳の値段や奨励金は牧草地の高度が高いほど高くなる。スイス人は、そこがスイスの領土であるためには、スイス人が住んでいなければならないと考えるからである。条件の不利な土地で農業を営む人は他の人より有利に扱わなければならないのは当然と考えるのである。

3．中山間地域の全体的な特徴

中山間地域の最大の特徴は条件不利地域であるということに他ならない。

中山間地域では雇用・所得の機会のみならず、教育・医療機会も少なく、生活環境の整備も遅れているため、若年層を中心とする人口の流出により過疎化、高齢化が進行している。

（表2－7）人口減少市町村、人口自然減市町村数割合の推移

（単位：％）

		昭和55年	昭和60年	平成2年	平成7年
人口減少市町村	全体	52.0	50.9	64.0	60.4
	都市的地域	18.4	17.4	30.4	32.2
	平地農業地域	31.4	33.7	51.5	46.4
	中間農業地域	62.9	62.5	77.2	72.7
	山間農業地域	88.5	82.8	88.6	85.3
人口自然減市町村	全体	14.7	17.1	40.4	59.2
	都市的地域	0.5	0.6	6.3	14.0
	平地農業地域	2.2	3.1	24.8	53.1
	中間農業地域	17.4	22.7	51.7	76.0
	山間農業地域	36.9	39.0	71.4	86.5

資料：総務庁「国勢調査」、「10月1日現在推計人口」、厚生省人口問題研究所「日本の将来推計人口」、自治省「住民基本台帳人口要覧」等をもとに国土庁計画・調整局作成

注：各地域に含まれる市町村の境界は平成6年4月1日現在のものである。

(図2-1）高齢化人口比率（65歳以上人口比率）の推移

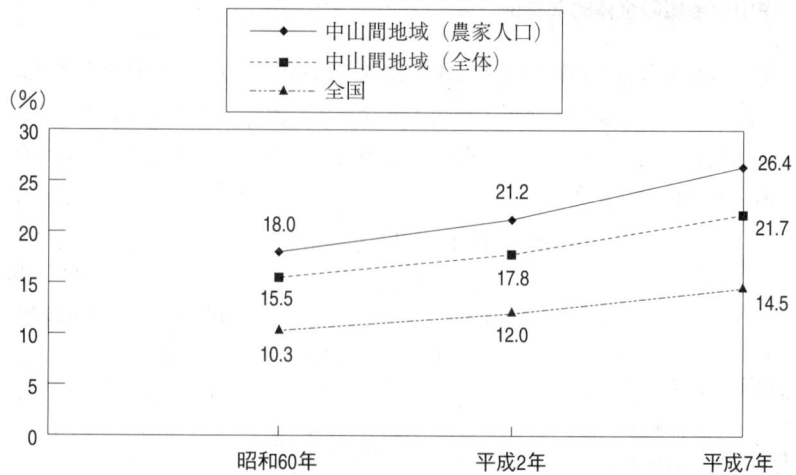

資料：総務庁「国勢調査」、農林水産省「農業センサス」
注：農家人口とは、農家の世帯員のことである。

次のグラフは地域別の販売農家1戸当たり農家総所得である。中山間地域は年金等では全国平均と同じであるが、農外所得、農業所得のいずれも全国平均、他地域より低く、このため総所得額も他地域を下回っている。

(図2-2）販売農家の1戸当たり農家総所得（平成11年）

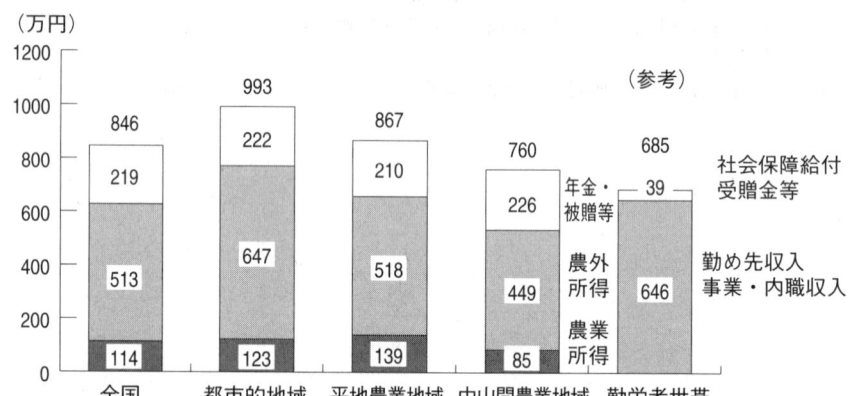

資料：農林水産省「農業経営統計調査（農業経営動向統計）」、総務庁「家計調査年報」をもとに農林水産省作成

(図2-3) 販売農家の就業者1人当たり農家総所得（平成11年）

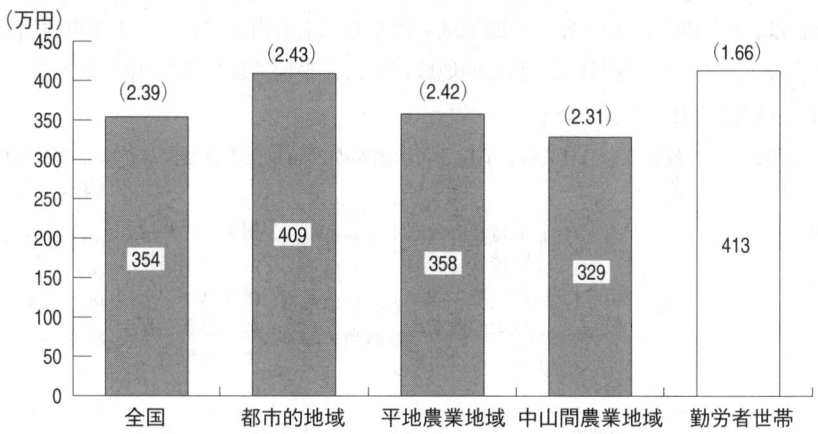

資料：農林水産省「農業経営統計調査（農業経営動向統計）」、総務庁「家計調査年報」をもとに農林水産省作成
注：〔　〕内は、1世帯当たりの就業者数

次の図は生活上の基本要因であるDIDへの所要時間を表している。山間地域ではDIDまで1時間以上かかる旧市町村が14％も占めている。

(図2-4) DID地区までの所要時間別旧市区町村数割合

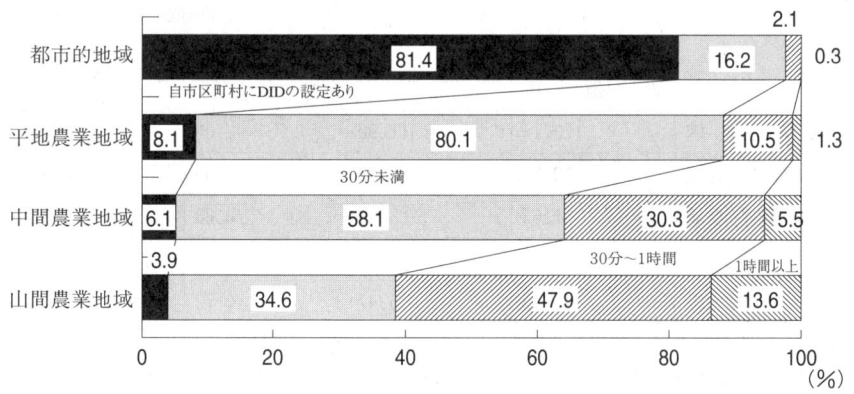

資料：農林水産省「農業センサス」（平成7年）
注：1) DID地区（人口集中地区）とは、市町村の区域内で人口密度4,000人／Km以上の地区が、互いに隣接して、その人口が5,000人以上となる地域
　　2) 所要時間とは、通常の交通手段で到達可能な時間のこと

第2章　中山間地域の果たしている役割と特徴　17

さらに、最寄りの公立高校、病院まで20km以上かかる農業集落を有する市町村の割合は、中間地域で約2割、山間地域では5割以上も占めている。1市町村当たりの病院・診療所の設置数は、都市的地域173.14、平地地域12.55、中間地域11.63、山間地域は5.61となっている。

（表2-8）最寄りの公立高校、病院までの道路が20km以上の農業集落がある市町村数割合

（単位：％）

区　　分	市町村数	最寄りの公立高校までの道路距離が20km以上の農業集落がある市町村	市町村内の2割以上の農業集落が該当	最寄りの病院までの道路距離が20km以上の農業集落がある市町村	市町村内の2割以上の農業集落が該当
計	100.0	21.0	11.3	23.6	14.0
都市的地域	100.0	5.3	0.4	5.1	0.2
平地農業地域	100.0	4.0	2.0	5.1	3.3
中間農業地域	100.0	18.4	7.0	23.7	11.1
山間農業地域	100.0	54.5	35.2	56.8	39.6

資料：農林水産省「農村地域の生産・生活環境と地域活性化の現状」（平成3年12月）

（表2-9）1市町村当たりの公共施設の設置状況

（単位：数／市町村）

区　　分	病院診療所	運動施設	図書館	博物館
都市的地域	173.14	11.90	2.08	11.90
平地農業地域	12.55	3.92	0.39	3.92
中間農業地域	11.63	3.91	0.38	3.91
山間農業地域	5.61	2.94	0.19	2.94
全　　国	46.45	5.47	0.72	5.47

資料：自治省「平成7年度公共施設状況調」（平成8年3月末現在）
注：農林水産省「農林統計に用いる地域区分」（平成7年9月）に基づき、各農業地域類型を区分した

(表2-10) 小中学校遠距離通学者比率

(単位：％)

区分	小学校遠距離通学者比率	中学校遠距離通学者比率
都市的地域	0.4	0.7
平地農業地域	2.8	4.2
中間農業地域	4.7	9.1
山間農業地域	9.1	15.1
全国	1.5	2.7

資料：自治省「平成7年度公共施設状況調」（平成8年3月末現在）
注1）：農林水産省「農林統計に用いる地域区分」（平成7年9月）に基づき、各農業地域類型を区分した
　2）：「遠距離通学者比率」は、小学生4km以上、中学生6km以上の通学者比率

　また、汚水処理施設等の生活環境施設については都市部との較差が生じている。この分野は農業農村整備事業（農林水産省公共事業）が1990年代以降特に力を入れてきているところであり、今では毎年約1兆2千億円の同事業の4割近くを農業集落排水等の農村整備に投下している。

(表2-11) 農業農村整備事業の構成比の推移

(単位：％)

区分＼年度	昭和40 (1965)	昭和50 (1975)	昭和60 (1985)	平成7 (1995)	平成8 (1996)	平成9 (1997)	平成10 (1998)
生産基盤	88	73	69	54	54	53	53
農村整備	5	20	22	36	36	37	36
保全管理	7	7	9	10	10	10	11

注：農村整備とは、農道整備、農業集落排水、農村総合整備、農村地域環境整備及び中山間総合整備である。

　このような事情を反映して、人口減少市町村の割合は、平地地域の46％に比べて中間地域は73％、山間地域は85％となっている。65才以上の人口比率である高齢化比率では全国平均が14.5％であるのに対し、中山間地域では21.7％、中山間農家人口では26.4％となっている。中山間地域の農業就業者をみると、1990年から1995年にかけて60歳未満は63.5％から56.9％へ減少する一方、65歳以上は23.0％から29.9％へと増加しており、急速な高齢化の進展がうかがわれる。

(表2-12) 農業従事者の推移

(単位：万人、％)

	全国 平成2年	全国 平成7年	増減率	うち平地農業地域 平成2年	うち平地農業地域 平成7年	増減率	うち中山間農業地域 平成2年	うち中山間農業地域 平成7年	増減率
合計	1037 (100.0)	908 (100.0)	▲12.5	368 (100.0)	327 (100.0)	▲11.2	434 (100.0)	381 (100.0)	▲12.3
16～59歳	674 (65.0)	533 (58.7)	▲20.9	249 (67.7)	201 (61.5)	▲19.3	276 (63.5)	217 (56.9)	▲21.4
60～64歳	137 (13.2)	117 (12.9)	▲14.5	47 (12.8)	41 (12.6)	▲12.3	59 (13.5)	50 (13.2)	▲14.6
65歳以上	226 (21.8)	258 (28.4)	14.0	72 (19.6)	85 (25.9)	17.5	100 (23.0)	114 (29.9)	14.2

資料：農林水産省「農業センサス」

　集落単位でみても既に1995年で27.4％の集落が10戸以下となっているが、2010年にはこれが43.9％に増大するとともに、高齢化率25％以上の集落は現在の50.7％から97.3％へ、このうち50％以上の集落は3.3％から11.1％へ増加するものと予測される。1990年から1995年にかけての動きをみても、平地地域では8、中間地域では42、山間地域では52の集落が消滅しており、世帯が減少した集落の割合は平地地域23.8％、中間地域37.6％、山間地域43.7％となっている。

(図2-5) 農家戸数規模別農業集落数割合（中山間地域）の推計

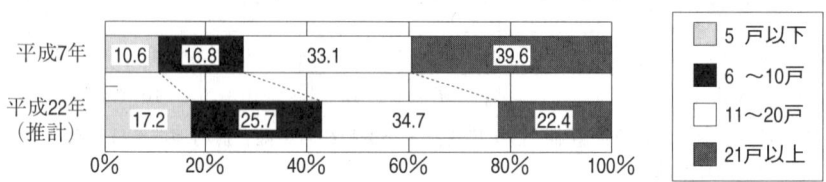

資料：農林水産省「農業センサス」
　注：平成2年の農業センサス（集落調査）による中山間地域の農業集落数（約6万8千）をベースとして、その5年前の昭和60年と平成7年の2時点間の集落ごとの農家の移動状況を基に推計した。
　　　（農業集落とは、市区町村の区域の一部において農業上形成されている地域社会のことで、行政区や実行組合の重なり方や各種集団の活動状況から、農業生産面及び生活面の共同範囲を調べて農業集落の範囲を定めている。）

中山間地域では山林、傾斜農地が多い等の自然的条件の不利性に加え、社会的、経済的条件の不利性が顕著に存在する。しかも、過疎化、高齢化の進行という結果は次の段階では原因となって、学校の廃校、無医村の増加をもたらしている。過疎が過疎を呼び、高齢化が高齢化を進行させるという悪循環が存在しているのである。
　このような中で中山間地域の維持・振興を図っていくためには、雇用・就業機会の向上、生活環境の整備等を総合的に実施しなければならないのである。これが地域の実情に応じてバランスよく行われなければならないのであり、いくらトイレを水洗にしたところで、所得の機会がなければ人々は町や村を去っていく。
　中山間地域農業の振興についても同じである。中山間地域では世帯数に占める農家戸数が26.6％（全国平均7.8％）、総人口に占める農家人口の比率も34.5％（同12.0％）と農業のプレゼンスが圧倒的に高い。このため中山間の振興イコール農業の振興と考えがちである。しかし、先ほど示したように販売農家の総所得786万円に占める農業所得は12％の96万円にすぎず、約60％の478万円を農外所得に依存しているのである。生源寺教授の主張するとおり、中山間地域の農業の維持のためには、他産業の振興による農外所得の確保が必要となるのである。これはヨーロッパでも同様であり、就業者のうち農業従事者はＥＵ平均で5.5％、最も農村的な地域でも20％を超えるところは少ない。ヨーロッパでも農村雇用の大部分は農業以外となっている。
　もちろん、これは中山間地域における農林業の振興が重要でないというものではない。中山間には他地域に比べて農業資源、林業資源が圧倒的に多く存在している。国際経済学の中で最も代表的な理論として、ヘクシャー・オーリン理論がある。これは、ある国は相対的に多く賦存する生産要素（資源）をより集約的に使用する産品に比較優位を持つというものである。（ヘクシャー・オーリン理論の簡単な説明については、拙著『ＷＴＯと農政改革』Ｐ.27～Ｐ.29を参照されたい。）これを中山間地域に応用すれば、農林業資源という豊富に存在する資源を活用した産業が比較優位を持つ産業だといえるだろう。自然という資源を活用したグリーン・ツーリズムもその１つであると考えてよい。市町村に対し、就業機会確保のため何が必要であるかアンケート調査を行った結果によると、企業の誘致が必要とした市町村の割合は平地地域と中間地域では差がなく、山間地域ではむしろ少なくなっているのに対し、農林漁業生産の振興・再編、地場産業の振興、観光・レクリエーション施設の整備が必要とした市町村の割合が平地地域から、中間、山間地域へと増加するに従って増えている。これは、中山間地域において地域資源を活用した活性化の方

策が目指されていることを示している。

(表2-13) 就業機会の確保のための緊急の課題（複数回答）

	市町村数	農林漁業生産の振興・再編	企業の誘致	地場産業の振興	観光・レクリエーション施設の整備
全　　　　国	3,255	36.7	19.5	29.7	22.5
都市的地域	670	19.7	13.7	17.2	13.0
平地農業地域	795	35.2	22.8	21.3	16.2
中間農業地域	1,053	42.1	23.6	34.8	26.6
山間農業地域	737	46.0	15.3	43.0	32.2

資料：農林水産省「農業生産・生活環境の現状と活性化の取組み－農業農村環境整備状況調査－」（平成7年9月調査）

注：数値は、就業機会の確保のため、上記の取組みが緊急の課題であると回答した市町村の割合（％）を示す。

4．中山間地域農業の特徴

(1) 現状（結果）

まず、中山間地域の農業がどのような状況となっているかを統計的に説明したい。

農家の経営耕地規模でみると、都府県では、2ha以上の大規模農家の割合は平地地域の17％に対し、山間地域では5％にすぎず、他方0.5ha未満層は、平地地域の29％に対し、中間地域43％、山間地域55％となっている。また、0.5ha未満の農家の経営する農地が全農地面積に占める割合をみると、平地地域では23％、中間地域では38％、山間地域では50％となっており、中山間地域での経営規模の零細性がうかがわれる。

(図2-6）経営耕地面積規模別の農家数割合

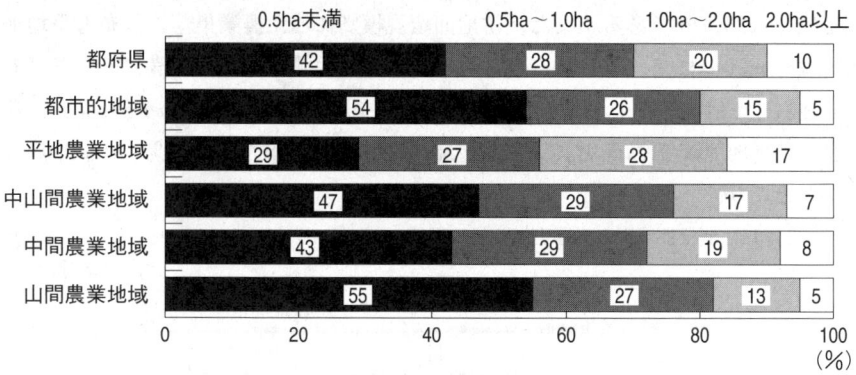

資料：農林水産省「農業センサス」（都府県、総農家）（平成7年）

　これをとらえて、日本のように構造改善の進んでいない国でEU型の直接所得補償を行うことは零細農家の温存につながり、望ましくないという議論がなされてきた。しかし、中山間地域で何故規模拡大が進展しないのかという要因分析を欠いたままこの議論の結果としての妥当性を認めてしまえば、日本では未来永劫直接支払いの導入はなされなかったに違いない。

　規模拡大の動向を借入耕地面積等による農地流動化でみることとしたい。

　1995年の借入耕地のある農家割合は、平地、中間、山間地域のそれぞれで24.1％、23.1％、20.8％となっており、これら農家の1戸当たりの借入面積はそれぞれの地域で64a、49a、42aとなっている。平地に比べ中山間地域での借入は低調である。さらに、1990年から1995年までの動向をみると、1戸当たりの借入面積の伸びは平地14a、中間8a、山間7aとなっており、農地の流動化のテンポも遅いものとなっている。

　1990年から1995年にかけて経営耕地面積は平地地域では2,022千haから1,948千haへと74千ha、3.7％減少しているのに対し、中山間地域では1,679千haから1,575千haへと104千ha、6.2％も減少している。中山間地域では耕地面積が平地を上回って減少していることは、農家戸数の減少が残存農家への農地集積につながらず、農地が荒廃していく様子を示している。中山間地域では農地の出し手は多いが、その引受手は少ないのであり、この点の認識を欠いた政策は中山間地域農業の崩壊を傍観するものといえるだろう。

　農家単位の規模の零細性は集落単位での規模の零細性ともなっている。1集落当

たりの耕地面積は平地地域では54.6haであるのに対し、中間地域では31.9ha、山間地域では25.7haである。また、耕地面積規模別にみた農業集落の分布も平地地域では30～50haにモードがあるのに対し、中山間地域では10ha未満にモードがある。さらに、借地等による農地流動化の低調さを反映して、入作がある農業集落数の割合は平地地域では76.9％にのぼるのに対し、中間地域では63.1％、山間地域は48.0％となっている。

(表2-14) 農業地域別1集落当たり耕地面積

(単位：ha)

	総農業集落数	耕地面積		
		計	田	畑
都市	31,463	23.5	15.2	8.3
平地	40,485	54.6	30.8	23.8
中山間	68,174	29.7	14.7	14.9
中間	43,531	31.9	16.3	15.6
山間	24,643	25.7	12.0	13.7

資料：農林業センサス（1990）農業集落調査を組替集計（旧市町村単位）

(表2-15) 耕地面積規模別農業集落数の割合

(単位：％)

	総集落数	10ha未満	10～20ha	20～30ha	30～50ha	50～100ha	100～300ha	300ha以上	耕地がない集落数
都市	100.0	38.3	22.9	13.6	12.7	8.7	2.5	0.2	1.1
平地	100.0	9.9	16.6	16.0	23.0	22.5	10.2	1.6	0.3
中山間	100.0	31.9	26.0	14.9	13.3	8.9	3.8	0.8	0.5
中間	100.0 (43,531)	25.7	25.4	16.4	16.0	10.9	4.3	0.6	0.7
山間	100.0 (24,643)	42.9	27.0	12.2	8.4	5.3	3.1	1.0	0.2

資料：農林業センサス（1990）農業集落調査を組替集計（旧市町村単位）
注：（　）内数字は実数

　農業地域別の労働生産性、土地生産性、資本生産性を表したものが次の図である。いずれも平地地域から、中間、山間地域へいくにつれ低下している。

(図2-7) 生産性比較

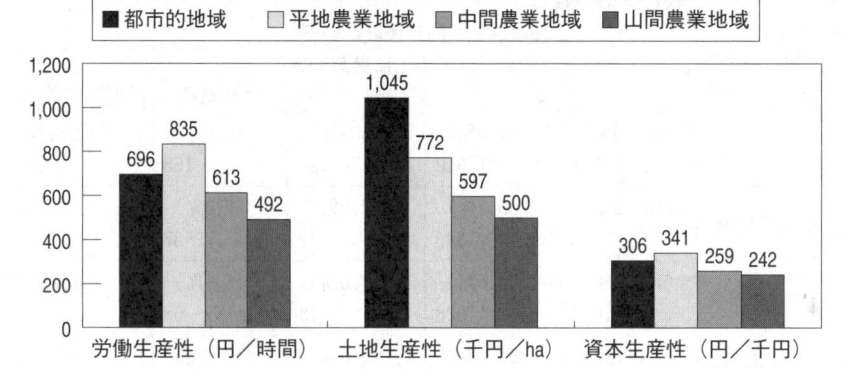

農業生産性（地域類型別）

■ 都市的地域　□ 平地農業地域　▨ 中間農業地域　■ 山間農業地域

労働生産性（円／時間）：都市的地域 696、平地農業地域 835、中間農業地域 613、山間農業地域 492

土地生産性（千円／ha）：都市的地域 1,045、平地農業地域 772、中間農業地域 597、山間農業地域 500

資本生産性（円／千円）：都市的地域 306、平地農業地域 341、中間農業地域 259、山間農業地域 242

資料：農林水産省「農業経営統計調査（農業経営動向統計）」（平成11年）
注：労働生産性＝農業労働1時間当たり農業純生産額（円）
　　土地生産性＝経営耕地1ha当たり農業純生産額（千円）
　　資本生産性＝農業固定資本千円当たり農業純生産額（円）

　全農家平均の農業所得をみても平地地域の1,859千円に対し、中間地域は1,191千円、山間地域は782千円となっており、山間地域と平地地域との間には2.4倍の農業所得の格差が生じている。

　このような農業の現状を反映して中山間地域では担い手の弱体化が進行している。

　1市町村当たりの認定農業者数は中山間地域以外では47人であるが、中山間地域では16人にすぎない。主に農業に従事する15歳以上の後継を有する農家は平地地域では78千戸（全体の7.6％）、中間地域では46千戸（6.0％）、山間地域では15千戸（5.0％）にすぎない。また、1989年から1994年までの5年間に、Ｕターン就農者の有無を調査したところ、山間地域では70.1％（平地地域42.7％、中間地域53.6％）の市町村がＵターン就農者がみられなかったと回答している。このため、中山間地域では農地の最後の受け皿として第3セクターの設立が増加してきている。

(表2-16) 後継予定者の有無別農家数の動向（販売農家）

(単位：千戸)

区　分	販売農家総数	15歳以上の同居後継がいる			
			主に農業従事		
				農業だけ	農業が主
全　国	(100.0%) 2,651	(57.0%) 1,512	(6.9%) 182	(5.9%) 158	(0.9%) 24
都市的地域	(100.0%) 531	(65.1%) 346	(7.9%) 42	(7.0%) 37	(0.9%) 5
平地農業地域	(100.0%) 1,037	(60.6%) 628	(7.6%) 78	(6.5%) 68	(1.0%) 11
中間農業地域	(100.0%) 773	(51.1%) 395	(6.0%) 46	(5.2%) 40	(0.8%) 7
山間農業地域	(100.0%) 311	(46.2%) 143	(5.0%) 15	(4.1%) 13	(0.8%) 3

資料：1995年センサス農家調査
注：( ) は後継の状態別構成比

(表2-17) 市町村農業公社等の設立数と市町村出資

市町村 出資比率(%)	昭和48年 度以前	昭和49～ 53年度	昭和54～ 58年度	昭和59～ 63年度	平成元～ 5年度	平成6～ 10年度	計
～20		1 (10.0)	1 (20.0)			1 (0.9)	3 (1.6)
～30	1 (12.5)		1 (20.0)		1 (2.4)		3 (1.6)
～40	2 (25.0)	2 (20.0)	1 (20.0)	4 (30.8)	1 (2.4)	1 (0.9)	11 (5.9)
～50	2 (25.0)	1 (10.0)		2 (15.4)	8 (19.5)	13 (11.9)	26 (14.0)
～60		1 (10.0)	1 (20.0)	1 (7.6)	4 (9.8)	9 (8.4)	16 (8.6)
～70				4 (30.8)	8 (19.5)	20 (18.3)	32 (17.2)
～80	1 (12.5)	1 (10.0)	1 (20.0)		2 (4.9)	16 (14.7)	21 (11.3)
～90		2 (20.0)		2 (15.4)	6 (14.7)	20 (18.3)	30 (16.1)
～100	2 (25.0)	2 (20.0)			11 (26.8)	29 (26.6)	44 (23.7)
計	8 (100)	10 (100)	5 (100)	13 (100)	41 (100)	109 (100)	186 (100)

注：( ) 内は構成比であり、単位は%である。

我が国の中山間地域の実態は多様であるが、農業生産活動の担い手の形態も、大きく分けてみると、地域ごとに次のような特徴が見られる。
① 東北地方及び九州地方では、他の地域と比較して１市町村当たりの認定農業者数、３ha以上の経営割合が多く、比較的大規模な農業者が存在している。
② 北陸地方、東海地方及び近畿地方では、他の地域と比較して農業生産組織への参加割合が高い。
③ しかし、担い手の減少、集落機能の低下が著しい中国・四国地方においては、他の地域に比較して、農作業受託を行う第３セクターが数多く活動しており、第３セクターに農地管理を依存する傾向が高い。

（表２－18）中山間地域における担い手の地域別比較

	認定農業者数 （１市町村当たり平均） 特定農山村地域 （特定農山村地域以外）	３ha以上の 経営割合 中山間平均 （平地平均）	生産組織 参加割合 中山間平均 （平地平均）	第３セクター数 特定農山村法等 ５法指定地域
北海道	23人　（86）	67.3%　（81.3）	22.3%　（29.1）	1
東　北	25　（87）	7.6　（14.0）	8.0　（13.9）	12
関東東山	14　（38）	2.4　（5.2）	4.6　（4.2）	5
北　陸	10　（58）	2.4　（9.0）	10.4　（14.8）	18
東　海	9　（28）	1.0　（2.0）	9.4　（7.5）	2
近　畿	10　（16）	1.1　（1.9）	11.7　（14.9）	7
中　国	7　（34）	1.1　（2.1）	7.7　（9.7）	52
四　国	13　（24）	1.1　（0.9）	4.0　（3.2）	
九　州	29　（54）	3.5　（6.0）	4.5　（9.9）	19

資料：　農林水産省「農業センサス（Ｈ７）」、農林水産省調べ

(2) 条件不利性

　以上のような規模の零細性、低い農業所得、担い手のぜい弱性等は中山間地域の農家の努力が不十分であるからではない。これらは中山間地域農業が抱える種々の条件不利性に起因するものである。
　第１に、中山間地域の農地は林野率が高いことから傾斜農地が多いことである。畑地の場合は度数（角度）で傾斜を測定するが、水田の場合は湛水しなければならない生産要素であり、法面が存在することを反映して、100分の１（100mで１m上がる）等の分数で傾斜を測定する。

水田については100分の1以上を傾斜水田、うち、20分の1以上を急傾斜水田としているが、傾斜水田の割合は平地地域で15％、中間地域で44％、山間地域で55％と中山間地域での割合が高い。

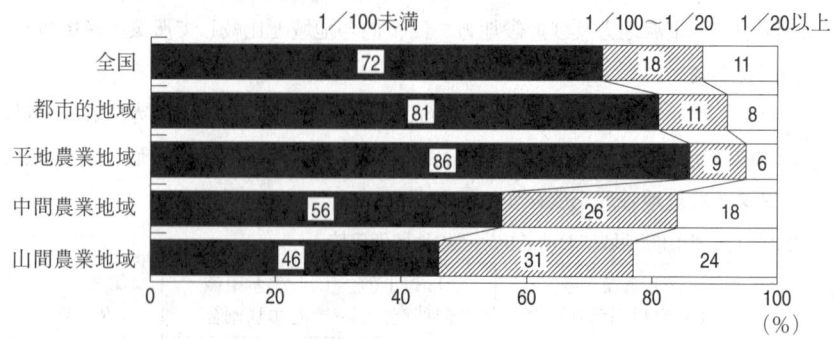

（図2－8）傾斜区分別の田面積割合（平成5年）

	1/100未満	1/100～1/20	1/20以上
全国	72	18	11
都市的地域	81	11	8
平地農業地域	86	9	6
中間農業地域	56	26	18
山間農業地域	46	31	24

資料：農林水産省「第3次土地利用基盤整備基本調査」（平成5年3月）
注：数値は、農振農用地区域内における割合

　平坦地においては長方形区画を基本とする1ha区画の大区画化が可能である。しかし、傾斜水田についての画一的な長方形区画の採用は土工事やつぶれ地を多くしてしまう。傾斜地で区画の大きな基盤整備を実施すると法面部分が多くなり、本地面積が少なくなってしまうのである。このため、100分の1以上20分の1未満の水田では1haの大区画ではなく30aの標準区画に整備し、20分の1以上の水田については30a区画以上のほ場整備が困難であるため、基本的には小区画に整備を進めることとされている。一般に区画の規模が大きくなるほど作業効率は向上する。ほ場整備は効率性向上のためのものであるが、傾斜農地では効率性の向上をある程度あきらめなければならないのである。このような事情から傾斜地にある水田は（ほ場整備を行ったとしても）必然的に小規模、非効率とならざるをえない。

　このように規模の小さい水田では機械化に限界がある（棚田のようなところではそもそも機械が入りにくい）ため、稲作の労働時間は多くならざるをえない。労働を機械（資本）で代替できないのである。ある県での調査結果であるが、平地地域にある市の水田10a当たり労働時間は26時間であるのに対し、傾斜度20分の1以上の棚田地域にある町の労働時間はその3.3倍の86.8時間に及んでいる。このため、次の表にみられるように、傾斜度が増加するにしたがい、労働生産性、1戸当たりの農業所得は減少する。

(表2-19) 水田の傾斜度と生産条件

区　　分	1/100未満	1/100～1/20	1/20以上
経営規模 　　（ha／戸）	(100.0％) 1.36	(79.4％) 1.08	(72.1％) 0.98
労働生産性 　　（円／h）	(100.0％) 845	(63.6％) 537	(53.4％) 451
農業所得 　　（千円／戸）	(100.0％) 576	(64.4％) 371	(55.0％) 317

資料：農林水産省「農業経営動向統計（稲作単一経営農家）」を組替集計
注：（　）は傾斜度100分の1未満を100％とした場合の比率
　　労働生産性＝農業労働1時間当たり農業純生産額（円）

　さらに、前述のように傾斜農地ではほ場整備のメリットも限られたものとなることに加え、傾斜度が増加するほどほ場整備のコストは増加する。このため、農地の整備率は100分の1未満の水田では64％であるのに対し、100分の1～20分の1の水田では48％、20分の1以上の水田では33％となっており、傾斜度が増加するほど整備率は低下する。また、中山間地域では農家の高齢化、低い農業所得等による意欲の減退も加わり、傾斜度が同じであっても平地地域に比べ整備率は低い。100分の1未満の農地でも、平地地域では72％であるのに対し、中間地域では64％、山間地域では59％の整備率にとどまっている。以上の結果、全水田についての地域別の整備率は平地地域67％、中間地域53％、山間地域45％となっている。傾斜農地が多いことに加え整備率が低いことは、中山間地域では平地地域に比べより効率性が悪いことを示している。

(表2-20) 傾斜度区分別の整備率（水田）（農振農用地区域）

（単位：千ha、％）

地域＼傾斜	合計	割合	1/100未満	割合	1/100～1/20	割合	1/20以上	割合
都市的地域	257 481	53	219 388	56	25 55	47	13 39	34
平地農業地域	592 882	67	527 756	72	41 76	54	23 51	46
中間農業地域	340 637	53	227 357	64	79 165	48	34 114	30
山間農業地域	90 200	45	54 91	59	24 62	40	12 48	25

第2章　中山間地域の果たしている役割と特徴

		1,279	58	1,025	64	170	48	82	33
全 国		2,200		1,591		357		251	

資料：農林水産省「第3次土地利用基盤整備基本調査」（平成5年3月）
上段：区画が概ね30a程度以上に整備された面積
下段：水田の賦存量

　このような状況は畑地においても同様である。傾斜農地においては機械化による省力化、生産性の向上に限界がある。傾斜地における機械の利用限界傾斜度は、作業の種類、土質等によって異なるが、作業精度と作業の安全を考慮すると、10度程度が限界とされており、15度以上では危険な傾斜度であるとされている。畑・草地が主体のEUが山岳地域を傾斜度で指定しているのはそのためである。我が国では8度以上を傾斜畑地、15度以上を急傾斜畑地としているが、地域別の傾斜畑地の割合をみると、平地地域では12％であるものが、中間地域、山間地域では29％となっている。畑の整備率についても、水田ほど明確ではないが、平地地域の80％に比べ中間地域75％、山間地域74％と低い水準にある。

（図2-9）傾斜度別畑面積割合（平成5年）

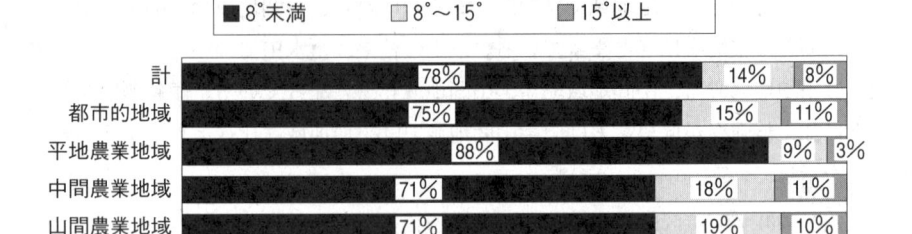

傾斜区分別の耕地面積割合（畑）
■8°未満　□8°～15°　■15°以上

	8°未満	8°～15°	15°以上
計	78%	14%	8%
都市的地域	75%	15%	11%
平地農業地域	88%	9%	3%
中間農業地域	71%	18%	11%
山間農業地域	71%	19%	10%

資料：農林水産省「第3次土地利用基盤整備基本調査」（平成5年3月現在）
注：数値は農振農用地区域内における割合

（表2-21）傾斜度区分別の整備率（畑）（農振農用地区域）

（単位：千ha、％）

地域＼傾斜	合計	割合	8°未満	割合	8°～15°	割合	15°以上	割合
都市的地域	168	66	138	72	17	47	13	48
	254		190		37		27	
	580	80	522	82	42	67	16	62

平地農業地域	728		639		64		25	
中間農業地域	495 656	75	382 466	82	77 119	64	37 71	51
山間農業地域	175 236	74	131 167	78	31 46	68	12 23	54
全　　国	1,418 1,875	76	1,173 1,462	80	168 266	63	78 147	53

資料：農林水産省「第3次土地利用基盤整備基本調査」（平成5年3月）
上段：末端農道が整備されたもの
下段：畑の賦存量

（表2-22）傾斜地における農業機械の制約

○　トラクター　　（ほ場の傾斜が概ね以下の限度以下）
　　　畑　　　　　　6～10度程度
　　　果樹園　　　　8度以上にあっては、園内耕作道が階段状に設置
　　　草地　　　　　安全保持から12度
○　コンバイン
　　　畑　　　　　　等高線沿い作業が主で　　3度程度
　　　　　　　　　　最大傾斜線沿い　〃　　　5度程度
○　ハーベスター（フォレージハーベスター）
　　　登坂作業及び等高線沿い作業が主で　10度程度
出典：「高性能農業機械等の試験研究、実用化の促進及び導入に関する基本方針並びに特定高性能農業機械の導入に関する計画の策定等について（抜粋）」（農林水産省）

　第2に、小区画不整形となるのは傾斜農地だけではない。中山間地域では山が迫っているため、川に沿って小規模な水田が展開している。いわゆる谷地田と呼ばれる水田である。このような水田も傾斜農地と同じく、区画が小さいため、機械の導入も限定され、多くの労働時間が必要となる。なお、このような水田は、水路と水田との水位差がないため、ドジョウ、タニシ、フナ、メダカ等の水生生物が水田に生育し、生態系保全に大きな役割を果たしている。

（表2-23）10a当たり労働時間　　　　　（単位：時間）

		区画面積		
		10a	30a	100a
作物	水　稲	29.4	17.5	13.0
	麦	14.0	8.6	2.8
	大　豆	14.5	6.6	1.8
	合　計	57.9	32.7	17.6

第3に、北海道に限定された農地であるが、天北や根釧地域では、積算気温が著しく低いため、牧草以外の畑作物の生育は困難であり、また、牧草の収量も他地域に比べ著しく劣っている。イギリスでは牧草地面積が農地面積の70％以上の地域を条件不利地域として直接支払いの対象としている。

（図2－10）年間有効積算気温と牧草反収との関係

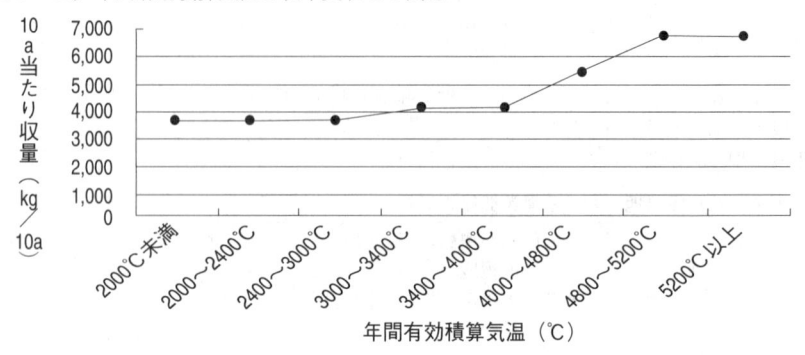

資料：「平成7年産作物統計」を組み替え（全国計）
　注：有効積算気温とは、日平均気温10℃以上の期間の積算気温（℃日）

(3) 耕作放棄が耕作放棄を呼ぶ

　以上のように中山間地域の農地・農業は条件不利性に特徴づけられている。このような農地の条件不利性により、耕作放棄が発生しやすい。

（図2－11）耕作放棄率の推移

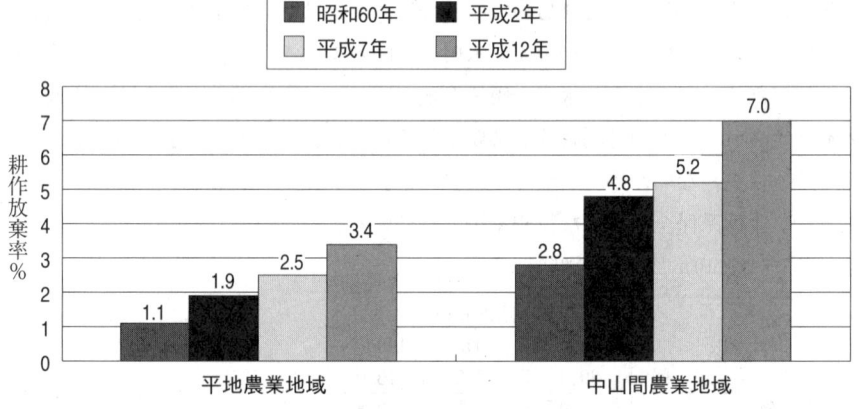

	昭和60年	平成2年	平成7年	平成12年
平地農業地域	1.1	1.9	2.5	3.4
中山間農業地域	2.8	4.8	5.2	7.0

資料：農林水産省「農業センサス」
　注：耕作放棄地とは、調査日以前1年以上作付けせず、今後数年の間再び耕作する意志のない土地をいう。
　　　耕作放棄地率＝耕作放棄地面積／（経営耕地面積＋耕作放棄地面積）

次の表は傾斜農地率、不整形水田率と耕作放棄率との関係を示している。いずれもこのような条件不利農地が多くなると耕作放棄率が増加することを示している。
　また、耕作放棄率はこのような自然条件による不利性だけでなく、高齢化率の上昇による地域活力の低下によっても増加している。

(表2-24) 条件の不利性と耕作放棄との関係

1　急傾斜農地率と耕作放棄率との関係

区分 急傾斜農地率	田 (%) (1/20以上)	畑 (%) (15°以上)	計 (%)
50%以上	6.6	11.7	9.2
40～50%	4.9	12.3	9.3
30～40%	4.0	11.3	8.3
20～30%	3.3	9.9	6.9
10～20%	2.9	8.9	6.0
10%未満	1.5	5.0	2.7

2　平坦地における不整形水田率と耕作放棄率の関係

不整形水田率	耕作放棄率 (%)
50%以上	4.6
40～50%	4.5
30～40%	3.9
20～30%	3.2
10～20%	3.2
10%未満	1.9

3　平坦地における高齢化率と耕作放棄率の関係

高齢化率	耕作放棄率 (%)
50%以上	21.6
40～50%	12.7
30～40%	4.5
20～30%	2.1
10～20%	0.9
10%未満	0.0

資料：農業センサス（平成7年）、第3次土地利用基盤整備基本調査（平成5年3月）
　　　を旧市町村単位に組替集計
注：平坦地とは、傾斜度100分の1、8度未満の耕地面積の割合が80%以上の旧市町村
　　不整形水田率とは、区画形状が不整形の田面積割合
　　高齢化率とは、65歳以上の農業従事者割合

(表2-25) どのような地区に耕作放棄が多いか

(単位：％)

	傾斜の度合い				集落からの距離				団地の大きさ				整備の程度		
	急傾斜	緩傾斜	平坦	無関係	遠い	やや遠い	近い	無関係	大	やや大	小	無関係	整備済み	未整備	無関係
田	40	10	5	21	48	15	2	17	0	2	55	21	3	63	12
普通畑	50	16	1	21	50	17	3	19	—	5	57	25	2	67	17
樹園地	36	6	1	19	32	9	2	18	1	2	31	25	3	40	17
草地	33	6	1	23	31	10	2	19	0	3	32	28	2	38	21

資料：農村開発企画委員会「全部山村へのアンケート調査」(1989年)
注：それぞれへの「回答なし」の表示を省略した。

　従来、耕作放棄は傾斜農地で集落の距離の遠いところ等から進行した。1989年の調査(表2-25)はこれを示している。しかしながら、最近では条件の良い農地も放棄されはじめている。次の図は1994年の鳥取県青谷町における耕作放棄地の分布である。かっては周囲への気がねもあり中心部の農地では耕作放棄は生じなかった。しかし、高齢化の進行等による集落のまとまりが弱まってきているため、中心部も含めモザイク状に耕作放棄が発生してきている。

(図2-12)「粗放的スプロール」の態様（鳥取県青谷町の事例）

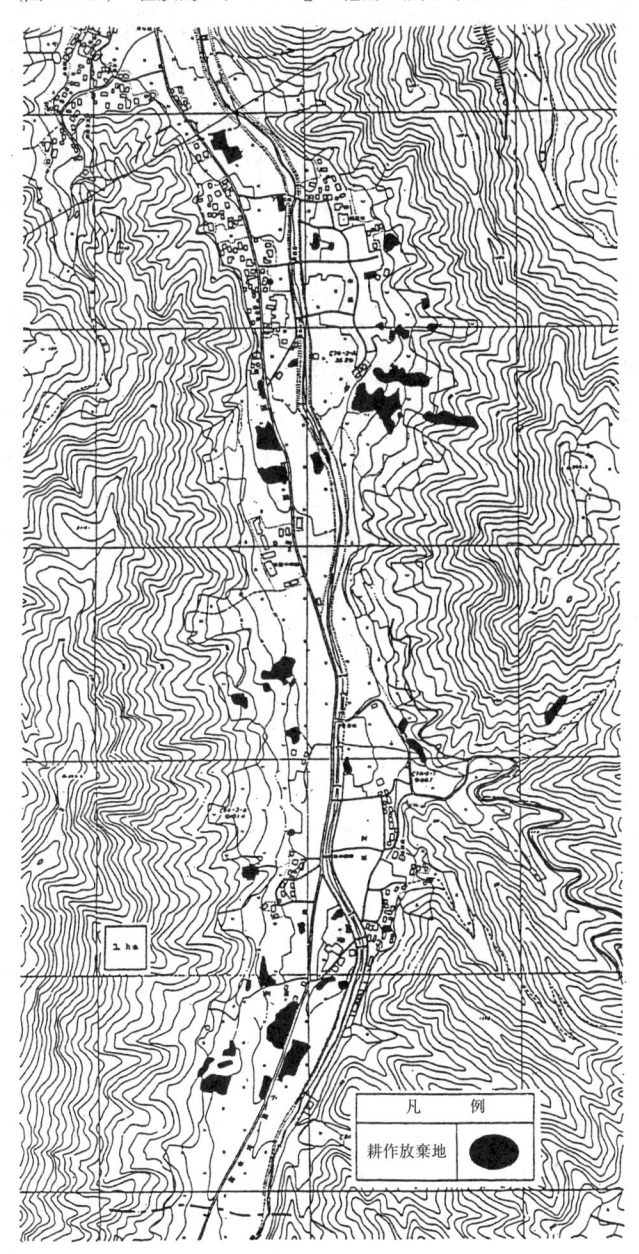

凡　例
耕作放棄地　●

出典：農水省構造改善局計画部事業計画課
　　　「中山間地域農地保全管理手法検討調査報告書」（p.62, 1994年）

このような耕作放棄が発生した場合復元には相当なコストが必要となる。例えば、20分の1以上の水田が10年間耕作放棄された場合、繁茂している草及び灌木の除去、畦畔・法面の復旧、整地、土地改良材の散布等ほ場復旧のための整備に要する経費はha当たり17百万円と試算され、また、団地内の水路、水渠、農道等の土地改良施設の復旧にha当たり13百万円を要すると試算されるため、合計ha当たり30百万円が必要となる。すなわち、いったん耕作放棄された場合にはなかなか元に戻すことは難しいのである。

　さらに、耕作放棄は他の農地にも重大な影響を与える。耕作放棄後1年でカヤ、ススキ等の雑草が繁茂するため周囲の農地が日陰地となり、農作物に日照不足障害が発生する。次には、野バラ、ササ、灌木が覆い繁り、ほ場面に乾燥収縮によるクラック（割れ目）が多数発生するため、重粘土質地域ではクラックから雨水が浸透し、地すべりの原因となる。また、畦畔等の管理がなされなくなると、法面が崩壊し、土砂が下部の農地に堆積することとなる。さらに、このような物理的な形状の変化だけでなく、耕作放棄地は草木の繁茂により病虫害、鳥獣害の温床ともなっている。

（表2-26）荒廃地の周辺耕地への影響

影響の種類	その内容
直接的影響	隣接荒廃地から直接悪影響を受けるもの 病虫害の発生、日陰田の発生、鳥獣害の発生など
間接的影響	耕地利用の共同性に基づくもので、耕作放棄により共同の道路、水利などの維持管理ができなくなることにより影響を受けるもの

資料：「耕作放棄水田の実施と対策」（(社)農業土木事業協会）より抜粋

（表2-27）耕作放棄の理由

区分	都市的地域 （耕作放棄面積 246.21ha）	その他地域 （耕作放棄面積 1,788.65ha）
耕地条件が悪い	22.22%	37.91%
機械化が困難	18.39	30.47
労力不足	31.76	31.36
兼業先の都合	9.32	9.73
周囲が放棄	9.33	28.27
都市化による環境悪化	11.95	0.20
作付け計画の都合	13.41	7.07
転用の予定	16.40	6.73
稲転休耕を契機	13.90	11.40
その他	0.90	2.70

資料：農林水産省「農地利用動態調査」（1989年）
注：重複回答である。

耕作放棄は水路・農道等の地域資源の維持管理にも影響を及ぼしている。例えば、土地改良区は農地への賦課金により水路の改修等を行っている。しかし、耕作放棄地の増加、不在地主の増加により賦課金農地面積は減少し、土地改良区の財政状況が悪化している。賦課面積が減っても水路が短くなるわけではなく、維持管理費用は減少しない。したがって、残された農地の負担はますます重くなる。受け取る小作料よりも水利費が高くなっている地区もある。土地改良区だけではなく、中山間地域では、一般的に、農家戸数の減少、高齢化の進展等により、水路・農道等の維持・管理体制が脆弱化している。次表はこうした傾向を示している。また、これらの維持・管理が困難となった場合の対応として、平地地域では農家組織を強化するという回答が最も多い対応となっているのに対し、中山間地域では農家と非農家が合同で作業するという回答が最も多い。中山間地域ではもはや農家だけでは農業資源を維持できなくなっているのである。また、地域の活力低下を反映し、中山間地域では管理できなければ放棄するという回答が平地地域に比べると高い。

（表2－28）集落による農道・集落用用排水路の維持管理実施率
（単位：％）

		全国	都市	平地	中間	山間
農道	集落による管理	65.0	52.5	66.7	72.2	64.2
	管理していない	35.0	47.5	33.3	27.8	35.8
農業用用排水路	集落による管理	75.6	76.5	80.4	74.0	69.1
	管理していない	24.4	23.5	19.6	26.0	30.9

資料：農林業センサス1990を組替集計（旧市町村単位）

（表2－29）

10年前と比較した維持管理活動への参加人数の増減状況

項目		参加人数の増減（人）
農業用水路	管理放棄意向集落	－4.50　（－20％）
	中山間地域集落	－4.19　（－14％）
	平地集落	0.84　（　2％）
集落内水路	管理放棄意向集落	－0.92　（－3％）
	中山間地域集落	－1.75　（－5％）
	平地集落	1.81　（　4％）
農道	管理放棄意向集落	－6.26　（－19％）
	中山間地域集落	－4.55　（－14％）
	平地集落	3.78　（　8％）
ため池	管理放棄意向集落	－5.80　（－42％）
	中山間地域集落	－4.03　（－17％）
	平地集落	－2.64　（－9％）

非農家が維持管理へ参加している集落及び非農家から出不足金を徴収している集落の割合

項目		非農家参加率	非農家徴収率
農業用水路	管理放棄意向集落	22.0%	45.5%
	中山間地域集落	33.3%	41.8%
	平地集落	30.3%	35.7%
集落内水路	管理放棄意向集落	48.3%	25.0%
	中山間地域集落	53.6%	60.6%
	平地集落	60.8%	55.8%
農道	管理放棄意向集落	35.0%	60.0%
	中山間地域集落	56.4%	64.6%
	平地集落	46.4%	55.1%
ため池	管理放棄意向集落	23.1%	50.0%
	中山間地域集落	36.8%	34.7%
	平地集落	28.2%	50.8%

注：管理放棄意向集落は、アンケート調査で"管理できなければそのままにしておく"と回答した60集落の平均値

（1994年：京都府調査）

(表2-30) 維持管理が困難となった場合の対応（A県の事例）　　　（単位：％）

	今後の方向	中山間	平地	合計
自発的な対応	①農家組織を強化し作業実施	26.2	33.3	28.6
	②農家と非農家が合同で作業実施	31.1	30.1	30.8
	③農村住民と都市住民が合同で作業実施	4.3	6.2	4.9 計64.3
委託での対応	④作業を市町村や農業公社に委託	14.0	19.3	15.8
	⑤作業を個人か営農組織に委託	9.8	5.9	8.5
	⑥作業を誰でもよいから委託	5.8	2.9	4.8 計29.1
放棄	⑦管理できなければそのままにしておく	8.8	2.3	6.6 計6.6

注：有効回答数　中山間：597　平地：307　合計904

　さらに、田越しかんがい地区のように各農地が水路で連絡されているところでは一部に耕作放棄が発生すればこれ自体が上下流の水田を一挙に荒廃化させてしまう。

　要するに、耕作放棄は周辺の農地への悪影響、水路・農道等地域資源の管理の粗放化を招き、二次的な耕作放棄を呼ぶのである。耕作放棄のドミノ現象が起こっている。生源寺教授が指摘するように、生産活動には外部性があるのである。

　中山間地域等直接支払制度検討会において、長野県飯山市長から、

「・国道沿いの中心集落を除けば、他の３集落とも10数戸規模に落ち込んでしまっている

　・農家戸数は昭和45年には179戸あったが平成７年には73戸にまで激減している

　・水田面積は全部で約60haあるが、平成10年度の耕作面積は約20haであり、荒廃化が急速に進行している

　・水田は棚田のため、作業の機械化が困難で、また上部で荒廃化が進むと下部での水利が不可能となるため一帯が一挙に荒れてしまう」

という同市富倉地区の現状が報告された。

　また、耕作放棄の増加は、農業への影響にとどまらず、鳥獣害の増加による居住環境の悪化を通じて、集落の消滅まで引き起こしかねない。

5．中山間地域等直接支払いの基礎理論

　このような中山間地域農業の後退に対して、農政としても手をこまねいていたわけではない。

　農政審議会は1993年１月『今後の中山間地域対策の方向』で「標高差等中山間地

域の特性を生かし、加工等も積極的に取り入れた複合的な形態のなかで、生産基盤の整備を進めつつ、花きや特産品など労働集約型作物を中心に、高付加価値型・高収益型農業への多様な展開を目指していく」とのビジョンを示し、これを受けて、1993年特定農山村法が制定された。

しかし、これに対しては生源寺教授は次のように評している。

「ここから読みとることができるのは、中山間地域の農業のなかに、比較優位ではなく、絶対優位の条件を持った作目を探し出そうとするスタンスにほかならない。むろん、このこと自体の意義を否定するわけではない。現に高収益作物による地域興しに成果をあげている村もある。けれども、高収益作物が日本の農地の4割を占める中山間地域農業を覆い尽くすことができると考えるとすれば、そのような立論は政策論としてはあまりにも安易である。

さらに、より本質的な問題として指摘しておかなければならないのは、絶対優位に着目する農業ビジョンが条件不利地域政策そのものを否定する結果になっていることである。なぜならば、絶対優位の作目であるならば、中山間地域に立地する農業であるからといって、特別に政策的なサポートを行う理由はないからである。これに対して、比較優位に着目することは、その作目が中山間地域に立地することの経済的な合理性を示すと同時に、作目ごとの地域間生産性比較のうえでは絶対的な劣位にある以上、条件の不利を補う政策に1つの根拠を与えると言ってよいのである。」(『現代農業政策の経済分析』P．84)

「もちろんこういう方向で行くことができるならば、これはこれで結構なことですし、そういう地域があることも承知しておりますけれども、これだけで済むのであれば、条件不利地域あるいは中山間地域の問題はそもそも存在しないということになりかねない。皮肉な見方をするならば、この表現はむしろ政策の手詰まりといいますか、模索を重ねているけれども、なかなか決め手が見つからないという苦しい胸の内の告白ととらえてもいいのではないか。

中山間地域あるいは条件不利地域であっても、その地域の特性を生かして平地の条件のよいところよりも収益性の高い農業を行うことができるのであれば、その限りではそこは条件不利地域でも何でもなくなってしまう、少なくとも農業上は。そういう意味合いにおいてこの文章は、もしこの方向で成功すれば条件不利地域を自己否定する格好になっていると思われます。」(『農業構造問題研究』第199号P．9)

また、小田切助教授は、「そして、特定農山村法が、結局のところ「新規作物探しの支援というソフト事業に矮小化」(田代洋一横浜国立大学教授)されたのも、

条件不利性の改善や補償に直結する政策論理を持たなかったためであろう。」としている。

　特定農山村法の制定は中山間地域に対して農政独自の対応を行ったという点で大きな前進であった。しかし、まだこの時点では条件不利性を直接補正するという考え方に踏み切れなかった。
　なお、人口減少、高齢化が進展する中山間地域において労働集約型農業に比較優位を見い出すことはヘクシャー・オーリン理論とは逆なのではないかという疑問がある。当時の思考は、中山間地域では稲作等の土地利用型農業は生産性向上の見込みはなく、将来性はない、したがって、それ以外の作物を見つけるしかないという消去法であったように思われる。さらに、果実、花きは土地節約型農業であり、経営作物別にみると最も耕作放棄率の高いものである。したがって、こうした方向での農業の振興は中山間地域の農地の荒廃をもたらすおそれがある。農業の振興は農地の維持に必ずしもつながらないのである。

（表2－31）経営作物地域類型別にみた耕作放棄率

（単位：％）

	合計	稲作	畑作	野菜	果実	花き	工芸	酪農	畜肉
耕作放棄地率	3.8	3.1	0.6	4.5	7.2	7.8	4.1	1.4	5.8
平地農業地域	2.4	1.8	0.5	4.1	5.7	7.9	2.2	1.2	5.3
中間農業地域	4.7	4.3	0.9	4.6	7.2	10.3	8.2	1.2	6.0
山間農業地域	5.1	4.5	1.2	5.1	10.0	9.7	4.0	1.8	7.4

資料：農林水産省「農業センサス」（平成7年）

　ある経営が利潤を極大化するための条件は、生産要素の価格が生産物の価格にその生産要素の限界生産物を乗じたものに等しくなることである。すなわち、農業経営者の利潤 $P \cdot Q(f_i) - \Sigma w_i f_i$（Pは生産物価格、Qは生産量、$w_i$は生産要素の価格、$f_i$は生産要素の使用量であり、この式は売上額－コストを示している）を最大にするための一階の条件を求めると

$$w_i = P \cdot \frac{\partial Q(f_i)}{\partial f_i}$$

となる。

　土地利用型農業、特に稲作において、米価（P）が低下し、さらに耕作放棄が増大することにより条件不利性が増幅されれば限界生産物である $\partial Q / \partial f_i$ も低下していくので、この恒等式が実現するためには w_ℓ（例えば土地についての地代）も

低下しなければならない。すなわち、このような状況の下では、借手が支払える地代は低下していくのである。しかし、既にみたように、地主側からすれば、耕作放棄の増加による水路改修費の増加など農地を供給するためのコスト（c）がますます増加する。地主の利益は（$w_\ell - c$）であるが、w_ℓ が低下し、c が増加していけば（$w_\ell - c$）はマイナスになってしまう。これが中山間地域で離農が進展するにもかかわらず、農地が流動化せず耕作放棄が進むメカニズムである。したがって、政策的に必要なのはこのようなメカニズムを防止するため、w を上げ c を引き下げるような政策を導入することである。その一つの解答が直接支払いの導入に他ならなかったのである。

　地主が農地を貸し出すのは $w_\ell - c > 0$ となる場合である。$w_\ell - c > 0$ ということは $c < w_\ell = P \cdot \dfrac{\partial Q(f_\ell)}{\partial f_\ell}$ である。（f_ℓ は土地を意味する）限界生産力逓減の法則により $\dfrac{\partial^2 Q}{\partial f_\ell^2} < 0$ であるから、図のように $w(f_\ell)$ は右下がりの曲線となる。他方、農地は管理しやすい生産条件のよいところから貸し出されると考えると、$c(f_\ell)$ は f_ℓ が増加するにつれて増加する右上がりの曲線となる。（あるいは、中山間地域では一定額（$\bar{C}$）の水路・農道維持費さえまかなうことができれば農地はいくらでも貸し出されると考えると、$c(f_\ell)$ はほとんど $\bar{C}$ に等しく、横軸に平行な弾力的な線となろう。）

（図2-13）耕作放棄のメカニズム（地代と耕地利用）

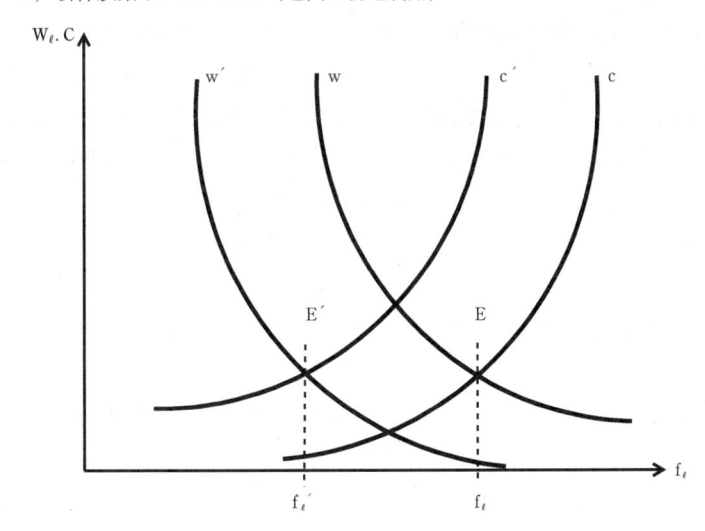

オリジナルな均衡はE点でf_ℓの量の土地が耕作されていた。価格（p）が低下するとwは下方へシフトしてw'となる。他方、高齢化の進行や集落機能が失われると農地を供給するための水路・農道・法面の管理コストが増加するのでcは上方へシフトしてc'となる。この結果農地はf_ℓ'まで縮小することとなる。f_ℓとf_ℓ'との差が耕作放棄される農地である。これを防ぎ、農地の利用を増加するためには、w'を上げるか、c'を下げるか、あるいは両方の試みが必要となる。ここで土地の1単位当たりaの直接支払いを導入したとしよう。

　農業経営者の利潤は$P \cdot Q(f_i) - \Sigma w_i f_i + a f_\ell$となる。したがって、$f_\ell$に関する一階の条件は

$$P \cdot \frac{\partial Q}{\partial f_\ell} - w_\ell + a = 0、\quad w_\ell = P \cdot \frac{\partial Q}{\partial f_\ell} + a となり、$$

wはaだけ上方へシフトすることとなる。これが直接支払いの効果である。

　後述するように、直接支払制度では集落が受け取った直接支払額を農家と（水路・農道の管理等）集落の共同取組活動に配分することとした。これはw'を上げc'を下げるという効果を持つものである。

　直接支払いは耕作放棄を防止するのみではない。以上のように、農地の流動化を促進し、農業経営の零細性も克服することができるのである。直接支払いは零細農家温存とは逆の効果を持つものなのである。これによってコストダウンも進展する。なお、1999年11月食料・農業政策研究センターでの議論で、EUの例を引き直接支払いは地代の上昇を招き構造政策上問題であるとする是永宇都宮大学教授と、中山間地域では地代は農業生産による派生需要で決定されるものであり、今回の直接支払いは所有者ではなく耕作者に支払うのであるから問題はないとする筆者との間で他の先生をも巻き込んで熱の入った議論があった（『農業構造問題研究』第204号）。本節での分析はこの論争に対する筆者の解答である。$w_i = P \cdot \frac{\partial Q(f_i)}{\partial f_i}$の因果関係は右辺が原因で左辺が結果である。すなわち、w_iはPと$Q(f_i)$の内生変数であるというのが答えである。図においてcが不変で農産物価格Pの低下によりwがw'へとシフトすれば、地代は低下するが農地は流動化せず耕作放棄されてしまうのである。

　また、前述のように直接支払額を農家と集落の共同取組活動に配分するのであればw'も上がるがc'も下がるので、地代の上昇は抑制される。cが完全に弾力的な場合にはwを上方へシフトさせても地代は上昇しない。いずれのケースも直接支払いは農地を流動化させ、構造改善を促進する効果を持つ。

しかし、前述のとおり、90年代前半においては直接支払いは零細農家を温存するという財政当局サイドの論理が優ることとなる。直接支払いの主張は必ずはね返されるというあきらめ的なムードがあったように思われる。農地は手放されるのであるが、利用されることなく耕作放棄されてしまっている、農地の引受手たるべき担い手の体力が弱体化しているという中山間地域の現場を十分に説明できなかったといえるだろう。また、いくらかかるかわからない"所得補償"という言葉が財政当局に検討する前にNOという答えを用意させたともいえよう。直接支払制度を説明する過程で、ある国会議員の方から「所得補償といわれるがEUの農家は19万円しか受け取っていないらしい」と言われたことを覚えている。直感に基づく鈍い指摘である。EUでも19万円で農家に対し所得を補償しているのではないのである。
　結局、90年代前半においては、直接支払いについて次のように、問題は指摘しつつ最後には研究するという整理がなされることとなる。
　「このような対策を我が国に導入することについては、
① 　我が国では、各地で多様な農業が展開されており、対象地域・農家の限定を一律的に行うのは技術的に難しいのではないか。また、実施するとすればバラマキ的になってしまい、十分な政策効果が得られないのではないか。
② 　ECの条件不利地域に対する直接所得支持政策は、規模拡大が進んでいるECにおいて、それまでの農業近代化路線を柱とした構造政策の見直しの中で拡充強化されてきたものであり、今後規模拡大等構造政策の更なる推進が必要な我が国農業にそのまま適用することは適当でないのではないか。
③ 　ECの条件不利地域に対する直接所得支持政策は、福祉・社会保障的側面を有しており、その色彩が強くなれば、中山間地域等で積極的な農業を展開している農家の労働意欲を減退させることにならないか。
④ 　職業人たる農業者に対して広く直接所得補塡をすることについては、国民のコンセンサスが得られにくいのではないか。
⑤ 　また、個人に対する給付金の支給は、転作補助金、価格政策における不足払い等の事例はあるものの、従来からの農業助成体系と異なり、関係方面の理解が得られにくいのではないか。
等、種々の問題があると考えられるが、研究は今後とも続けていくこととしている。」
　(『新政策そこが知りたい』1992年8月大成出版社)
　次は中山間地域等直接支払制度検討会における黒澤丈夫全国町村会会長(当時)の発言である。

「中山間地域の町村の立場から意見を申し上げる。直接支払いの取り組みを早く実施すべしと10年前からお願いしてきた。新たな農業基本法で道を開いていくことは、農政の大きな変革であり、大きな前進である。更に、対象地域、対象行為について色々な意見があるが、中山間地域の町村は崩壊寸前である。是非、早く本施策を実施して頂きたい。」

「こういう施策は、15年前から要求している。もう、手遅れになりつつある。こういう状況を理解いただきたい。過疎化も進みすぎた。少子化という新しい問題も出てきた。

　百点満点は無理であろうが、早く行ってほしい。

　現場でみている者からすれば、他から人間を連れてくるしか方法がない。そういうところにも手を伸ばす財政ニーズがある。」

　直接支払導入後現場を回ると、既に耕作放棄されたり、集落も消滅している所を案内され、「導入が10年早かったら」という自治体の首長さんの発言を耳にした。

　1998年に農政が直接支払い導入に踏み切れた背景として、1993年来のウルグァイ・ラウンド交渉妥結により条件不利地域への直接支払いがWTO上"緑"の政策と位置づけられたこと、すなわち、EUだけの制度ではなく、世界的な貿易ルールとしても望ましい助成であると認知されたこと、バブル崩壊後国民の意識が生活の質的側面や環境の重視へと変化し、農政としても多面的機能重視というスタンスを打ち出すことができるようになったこと等が挙げられよう。逆にいうと、このような状況の変化がなければなかなか厚い壁を打ち破ることは難しかったと思われる。また、かつてはEUの条件不利地域対策の理解も十分ではなかったように思われる。

　しかし、EUの条件不利地域対策が何であるかを熟知していた後藤康夫氏は、1992年の「欧州の条件不利地域政策が示唆するもの」という論文で、EUの政策を参考にしつつ、日本型の直接支払いを導入すべきことを提言している。筆者は後藤論文を直接支払制度をデザインする段階で読んだが、直接支払制度検討会で9回にわたり詰めた議論がなされた後再度読み返してみても、当初読み流してしまった論点が多々あることに気づく。後藤論文の先進性である。それではEUの政策はどのようなものであるのか。あるいはどのようなものではないのか。後藤論文も引用しながら、次章で分析したい。

第3章　EUの条件不利地域対策

1．EUの原則

　EUの政策は統一市場と補完性を原則としている。

　統一市場の原則とは、EU域内ではモノ、サービスが国境を超えて関税なしで自由に移動するとともに、対外的には共通の関税が設定される（関税同盟）ということである。

　1968年に関税同盟が成立している。その同じ年に、モノの1分野である農産物については各国まちまちの政策を統一した共通農業政策が成立している。各国で農業保護政策がまちまちであると、農業補助金を多く支出する国の農産物の競争力が増加してしまい、共通市場という目的を達成できなくなるからである。

　共通農業政策の基本となるものは域内単一の価格支持政策である。これは、ｱ)域内農産物の市場価格が一定の価格水準より下がれば市場に介入して買い支えする、ｲ)輸入に対しては輸入品の価格と域内価格の差を可変課徴金（変動する伸縮自在の関税と考えてよい）として徴収し、輸入品が域内産よりも有利とならないようにする（域内優先の原則という）、ｳ)域内で過剰となれば輸出補助金を出して域外で処理するという、域内、輸入、輸出対策を三位一体として適用するものであった。ウルグァイ・ラウンド交渉で、アの価格支持についてはAMSで規制され、イの可変課徴金については関税化され、ウの輸出補助金については削減が求められることとなったが、共通農業政策の基本的考え方に変化はない。また、アについては、1992年のいわゆるマクシャーリー改革で穀物、牛肉の支持価格の水準を大幅に引き下げ、面積又は家畜頭数当たりの直接支払い（直接所得補償）を導入している。

　補完性の原則（principle of subsidiarity）とは、加盟国によっては十分に目的を達成することはできず、EUによる方がよりよく達成できる場合に限り、EUは措置を採るというものである。EUの行政機関である欧州委員会の職員は選挙で選ばれた者ではない。このような顔の見えないEU官僚によって支配されたくないとする"民主主義の赤字"という批判に対処するため規定されたのが補完性の原則である。

(図3-1) ＥＣの小麦輸出補助金・輸入課徴金・価格支持制度

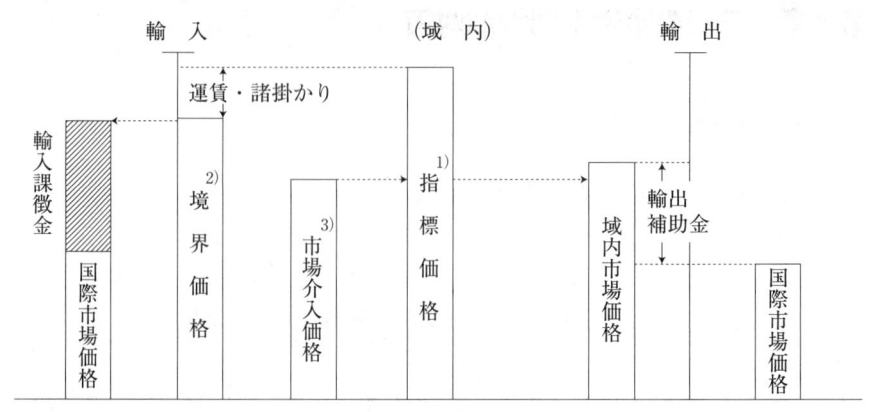

注1）：生産者が実現することが望ましい価格＝目標価格。
 2）：指標価格から、運賃・諸掛かりを引いた価格。輸入農産物は、この価格を下回っては、域内に入ることはできない。
 3）：介入機関が、農産物を買い入れる際の基準となる価格。域内の市場価格を支える。

　ＥＵの全予算のうち50％は前述の共通農業政策に係る価格関係予算（農業指導保証基金（ＥＡＧＧＦ）の保証部門。ＥＡＧＧＦは基金という名称であるが単年ごとの予算である。）であり、30％が低所得地域の開発等を内容とする地域政策（構造基金と呼ばれるものでＥＡＧＧＦの指導部門を含む。）となっている。このうち前者の農産物価格関係予算に係る政策については補完性の原則は一切認められない。前述のとおり、各国の裁量に委せると農産物の競争条件に影響が出てくるからである。これに対して、構造基金については、補完性の原則が優先される。構造基金は、パートナーシップ（ＥＵと加盟国、地方政府との連携による実施）、資金の追加性（加盟国、地方政府等も負担する）、真に助成が必要な特定地域、特定行為への資金の集中、加盟国等によるプログラムの作成（加盟国は複数年次にわたる開発計画を提出してＥＵへ助成を申請する）の4つ（Partnership、Additionality、Concentration、Programming）を原則としているが、これは補完性の原則を反映したものである。
　農業構造政策の1分野である農業環境政策や条件不利地域対策でも施策の内容、助成単価等は各国の裁量に委ねている。ただし、補完性の原則を追求し過ぎると、豊かな国と貧しい国の農産物の競争力に不均衡が生じ、統一市場の原則が確保できなくなる。このため、構造政策に基づく各国の具体的プログラムを欧州委員会及び各加盟国で構成されるＳＴＡＲ委員会（Comité des Structures Agricoles et du

Développement Rural）がチェックするとともに、環境・条件不利地域対策による直接支払い単価に欧州委員会は上限を設定している。

　EAGGFについてみると、保証部門は共通農業政策の中核である価格関係予算であり、支持価格引下げに伴う直接所得補償、支持価格での市場介入に伴う買入保管経費、輸出補助金等の支出である。指導部門は農業関係の構造基金部門であり、投資補助、条件不利地域への直接支払い等の支出となっている。1996年度の支出額は保証部門で391億エキュー、指導部門で38億エキュー（エキューは約１ドル、通貨統合によりユーロとなる）で10：１の比率となっている。なお、保証部門のガイドラインとして、1988年の275億エキューを基準としてGDPの実質伸率の74％を毎年の伸率の上限とするシーリングがある。（構造基金は５年間の総額を決定）

　農業構造政策のうち、環境直接支払い、早期離農促進、植林化の３プログラムは1992年共通農業政策改革の価格関連対策として、保証部門に属している（保証部門は、伸び率についてのシーリングはあるものの、条件が満たされれば支出されるものであり、欧州議会のコントロールのない義務的支出であるという性格がある。ただし、このような性格が今後とも続くかどうかについては拙著『WTOと農政改革』P. 181参照）。今後は、条件不利地域対策についても保証部門へ移すこととなっている。これは、保証部門の総予算枠が増加する中で、支持価格引下げの見返りとしての直接所得補償の増加を抑制すること等により浮く財源をこれらの構造政策に活用しようとしているためである。

2．EU農業政策の枠組みと特徴

　EUの共通農業政策は、支持価格水準での市場介入（市場価格が支持価格水準を下回ったときは買い支える）及び需要拡大・過剰生産抑制のため穀物・牛肉の支持価格を引き下げる代償として導入した面積当たり（牛肉については家畜頭数当たり）の直接支払い（直接所得補償）による価格所得対策を基本として、これを環境直接支払い、条件不利地域への直接支払い等の構造政策で補完するというものである。

　このような政策の特徴は次のとおりである。

　第１に日・米・EUの農業政策は、日本が消費者負担型（生産調整、輸入制限等を政策手段とした高価格支持政策）、アメリカが財政負担型（低いレベルの価格支持制度による市場介入及び保証価格と実勢価格との差の不足払いを政策手段とした）であり、EUはその中間に位置する（高いレベルの価格支持制度による市場介

入と輸出補助金による過剰農産物処理）という特徴があった。しかし、1992年のいわゆるマクシャーリー改革により支持価格を引き下げて直接所得補償を導入したことによりＥＵはより財政負担型となっている。支持価格引下げによる市場介入の可能性減少、過剰の抑制、内外価格差縮小による輸出補助金の減額によって浮いた財源が直接所得補償に使用されている。マクシャーリー改革の効果は明白である。価格を引き下げたので、需要が拡大し過剰を解消することが可能となった。また、価格低下により関税引下げの要求、輸出補助金の削減約束にも対応可能となったので、ＥＵの国際交渉上のポジションが強化され、ウルグァイ・ラウンド交渉を乗り切ることができた。農家所得は、国際価格や域内価格が支持価格水準を上回り、この上に直接所得補償が加わったのでむしろ改善した。

　なお、我が国も完全な消費者負担型農政とはいえない。生産調整による財政負担のほか、需給の見込み違いにより過剰が生じた場合には飼料用、援助用等への処理を財政負担により行ってきた。また、1兆2千億円もの農業農村整備事業をはじめ農林水産省の予算は3兆5千億円にのぼる。我が国が生産調整を段階的に緩和し、一定の担い手に限定したＥＵ型の面積当たり直接所得補償制度を導入すれば、価格が低下し、需要の拡大による米過剰の解消をもたらすとともに、兼業農家から担い手に対し土地が集積され構造改革が進むこととなる。食料自給率の向上、消費者への安全・安価な食料の供給、食品産業の原料問題の解消、環境保全型農業の推進、担い手農家の所得の向上、国際交渉におけるポジションの強化等現在の農業が抱えるほとんど全ての課題を解決できる（以上については拙著『ＷＴＯと農政改革』第5章、第7章（特にＥＵの施策の効果についてはＰ．242）及び生源寺真一『アンチ急進派の農政改革論』を参照されたい。）。

「条件不利地域政策にせよ、粗放化奨励政策にせよ、若干の手直しは必要かもしれないが、基本的にグリーン・ボックスに入りうる整理となっているように思われる。我が国が発言力を増してきているとはいえ、国際交渉や国際世論形成における米国とＥＣがもつ力は大きい。ＥＣが輸出国化することによって、国際市場における米国、豪州との対立を強める一方、域内市場価格による農業保護には限界を感じて、直接所得支持の手法を取り込んだ財政負担型に移行するに至っているという国際環境は、この間、円高の進行のなかでむしろ価格・所得支持の財政負担を縮減し、内外価格差の縮小に努めつつも、政策手法としては国境措置に依存してきた我が国農政の今後のありように問題を投げかけている。」（後藤康夫『欧州の条件不利地域政策が示唆するもの』Ｐ．131）

第2に、累次の支持価格引下げに対応できない条件不利地域に対しては直接支払い、環境意識の高まりに対処するための環境直接支払い等価格・所得政策を補完する政策が導入されている。

　我が国では直接所得補償といえば条件不利地域対策をまず発想しがちである。これは条件不利地域への直接支払いが直接支払いの中で最も長い歴史を持っているためと思われるが、今日のEUの共通農業政策では支持価格を引き下げて導入した面積当たりの直接所得補償が何といっても重要である。各国負担も含めた支出額(1997年)でも直接所得補償175億エキュー、条件不利地域直接支払い19億エキュー、環境直接支払い27億エキューとなっている。1997年新基本法の内容が検討されていた頃、筆者はブラッセルから農林水産省の幹部に一定の担い手に限定したEU型の直接所得補償の導入と、これを補完するものとして環境直接支払い、条件不利地域直接支払いの導入を提案した。しかし、EUが条件不利地域への直接支払いからスタートしたように、まずは中山間地域等直接支払いが導入されることとなった。

3．条件不利地域対策の歴史・制度・運用

(1) 成立の経緯

　　1968年に共通農業政策が成立した際、それは価格支持政策に他ならなかった。条件不利地域対策は共通農業政策成立後しばらくの間EUレベルでは採用されなかった。

　　しかし、主要国では条件不利地域対策が事実上実施されていた。

　　西ドイツでは、1960年連邦議会が条件不利地域における農業振興の強化を決議し、1961年からは条件不利地域における農業構造改善事業について、予算配分、補助率等で優遇措置が採られていた。西ドイツにおいては、農家に対する直接支払いはなされなかったが、投資補助的事業がなされていたのである。我が国の山村振興事業のようなものである。

　　フランスにおいても、1961年から山地農業者に対する農業老令社会保険の優遇措置が開始され、1972年には山岳地域の畜産農家に対する直接支払いが導入された。その経緯は次のようなものであり、中山間地域農地の多面的機能、公益的機能に着目した我が国直接支払いの導入経緯と似たところがある。フランスの山岳地帯で雪崩が頻発し始めた原因を調査したところ、山岳地帯で畜産が減少したことが原因と判明した。すなわち、牛がいなくなると草が食べられなくなって徒長する、草が短いとスパイクのように雪をつなぎ止められるが、徒長すると草が寝

てしまうので雪が滑りやすくなり、雪崩が発生するというものであった。このため、フランス政府は1972年、畜産農家が山岳空間を維持する公益的機能（フランス語でも同じ表現）に対する報酬として、生産条件の悪い山岳地域と平地地域のコスト差の一部を畜産農家に交付した。

　このように加盟国レベルで条件不利地域政策が実施されていく中で、これをEUレベルの施策とすることが1970年代に入ってから検討された。

　一方で、イギリスが1973年にEUに加盟した。イギリスでは、スコットランド等丘陵地・高地においては、気候等の制約から粗放的な畜産経営を行わざるをえず、かつ、市場から遠隔地であるという条件不利性が存在する。このため、第2次世界大戦による食料増産の必要性が叫ばれる中で、1940年からこれら地域の農家に対して家畜頭数当たりの直接支払い等がなされていた。また、イギリスでは価格政策は支持価格を基準にした市場介入制度ではなく、農家への保証価格と市場価格との差を不足払いする制度を採っていたが、共通農業政策への編入により、このような不足払制度のみならず、これを補完するという位置づけがなされていた丘陵地域等への直接支払いも廃止されるのではないかという心配がイギリス政府にあった。このため、イギリスはEUへの加盟に際し、丘陵地域等への直接支払いの継続を強く要請することとなった。これが1975年にEUレベルで条件不利地域政策が採用される直接の契機となったといわれている。

　「イギリスが加盟の際、ヒル・ファーミング特別助成の継続を強く要請したことが、ECにおける条件不利地域政策の制度化の直接の契機となったことは、加盟条約附属書にも明らかであるが、しかし同時に、ドイツ、フランスなど加盟国レベルでの条件不利地域対策の形成とこれを共同体レベルの政策とするための検討が、1970年代に入った頃から進められていたことも見逃せない。6ヵ国の共同体の中で検討されつつあった山岳地域などに対する特別対策にイギリスの強い要請が合流したところに75年指令が誕生したとも見ることができる。3ヵ国がともに、いずれもこのECの制度は自国の提案ないし示唆によるところが多いと考えているという珍妙な現象が、そのことを物語っている。」（前掲後藤P．111）

　筆者には、EUの条件不利地域政策は思想的にはフランスの考え方が強く反映されているように思われる。EUはドイツの工業とフランスの農業の結婚といわれるように、農業分野では、今日でもフランスの影響力は相当強いものがある。1975年のEUの制度は、フランスの圧倒的影響力の下にあった欧州委員会がフランスの山岳地域直接支払制度にイギリスの丘陵地域直接支払いを包摂しようとし

たものではないかと思われる。EUの制度が山岳地域を無条件に条件不利地域としてまず掲げ、次に各種の要件を満たす地域として普通条件不利地域を規定している（イギリスの丘陵地域は普通条件不利地域である）ことは、このような制度の形成過程を示すものではないかと思われる。

　現在の欧州委員会の担当者は制度の目的について、食料増産に重点を置くのではなく、公益的な機能に重点を置くものであるとして次のように述べている。
「農業に対する社会の態度はメンバー国によって異なる。一般的に、条件不利地の農家に対する支払は増加していると言われている。その支払は、当該地域の食糧供給機能に対してではないことは、明らかである。当該地域の農業生産は、条件が有利な地域の生産によって、容易に、よりコストもかからず代替できるものである。この対策の目的は明らかに、そのような地域の農業生産や人口を維持することである。そしてそれは、農業が地方経済や景観や環境保全に対して重要な要素であることによる。一般的に、条件不利地域の農業は集約的ではなく、地域の自然条件に適合した粗放的な生産方法がなされている。」

　いずれにしても、EUの制度は各国がそれぞれ行っていた政策をボトム・アップによりEUレベルの制度としたものである。このような制度の成立過程は今回の我が国中山間地域等直接支払制度と類似しており、興味深いものがある。「直接支払い類似の対策は国に先行する形で各地の地方公共団体により実施されてきている。従来の農業政策の多くは国レベルで決定したものを地方が実施するというものであったが、今回導入されようとする直接支払いは地方で草の根的に実施されてきた政策をいわばボトムアップにより全国レベルで展開しようとするものであり、画期的な意義を有するものと考えられる。」（「中山間地域等直接支払制度検討会報告」Ⅱ－１－（３））

　イギリスに留学された経験を持つ生源寺教授は、我が国の条件不利地域を北海道のような遠隔地域と都府県の峡谷型地域として区分され、前者に対する直接支払いを強調されていたが、理論的な妥当性は別にして、EU本部のあるブラッセルに勤務していた筆者にはピンとこないものがあった。いずれの地域もEUの条件不利地域制度は対象としていたからである。同教授の著作を読んだ当時、私としては、北海道のような生産性の高い地域にはコストの格差を是正する条件不利地域対策ではなく、むしろEUが1992年のマクシャーリー改革で導入した直接所得補償を導入すべきだと思われた。

　イギリスにとっては丘陵地域への直接支払いは極めて重要である。これら地域

の農家所得のうち直接支払い額の占める割合は90％以上である。換言すれば直接支払いがなければイギリスの丘陵地域の農業は存立しえないのである。ＥＵ加盟国の中でイギリスは農場規模の大きさから最も農業保護に反対し、自由貿易を志向する立場の国である。しかし、そのイギリスの公使がＥＵ条件不利地域制度は重要な制度であると私に強調したことが今でも印象に残っている。利潤が生じなければ土地を簡単に放棄するアメリカやオーストラリア等の新大陸の農業と異なり、ヨーロッパではどのような地域においても農業や住民を維持しようとしているのである。当初の明示的な目的はどうであれ、今日ではイギリスでも条件不利地域対策は食料増産だけを目的とするものではないのである。

(2) 制度

　中山間地域等直接支払制度を検討している段階ではAgenda2000による改革の方向はわかっていたが、制度変更の具体的内容までは明らかでなかった。したがって、ここでは、我々が中山間地域等直接支払制度を設計する際参考とした1997年の制度について解説することとし、Agenda 2000でこれがどのように改正されたかについては、次節で説明することとしたい。

（参考３－１）条件不利地域内農業の特徴（1993.2 "Europe Verte" より）
(1)　専業農家比率の低さ、(兼業比率の高さ)
　　　　通　常　　　　条件不利地域　　　山岳地域
　　　　 29％　　　　　　 24％　　　　　　18％
(2)　穀物用農地比率の低さと牧草地比率の高さ
　　　　通　常　　　　条件不利地域　　　山岳地域
　穀　物　64.6％　　　　42.3％　　　　　40.9％
　牧草地　26.2％　　　　48.3％　　　　　43.4％
　　条件不利地域には養豚農家はほとんどいない。
(3)　１ha当たりの土地生産性（付加価値）及び労働生産性
　　　　通　常　　　　条件不利地域　　　山岳地域
　土地　　1.05　　　　　0.46　　　　　　0.60
　労働　　100　　　　　　53　　　　　　　42
(4)　条件不利地域のウェイトは全農地の45％で全農業生産の30％、条件不利地域の収入は通常地域の75％、山岳地域は40％。地中海地域では収入の地域差はない。
(5)　条件不利地域のウェイトは肉牛及び乳牛で１／３、羊で２／３、ベルギー、アイルランド、英の条件不利地域は畜産、南部諸国は畜産、一般作物、永年作物（オリーブ）等に展開
(6)　予算額は1987年の２億エキューから1991年の4.6億エキューへ５年間で135％増加

ア　目的
　経済的（生産コストに対する恒久的な自然上のハンディキャップを相殺す

る)、社会的（耕作放棄につながる人口流出を防止する)、環境的（カントリー・サイドの維持等）目的を複合したものとされている。

　EU規則は農業を維持することにより最低限の人口の維持とカントリー・サイドの保全を行うと規定している。

（表3-1）EUの条件不利地域対策の概要

事　項		内　　　　容
地域指定区分	山岳地域	・土地の利用の可能性に相当の制限があり、労働コストが相当大きいという特徴を有する以下のそれぞれの地域 ①標高及び困難な気候条件により、作物の生育期間が相当短いこと ②機械の使用が困難、又は高額の特別な機械の使用が必要な急傾斜地が地域の大部分を占めること 等
	普通条件不利地域	・以下のすべての特性を有した地域 ①生産性が低く、耕作に不適な土地の存在 ②自然環境に起因して、農業の経済活動を示す主要指標に関して生産が平均より相当低いこと ③人口の加速的な減少により当該地域の活力及び定住の維持が危うくなっている地域
	特別ハンディキャップ地域（小地域）	・洪水が定期的に起こる等の小地域
対象農家		・3ha（イタリア南部、ギリシャ、ポルトガル、スペイン等にあっては2ha）以上の農用地を保有し5年間以上農業活動を継続 ・他の地域と生産コスト等に差のない普通小麦、ワイン、りんご等を生産する農家は対象外 ・更に加盟国においては、助成を条件不利地域の一部（例えば山岳地域）や農家の一部（例えば低所得農家）に限定
補償金（直接支払い）の支給		①最低補償額は20.3エキュー（約2,800円）／家畜単位（又はha） ②最高補償額は以下のとおり 　・一般：150エキュー（約21,000円）／家畜単位（又はha）以下 　・恒久的に不利な条件の程度が著しい地域： 　　　　180エキュー（約25,000円）／家畜単位（又はha）まで引上げ可能 　・家畜を対象とする場合、補償金は飼料畑1ha当たり1.4家畜単位を上限として支給 ③1戸当たりの支給上限額は、ドイツでは12,000マルク（86万7千円）、

	フランスでは条件の不利性に応じて9,600〜46,250フラン（20〜98万円、肉用牛の場合）

注：1エキュー＝137.93円（1996年IMF平均）で換算した。

イ　対象地域（条件不利地域は全EU農地のうち56％を占める）

　　ドイツでの指定単位は原則として最小の行政単位であるGemeinde（日本の市町村より小さく、一万余存在。）である。フランスでは1990年で16,468のコミューン（Commune）が指定されている。各国が条件不利地域を指定する場合は欧州委員会、農相理事会の承認を受ける。

(ｱ)　山岳地域（標高等が自然的・経済的・社会的条件の不利性をもたらすとされる）

　　指定単位は土地利用の可能性の限界によって特徴づけられるコミューン又はコミューンの一部である。全条件不利地域のうち35％、EU全農地の20％を占めている。規則では次のように規定されている。

　「山岳地域は、次のいずれかにより、土地の利用の可能性に相当の制限があり、労働コストが相当大きいという特徴を有する地域である。

(a)　標高及び困難な気象条件により、作物の生育期間が相当短いこと

(b)　標高が(a)より低い地域であって、機械の使用が困難、または高額の特別の機械の使用が必要な急傾斜地が大部分を占めること

(c)　これらの要件ではハンディキャップの程度が大きくないものの、これら二つの要件を組み合わせることにより(a)又は(b)と同程度のハンディキャップがあること

(d)　北緯62度以北及びその隣接地域は、困難な気象条件により、作物の生育期間が相当程度短くされるという条件の下に山岳地域として扱われる（注…1995年のフィンランド、スウェーデンのEU加盟により設けられた規定である）。」

標高・傾斜に関する具体的基準は以下の通り。

・標高：作物生育期間が短い一種の耕作限界点としての考え方から無霜日数を基準に各国が設定（最低標高でドイツ600m〜スペイン1,000m）
　　　　緯度の低いスペインでは基準となる標高がドイツよりも高いことに留意されたい。

・傾斜：機械の使用が不可能もしくは機械の使用コストが著しく高いことを基

準に各国が設定（概ね20％（18度、約3分の1に相当）以上）
(イ) 普通条件不利地域

指定単位は自然からくる生産条件の観点から同一の農業区域とされる。全条件不利地域のうち61％、ＥＵ全農地の34％を占める。規則では次のように規定されている。

「カントリー・サイドの保全が必要とされる人口減少の危険性がある条件不利地域は、自然の生産条件の観点からみて均質な農業地域であり、<u>以下のような特性の全てを有した地域</u>である。

(a) 過度のコストをかけなければ増加させることのできない限られたポテンシャルしか有しておらず、主として粗放的な畜産業に適しているような生産性が低く、耕作に不適な土地の存在。

(b) 自然環境の低い生産性に起因して、農業の経済活動を示す主要指標に関して生産が平均より相当低いこと。

(c) 人口が低水準または減少を続けている主に農業活動に依存している地域で、人口の加速的な減少により当該地域の活力及び定住の維持が危うくなっている地域。」

具体的には、劣悪な土壌条件（耕作に不適で主として粗放的畜産に適している生産性の低い土地、牧草、穀物の生産性が国内平均80％以下でＥＵ平均を超えない）低農業所得（付加価値額、農家純所得、粗生産額等の指数が国内平均の80％以下）、過疎性（人口密度が国内平均の50％以下、75人／km^{2}以下、農業就業人口15％以上）の全てを満たす地域である。すなわち、自然的・経済的・社会的条件の全てが悪い地域である。

なお、ドイツでは、永年牧草地の割合が80％以上の場合は要件を（農地評価指数を28から32.5に）緩和している。

(ウ) 特別ハンディキャップ地域－小地域（small areas）

条件不利地域には、特別なハンディキャップを有し、環境の保全、田園地域の維持、地域の観光ポテンシャルの保全、海岸の保護等のために農業の存続が必要な地域を含めることができる。このような地域は、当該加盟国の国土面積の4％を超えてはならない。

この地域は全条件不利地域のうち4.2％、ＥＵ内全農地の2％を占める。

以上の条件不利地域をまとめると次表の通りである。

（表3－2）理事会指令950/97／ＣＥＥ　条件不利地域の範囲の基準
A．山岳地域

第23条	山岳地域は、土地の利用の可能性に相当の制限があり、労働コストが相当大きいという特性を有する地方行政区域（コミューン）または、その一部であり、次のような要件を満たす地域：		
	標高、困難な気候条件により、作物の生育条件が明らかに短いこと	標高が低い地域であって、地域の大部分において機械の使用が不可能又は高額の特別な機械の使用が必要な急傾斜地域であること。	前2者のそれぞれの要因ではハンディキャップの程度が大きくないものの、これら2つの要因を組み合わせることにより左と同程度のハンディキャップがあること
地域の分類のために理事会提案理由で示された説明（当時は、スペイン、ポルトガル、オーストリア、フィンランド、スウェーデンは未加盟）	標高、困難な気象条件により作物の生育条件が明らかに短いことに関し、理事会はかかる条件は600～800m以上の標高（それぞれのコミューンまたは地域の位置に応じてコミューンの一部）に集約されると考える。ドイツでは600m、南イタリアでは800m以上における経営において重大なハンディキャップが存在すること。	傾斜に関し、機械の使用が不可能又は高額の特別な機械の使用が必要な急傾斜地域であることから、理事会はかかる傾斜は20％以上（km²当たり平均傾斜）であると考える。	それぞれの要因ではハンディキャップの程度が大きくないものの、これら2つの要因を組み合わせることにより左と同程度のハンディキャップがあること
ドイツ	標高平均800m（地域の中心点または地域の平均標高）	－	最低標高が600mで、かつ、傾斜が少なくとも18％
ギリシャ	最低標高800m	最低斜度20％	最低標高600m かつ最低斜度16％
	地域の80％の面積がいずれか1つの要件を満たすこと。ただし、特別の場合は50％でもよい。		
フランス	各コミューンの最低標高の平均がアルプ	平均傾斜度が20％以上	・最低標高が500m、かつ、平均傾斜

56

	ス地方にあっては800m、他の山地にあっては700m、ヴォージュ地方にあっては600m。	平均傾斜度が20%以上	15%(海外県では、400mかつ16%)。 ・山岳地域の要件を十分には満足しないが、山岳地域に囲まれ、経済的にも周辺地域と密接に関連したごく限られた地域
イタリア	中央及び北イタリアでは各コミューンの最低標高の平均が700m。南イタリアでは800m。	傾斜度が20%以上	標高が中央及び北部では600m、南部では700mかつ、傾斜が15%以上
スペイン	最低標高1000m	傾斜度が20%以上	最低標高600m、かつ、傾斜が少なくとも15%。いくつかの山に囲まれた例外的な村にあっては傾斜が12%に緩和される。
オーストリア	最低標高700m（地域の中心点または地域の平均標高）	平均傾斜度20%以上	最低標高500mかつ平均斜度15%以上
ポルトガル	最低標高がタガスの北では700m、南では800m	最低斜度25%	タガスの北では標高400m以上かつ斜度20%以上、タガスの南では標高600m以上かつ斜度15%以上
フィンランド	北緯62度以北等の地域は困難な気象条件により、作物の生育期間が相当短くなる場合に指定される。その困難な気象条件とは"平均有効温度の合計"によって判断		
スウェーデン		斜度25%以上	標高500m以上かつ斜度15%以上
	北緯62度以北等の地域では平均気温5度以下で作物の生育期間が最高170日の場合に指定		

ベルギー、デンマーク、アイルランド、ルクセンブルク、オランダ、イギリスには山岳地域の指定はない。

第3章　EUの条件不利地域対策　57

B．普通条件不利地域

第24条	\multicolumn{3}{l	}{田園地域の保全が必要とされる人口減少の危険性がある条件不利地域は、自然の生産条件の観点からみて均質な農業地域であり、同時に以下のような特性を有した地域である：}
第24条	a) 過度のコストをかけなければ増加させることのできない限られたポテンシャルしか有しておらず、主として粗放的な畜産業に適しているような生産性が低く、耕作に不適な土地の存在	b) 自然環境の低い生産性に起因して、農業の経済活動を示す主要指標に関して生産が平均より相当低いこと	c) 人口が低水準または減少を続けている主に農業の活動に依存している地域で、人口の加速的な減少により当該地域の活力及び定住の維持が危うくなっている地域
地域の分類のために理事会提案理由で示された説明	牧草または穀物の生産性が国平均の80％以下であって、EU平均を超えないこと；家畜密度が低く、ha当たり1大家畜単位以下であること；農業面積または牧草栽培面積において、放牧面積割合が増大したため；土壌価値が減少するか、経済指標が国平均より明らかに低いこと	指標とは国の統計による次の指標：付加価値、農業経営粗収入、農業総生産、労働収入、その他の指標。あるいは、経営体のいくつかの経済指標から構成される複合指標。	一般に、地域の人口密度が全国平均の50％を超えず、かつ、75人／km²を上回らないこと。密度基準を減少率に置き換える場合に毎年0.5％を超えるものでなければならない。他方、当該地域全体の労働人口に占める農業人口割合を15％より少なくしてはならない。
ドイツ	L．V．Z（農業評価指数）が最大28（全国平均指数：40の70％）又は永年牧草割合がSAU（草地比率）80％以上の場合には、L．V．Zが最大32.5であること。		人口130人／km²（全国平均247人）全労働人口における農業労働人口が少なくとも15％
フランス	農用地1ha当たり農業生産額が全国平均80％を超えないこと、又は、草地面積が農用地の50％を超え、かつ、家畜密度が1大家畜単位以	年間労働力単位当たりの農業粗収入が全国平均の80％未満	人口密度（km²当たり）が全国平均（75）の50％未満、又は年間人口減少率が最低0.5％。かつ、農業労働人口が少なくとも全労働人口の18％

		下。		
イタリア		小麦の生産性が16.5q／ha以下（全国平均25q／ha）、又は、草地比率が50％以上で、農地の乾草の生産性が20q／ha以下の地域	家畜密度が飼料畑1ha当たり0.65家畜単位以下（全国平均0.98）	人口密度が75人／km²（全国平均181人／km²、地域平均168人／km²）未満、又は、年間減少率が0.8％以上。かつ、全労働人口の少なくとも15％が農業労働であること。
イギリス		草地比率が70％以上；飼料畑1ha当たり1家畜単位以下；小作料が全国平均の65％以下	1労働当たりの労働収入が全国平均の80％以下	都市部、産業の中心部を除く人口密度（全国平均229、地域平均163）が55人／km²以下。かつ、都市部、農業の中心部を除く農業従事者割合が30％以上
スペイン		北部湿地帯：肥沃指数が30以下 乾燥地域及び準乾燥地域：耕作可能面積が50％以下	北部湿地帯：農業者の標準粗利益が、当該地域の80％未満、かつ、農場当たりの農地面積及び1ha区画面積が全国平均以下。乾燥及び準乾燥地域：かんがいされた農地が耕作可能面積の20％未満、又は休耕地域が草地面積の20％以上	人口密度が37.5人／km²以下（全国平均75人）、又は、年間人口減少率が0.5％以上。かつ、農業労働力人口割合が最低18％

デンマーク、オランダは指定していない。ベルギー等他の諸国については略。

第3章　EUの条件不利地域対策　59

C．小地域

第25条	条件不利地域には、特別なハンディキャップを有し、環境の保全、田園地域の維持、地域の観光ポテンシャルの保全、海岸の保護等のために農業の存続が必要な地域を含めることができる。このような地域は、当該加盟国の国土面積の4％を超えてはならない。
地域の分類のために理事会提案理由で示された説明	脆弱な地域は、土地生産力、水利上の悪条件、離島等の自然的に不利な条件に主に由来する特殊なハンディキャップを考えている。農業活動について、海岸の保護なり、自然景観に関係する公的命令による強制、より一般的な方法による環境に関する規制によって形成されるハンディキャップを考慮している。島嶼における農業において、海運のコスト上昇も考慮に入ろう。
ドイツ	L、V、Zが概に25以下の自然的な生産条件の不利性に、海岸線の保全、カントリーサイドの保全による不利性が加わった場合
フランス	生産条件の不利な自然条件の存在：観光なり島嶼における自然空間の維持に関連した規制のための不利性、劣悪な土壌又は排水条件、急傾斜、過度な塩分含有度。海外県において：異常気象及びしばしば襲うサイクロン、不規則な乾燥や降水期間の連続、突発的な隆起、島嶼なり本国から遠隔であることにより、生産物の高騰を招くハンディキャップ。
イタリア	生産条件の不利な自然条件の存在：自由地下水の不安定性、過度な塩分含有度、周期的な浸水、自然景観に関連した命令により生ずる規制によるハンディキャップ
イギリス	劣悪な自然条件による生産条件の不利性（急傾斜、強風、排水の悪さに地理的な不利性（離島）が加わる場合
スペイン	離島、土壌塩分、強風、湿地、干ばつによる砂漠化、環境保全、松林の保全という基準が適用される。

　ベルギーは指定していない。デンマーク等他の諸国については略。
　（出所）欧州委員会が1998年11月25日のSTAR委員会に提出した資料等による。

ウ　条件不利地域の諸対策

　条件不利地域への対策は直接支払いのみではない。直接支払いに加えて、農業近代化のための投資補助は他地域より10％増の補助率で行われ、また、草地

改良（小規模かんがい等を含む）等の共同投資に対する助成がなされている。さらに、価格政策においても、条件不利地域においては、家畜頭数当たりの支払額の上乗せ、牛乳生産割当枠の追加等の優遇措置が採られている。

　条件不利地域を特に優遇しているものではないが、環境直接支払いや価格政策における粗放的畜産業に対する直接支払いの上乗せ等の措置は事実上、条件不利地域に対して他地域よりも多くの助成を行うものである。さらに、農業分野だけではなく、過疎地域や一人当たり国民所得の低い地域等に対し「構造基金」によるインフラ整備等が行われている。

エ　直接支払い（年次補償金 Compensatory allowances）

　(ｱ)　対象農家

　　対象農家は3ha以上の農地を耕作する者で5年間農業活動を行うことを約束する者である。限定する理由として、地域での人口の維持、カントリー・サイドの保全が挙げられている。ただし、島部を含むイタリア南部、フランスの海外県、ギリシャ、ポルトガル、スペインにおいては、3haではなく2ha以上とする。

　　当該農業者が農業をやめても、その土地が引き続き農業に利用される場合には、当該農業者は5年間農業活動を行うことという約束の履行を免除される。また、不可抗力（force majeure）の場合、例えば公共目的のためその農地が強制的、またはその他の方法で買収される場合にもこの約束の履行は免除される。早期離農年金の受給者についても同様に免責される。

　　（参考）ドイツ

　　　「少なくとも5年間営農を継続すること」という義務づけが、次の場合には解除されると規定されている。すなわち、

　　・老齢年金、全経営休耕奨励金または生産廃止年金を受給するに至った場合

　　・土地を移譲した相手方がこの義務を継続する場合

　　・承認を受けて植林をした場合

　　・公権力による収用または公共の利益のために買収された場合

　　　要するにこの場合、それ以後の直接支払いは支給されないが、それまでに受給した直接支払いは返さなくてよい、ということである。

　(ｲ)　直接支払い額の考え方と対象外作物

　　直接支払い額は農業活動に影響を与える恒久的な自然上の条件不利性

（the permanent natural handicaps affecting farming activities）により設定されると規定されており、他の勤労者との所得差を補てんしようとするものではない。

このような考え方から、次の作物が対象外となっている。
(a) りんご、もも、なし、テンサイ、集約作物

真の条件不利地域では生育しないもの又は、他の地域と生産コストに差がないもの。（注…集約作物の定義は各国に委されている）
(b) 普通小麦、ワイン（ワインは山岳地帯を除く）

他の地域と収穫量に差がないもの。（したがって、2.5ｔ／ha未満の普通小麦や2キロリットル／ha未満のぶどう園は対象となる）

なお、普通小麦等を対象外としていることについて、日本では過剰であるからとの説明がなされているが、正確ではない。過剰性からすれば、牛肉、デュラム小麦、大麦等他の穀物も対象外となるはずである。山岳地帯のワインが対象となるのは、山岳地帯は通常土壌条件や他の生産要素が劣悪であることに加え傾斜農地で生産されるためコストや収量の面で不利であるからであると説明されている。（牛乳販売対象の乳牛は山岳地帯又は牛乳生産が重要な経営（この場合20頭以下が対象）のみが対象となる。これは過剰性をある程度反映したものとも考えられるが条件がより不利な地域や農家を優遇するものとなっている。）

(ウ) 直接支払い額
　(a) 家畜頭数当たりの直接支払い

牛・羊・山羊・馬を飼育している農場の場合、直接支払い額は、家畜頭数に基づいて計算される。直接支払単価は150エキュー／LU以下とし、直接支払い総額は農場の飼料畑総面積に150エキュー／haを乗じた額を超えないものとする（家畜単位（LU）数は、2歳以上の牛：1.0 LU、6ヵ月から2歳までの牛：0.6 LU、羊・山羊：0.15 LU等として算出する）。

ただし、自然条件の不利性が極めて厳しい地域においては、直接支払単価を180エキュー／LU（またはha）まで引き上げることが可能である。

直接支払いは、飼料畑総面積の1ha当たり1.4 LU以下を超えない部分に対して支払われる。これは、家畜単位の助成が過放牧、土壌の浸食の促進となったことの反省から定められたものである。しかし、1.4 LU／ha以上（例えば2 LU／ha）飼育していても1.4 LUまでは受給できる。また、

当該農家が家畜単位を減少すれば、環境プログラムの粗放化に合致するものとして、条件不利地域の直接支払いに加えて、環境プログラムによる直接支払いも受けられる。

(b) 面積当たりの直接支払い

(a)以外の農家に対しては、農場面積に応じて直接支払いが支払われる。この場合も直接支払単価は150エキュー／ha以下とするが、自然条件の不利性が極めて厳しい場合は180エキュー／haまで引き上げることができる。

(c) EUの助成は120単位（LU又はha）まで（89年までは50単位まで）で、60から120単位については60単位までの半額に減少する。加盟国はEUからの助成減少を埋め合わせることもできるが、実際にはEUからの助成に合わせて自らの助成も減少させている。120単位を超えたものについては、各加盟国単独でも助成できるが、EUが設定した補助金総支給額（150エキュー×飼料畑面積）を超えることはできない。

(d) EUの補助率は、地域に応じ25％、50％（構造政策上の目的1（1人当たり所得がEU平均の75％以下の地域）以外のイタリア、スペインの地域）、65％（アイルランド、旧東独）、70％（スペイン、ポルトガル）、75％（ギリシャ、目的1地域のイタリア）である。EUの平均負担率は36.9％となっている。なお、ドイツにおけるEU、連邦政府、州政府の負担割合は25：45：30である。（連邦政府と州政府との共通課題となっている。環境支払いは、州政府が負担）

（表3－3）EU各国における給付状況（1995年）

	EU（15ヵ国）	ドイツ	フランス	イギリス	イタリア	スペイン	ポルトガル	オーストリア
総支給額(億円)	2,349	623	390	165	21	93	78	220
受給農家数（万戸）	124	23	13	6	5	19	10	10
1戸当たり平均総支給額(万円)	19	27	30	29	4	5	8	23
農用地面積に占める条件不利地域内農用地面積割合（％）	53	50	38	43	57	79	85	68

第3章　EUの条件不利地域対策　63

条件不利地域内の農家数に占める受給農家の割合 （％）	30	72	49	73	4	20	32	65
【参考】条件不利地域内の1戸当たり農用地面積 （ha）	17	27	40	91	6	22	11	15
【参考】1人当たりのGDP （万円）	184	277	248	178	179	133	99	271

資料：欧州委員会資料
注：1） 日本の1人当たりGDPは、383万円
　　2） 1エキュー＝123.04円（1995年IMF平均）で換算

オ　各国による運用

　本対策自体加盟国にとってオプショナルなものである。農業環境プログラムは各加盟国には義務的なものであるが、個別農家にとっては義務的なものではない。これに対して条件不利地域対策は加盟国にとっても農家にとっても任意なものである。すなわち、条件不利地域があっても直接支払いを行うかどうかは各国に委ねられている。さらに、加盟国は、助成を一部の条件不利地域（例えば、山岳地帯）や一部の農家（低所得農家等）に限定することもできる。単価についても、EU規則の範囲内であれば各国は自由に設定でき、欧州委員会に単価設定の根拠を説明する必要もない。

　また、条件不利地域政策が含まれている目的5aという構造基金に予算枠があることから、各国はそれぞれのプライオリティーに基づき、条件不利地域対策、近代化対策、加工対策等目的5aの中の対策を選択しながら実施している。（目的5aの支出額のうち、条件不利地域対策の実績は37％）

この結果、

(a)　家畜単位当たりの平均助成単価でみると、スペイン（36エキュー）、イタリア（57エキュー）、ポルトガル（54エキュー）からドイツ（93エキュー）、オランダ（104エキュー）、ルクセンブルグ（113エキュー）までとなっている。

　各国とも、山岳地帯の単価は普通条件不利地域よりも高く設定している。

(表3－4) EU及び各国の支給単価

	内　　　　　容
EU	① 最低補償額は20.3エキュー（約2,800円）／家畜単位（又はha） ② 最高補償額は以下のとおり 　・一般：150エキュー（約21,000円）／家畜単位（又はha）以下 　・恒久的に不利な条件の程度が著しい地域： 　　180エキュー（約25,000円）／家畜単位（又はha）まで引き上げ可能 　・家畜を対象とする場合、補償金は飼料畑1ha当たり1.4家畜単位を上限として支給
イギリス	・劣等地域：羊2.65ポンド（500円）／頭 　　　　　　雌牛23.75ポンド（4,000円）／頭 ・最劣等地域：羊（特別指定種）　5.75ポンド（1,000円）／頭 　　　　　　　羊（その他）　3.00ポンド（510円）／頭 　　　　　　　雌牛47.50ポンド（8,100円）／頭 支給対象は家畜生産のみ
フランス	単価は地域ごとに4段階で設定（単位：フラン／家畜単位、 　　　　　　　　　　　　　　　　　最初の25家畜単位までの単価） 高度山岳地域を除き、それぞれの地域の中の乾燥地域においては、一部家畜について単価を増額している。 ・高度山岳地域　　：羊1,136（24,200円）、肉牛959（20,400円）、 　　　　　　　　　　その他家畜959（20,400円） ・山岳地域　　　　：羊886（18,800円）、肉牛714（15,200円）、 　　　　　　　　　　その他家畜714（15,200円） ・山麓地域　　　　：羊401（8,500円）、肉牛272（5,800円）、 　　　　　　　　　　その他家畜275（5,800円） ・普通条件不利地域：羊364（7,700円）、肉牛199（4,200円）、 　　　　　　　　　　その他家畜0
ドイツ	単価は、地域と農地評価指数（LFZ）に応じて設定（単位：マルク／ha） ○山岳地域 　・LFZ 16以下の山岳地域等　285（20,700円） 　・LFZ 16超の山岳地域　　　240（17,300円） 　　（特に自然条件が悪い地域（LFZ 16未満の山岳地域）においては、342マルク（24,700円）／haまで引き上げ可能） ○その他条件不利地域 　・LFZ 12未満の地域　　240（17,300円） 　・LFZ 12～25の地域　　200（14,400円） 　・LFZ 25～30の地域　　130（ 9,400円） 　・LFZ 30～35の地域　　100（ 7,200円） 　・LFZ 35以上の地域　　 70（ 5,100円）

注：(1)　1エキュー＝137.93円（1996年IMF平均）で換算。
　　(2)　1マルク＝72.29円、1フラン＝21.26円、1ポンド＝169.88円で換算（1996年IMF平均）
　　(3)　ドイツの農地評価指数は、課税のための財産評価として、土地の生産性（土性、地形、気候等）に経営状況、地域の賃金、土地税等を考慮して経済的に土地分級を行って得られた農地の等級であり、数字が高いほど土地条件が良いことを表す（旧西ドイツの農地評価指数の分布は0～130で、平均は40.6）
　　(4)　ドイツの支給単価は、家畜単位を飼料畑1ha当たりに換算したもの。

(b)　1受給農家当たりの受給額はポルトガルの410エキューからルクセンブルグの4,437エキューまでの差がある。（ドイツではババリア州で1,406エキュー、ブランデンブルク州で19,230エキュー。この差は旧西ドイツで最も農場規模の小さいババリア州と規模の大きい旧東ドイツの農場規模の差の違い等を反映したものと思われる。）

(c)　フランスやドイツでは1戸当たり受給額の上限額を設定（modulation）しているが、イギリスは上限額の設定は行っていない。

（表3-5）1経営体当たりの支給額の上限

国	上　　　　　限
ドイツ	①12,000マルク（86万7千円）（乳牛を市場出荷しない乳母牛、繁殖母牛の場合は18,000マルク（130万1千円）まで） ②共同経営の場合は、48,000～72,000マルク（1経営者当たりの助成額が①の額を超えない範囲）
フランス	50家畜単位まで支給。 ・肉用牛の場合：9,600～46,250フラン 　　　　　　　　（20万4千円～98万3千円） ・羊の場合　　：17,575～56,800フラン 　　　　　　　　（37万3千円～120万8千円） （単価が地域により異なるため、上限も地域により異なっている。）

注：1マルク＝72.99円、1フラン＝21.26円で換算（1996年IMF平均）

(d)　フランスでは対象者を主業者として農業に従事する者に限定している。

（表3-6）フランスの普通条件不利地域における農家の受給資格

・<u>3ha以上</u>の農業経営の経営主であること。
・最初の支払いのときから少なくとも<u>5年間</u>農業に従事することを約束すること。

> ・主業者として農業に従事し、農業経営に就業時間の50％以上を振り分けるとともに、労働所得の50％以上を得ていること。
> ・65歳未満であって、引退年金の権利を行使していないこと。
> ・条件不利地域に恒常的に居住すること。
> ・家畜に対する助成を受給する場合は、少なくとも3家畜単位の家畜を保有するとともに、衛生規則を遵守すること。

(e) ＥＵ全農家のうちの受給割合は17％、2ha以上農家に限れば39％、条件不利地域内の受給農家割合は30％、条件不利地域内の受給農家の割合は、ドイツ等の北部諸国では70％以上となっているが、イタリアでは4％にすぎない。このような差が出てくるのは、南部諸国で多く栽培されるぶどう、果樹等は対象外となっていることと、目的5aの予算が近代化対策等も含めたバスケットメニューとなっており、構造改革の遅れている南部諸国では近代化や加工対策に予算を使用する傾向にあること等によるものである。

4．制度の変遷とAgenda2000

(1) ＥＵ規則の変遷

これまで1997年の制度をみてきたが、1975年から1997年までの間、次のような改正がＥＵレベルで行われている。

ア　1985年
　① 特別ハンディキャップ地域を国土面積の2.5％から4％へと拡大
　② 支給対象農家の農地面積要件をイタリア南部、ギリシャ等については3haから2haへと緩和
　③ 直接支払単価を20.3エキュー～101エキュー／LU（またはha）に設定
　④ ＥＵの補助率（25％）をギリシャ、アイルランド、イタリア等に対して50％へと引上げ

イ　1987年
　① 直接支払の対象に畜産だけではなく一定の耕種部門を追加
　② 特に自然的ハンディキャップの大きい地域については直接支払単価の上限を120エキュー／LU（またはha）まで引き上げることができる特例を設定
　③ 2haへの要件緩和、50％のＥＵ補助率は新規加盟のスペイン、ポルトガルにも適用

ウ　1989年
　① 家畜頭数当たりの支払いが飼養頭数の増加による過放牧を招き、ふん尿の

過多等による畜産環境問題を生じさせたとの反省から、直接支払額を粗飼料面積1ha当たり1.4家畜単位（LU）に制限
② 共同体（EU）財政負担について、1経営体当たり60LUまでは通常の負担率、60～120LUまでは負担率を半減させ、120LUを超える場合にはEUは負担しないという負担上限の設定
エ　1991～1994年

　直接支払単価の上限額（特に自然的ハンディキャップの大きい地域の直接支払単価の上限額）を、1991年　102エキュー（121.5エキュー）、1993年　123エキュー（146.2エキュー）、1994年　124エキュー（148エキュー）、1995年　150エキュー（180エキュー）へと段階的に引き上げている。これは1992年のマクシャーリー改革で1993～95年まで、穀物、牛肉の支持価格を引き下げたことと関連しているものと思われる。価格引下げの代償として直接所得補償を導入したが、これでも補償できない条件不利地域の農家に対しては直接支払いの引上げにより補完したのである。

(2) 各国による運用の変遷

　既に述べたように、EUは条件不利地域制度の枠組みを定めているだけであり、実際の運用は各国の裁量の余地が多い。
「共同体法による制度であるとはいっても、加盟各国における条件不利地域政策等の運用は必ずしも一様ではなく、地域指定の国別の具体的基準（標高、傾斜度、人口密度など）自体が異なっているばかりでなく、子細にみれば、そのありようの差は意外に大きい。このことは、農政というものがそれぞれの国、地域の農業事情、その自然的、社会・経済的条件に色濃く染めあげられたものでしかありえぬことを示すものであろう。裏返していえば、ECの制度とは、そのような加盟諸国の政策風土の差を包み込むように工夫されて仕組まれているともいえる。」
（前掲後藤P．117）

　また、各国の制度もそれぞれの事情により変化している。ここでは、イギリス、フランス、ドイツの3ヵ国について制度の概要と変化をみることとしたい。
ア　イギリス
　イギリスではEU規則のうち山岳地域はなく、普通条件不利地域のみが指定されている。イギリスの条件不利地域対策は戦前の丘陵地農業対策を基本とし、牛、羊の家畜生産のみを直接支払いの対象としている。現在イギリスの条件不

利地域は最劣等地域と劣等地域の2つがあり、直接支払単価は雌牛について、前者では47.50ポンド、後者では23.75ポンドとなっており、劣等地域の単価は最劣等地域の半分である。最劣等地域は戦前の丘陵地農業対策が対象としていた地域であるが、劣等地域は1984年に拡大された地域である。イギリスではフランスやドイツと異なり一戸当たりの支給額に上限が設けられていない。

イ　フランス

　フランスは山岳地域のみからスタートしたが、EU規則で普通条件不利地域も対象となったことから、1977年から1978年にかけて条件不利地域の拡張と深化がなされた。具体的には、普通条件不利地域が新たに指定されるとともに、その中で山岳地域と隣接する山麓地域については直接支払単価を割増しした。さらに、山岳地域の中に高度山岳地域を設定し、直接支払単価を割増ししている。すなわち、フランスでは普通条件不利地域、山麓地域、山岳地域、高度山岳地域の順に直接支払単価は高くなっている。これら地域では肉牛、羊等の家畜のみが対象とされた。普通条件地域については当初羊のみが対象とされ、1987年になって授乳型肉専用牛に限り対象が拡大された。

　1984年には乾燥地帯が指定される。これは既存の条件不利地域に重複して指定されるものであり、乾燥地帯では羊の直接支払単価が引き上げられることとなった。1989年には乾燥地帯に限り、家畜以外の作物生産（穀物と飼料は除く。）についても直接支払いの対象とすることとした。

　さらに、対象者については主業農家に限定しているが、1988年には山岳地域に限り、非農業所得が全産業一律最低賃金の2倍以内の兼業農家についても対象者が拡大された。

ウ　ドイツ

　西ドイツでは1975年のEU規則制定以前においては条件不利地域に対して投資助成等が行われ、直接支払いは行われていなかった。このため、直接支払いについては、当初条件不利地域全てではなく、「山岳地域」と「その他不利地域の中心地域」に限り適用されることとなった。

　「当初、75年の条件不利地域は394万ha（農用地面積の29％）、年次補償金支給対象地域は146万ha（同11％）にとどまり、受給農家戸数は8万8千戸から1984年には7万5千戸にまで減少したが、農産物過剰による価格の抑制・引下げ（とくに牛乳生産割当制の導入）、農業雇用の悪化を契機に1985年から条件不利地域全体に支給対象を拡大してからは一転して支給戸数、金額ともに急増

する。その後の地域指定、対象農家の要件緩和によって1991年には653万ha（53.6％）、22万戸に増加している。この間の他の2国における増加はずっと緩やかである。小規模農が多く、価格の抑制・引下げに抵抗の強い西ドイツは、価格・市場政策がきびしさを加えてゆく過程をこのようにして凌いできたのである。

　他の2ヵ国の条件不利地域政策がもっぱら畜産対策であるのに対し、西ドイツの年次補償金は家畜飼養部門以外をも対象にし、家畜単位当たりの支給のほか農用地面積（家畜飼養のための面積、小麦などの作付地をEC規則に従って控除）ha当たりの支給がある。1経営体あたりの補償金には上限額（通常1万2千マルク）が定められている。若干の諸州においては、畜産振興のために、この制度を利用しようという傾向があり、近年単価を大幅に引き上げてきた。」
　（前掲後藤P．117）

(3)　Agenda2000による改革

　ア　EUは通貨統合（ユーロの実現）等の深化と並んで中東欧諸国の加盟すなわち東方への拡大という2つの課題に直面している。EU拡大に備え、EUはそれに必要な内部の改革に取り組んでいる。これがAgenda2000である。
　「EU拡大のためにも農業は克服すべき大きな問題である。根本的な問題は中東欧諸国の農産物価格の水準がEU15ヵ国の水準よりも低いことである。現行共通農業政策の高い支持価格を中東欧諸国へ適用した場合、これら諸国で生産が刺激される一方需要は減少するので、域内の余剰はますます増大することとなる。これを補助金付輸出によって域外で処理しようとしても、WTOおよび予算上の制約があることから困難であり、域内の需給不均衡は収拾がつかなくなってしまう。この問題を解決するためにはEU内の価格水準を引き下げていかざるを得ない。
　しかしながら、このためには、直接所得補償を増額しなければならない。また、加入希望国からは共通農業政策である以上、直接所得補償も丸々適用されるべきであるという要求がなされている。オーストリア等の加盟の際にはこれら諸国からのEU財政への拠出増があったが、所得水準の低い中東欧諸国からはこのような拠出の純増というものは全く期待できない。直接所得補償を100％適用すれば、EUの財政をますます圧迫することは火を見るよりも明らかである。」（拙著『WTOと農政改革』P．182）

EUは支持価格引下げの過程で条件不利地域の拡大、直接支払単価の増額を図ってきた。EU拡大に対処するための支持価格引下げは直接所得補償額の増額のみならず条件不利地域対策にも影響を与えることとなるのである。

イ　EUの条件不利地域対策についてはもう一つの制約が加わることとなった。それは1993年ウルグァイ・ラウンド交渉で合意されたWTO農業協定である。

　ガット自体国内補助金を規律の対象としないではなかったが、WTO補助金協定・農業協定は規律を強化した。補助金協定は補助金を交通信号方式により緑・黄・赤に分類した。緑（グリーン）の補助金とは特定の産業・企業に限定されない補助金や研究開発、地域開発、環境補助金であり、これらは自由に交付できる。赤（レッド）の補助金とは、輸出補助金、国産品優遇補助金であり、これらは禁止される。黄（イエロー）の補助金とは緑・赤以外のものであり、自由に交付できるが相殺関税等の対抗措置の対象となる。

（参考3-2）補助金協定における補助金の分類
〈「赤」の補助金：禁止補助金〉
　　輸出補助金、国内産品優遇補助金
〈「黄」の補助金：相殺措置の対象となる補助金〉
　　「赤」及び「緑」以外の全ての補助金
〈「緑」の補助金：相殺措置の対象とならない補助金〉
　・特定性を有しないもの
　・特定性を有するもののうち
　　　研究活動補助金（活動に対する援助であって当該研究費用の一割以下のもの）
　　　条件不利地域開発補助金（同一地域内では特定性を有してはならない）
　　　環境保全適合化補助金（既存施設を新たな環境上の要件に適合されることを促進するための援助）
注：1　「特定性」を有する補助金とは、交付対象が一つの企業若しくは産業又は企業若しくは産業の集団に限定されている補助金
　　2　「緑」の補助金のうち、特定性を有するものについては、一定の場合、対抗措置の対象となりうる。

　この方式に従えば、およそ農業に特定した補助金は緑とはならず、また、輸出補助金は全て禁止されるものとなってしまう。しかし、農業分野については各国とも補助金による支持・助成がビルト・インされてしまっており、また、価格支持という独自の助成方法もあることから、補助金協定に従った処理は不適当と考えられた。このため、補助金協定の特例措置となる農業協定では、①

独自の"緑"のグループを設ける②輸出補助金は禁止ではなく削減対象とする③それ以外の補助金（黄）については、AMS（内外価格差×生産量に緑以外（黄）の国内補助金を加えたもの）の2割削減という規律を加える④米・EU合意により、削減対象外という点では緑の政策と同じであるが相殺関税等の対象となりうる点では黄の政策と同じである"青"のグループが設けられることとされた。

（参考3-3）農業協定における国内補助金の分類
① 「緑」の政策（削減対象外、相殺関税等対象外）
　・研究、普及、基盤整備、備蓄等
　・生産者に対する直接支払いのうち一定の条件を満たすもの
② 「青」の政策（削減対象外、相殺関税等の対象となりうる。）
　・生産制限計画による直接支払いであって、一定の面積、生産量又は頭数に基づく直接支払い
③ 「黄」の政策（削減対象、相殺関税等の対象となりうる。）
　・市場価格支持や不足払い等、「緑」・「青」の政策以外の農業生産のための国内助成措置

（図3-2）助成合計量（AMS）

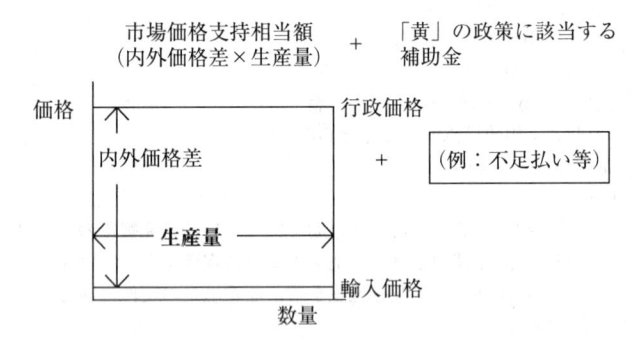

市場価格支持相当額　　　　　「黄」の政策に該当する
（内外価格差×生産量）　＋　　補助金

価格　　　　　　行政価格
　　内外価格差　　　＋　（例：不足払い等）
　　　　生産量
　　　　　　　　輸入価格
　　　　　数量

このうち、緑の補助金として、研究、検疫等の一般サービス、備蓄、国内食料援助のほか、市場歪曲性の少ない直接支払いが認められ、農業協定付属書Ⅱで規定されている。

この中で条件不利地域への直接支払いについては付属書Ⅱの第13項で次のような要件を満たす必要があるとされた。

(a) この支払を受けるための適格性は、不利な地域の生産者のみが有する。そのような地域は、経済上及び行政上の明確な同一性を有する明確に指定された地理的に連続する区域であって、法令において明確に規定される中立的かつ客観的な基準（当該地域の困難が一時的な事情にとどまらない事情から生ずること

を示すもの）に照らして不利であると考えられるものでなければならない。
(b) いずれの年におけるこの支払の額も、基準期間後のいずれかの年において生産者によって行われる生産の形態又は量（家畜の頭数を含む。）に関連し又は基づくものであってはならない。ただし、当該生産の削減のために行う支払については、この限りではない。
(c) いずれの年におけるこの支払の額も、基準期間後のいずれかの年において行われる生産に係る国内価格又は国際価格に関連し又は基づくものであってはならない。
(d) 支払は、適格性を有する地域の生産者のみが受けることができるものとし、一般的に当該地域のすべての生産者が受けることができるものとする。
(e) 生産要素に関連する支払は、当該要素が一定の水準を超える場合には、逓減的に行う。
(f) 支払の額は、所定の地域において農業生産を行うことに伴う追加の費用又は収入の喪失に限定されるものとする。

　この規定に照らせばEUが家畜頭数に応じて直接支払いを実施しているのは問題であり、EUは条件不利地域対策を面積当たりの直接支払い、すなわち土地という生産要素に関連したシステムに変更する必要が生じた。また、EU内の事情としても、家畜頭数当たりの支払いについては頭数をごまかすことによる直接支払いの不正受給問題が長く指摘されていた。特定の作物を直接支払いの対象外としていることも「生産の形態」に関連しているという問題があった。
　また、次期WTO農業交渉では緑の要件がさらに加重されるおそれがあること、EU市民の間に環境意識が高まってきたことから、EUは環境直接支払い以外の直接支払い（具体的には直接所得補償と条件不利地域直接支払い）にも何らかの環境上の要件を加える（これに違反した場合には直接支払いの減額又は中止を行う）こととした。いわゆるクロス・コンプライアンス（cross compliance）と呼ばれるものである。

ウ　以上を踏まえ、1999年6月26日付けの新しいEU規則は次のような点で従来の制度に改正を加えている。
(ア)　従来の山岳地域、普通条件不利地域、特別ハンディキャップ地域という条件不利地域に加え、新たに環境的制約地域（areas with environmental restrictions）が追加された。その面積は特別ハンディキャップ地域と合わせて、加盟国の国土面積の10％を超えてはならないとされている。従来の特別ハンディキャップ地域は加盟国の国土面積の4％以内であったので、この点で拡

第3章　EUの条件不利地域対策　73

大が図られたわけである。

　この直接支払いについては規則で次のように規定されている。
「共同体の環境保護規則に基づく制限の適用により環境的制限が課されることとなった環境的制約地域の農家に対しては、追加的な費用と失われた所得を補償する支払いが農業者になされる。これらの補償支払いは、特定の問題を解決するために支払いが必要な場合に限って行われる。
・支払いは、過剰な補償を避ける水準に定められる。これは、条件不利地域において補償が支払われる場合に特に必要である。
・共同体の助成対象となる最高額は、200ユーロ／haとする。」

(イ)　目的については次のように規定し直されている。環境上の理由が大きく出されている。
　(a)　条件不利地域
　　－継続的な農地利用の保証、及びこれによる活力のある農村社会の維持への寄与
　　－田園の維持
　　－環境保全に資する要件を考慮した持続可能な農法の維持・促進
　(b)　環境的制約地域
　　　環境的制約地域における環境的要件の確保及び農業の保護

(ウ)　クロス・コンプライアンスについては、「環境保護と田園維持に適合する通常の良い農法（usual good farming practice）、特に持続可能な農法の採用」を行う農家が支給対象であると規定されている。

　クロス・コンプライアンスの例としては、共同牧草地で羊を飼育する農家が条件不利地域直接支払いを受け取るためには、農業環境支払いのプログラムに参加しなければならないというアイルランドの例がある。

　ただし、各国においてはより緩やかなクロス・コンプライアンスが検討されているようであり、欧州委員会の担当者もクロス・コンプライアンスによって支出を抑制しようという意図はないとしている。

(エ)　補償支払い（直接支払い）の水準については次のように定められている。
「・補償支払いは、存在するハンディキャップの補償に十分な水準で、かつ、過剰な補償を避ける水準に定められる。
　・補償支払いには、以下の条件を考慮して、格差が設けられるものとする。
　　1）地域に特有の条件や開発目的

2）農業活動に影響を及ぼす自然の恒久的なハンディキャップの厳しさ
　　　3）解決されるべき特定の環境的な問題
　　　4）生産の形態、また場合によっては農業経営体の経済構造
・補償支払単価は、最低25ユーロ／ha、最高200ユーロ／haの間で定められる。
・地域プログラムレベルでの全ての補償支払いの平均額がこの最高額を上回らないことを条件として、この最高額を超える補償支払いを行うことができる。しかし、客観的な状況により十分正当化できる場合には、補償支払いの平均額を算定する際、加盟国は複数の地域プログラムを提示することができる。」

　家畜頭数当たりの支払いという文言は削除されている。
　しかし、支払いは「生産の形態」を考慮して格差が設けられることとされており、依然ＷＴＯ農業協定と不整合である。
　単価については、180エキューを200エキュー（ユーロ）に増額するとともに、1又は複数の地域の支給額が平均してこれを上回らない限り、地域の一部でこれを超えてもよいこととされている。単価の上限を弾力化したものといえる。
　2000年～2006年の7年間にわたる本対策の直接支払い総額は5,670百万エキューであり、2000年の750百万エキューから2006年には870百万エキューに伸びると予測されている。
　さらに、Agenda2000 では、現在20％の大規模農家が80％の補助金を受けるという状況の下で、一定の経営については1農家当たりの直接所得補償を最大20％の範囲で減額でき、これによって生じた資金を条件不利地域直接支払いや環境直接支払い等に充当することができることとされている（モジュレーション）。したがって、条件不利地域への支出がさらに増加することも予想される。

5．ＥＵ条件不利地域対策の分析・評価

(1) 分析

　後藤論文は次のように分析している。
「補償金単価の算定についてわれわれが聞き取りを行なったかぎりでは、ＥＣおよび3ヵ国とも、算定基礎はない。前年度の額を基準とし、前年の経営状況その

他の事情を勘案して調整を行なっているとのことであった。ただ、ECとフランスの担当官は当初は不利な条件のためにコスト高となる分をカバーするように設定されたという主旨を述べている。是永氏が現地調査の際、フランスで入手した1970年の農業省内部資料「山岳農業の維持のための補償金決定に関する提案」を見ると、乳牛1頭当たりの生産費係り増し（ハンディキャップ）を積み上げて平均山地、困難度の高い山地についてそれぞれ281フラン、485フランとし、他の施策でカバーされる額を差し引いて230フラン、365フランを算出し、200フラン、350フランの単価を提案している。1972年にフランスが山岳地帯特別補償金を独自の制度として創設したときの単価と同一であり、当初の考え方が生産条件のハンディキャップを補塡ないし補償することにあったことをうかがわせる」

「過剰抑制につき動かされる形でECの農政改革は80年代に入って本格化し、価格政策の抑制的運用、保証数量限度や生産割当、セット・アサイドや生産転換、粗放化（低集約農業）の奨励、スタビライザー（穀物などについて最大生産枠を設け、生産がそれを越えた場合価格を引き下げる）などが次々に導入されるが、その過程で条件不利地域政策においては、補償金単価の引上げ、対象となる地域、農家の範囲の拡大が図られた。受給農家は1976年の34万戸から1987年には105万戸に増加している。

　条件不利地域政策の展開は、地域的ハンディキャップを補償（compensate）するという発想から出発して、農産物過剰の進行の下で事実上価格政策を補完する役割を担うような運用が行われてきた。「山地空間の保全労働」の公益性への報酬という思想からECに先駆けて年次補償金を発足させたフランスにおいても、次第に農業所得支持手段としての性格を強めてきたといわれる。」（前掲後藤P.123、P.125、P.127）

　このように制度の運用が変化していったとしても、直接支払いが農業生産に影響を与える恒久的な自然条件上の不利性（permanent natural handicaps affecting farming activities）を補正することを基本とすることに変わりはない。条件不利地域では通常地域に比べて兼業農家の比率が高い。これは条件不利性からくる農業所得の低さを農外所得で補おうとしているためと思われる。さらに、このような農業所得の部分についてもEUは他の直接支払い等も含めて農業所得を維持しようとしているのであり、わずか1農家当たり19万円の条件不利地域直接支払いのみによって所得を補償しようとしているものではないのである。

　また、後藤論文の指摘するとおり、支持価格引下げの過程で農家所得の減少を

緩和するため、直接支払いの単価は引き上げられてきた。条件不利地域内農地面積も1975年には全農地面積の33％であったものが、1985年には43％、1989年50％、1998年56％となっている。

しかし、条件有利地域で価格低下に対応できるよう生産性の向上が図られていけば、条件不利地域とそうでない地域のコスト差は拡大していくのであり、このような単価の引上げには合理性があるものと考えられる。

最後に、家畜当たりの支払いから面積当たりの支払いへの変化等ＥＵはますますＷＴＯ協定上の制約を認識するようになってきている。Agenda2000自体、ＥＵ拡大への対応にとどまらず、ＷＴＯ農業交渉への対応としても立案されたものである。

(2) 評価

このようなＥＵ条件不利地域対策は我が国の中山間地域農業政策にどのような示唆を与えるのであろうか。

1992年の段階で後藤論文はヨーロッパと日本の農業条件の差異を踏まえ、あるべき日本型直接支払いの姿を念頭に置きながら次のような提言を行っている。特に、最後の文章は筆者が中山間地域等直接支払制度を検討する際最も感動し勇気づけられたものである。長くなるが引用したい。

「わが国でも、従来から山村、過疎地などの条件不利地域について、山村振興法、過疎地域活性化特別措置法などの地域立法による施策がとられてきたし、平成２年度からは、農林政策独自の「中山間地域活性化対策」が講じられるにいたっている。これらの施策の政策手法は、高補助率の実施、事業採択要件の緩和、税制特別措置、長期低利融資、地方債特例措置などであり、産業基盤、生活環境などを整備するに当たっての投資条件を優遇するものである。

このような諸対策にもかかわらず、1980年代から再燃した首都圏一極集中と中山間の農林業地域の過疎化は、次第に多くの農山村を人口の社会減から自然減の状態に追い込みつつある。耕作や管理が放棄された農林地の増加をはじめ、地域資源等の管理低下による国土・自然環境の保全機能の低下が心配されている。このことは、これまでの政策手法が有効であるための「投資主体」、「農林業の担い手」そのものが急速に減ってきていることを意味する。農林業で生産や投資を行い、地域資源の管理を担う「人」を農山村に定着させる新たな政策手法の開発が急がれている。」

「国土利用において西ヨーロッパは農用地が２分の１から３分の２を占め、その

4－6割が草地という農用地卓越、草地高比率型である。これに対して、わが国は3分の2が森林という森林卓越型であり、農用地は14％で、その過半は水田であり、草地はわずかである。西ヨーロッパの条件不利地域問題といえばその中心をなすのは山地畜産ないし草地畜産であるのに対し、わが国での条件不利、中山間地域問題は森林経営と水田農業あるいはこれと結びついて営まれる繁殖畜産経営、果樹作経営などの複合的農林業であろう。また、ECの各種政策はすべて個別農業者にもっぱら着目しているが、わが国の場合は、水田という水利関係によって結ばれた面的まとまりを考えなければ政策効果を期し難い場合が少なくないと考えられる。」

「ECに較べると、農用地面積比率が低く、その過半が窒素浄化機能や環境保全機能の高い水田であり、ヨーロッパの2倍以上の年間降水量があるため、肥料による地下水汚染のような問題は一般的には発生していない（わが国と違い欧州大陸諸国では、水道の地下水源依存率が高い）。反面、急峻な地形と多雨は、森林と水田による水源かん養と保水なしには海への急速な流下や土砂崩壊などを引き起こす。

これらを考えあわせると、環境保全と田園景観の保全というヨーロッパの考え方に対して、わが国の場合は国土保全に果たす農林業の役割、機能を重視するのが現実的であろう。」

「また、ECは条件不利地域年次補償金のほか若年農業者の就農への直接的助成を強化する方向にあるが、労働力需給からみれば将来の担い手の強力な就農支援の必要性はむしろわが国においてこそ高いと言うべきであろう。

さらに、水田農業が基幹をなし、食料自給率が世界でも類例のない水準まで低下しているわが国では、環境・国土保全の観点からばかりでなく、食料安全保障の見地から、貴重な装置産業基盤であり、生産力備蓄ともいうべき水田を田畑輪換や保全管理を通じて維持することが重視されるべきであろう。窒素浄化機能を持つ水田の輪作的利用は環境に調和した農業という世界の潮流に沿うばかりでなく、人口扶養力の高い米の連作が可能で、潅がい水によって養分補給の行われる水田を維持・確保することは食料安全保障上も重要である。」

「「担い手」の定着について欧州のような公的給付を農林業者個人に行うことがわが国で可能であろうか。これまで産業調整に伴って、あるいは戦後の緊急開拓のような政策目的のために一時的、経過的に個人に対する給付を行ったことはあるにしても、「恒常的」な給付について前例がなく、国民的コンセンサスがある

状態ではないし、また生活保護の申請が少ないといわれる農山村で農林業者がその種の給付を心理的に歓迎するかどうかも考えておかねばならないというのが、今日までの常識的考え方であろう。」

「ところでしかし、さらに進んで農業者個人に対する給付は納税者からも農業者からも同意を得難いものであろうか。なんらかの資産形成をもたらす投資補助には集団性ないし公共性が要求されるが、直接所得支持は本来「その使途について条件の付されていない」ものであり、受給者が一定の状態にあること、又は受給者の一定の行為（あるいは不作為）にたいして支払われるものである。」

「技術の発展が今後農業の生産性の地域差あるいは経営規模階層差をさらに拡大してゆく中でわが国経済の国際化や円高が進行する（国境措置を維持しても、食料消費の加工度の高まり、2次、3次加工品の輸入増によって国内産農産物の需要が奪われる傾向が続く）とすれば、<u>内外価格差を縮小しつつ農業の存立を図るには、例えば政策価格の算定は生産条件に制約のない地域の生産費を考慮して行い、条件不利地域の生産者には農業生産上のハンディキャップを別途給付する（あるいは価格保証を市場価格支持と直接所得支払いとに分割する）</u>方策、そしてその際、<u>直接支払いの給付を生産調整または一定の土地利用管理方式とかかわらしめる</u>といったことを考える必要が生じるのではあるまいか。1980年代半ば以降の10年の農業財政合理化の過程で物的投資経費の確保には意が用いられてきたが、いまやいわゆる中山間地域で集落またはそれをいくつか束ねた区域単位に農業生産のシステムを構築し、その担い手を確保することが急がれており、「ヒト」あるいは「地域集団」に着目した（ソフト投資）施策に一定の優先度が与えられてもよいと思われる。

　このような選別的直接支払いを農業支持に導入する方策は、消費者負担の一部を納税者負担の形で顕在化する（いわゆる国民負担率をあげる方に働く）ものではあるが、その分だけ農産物消費者価格が低下すると仮定すれば、消費税が導入された今日では、条件不利地域の生産コストも含めた現在の政策価格決定に対比される選択肢たりうると考えられる。要は国民経済的に、また農業の発展存続のためにいずれが実質的に望ましく、合理的かが問題であって、負担の形式は、実行上の難易はたしかにあるが、本来的には二次的な問題であろう。ガットの今次交渉の成り行きは本稿執筆時点では明らかでないが、輸入国としての必要な国境措置を維持しつつ、国内農業保護についても国際的に理解され易い方策を工夫して行くことが今後ますます必要になってくることも忘れてはならない。

ＥＣ条件不利地域政策がわれわれに示唆するもの、それは新大陸輸出国に比べて十分の一、二十分の一の規模で農業を続けている国には新大陸とは違った農業保護の在り方があるべきだという牢固たる思想と、農業の担い手がそれぞれの地域に定着できるようにすることがあらゆる農政の原点だという基本原則である。」
（前掲後藤Ｐ.132～Ｐ.136）

（参考）ＥＵ農業環境直接支払い（農業環境プログラム）
(1) 肥料や農薬の削減、粗放化（家畜密度の減少等）、有機農業、放棄された農林地（農地については3年以上、林地については10年以上放棄されたもの）の維持等通常の良い農法（usual good farming practice）の実施以上の行為を定めた協定を対象
(2) 各国は最低5年間の多年次地域（zonal）プログラムを設定。これに従って最低5年間対策を実施する農家に対し、ha当たりの助成を行う。
(3) 助成単価はコスト、ネットの逸失所得（追加で得られた所得は除く）に基づく。助成最高額は単年生作物600 EURO／ha、特定永年作物900 EURO／ha、その他450 EURO／haである。必要に応じてインセンティブの要素を加えられる。これは、上記追加コスト等の20％を超えることはできない。オーストリアの例ではこのインセンティブの要素は当初のみではなく、5年間通じて農家に支払われる。欧州委員会は、このインセンティブは将来とも続ける旨言明（フィッシュラー委員等）している。
(4) 目的1地域：ＥＵ助成75％、各加盟国25％
　　その他地域：ＥＵ助成50％、各加盟国50％
(5) ＥＡＧＧＦの義務的支出であるため、需要が増えれば支出額は増える仕組みである。ただし、一部農家は助成額が不十分であると考えたり、5年間拘束されることをいやがること、各国の負担部分があること等から当初予想されたほどには増加していない。
(6) 環境上及び経済上の効果の評価を行うため、全てのプログラムはモニターされ、評価される。
(7) 農業環境プログラムは、条件不利地域の農家にとって重要なものであり、フランスでの環境プログラムの40％は山岳地帯の農家を対象としている。
(8) 他の構造政策と同様、実施状況は各国でまちまちである。参加農業者の割合はＥＵ平均では17％であるが、イギリス、スペイン、イタリア、オランダ、ベルギーではプログラム参加農業者の割合は10％未満であるのに対し、ドイツ（46％）、オーストリア（67％）、フィンランド（59％）、スウェーデン（56％）での参加者の割合は高い。プログラム参加農地面積はＥＵ平均では17％であるが、オーストリア、フィンランド、ルクセンブルグで70％以上、スウェーデン、ドイツで30％以上となっている。本プログラムへの支出はＥＵ全体ではＥＡＧＧＦ保証部門の3.6％であるが、イギリス、フランス、イタリア、オランダ、ベルギー、デンマーク等ほとんどの国で1％以下であるのに対し、オーストリア22％、フィンランド20％、スウェーデン7％となっている。また、環境プログラムの中のどの政策を実施するかも各国でまちまちとなっている。

第4章　直接支払制度成立過程

1．基本的スタンスの決定と農政改革大綱策定（1998年12月）

(1) 基本的スタンスの発見

　8月1日に地域振興課長に就任後直ちに財政当局と意見交換に入った。直接支払制度は政府として決定するものであり、それに財政上の裏付けが必要となるもの である以上、財政当局と立場が大幅に異なるのであれば、後々収拾のつかない混乱をまき起こしかねないおそれがあった。財政当局が我々と立場が異なるのであれば我々の方に引き寄せておく必要があったのである。

　財政当局も、与党・団体との関係で農林水産省は大蔵省が認めないからだとして大蔵省を悪者にしがちであるという不満があり、そのような構図となることは避けたいという思いがあった。我々としても、本制度は都市住民をはじめ国民全体の理解がなければ推進できないものであり、制度導入当初からゴリ押しをしたという印象がつきまとうことは絶対避けたかった。担当者としては、本制度を国民から祝福を受けて誕生させたかったのである。私は本制度検討中の段階から「我が国農政史上初の」という形容をつけていたが、これは自らの実績を自慢するためではなく、農政史上例のないものだからバラマキ等国民の批判を受けるようなものであってはならないという趣旨だったのである。そうであれば、与党・団体も財政当局もともに納得できる論理・基本方針を見つけることが必要であった。所得を補償してくれるのではないかという農業関係者の期待と零細農家を温存すべきでないとする財政当局との距離は極めて長かった。しかし、第1章で述べたとおり、就任直後、この距離を縮めることができるような決め手はなかなか思いつかなかった。無制限な要求を抑制する一方、無制限な圧縮に抵抗できる矛と盾を兼ね備えたような論理は何かということである。足して2で割るというような政治決着では、そのような決着がなされるまで農林水産省は羅針盤なく漂流することとなりかねない。

　また、直接支払いの単価を何によって設定するのか等、どのようにして制度を設計すればよいのかについても見当がつかなかった。根拠もなく予算要求を行えば財政当局から厳しい対応を受けることは当然予想された。

　就任後10日間程EUの政策も勉強し直したが、欧州委員会の文書からはそのよ

うなもののヒントは見つからなかった。

　しかし、ある時、ＷＴＯ農業協定を基本にすべきではないかと思いついた。前章（ｐ69～71）で述べたとおり、ＷＴＯ農業協定で国内の補助金は緑・黄に分類されていた。中山間地域等直接支払いは新しい食料・農業・農村基本法の大きな柱となることが予定されていた。そうであれば、新しい政策は国際的に通用するような仕組みとすることはもちろんのこと、国内で国民の理解を得ていくためにも、削減対象となり、また、他国から廃止を要求されたり対抗措置を採られたりするような政策であってはならないことは当然であった。すなわち、ＷＴＯ農業協定上「緑」の政策とすべきであると考えたのである。そして、緑の政策となるための要件は農業協定付属書Ⅱに規定されていた。それは、明確な基準に基づく条件不利地域に対し、生産のタイプ・量・価格に関連することなく、他の地域とのコスト差の範囲内で直接支払いを行うというものであった。また、改めて、ＥＵ規則を読み返してみると、直接支払額は農業活動に影響を与える恒久的な自然条件上の不利性により設定されると規定されていた。

　この発見は、私にとって名刀備前長船を得たようなものであった。

　次の資料は私が財政当局との折衝上の論点も踏まえながら、1998年8月に作成したポジションペーパーである。財政当局にもこのラインに近づいてもらう必要があった。このペーパーは未熟ではあるが、基本スタンスはここに示されている。検討会終了後、ある委員の大学教授の方から基本スタンスは一時たりとも揺らぐことはなかったと評価していただいた。その基本スタンスはＷＴＯ農業協定にあったのである。

（資料）

　　　　　　条件不利地域における直接支払い

1　背景
(1)　大量生産・大量消費、経済的効率化の追求一辺倒の時代から、多品種少量消費、環境・エコロジーを重視する時代へと変化。2千年以上継続した水田や農業は国民の財産であるという認識が国民に浸透。
(2)　本年3月のＯＥＣＤ農業大臣会合は、地域的な不均衡と戦い、農業の多面的機能を維持・強化することに合意。ＷＴＯ農業協定は、直接所得補償、農業環境プログラム、条件不利地域の直接支払い等を推進すべき「緑」の政策と位置づけ。世界の農政は価格政策から所得政策へと。
(3)　中央省庁等改革基本法は、農林水産省の任務として、新たに、農村・中山間地域

等の振興を位置づけるとともに、その編成方針として、生産者所得補償政策への転換についての検討、農林水産業の多面的機能の位置づけの明確化を規定。
2　基本的な考え方
(1)　農業生産活動等を通じた国土・環境保全、食料供給力の確保等の多面的機能は農業全般に共通することから、全農家に直接所得補償を行うべきであるとの考え方もあるが、対象は条件不利地域（中山間）に限定すべき。中山間地域では、平地と比べ、自然的、経済的、社会的条件の不利性から担い手が減少し、耕作放棄地の増加や水路、農道等の管理放棄による多面的機能の低下のおそれがある。また、中山間地での水資源のかん養等は平地での農業生産活動にプラスの効果。（財政当局が主張するような専業的な担い手に着目すれば平地も含めた対策を講ずるべきであるとの主張を排除できない。）

　　　公益的機能の便益（対価）又は費用の何れに助成するかという問題についても、財政の効率的活用という観点から費用に限定。
(2)　中山間地域では、平地と異なり認定農業者等の担い手は極めて少ない現状にあり、このような担い手に対象をしぼると、耕作放棄化に歯止めがかからず、国土・環境保全、食料供給力の確保等本施策の目的が達成できなくなる。

　　　農地は一度耕作放棄されれば元に戻りにくいものであり、高齢者といえども農業生産活動等を通じて農地を農地として毎年維持するとともに、将来の担い手のために耕作放棄化させないことを評価すべき。

　　　もとより、意欲ある担い手が参入・定着することは、本対策の目的からもより望ましい。
(3)　農業生産活動等を前提。当面集落ぐるみ又は担い手の活動により耕作放棄を防止し、将来的に農業生産活動を通じた所得の向上（高収益産品の販売による収入の向上、生産性向上による収量増加、コストの引下げ）等により、農業者が定着すれば本対策から「卒業」。したがって、農業者の自主的努力を助長するとの観点から、農業生産活動等に制限を加えるべきではない。米を作るなというのは論外。（ＷＴＯの「緑」の要件でもある。）生産性向上等を図るため、構造政策は並行して実施。

　　　農業生産活動等を通じた公益的機能の発揮に対する助成とすることで、社会保障的政策ではないと整理。
(4)　林地は公益的機能という点では高く評価すべきものであるが、農地は食料供給という林地にない機能を有するほか、林地に比べ収益性が高く、地域経済への役割はより重要。ただし、林地化するかどうかは、担い手の状況、周囲の土地利用等地域ごとに事情が異なるので3の(3)の集落の意思決定に委ねるべき。ＥＵを参考にすると、植林を政策として打ち出せば相当程度の助成が必要。（植林費用、5年間の維持管理費用、最長20年間の所得補てん。）
(5)　以下のことから、ＷＴＯ農業協定上「緑」の政策とすることが必要。

第4章　直接支払制度成立過程

ア　無制限の要求が出てくることを抑制するためにも、また財政当局から過大な圧縮を受けないようにするためにも、ＷＴＯ協定を守ることが必要
　　イ　新基本法に基づく政策が、削減対象の補助金、他国から廃止の要求や対抗措置を採られうる補助金であるとすることは、国民の理解を得られない。
　　なお、次期ＷＴＯ交渉では「緑」の政策の要件はさらに厳格なものとなる可能性があるので、これも念頭に置いた対応が必要。
３　仕組み
　(1)　対象地域
　　　自然的・経済的・社会的条件が不利な地域。
　(2)　対象農地
　　　現状のまま放置すれば、農業生産活動の継続が困難となり、多面的機能の衰退・喪失が懸念されると認められる農用地区域内の一団の農地。
　　　国が示した基準に基づき、市町村長が指定
　　　　［基準案］
　　　　　・傾斜、区画形状、用排水路、農道等の農地条件
　　　　　・所有者、担い手の状況（特に高齢化率）
　　　　　・耕作放棄率等土地利用の状況
　　（注１）かけ流しかんがいにみられるように、水管理を含めて農地は集団で管理している。一部の農地の耕作放棄はこのような集団的管理を困難なものとするほか、病虫害等の増加、土砂崩壊等により、他の農地にも悪影響を与える。
　　（注２）耕作放棄するといえば対象になるという手上げ方式によるモラル・ハザードを防ぐためには、対象農地を客観的基準で指定することが必要。
　(3)　対象行為
　　ア　一定期間の継続性のある集落レベルの協定に基づく以下の農業生産活動等。協定には市町村長の認定が必要。
　　　(ｱ)　耕作放棄地及び放棄しそうな農地での耕作、農地管理
　　　(ｲ)　水路、農道等の適正管理
　　　(ｳ)　公益的機能を増進させるための活動（法面保護・改修、生態系の保全、景観形成への取組等）
　　　(ｴ)　土地流亡に配慮した営農の実施
　　　(ｵ)　草地への転換
　　　(ｶ)　市民農園、体験農園等の活用
　　イ　認定農業者等及び第３セクターが耕作放棄される農地を引き受けて農業生産活動。
　(4)　対象者
　　　一定期間以上継続して農業生産活動等を行う者（農家、農業生産法人、生産組織、

第3セクター等を含む。)
ア　集落協定
・一団の農地自体の維持・管理活動については、農業生産活動等を行う者。
・水路、農道等の維持管理については、集落、土地改良区等。
・当該地域での担い手確保の観点から新規参入者、後継者には一定の期間上乗せ助成。
イ　認定農業者等及び第3セクター
耕作放棄される農地を引き受ける認定農業者等及び第3セクターを対象。
(注1) 高齢者についても、毎年フローとして多面的機能を発揮。また、農地はいったん、耕作放棄されれば復旧は困難であるので、将来の担い手のため耕作放棄せず維持していることは評価されるべき。
(注2) 施策の対象となる担い手は、基本的には、必ずしも農業生産の観点からの優良な担い手に限らず、多面的機能を維持・発揮していく担い手であり、一団の農地を共同で保全し、当該団地において農業生産活動等を行う者、自作地を耕作する者を含め対象。このような中から、将来的には農業生産活動及び地域の担い手の確保を期する。
なお、中山間地域では平地に比べ、水回りや法面の管理等に手間がかかるため、このような担い手が農業生産活動を行う場合でも、水回りの管理等補助的なものについてはそれ以外の兼業農家等に依存することが多いという実態を重視すべき。
(注3) WTO上「緑」の政策とするためには、当該地域内すべての者が対象となりうることが要件。
(5) 卒業
農家所得の向上、生活環境の整備により、農業生産活動の継続が可能であると市町村長が認定すれば、助成は終了。

(2) WTO農業協定

WTO農業協定上の補助金の扱いについては前章で詳しく説明したところであるが、ここで、直接支払制度の前提となったWTO農業協定上の緑の政策の要件について解説を加えておきたい。

13　地域の援助に係る施策による支払い
(a) この支払いを受けるための適格性は、不利な地域の生産者のみが有する。そのような地域は、経済上及び行政上の明確な同一性を有する明確に指定された地理的に連続する区域であって、法令において明確に規定される中立的かつ客観的な基準

第4章　直接支払制度成立過程　　85

(当該地域の困難が一時的な事情にとどまらない事情から生ずることを示すもの)に照らして不利であると考えられるものでなければならない。
(b) いずれの年におけるこの支払いの額も、基準期間後のいずれかの年において生産者によって行われる生産の形態又は量(家畜の頭数を含む。)に関連し又は基づくものであってはならない。ただし、当該生産の削減のために行う支払いについては、この限りでない。
(c) いずれの年におけるこの支払いの額も、基準期間後のいずれかの年において行われる生産に係る国内価格又は国際価格に関連し又は基づくものであってはならない。
(d) 支払いは、適格性を有する地域の生産者のみが受けることができるものとし、一般的に当該地域のすべての生産者が受けることができるものとする。
(e) 生産要素に関連する支払いは、当該要素が一定の水準を超える場合には、逓減的に行う。
(f) 支払いの額は、所定の地域において農業生産を行うことに伴う追加の費用又は収入の喪失に限定される。

13. Payments under regional assistance programmes
  (a) Eligibility for such payments shall be limited to producers in disadvantaged regions. Each such region must be a clearly designated contiguous geographical area with a definable economic and administrative identity, considered as disadvantaged on the basis of neutral and objective criteria clearly spelt out in law or regulation and indicating that the region's difficulties arise out of more than temporary circumstances.
  (b) The amount of such payments in any given year shall not be related to, or based on, the type or volume of production (including livestock units) undertaken by the producer in any year after the base period other than to reduce that production.
  (c) The amount of such payments in any given year shall not be related to, or based on, the prices, domestic or international, applying to any production undertaken in any year after the base period.
  (d) Payments shall be available only to producers in eligible regions, but generally available to all producers within such regions.
  (e) Where related to production factors, payments shall be made at a degressive rate above a threshold level of the factor concerned.
  (f) The payments shall be limited to the extra costs or loss of income involved in undertaking agricultural production in the prescribed area.

(a)は対象地域についての要件である。明確かつ客観的な基準で指定する必要があるということである。同様の規定はＷＴＯ補助金協定第8条第2項(b)(ⅰ)(ⅱ)にもある。そこでは脚注で「「中立的かつ客観的な基準」とは、地域開発に関する政策の枠組みにおいて、地域的な不均衡を除去し又は軽減するために適当な程度を超えて特定の地域を有利に取り扱うことのない基準をいう。」とされている。(b)及び(c)は農業協定上の"緑"の直接支払いの基本的要件である。生産のタイプと関連しないとは，コメ、酪農等作物と関連してはならないということである。また、ここでいう基準期間とは一定の過去の期間であればよく、ＡＭＳ算定の基準とした1986～88年を指しているものではない。

(d)は(a)と同旨であり、意味のある規定ではない。(e)は生産要素についての要件である。他の直接支払いでは生産要素にも関連してはならないとされているが、ここでは、一定水準を超える場合には逓減的に行うという条件の下で生産要素に関連してもよいとされている。生産要素の代表的なものは土地であるので、ＥＵでも農地面積当たりの支払いとなっている。

(f)は単価の根拠となる規定である。条件の良い所と悪い所とのコストや収入差の範囲内で設定するということである。ＥＵ規則では「農業活動に影響を与える恒久的な自然条件上の不利性により設定される」と規定されている。ＥＵにおいてもカントリーサイドの保全等が条件不利地域制度の目的に掲げられているが、こうした多面的（公益的）機能に対する対価を支払うものではないのである。

以上の規定のコアは(a)及び(f)であり、かつこの2つの要件は条件不利性（コスト差等）を設定できないところは対象地域たりえないという点で関連している。そして、この2つは"生産条件不利の補正"に要約される。

(3) 財政当局との折衝

第1章で述べたように、財政当局の立場は極めて厳しいものがあった。特に、長年農業の構造改善を進めるという立場から価格政策・予算編成を行ってきた主計局幹部の考え方はそうであった。したがって、財政当局の担当者も、幹部の意向を受け我々に対し厳しい態度で対応した。彼らとしても自らが納得できないものを幹部に説明できないのであり、我々に対し納得できるまで議論を求めた。我々としても彼らの説得に全力を傾注した。大きなところがすり合っていないと、後に大きな混乱が生じるおそれがあった。このため、8月から9月にかけて精力的に意見交換した。夜から議論を始め、朝の6時まで続いたこともあった。この段階では何も文書で合意したというものはないが、我々の考え方は相当言い込むことができた。

ここでは、将来の制度見直しの際に議論がむし返されることのないよう、彼らとの議論を簡単にレビューすることとしたい。
　彼らの主張は大体以下の点に要約できる。もちろん、これら全ての主張を彼らが思い込んでいたわけでもなく、これらがすべて組織としての意見といったものでもないと思われる。しかし、彼らとしても幹部との議論に耐えるためには、幅広い論点について理論武装しておく必要があったのでもあろう。
　我々も彼らとの議論を通じて、制度の枠組み、考え方を深化させることができた。検討会での議論を何とかこなせたのは彼らのおかげでもある。
　もちろん、以下は私の立場から見た整理であり、財政当局から見た整理は別であろう。財政当局からすれば公益的機能の対価としての支払いではないこと、卒業という観念を制度に組み込んだことは彼らのポイントであろう。
　ア　基本的性格
　　　農業の有する公益的機能に対する対価の支払いというのであれば農林水産省予算で対応する必要はない。（彼らの心配は公益的機能の便益（評価額）に対して支払うというのであれば、どれだけ支払えばよいのかわからないというものであった。これに対しては、評価額は評価方法によって大きく変わりうるものであり、我々としては、便益ではなく費用に着目して助成すべきであると考えていると回答した。）
　イ　対象農地
　　　中山間農地の持つ食料供給・公益的機能上の役割について認めるとしても、対象農地は耕作放棄のおそれのある農地に限定すべきである。その際、自作地については所有者が耕作放棄するぞと言ってしまえば、対象となってしまうというモラル・ハザードの問題があるので対象とすべきではない。また、耕作放棄のおそれがあるかどうかは一団の農地ではなく一筆ごとに判断すべきである。さらに、農地として維持することが非効率な限界農地は対象外とすべきである。このような農地は林地化（山に戻す）すればよい。
　ウ　対象者
　　　構造政策との整合性を図るためには、零細農家や高齢農家は対象から除外すべきである。
　エ　対象作物
　　(ｱ)　米は対象とすべきではない。
　　　　米の構造的な需給ギャップに対して転作奨励金を出している。水田が耕作

放棄されて転作面積が減ることは望ましいとの立場なので、米を直接支払いの対象とすることはこれに逆行する。転作奨励金を受けている農地と直接支払いの対象農地が重複するのは問題である。米を直接支払いの対象にすると、転作で1千億円かけて米生産にブレーキをかけ、直接支払いでアクセルを踏むことになる。別の言い方をすればクーラーとヒーターを一緒につけるようなものだ。転作と直接支払いの目的が違うのは理解するが、結果として政策効果に相互矛盾があることが問題である。

(イ) また、水田を利用した稲作以外の農業についても、以下の理由より対象から除外すべき。ただし、耕作放棄に伴う諸問題は理解できるので、青刈り、水張り水田等の農地を維持するための最低限の行為のみを対象とすべき。

① 仮に直接支払いの単価を転作奨励金よりも低く設定した場合、転作奨励金がありながらも耕作放棄地化しかかっている農地で農業を継続するインセンティブとならない。

② 他方、単価を転作奨励金よりも高く設定することは、転作奨励金の意味を失わせることとなり、政策としての整合性を欠く。

——要するに、水田については青刈り、水張り以外は対象としないというのである。

(ウ) 畑についても、食料・農業・農村基本問題調査会におけるある大学教授の次のような発言を引用して、麦、大豆等のように、価格形成に市場原理が働かない中で、膨大な財政負担を伴いつつ政府買入れを実施している作物も対象から除外すべきである。すなわち、対象となるのは、市場原理が導入されている作物（野菜、花卉、飼料用作物等）、および市場原理と関係のない作物（景観植物等）に限定されるべきであると主張した。

「農業政策について議論すべき原点は、構造政策を徹底的に進めなければならないということである。中山間地域に財政措置を講ずるにしてもそのことが前提にあって成り立つものである。

そのために、市場原理を導入していくこととなるが、これに伴って経営が不安定になることから、その際には世界では所得補償が行われているので、こうしたものも視野に入れ参考としていくべきである。」

この発言はEUが1992年に支持価格を引き下げて直接所得補償を導入したことを念頭に置いているのではないかと思う。しかし、EUにおいては価格支持、市場介入している作目についても1975年以来条件不利地域への直接支

払いは行っているのであり、この発言はEUの共通農業政策の不十分な理解に立つものである。この発言があったため、我々としてはこれを打ち消すため余計な労力・議論が必要となった。EU帰りの私が明確に否定したからよかったものの、他の者が反論しただけでは、財政当局はなかなか信用しなかったものと思われる。直接支払制度導入後においても、WTO農業協定のフレームワークやEUの制度を知らなかったり、直接支払制度を十分理解せず制度批判を行う研究者の方々が一部みられることは残念である。

オ　単価

(ｱ)　耕作放棄しそうな農地を守るため、農地の維持・管理のための必要最小限の費用に限定すべきである。中山間農地のハンディキャップを是正するという考え方では零細農家の温存につながる。

(ｲ)　畑と認定されれば、転作奨励金の対象から外れるので、直接支払いの対象とはなり得ようが、その場合、補助金の単価（地方公共団体の助成との合計額）は、転作奨励金の単価と比べて相当程度低いものでなければ、政策としての整合性が取れない。

カ　卒業（期間）

直接支払いは農家が一定の所得を達成した場合等においては交付をやめるべきである。（財政当局として未来永劫予算が必要だということは絶対避ける必要があった。）

要するに、若年の優良な担い手（認定農業者）が他の農業者が耕作放棄しそうな優良農地を借り受ける場合において、水田においては青刈り、水張り、畑においては、野菜、花、飼料作物等を栽培するときに限り、農家所得が一定の水準に達するまでの間、農地の維持・管理に必要最小限の費用で、かつ転作奨励金を下回る額を交付するというものである。

このような要件を満たす場合というのは農業の1％にも満たないだろう。財政当局の当初のスタンスはこのように厳しいものだったのである。野球でいえば初回に10点を先取され、これから逆転を目指して裏の攻撃に移ろうとするようなものであった。彼らの主張を完成した直接支払制度と比べていただきたい。今実施している制度はこのようなハードルを次から次へとクリアして勝ち獲ったものである。各地域で本制度を実施・運用されている自治体の担当者の方々の苦心も多々あると思うが、制度を実施される際、制度を企画・設計し、関係方面と折衝した担当者の努力も思い浮かべていただくと幸いである。

財政当局の主張に対しては次のように反論していった。
ア）　対象農地
（ア）　対象農地から自作地を除外することについて、
①　公益的機能という点では自作地とそれ以外で差はない。対象農地を、傾斜度、耕作放棄地率、高齢化率などの客観的な基準で選定すればモラル・ハザードの問題は生じない。このような農地について、集落協定に基づき、一定期間継続して農業生産活動等を行えば、すべてのものを対象とすべき。自作地であっても条件が不利な農地で頑張っている高齢者等を排除するのは政治的に受け入れられないだろう。一定期間の農業の継続を約束しており、それが将来の担い手のために農地を維持することにつながるという貢献をしているのだから、自作地だから対象外というのは不適当。
②　耕作放棄地が発生しても誰かが責任を持って耕作するということを集落協定の中で担保できれば、自作地が含まれていても認めるべき。条件が不利な地域で耕作放棄を出さないということを協定で約束し、それを市町村が認定するという行為を積極的に評価すべき。
③　ＷＴＯ上「緑」の政策とするためには、当該地域のすべてのものが対象となりうることが要件であり、幅広く自作地も認めていくことが必要。
（イ）　対象農地を一筆単位で指定することについて
一筆単位で捉えることは現実的には困難。また、一部の農地が耕作放棄されると周辺の農地にも波及する。水管理を含めて農地は集団で管理しているので、一定のまとまりを対象としないと公益的機能が守れない。
かけ流し灌漑の水田の場合などは、上流で耕作放棄が出ると下流でも耕作できなくなる。所有者が混在している一定の団地の中で、一部の農地は対象になるがそれ以外は対象外というのでは実態に合わない。
（ウ）　限界農地を対象外とすることについて
村落から大きく離れた田など林地として管理した方が望ましいところもある一方、かけ流し灌漑を行っている一団の水田について、その中心にある水田を林地として転換してしまうと、他の水田の公益的機能が損なわれる場合も予想される。
しかし、各地域において事情が異なることから、このような仕分けは、国レベルではなく、地域や集落の意思決定に委ねるべきであり、これを市町村長が認定することにより公的なチェックを行うこととしてはどうかと考え

第４章　直接支払制度成立過程　91

る。
イ）　対象農家を一定の担い手に限定することについて
① 担い手が規模拡大する場合に「拡大」という行為に対して助成を行うこととすれば、目的の点で通常の構造政策と何ら異なることなく、条件不利地域における耕作放棄地の防止による公益的機能の維持という本対策の目的から大きく逸脱することとなる。（対象農地も少なく、本対策の目的を達成できない。）

　担い手が農地を維持・管理することに着目して助成することについては、対象農地が大幅に減少し、本対策の目的を十分に達成できなくなるという問題があるほか、当初から優良な農家を対象とすることから「卒業」という概念を放棄せざるを得ず、半永久的に助成が継続することとなる。（注…この私の主張は、翌年の概算要求後、草地比率の高い草地の取扱いをめぐって、大蔵省が主張することとなった。）

　また、何れの考え方に立つ場合においても、担い手は平場にも存在することから、平場も含めた対策を講ずべきだという主張に対抗できない。他方、公益的機能という点で担い手の行う行為とそれ以外の者の行う行為とに差を設ける根拠は見出し難い。

② ＷＴＯ農業協定の「緑」の政策の要件を満足たす必要がある。しかし、担い手に限定することについては、条件不利地域に対する直接支払いの要件「支払は、適格性を有する地域の生産者のみが受けることができるものとし、当該地域の全ての生産者が受けることができるものとする」（付属書Ⅱ13(a)(d)）に合致しない。

③ 農地の維持・管理による公益的機能の発揮という点において、担い手の行為とそれ以外の者の行為とを区別することは困難である。本助成においては、一定期間農地管理の継続を約束する者を対象とすることを考えているが、高齢者等担い手以外の者についても、この期間中フローとしての公益的機能を発揮するとともに、将来の担い手のために、農地を耕作放棄地化せずストックとして保全・管理するという貢献をしている。いったん、耕作放棄されれば復旧は困難である。

　従来から行われてきた行為に助成することは妥当ではないとの議論もある。しかし、調査会での議論にもあるように、これらの行為は従来正当に評価されてこなかったものが、国民の価値観の変化により評価されるようにな

ったと考えるべきであり、適切な助成がなされなければ中山間農業は崩壊し、公益的機能は維持できなくなるという時点に達していると認識すべきである。

　本助成は農地を保全するものであり、担い手による規模拡大という構造政策の基盤となるものと評価でき、これを前提として、構造政策は推進されるものと理解すべきである。本助成は農地の保全による公益的機能維持対策として、完結すべきであり、これに構造政策の要素を持ち込んでスキームを基礎から変更すれば制度として首尾一貫しない。むしろ、本助成の基本的スキームは変更せず、担い手の育成に資するような助成を追加するというアプローチを採ることが適当と考えられる。

ウ）　対象作物

　対象作物や田畑の別で限定すべきではない。特に水田は以下の点から必ず含める必要がある。

〔基本的考え方〕
① 　転作と直接支払いとは全く別のスキームである。
② 　優良農地の維持・確保は農政の大きな目的であり、耕作放棄を前提に、米の需給均衡を達成するとの考え方は農政として採るべきではない。水田が余っているのではない。米が余っているだけである。
③ 　営農行為を行っている農業者に対する助成が対策の基本である。営農活動を通じて所得が向上する（例えば、特別栽培米の販売による収入の向上、生産性向上によるコスト引下げ）からこそ、農業者が定着し、本対策からの卒業も可能となるのである。収入の獲得方法を制約すれば、助成額を極めて多いものとしない限り、本対策による助成を受けることにより所得はかえって減少するため、対策の効果は全く得られないこととなる。また、仮に本対策のスキームに乗る者が現れたとしても、営農活動による所得の向上は期待しえず、永久的に本対策を講じ続けなければならず、「卒業」が必要であるという大蔵省の基本的考え方に反することとなる。

〔水稲作について〕
① 　水田は最も公益的機能を発揮しうる状態であり、本対策の目的からすれば、水稲作を含めることが不可欠。
② 　水稲作しかできない場所では、大蔵省の考え方に従えば、（青刈りしか対応できず、）農業粗収入が極めて少なくなる。これは中山間地域の所得

機会を奪い農家が定住できなくなることから、かえって耕作放棄につながり、対策の効果が全く喪失する。
　③　一部の作物（畑作物）に特定した直接支払いは、当該作物について生産刺激的であることから、貿易歪曲効果があるものとしてＷＴＯ農業協定上「緑」の施策の要件を欠くこととなり、国際的非難を受ける。
　④　ＥＵにおいても、生産過剰のため生産調整を実施している穀物、牛肉・酪農製品は、価格引下げに伴う直接所得補償のみならず、条件不利地域対策としての直接支払いの対象にもなっており、生産過剰を理由に直接所得補償から除外していない。

〔大豆、麦の扱い〕
　⑤　麦、大豆については、価格政策の対象として財政負担を行いながらも、従来から転作対象作物としており、これを直接支払いの対象としないことは、政策の一貫性を欠くことになる。また、そもそも低い麦、大豆の自給率の向上に対してマイナスの影響を及ぼす。
　⑥　価格制度があることをもって、直接支払いの対象から除外することは世界の農政の流れに反する。
　⑦　ＥＵにおいても、穀物、牛肉・酪農製品等は、価格支持、価格引下げに伴う直接所得補償、条件不利地域対策としての直接支払いの対象になっており、価格政策による財政負担を理由に直接支払いから除外していない。

エ）　単価について
　①　支払い金額は、当該農地の公益的機能の適切な維持・発揮に要する費用を基本とすべき。そして、具体的な算定に当たっては、ＷＴＯ協定に従い、条件不利農地とそれ以外の農地とのコスト差で設定すべきである。すなわち、単価は条件不利性を補正するものとすべきである。
　②　直接支払い措置の単価は、条件の不利性を是正するとの観点から行われるべきものであり、転作とは関係ない。
　　　本来的に、本施策と転作は別途の施策であり、直接支払い措置とは別に米と転作作物との収益性格差を是正するための助成措置を行うことにより転作の定着を図っていくべきものと考えている。

オ）　基盤整備事業や構造改善事業など他の政策との農政上の概念的な整理
　①　今回の対策は通常の地域との生産条件等の較差を是正することにより、担い手が脱落していく条件不利地域での公益的機能を維持していこうとするも

のである。
② 他方
(a) 農地の基盤整備事業は、我が国農業全体の生産性向上を図ろうとするものであり、条件不利地域においても実施していくべきものである。
(b) 本施策は条件不利地域における農家の生産面に着目して行うものであるが、仮に条件不利地域と他地域との間で所得が均衡したとしても、条件不利地域において十分な生活環境が整備されなければ、担い手は定着せず農地の公益的機能は発揮されなくなる。すなわち、生活環境を整備するための事業と本対策は、担い手の定着という政策目標に対して補完し合うものであると認識している。

カ) 卒業

大蔵省との長年の付合いから、彼らがこの論点を最も気にしていることはよくわかった。彼らにとって、未来永劫切れない予算を認めてしまうことは大きな失点となってしまう。したがって、零細農家等の論点ならまだしもこの論点を消してしまうことは不可能であった。そうであれば、これを有効に利用していこうと考えた。

① 彼らの主張は農業収益が向上すれば助成は止めるというものであるが、逆にいえばそれまでは助成は続けるというものであり、予算の単年度主義の例外を認めることに他ならない。したがって、一般には、"予算は単年度主義ですが、直接支払いは一定の条件が達成され、直接支払いがなくても耕作放棄を起こさないと認められるまで継続します"と説明した。事実そうなのである。このような説明を聞いた農林水産省幹部から"君はウマイな"と言われたことを覚えている。

② この卒業の概念は武器にもなった。対象作物の議論で紹介したとおり、米を作るなといえば収益は向上せず、未来永劫助成を継続しなければならなくなるという主張である。彼らの対象作物についての主張と卒業の主張が矛盾することをついたのである。この2つの主張のうち、彼らにとって卒業の方がより気になることだとわかっていたからである。

(4) 基本的スタンスの確立と与党説明

財政当局とのやりとりも踏まえ、9月には次の資料を作成し、与党等に説明した。この2ページの中に考え方のエッセンスを盛り込むべく、練り上げたものである。ここに、基本的スタンスが確立したのである。

このうち「1　国民の合意の必要性」では国民の理解を得るためにもWTO協定を守る必要があることを強調している。この前提さえ理解してもらえれば自ずとWTO協定に従った制度の枠組みは導かれるものとなる。
　「2　導入の必要性」では、中山間農地は公益的機能を有しているものの、条件不利な農地が多いため耕作放棄が生じ、公益的機能が損なわれている、ここに直接支払い導入の根拠をみい出すということである。
　「3　対象地域、対象者、対象行為」は制度の枠組みである。
　(1)は公益的機能から農地の面的まとまりの必要性、継続的な農地の維持・管理の必要性を主張している。すなわち、公益的機能という以上、1反、2反維持管理して公益的機能を果たしているとはいえないのではないか、また、1年農地を管理して、2年目以降耕作放棄をして公益的機能を果たしているといえるのかというものである。これが「一団の農地」、「5年間の継続」という考え方につながっていくのである。他方で、財政当局の"耕作放棄のおそれは一筆ごとに判断する"という主張を想起していただきたい。「一団の農地」はこのような主張を封ずる意味も込められていたのである。
　(2)は、対象地域等についての基準の明確性である。とりわけ、選挙区を抱える国会議員の方々にとって、自分の選挙区が対象地域に入るかどうかは重大な関心事項であった。しかし、対象地域が明確な基準により規定されず拡大していけば、国民の理解も得られなくなる。このため、基準の明確性・客観性を強調した。自動車運転免許の筆記試験を例に挙げ、90点が合格点とすれば89点でも不合格です、もし、89点の人が可愛そうだといえば88点の人も可愛そうだということになってしまい、どんどん基準が下がってしまいますという説明を行った。
　(3)は「卒業」であるが、ここに書いてあるように大蔵省の主張を逆手にとった説明を行った。
　(4)がWTO協定であり、枠組みのコアである。
　特に、対象地域が客観的基準により条件不利な地域でなければならないこと、単価はコスト差の範囲内であることをEUの条件不利地域対策も引用しながら説明した。
　問題は対象地域を何によって確定するかである。当初は直接支払いのため独自の基準を作るという案があった。しかし、独自の基準作りを行えば必ずそれを強めようとしたり緩めようとする力が働くおそれがあった。例えば、林野率80%という基準を作ったとすれば、なぜ80%で90%や75%ではいけないのかという主張

を明確に拒否できないと考えた。

　したがって、特定農山村法、山村振興法、過疎法、半島法、離島法の5法の地域を対象地域とすることが適当と考えた。①これらは国会の議決を経た法律であること、特に特定農山村法を除く4法は議員立法であることから国会議員の方々も受け入れやすいものであること、②山村振興事業や中山間地域総合整備事業等農林水産省の補助事業はこれら5法地域をベースとするものが多いこと、したがって、財政当局も受け入れやすいこと、③さらには、「法令において明確に規定される中立的・客観的基準に照らして不利である」というWTO協定の緑の政策の要件に整合的であることから、合理性があると考えた。

　さらに、このような対象地域の中で傾斜農地などコスト差が設定できる条件不利な農地が対象農地となる。

　コスト差で設定されるという単価の考え方が対象地域・農地を設定することにもつながった。対象地域・農地が広がれば条件の比較的良いところが入ってくるので平場とのコスト差は小さくなってしまう、そうであれば棚田のように本当に助成する必要のある所にわずかの支払いしかいかなくなる（棚田のような急傾斜農地では農家の耕作面積も少ないので単価の低さと二重の損失を被る）、すなわち、バラマキとなればウスマキとなってしまい、効果がなくなると説明した。直接支払総額はP（単価）×Q（対象農地面積）であるが、WTO農業協定の要件の下ではPはQの関数なのであり、Qが増えればPは減少する。Qを増やしたからといって、支払総額が増えるというものではなかった。

（資料）
　　　　　　　　　　直接支払いについての基本的考え方
1　国民の合意の必要性
 (1)　直接支払いは、我が国農政史上例のないものであり、導入の必要性、対象地域、対象者、対象行為等について、広く国民の合意を得て構築することが必要。
 (2)　また、新基本法に基づく政策について、国際的に通用することはもとより、国内で理解を得るためにも、WTO農業協定上「緑」の政策とすることが必要。
2　導入の必要性
 (1)　農地は一般的に国土・環境保全等の公益的機能を有しているが、特に中山間地域等の農地は、河川の上流域に位置し、傾斜地が多い等の立地特性から、水資源かん養機能や土砂崩壊防止機能等の高い公益的機能を有しており、下流部の都市住民を含む多くの国民の生命・財産と豊かなくらしを守っている。

(2) しかしながら、中山間地域等では、高齢化が進行する中、平地地域と比べ農業の生産条件が不利な地域があることから、担い手の減少、耕作放棄地の増加等により公益的機能の低下が特に懸念されている。

(注) 中山間地域の耕作放棄地の将来推計（基本問題調査会資料より）
1995年：約11万ha → 2010年：約18万ha又は41万ha

(3) このため、農業生産活動等を通じ中山間地域等における耕作放棄の発生を防止し公益的機能を確保するという観点から、真に政策支援が必要な主体に焦点を当てた運用と施策の透明性を確保して、直接支払いを講じることは有効な手法であり、かつ、国民の理解を得られるものと考える。

3 対象地域、対象者、対象行為

(1) 生産条件が不利な地域の一団の農地において、耕作放棄地の発生を防止し、水源かん養、洪水防止、土砂崩壊防止等の公益的機能を継続的、効果的に発揮するという観点から、既存の政策との整合性等を図りつつ、対象地域、対象者、対象行為を検討することが必要。

(2) 広く国民の理解を得るためには、明確かつ合理的・客観的な基準の下に、透明性を確保しながら実施することが必要。

(3) 生産性向上、付加価値向上、担い手の定着等による農業収益の向上、生活環境の整備等が図られ、当該地域における農業生産活動等の継続が可能であると認められるまで助成する。

(4) ＷＴＯ農業協定では、条件不利地域対策としての直接支払いについて次のような規定がある。

ア 条件不利地域とは、条件の不利性が一時的事情以上の事情から生じることを示す明確に規定された中立的・客観的基準に照らして不利と認められるものでなければならない。

イ 支払額は、生産の形態又は量、国内価格又は国際価格に関連し又は基づくものであってはならず、かつ、所定の地域において農業生産を行うことに伴う追加の費用又は収入の喪失が限度とされる。

(参考)
生産コストに影響を与える自然の厳しさによるハンディキャップを是正するとともに、田園景観及び国土の保全を目的として導入されたＥＵの条件不利地域対策においては、農業生産条件の不利性に着目して、次のような地域、農家を対象に助成。

① 対象地域
傾斜地等自然条件上の制約がある地域

② 対象農家
3ha以上の農地を保有し、5年以上農業を継続する者。条件不利地域とその他の地域で生産コスト等に差のない小麦、ぶどう等の生産者は対象外。加盟国におい

ては更に対象農家を限定。このため、条件不利地域内の受給農家の割合は30％。
③　助成額
　　農業活動に影響を与える恒久的な自然条件上の不利性により設定。
4　国と地方公共団体との連携
　　農業生産活動等の継続を実効性のあるものにしていくためには、地方公共団体の役割が重要であり、国と地方公共団体が緊密な連携の下で実施していくことが必要。

　また、「直接所得補償」という言葉が定着していたことから、財政当局と対局にある農業関係者の間においては、過大な期待がふくらんでいくおそれがあった。次は私が省内説明のため作成した資料である。直接支払いはあくまで農業の条件不利性を補正するためのものであり、それ以上でも以下でもないこと、他の施策も重要であるという認識を定着させる必要があった。

　このため、「中山間地域の抱える課題は、所得機会の確保、生活環境整備等多様なものがあり、農業条件の不利性を補正するための直接支払いのみでこれら課題の全てを解決できるものではない。直接支払いは万能薬ではないのであり、直接支払い以外の各種対策も積極的に推進する必要がある。従来は農業生産条件の不利性を補正するための対策はなかったのであり、直接支払いを導入することで諸対策の輪が完成する。今後は諸施策を効率的・整合的・総合的に実施することができる。」と説明した。この考えが検討会報告の中で「中山間地域等に対する振興対策の総合的実施」として取りまとめられ、平成12年度からの中山間地域等総合振興対策につながっていったのである。

（資料）
　　　　　　　　　中山間地域等への直接支払いの性格
(1)　EU条件不利地域対策
　ア　個人に対する直接交付金である。
　イ　生産条件の不利から生ずるコスト差を補うものであり、農家の所得差を補償するという考えはない。
　（参考）
　　(ｱ)　EU条件不利地域（1975年から実施）の前提として1972年から実施されていたフランスの「山岳農業維持契約補償金」は、農業者が果たす公益的機能（fonction d'intérêt general）に対する報酬として、山岳地域と平場地域とのコスト差を農業者に交付。
　　(ｲ)　EU条件不利地域対策もこの考え方と同様、農業活動に影響を及ぼす恒常的な

第4章　直接支払制度成立過程　　99

　　　　自然条件上の不利性（the permanent natural handicaps affecting farming activities）により単価を設定することとされている。このため、生産コスト等に差のない小麦、ぶどう等の生産者は対象外としている。
　　(ウ)　英語名は、"compensatory allowance"（"補償的手当て"）。日本では、年次補償金と訳されている。なお、1992年に価格引下げの見返りとして導入された「青」の政策は、"compensatory payment"である。
　　(エ)　1戸当たり平均支給額は、ＥＵ平均で19万円、ドイツ27万円、フランス30万円、イギリス29万円、イタリア4万円、スペイン5万円であり、農家所得を補償できるような水準ではない。また、1戸当たりの補助金交付総額に占める割合も、フランスで、小規模経営で1／4、大規模経営で1／7程度に過ぎないとされている。
　　(オ)　日本で「直接所得補償」という用語が用いられるようになったのは、80年代後半、ＯＥＣＤで使われた"direct income support"という用語を日本ではＥＵの条件不利地域対策にも用いたためと思われる。
(2)　ＷＴＯ農業協定
　　ア　「緑」の政策は、研究・普及等の一般サービス、食料安全保障のための備蓄、国内食料援助という生産者個人を直接には対象としない政策と生産者個人に対する直接支払い（direct payments to producers）から成っている。このうち、直接支払いの中には、アメリカの直接固定支払い制度のようなデカップルされた収入支持（decoupled income support　これが直接所得補償の概念に近い）、収入保険（income insurance and income safety-net programmes）等とともに、条件不利地域対策の直接支払い（payments under regional assistance programmes）がある。
　　イ　条件不利地域における支払い額は、所定の地域において農業生産を行うことに伴う追加の費用又は収入の喪失（extra costs or loss of income involved in undertaking agricultural production in the prescribed area）に限定されるとされている。
　　　　すなわち、同じ農業行為を条件不利地域で行うことによる不利性を是正するための額に限定されるものであり、農家所得総体を補償しようとするものではない。
　　ウ　なお、我が国の米で中山間地域と平地地域との格差をみると、反当たり、粗収益で4千円、所得で8千円であるのに対し、生産費では労働費がカウントされるため13千円の差が生じている。
(3)　食料・農業・農村基本問題調査会
　　ア　以上も踏まえ、調査会では「直接所得補償」ではなく、「直接支払い」という概念を使用。
　　イ　欧米農政を専門としている服部東洋大学教授から「直接所得補償という概念では農村地帯の所得と都市の所得を均衡させるということとなる。直接支払いという文言を用いたこと、中山間地域と平地とのコスト差を基準とする点で、前提、コンセ

プトが極めて明快である。」とのコメントがなされている。

　なお、中山間地域等直接支払いだけではなく、ＥＵの行っている３つの直接支払い全てを導入すべきであるという議論も強かった。中山間地域等直接支払いでは平場にはメリットが及ばないからであった。私も個人的には賛成であったが、あれもこれもと一挙に望むと制度が不完全なものとなってしまうおそれがあったし、国民からバラマキという批判を受けるおそれもあった。まずは、中山間地域等直接支払いを完成することが我々の役目と考えた。このため、「ＥＵにおいても、1975年に条件不利地域対策、1985年に環境直接支払い、1992年に価格引下げによる直接所得補償を導入したものであり、施策を講ずるとしても段階的にステップを踏んでいく必要があるのではないか。農家に直接お金が行くというスキームであることから、国民の理解を得るためにもまずは中山間地域等への直接支払いを導入し、国民の反応や評価をみて次のステップを検討すべきだ。」と説明した。もっとも、このような説明は将来的には２段、３段の直接支払いがありうることをコミットしているものであり、財政当局はそのような直接支払いにはコミットしたくないという立場であった。

（表４−１）　ＷＴＯ協定における各国の直接支払いの取扱い

１．「緑」政策……協定実施期間中削減対象外。相殺関税の対象外。

種類（例）	ＷＴＯ協定上の条件	各　国　の　例
①生産に関連しない収入支持	・基準期間の収入、要素の使用等明確な基準に照らし決定。 ・支払額は、基準期間後の生産の形態または量、国内価格または国際価格、生産要素に関連し、または基づくものでないこと。 ・生産を義務付けられないこと。	〔米国：直接固定支払制度〕 ・96年農業法により、不足払い制度の廃止に代わって導入。 ・過去の作付面積を基準として、予め定められた額を毎年農家に支払う。 ・農業経営者１人当たりの平均支払上限は、４万ドル／年 ・経営者１人当たり平均支払額は、小麦約4,700ドル／年、トウモロコシ約4,200ドル／年 ・1996〜2002年度までの措置であり、助成額は段階的に削除される。 （注）96年農業法は、財政赤字削減の観点から農業予算の大幅な引下げを目的に導入されたもの。

第４章　直接支払制度成立過程　101

②環境対策	・明確に定められた環境保全に係る政府の施策にしたがうことを義務付け。 ・支払額は、政府の施策にしたがうことに伴う追加の費用または収入の喪失に限定。	〔EU環境対策〕 ・85年に導入。 ・環境負荷軽減のための農法導入、粗放的な農業推進等を計画にしたがって実施する農家に対し、その見返りとして面積当たりまたは削減する家畜頭数当たりの給付金を農家に支払う。 ○受給額はEU平均で16,000円／ha。
③条件不利地域対策	・中立的かつ客観的基準に照らして不利な地域が対象。 ・支払の額は、基準期間後の生産の形態または量、国内価格または国際価格に関連し、または基づくものでないこと。（生産要素に基づくことは可。） ・支払の額は所定の地域において農業生産を行うことに伴う追加の費用または収入の喪失に限定。	〔EU条件不利地域対策〕 ・75年に導入。 ・山岳地域等に限定。 ・農業活動に影響を与える恒久的な自然条件上の不利性に着目し、農地面積または家畜頭数に基づいた補償金を農家に支払う。 ○条件不利地域内の支給農家の割合は30％。 ○1戸当たり受給額はEU平均で19万円。

2.「青」の政策……協定実施期間中削減対象外。相殺関税の対象となり得る。

種類	WTO協定上の条件	各国の例
○価格政策の見直しの代償	直接支払いのうち、生産調整を条件とし、以下の要件を満たすもの。 ・固定された面積や単収に基づく支払い。 ・基準となる生産水準の85％以下の生産に行われる支払い。 ・固定された頭数において行われる家畜に係る支払い。	〔EU直接所得補償〕 ・92年の共通農業対策（CAP）改革により、支持価格の大幅な引下げに伴い導入。 ・穀物・牛肉について、生産制限を条件として、面積（または頭数）に基づいた補償金を農家に支払う。

　以上の基本方針を9月から11月にかけて与党の国会議員の方々等に個別に会って繰り返し説明した。延べ人数にすると200人の方々に説明したことになるのではないだろうか。意外にも農林関係議員のなかには一部ではあるが直接支払いの導入に否定的な方々もみられた。また、与党では直接支払いを議論するための基本問題小委員会が11月末に集中して開かれた。これは直接支払い実現までの過程で私が最も緊張した局面であったが、松岡委員長をはじめとする与党幹部のリーダーシップに

より、1998年12月に「農政改革大綱」が定められた。(p105資料参考) これによって、直接支払い制度の基本的なフレームワークができあがったのである。同大綱の中でも中山間地域等直接支払いの部分は極めてコンセプトが明確でかつ具体的に書かれているという感想を研究者の方から聞いた時は嬉しかった。

2．中山間地域等直接支払制度検討会報告及び制度骨子の決定（1999年8月）

(1) 直接支払制度検討会の発足

　　農政改革大綱にも書かれたとおり、1999年1月より第3者機関を設置し、具体的な検討を行うこととなった。まず、検討会委員の人選から開始したが、農林水産省の幹部から農業団体等の利害関係者以外の方々に委員になってもらうよう指示があった。

　　このため、研究者、マスコミ関係者等から人選した。座長候補としては、食料・農業・農村基本問題調査会の農村部会長として直接支払制度の導入を提言された祖田京都大学教授が適当と考えた。祖田教授から、中山間地域農業の若手研究者として小田切東京大学助教授、柏茨城大学助教授の推薦があった。両氏の著作は読んでおり、また、12月に大綱の考え方を説明したところ両氏から好意的な評価を得ていた。さらに、直接支払いをめぐる論点を考慮し、農村計画、生物・環境工学を専攻されている佐藤東京大学教授、欧米の農政に精通されている服部東洋大学教授、集落社会学専攻の松田淑徳大学教授にも参加いただくこととした。マスコミ関係からは政府の各種委員会の委員を務められている金子日本経済新聞社論説委員、西崎元共同通信社国際局長に依頼した。行政経験者として、省内の推薦により、技術系OBの中から内藤日本農業土木総合研究所理事長にお願いした。

　　事務系のOBについては、第1章に書いた経緯もあり、後藤康夫氏をおいては考えられなかった。しかし、後藤氏は当時日銀審議委員を務められており、毎日膨大な資料を読まなければならないので委員会の委員は断っていると言われ、お引受けいただけなかった。他方、祖田教授からは後藤氏がメンバーとなっていただけないのであれば座長を引き受けかねると言われていた。このため、私は三回日本銀行に通った。劉備玄徳が諸葛孔明を迎えた時と同じく、三顧の礼を尽くしてやっとお引受けいただいた。

　　さらに、制度が現場と遊離しないため、地方公共団体の関係者の方々にも専門委員として参加していただいた。しかし、地方負担の問題については、自治体関

係者の方々は利害関係者に他ならなかった。このため、地方負担について、本委員と専門委員との間で厳しいやりとりがなされることとなったが、検討会発足時には、うっかりしてそのことは気がつかなかった。しかし、厳しいやりとりがあったことは議論を深化させる上で結果的には有意義であった。

いずれにしても、1月29日に第1回の検討会を開催したときには、自ら人選に関与したとはいえ、メンバーのそうそうたる顔ぶれに気おくれするものを感じた。農政改革大綱の決定から検討会開催までの間中山間地域に関する論文等にかなり目を通した。しかし、担当課長として、これらの方々の鋭い質問に答えながら議論に参加することは相当の緊張と集中を必要とした。3時間に及ぶ検討会を開催し、終了後、一般紙と業界紙との2つの記者会見を行い、地域振興課に戻ると精も根も尽き果てたという感じがした。

次の資料は農政改革大綱と検討会に検討を依頼した事項である。同種の検討会に例があるかどうかよくわからないが、このように細かい検討事項を明らかにしたのは、制度の設計上必要であるという点はあったが、直接支払いの各要素についてなお相当な議論の余地があるということを示すとともに、零細農家の問題等財政当局との間で議論になる論点について有識者の意見を仰ぎ、できれば我々の主張をバックアップしていただきたいという思いがあった。

(資料) 直接支払いの枠組と今後の検討事項

<農政改革大綱>
1 直接支払いの導入
　高齢化が進行する中、農業生産条件が不利な地域があることから、耕作放棄地の増加等により公益的機能の低下が特に懸念されている中山間地域等において、耕作放棄の発生を防止し公益的機能を確保するという観点から、既存の政策との整合性を図りつつ、次の枠組みにより、直接支払いの実現に向けた具体的検討を行う。
2 制度の仕組み　　　　　　　　　　　　　　　　　　【今後更に検討が必要となる事項】

(1) 対象地域
　対象地域は、特定農山村法等の指定地域のうち、傾斜等により生産条件が不利で、耕作放棄地の発生の懸念の大きい農用地区域の一団の農地とし、指定は、国が示す基準に基づき市町村長が行う。

【対象地域】
①過疎地域、半島・離島地域の取扱いをどうするか。
②公益的機能の発揮の上で差のある田と畑の取扱いをどうするか。
③一団の農地の下限を設定すべきか。
④農業生産条件の不利性を示す明確かつ合理的、客観的基準は何か。(傾斜度、区画の規模、高齢化・耕作放棄率等)

(2) 対象行為
　対象行為は耕作放棄の防止等を内容とする集落協定又は第3セクター等が耕作放棄される農地を引き受ける場合の個別協定に基づき、5年以上継続される農業生産活動等とする。

【対象行為】
①従来と同じ行為に対して直接支払いを行うことは、国民の理解を得ることは難しい。税を投入するに値する適正な農業生産活動等とは何か。
②集落の総合力を発揮しながら、このような活動を推進する望ましい集落協定としてどのような内容のものにするか。
③行為の確認方法、不可抗力の範囲、米の生産調整との整合性。

(3) 対象者
　対象者は、協定に基づく農業生産活動等を行う農業者等とする。

【対象者】
①構造政策との関係から、対象者について、一定規模以上の農業者や認定農業者等に限定すべきと考えるか、公益的機能の観点からは限定すべきでないと考えるか。
②高額所得者をどう取り扱うか。

(4) 交付単価
　単価は、中山間地域等と平地地域との生産条件の格差の範囲内で設定する。

【交付単価】
①条件の不利度に応じて設定すべきか。この場合いくつの段階に分けて設定すべきか。
②生産条件の格差の範囲内とはどの程度が適当か。
③国民の理解を得る観点から、EUのように交付額に上限を設けることが適当かどうか。

(5) 地方公共団体の役割
　国と地方公共団体とが共同で、緊密な連携の下で直接支払いを実施する。

【地方公共団体の役割】
○国と地方公共団体の役割分担をどう考えるか。

(6) 期間
　農業収益の向上等により、対象地域での農業生産活動等の継続が可能であると認められるまで実施する。

【期間】
○農業生産活動等の継続が可能であると認められる場合とはどのような基準で判断するのか。

3 実施プログラム
　直接支払いについては、以下を基本として具体的に検討。

　(1) 地方公共団体の長、学識経験者等から成る第三者機関を設置し、制度運営の課題、適切な運用方法等につき、12年度概算要求までに具体的に検討する。
　(2) 本政策は12年度から実施する。
　(3) 直接支払い導入の一定期間経過後、中立的な第三者機関を設置し、政策効果等の評価・見直しを行う。

第4章　直接支払制度成立過程　　105

(2) 検討会での議論

　第1回の検討会では中山間地域等の全般的状況についてデータに基づいて説明するとともに、我々の基本的スタンス、農政改革大綱、検討を依頼する事項について説明を行った。私が特に力点を置いて説明したポイントは次のとおりである。
○　中山間地域では、農業の振興、例えば果樹や花卉等の集約的農業の振興が土地節約的であるために農地の保全管理には直接つながらない場合もある。また、中山間地域は種々の課題を抱えており、例えば就業機会という課題に対しては農村工業導入で対応するなど、問題に応じた対策が必要である。
○　我が国農政史上初めての直接支払いであり、都市住民を含めた国民の理解が必要、また、そのためにも、ＷＴＯ農業協定上「緑」の政策とすることが必要。
○　直接支払いの対象地域を条件不利性の低い地域まで広げると平場とのコスト格差は小さくなり、単価が小さくなる。棚田等の本当に助成が必要な農地の保全が困難となる。逆に対象地域を厳しいところに限定すれば、単価は高くなる。対象地域と単価はトレードオフの関係にある。
○　従来と同じことに対する支払いは、都市住民の納得が得られないばかりか、生活保護として受け止められ農家のプライドを傷つけるおそれもある。ＥＵでは環境に優しいことに対してインセンティブを与えるため、条件不利地域対策等の直接支払いに環境上の要件を加味するクロス・コンプライアンスが検討されている。
○　中山間では、地形的条件により大規模農業者1人では農地や水路の管理ができないという状況にあり、集落での対応を考えざるを得ない。集落の多様な人的資源を活かし、それぞれの役割をはっきりさせた協定を結び、新しい集落営農への発展の1段階とならないか検討したい。

　第2回（2月17日）及び第3回（3月15日）は対象地域、対象者等のテーマごとに議論を行った。当初第2回では対象地域、対象行為、対象者の3テーマを議論していただく予定であったが、議論に熱がこもり、対象者については次回に繰り越した。各委員とも新しい制度作りに相当な意気込みで臨んでいただけたものと思っている。ある委員の方から、この検討会は本当に面白い、毎回参加するのが楽しみだと言われたことが今でも印象に残っている。

　第4回（4月5日）は、農業団体、経済団体、消費者団体の代表の方々からヒアリングを行った。

　第5回（4月23日）は、我々の方でこれまでの議論を踏まえ論点整理を行った

資料を配付し、これに基づき議論をしていただいた。また、第５回の検討会前には、小田切委員より詳細な中間とりまとめ私案が出されていた。

　以上で論点がおおむね整理できたので、検討会での最終報告のもととなる中間とりまとめ（案）のドラフティングにかかった。５月の連休中で来訪者もいない静かな時期を見はからって、約２日間をかけて一気に書きあげた。この中間とりまとめ（案）をタタキ台として、第６回（５月24日）でさらに議論をしていただき、これを踏まえ修正の上「中間とりまとめ」として公表した。これを農林水産省のホームページに掲載し、パブリックコメントを求めた。多様なコメントが出されたが、若干の反省としてパブリックコメントを求める場合には大きな事項についての意見に限定した方がよいのではないかと思われる。車の設計を例にとると、スピードを重視するのか、安全性を重視するのか等基本的な事項についてパブリックコメントを求め、その結果をいかにして達成するかという技術的な事項は専門家（検討会）に任せた方がよいように思う。

　「中間とりまとめ」の作成により、論点はしぼられてきたので、第７回（６月21日）、第８回（７月28日）、第９回（８月５日）は残された論点について集中して議論した。中間とりまとめで両論併記となっていたところが一本化され、最終報告となった。制度の骨格は農政改革大綱で示されていたが、その肉付けは検討会のメンバーの方々による検討の成果の賜である。

　検討会における主な論点及び議論は次のようなものであった。

ア　対象地域、対象農地

　㋐　対象地域

　　　農業生産条件が悪い農地でも兼業機会に恵まれ、高い農外所得を得ているところは対象とすべきではないし、過疎地域内の農地でも農業生産条件の格差を設定できないところは対象とすべきではない、すなわち、自然的・経済的・社会的条件の悪い地域の中で農業生産条件が不利で生産条件の格差を設定できる農地が対象となるという考え方にはおおむね異論はなかった。

　　　また、対象地域として、特定農山村法等５法あるいはこれに沖縄、奄美、小笠原の特別措置法の地域を対象とすることにも異論はなかった。これ以外にも例えば従来山村振興事業等の対象としてこなかった特別豪雪地帯も加えてはどうかという議論もあった。しかし、委員の多くは対象地域が広がることには消極的であった。対象地域は真に条件不利が明確なものに限定し、バラマキ等の批判が生じることを避けるべきという意見が強かった。特別豪雪

地帯はほとんどが5法地域と重複しており、わずかに外れる地域については、知事特認が認められれば、それで対応すればよいのではないかという結論となった。

(ｲ) 対象農地（生産条件の不利性の基準）

　農地の種類については、畑地、草地については対象とすることに異論はなかった。ただし、肥培管理をしない採草放牧地については、管理は輪切り、野焼きだけであり、何と比べて条件不利性があるのかという問題があった。これについても傾斜による条件不利性が設定できるのであれば対象としてはどうかとされた。その単価はＥＵが家畜単位という考え方で牛と羊等についてウェイトの付け方を異にしていることが参考になるのではないかという意見が出された。この意見を参考にして、採草放牧地の単価は草地と採草放牧地のＴＤＮ生産量の格差率を傾斜草地の単価に乗じて算定した。

① 傾斜農地

　(ⅰ) 水田について20分の1以上、100分の1～20分の1、100分の1未満の3段階で考えることについて、我々の考え方を説明した。ただし、5分の1とか極めて急な傾斜のところを維持することに食料政策上の意義があるのかという質問があった。次は私の答えである。

　「我々は、傾斜度のロジックとしては大区画に整備できるところ、30ａの整備が基本となるところ、30ａの整備もできないところで、技術的にも条件の不利性が段階的に違っていくのではないかと考え、100分の1未満、100分の1から20分の1未満、20分の1以上の3段階に分けて考えたらどうかと考えている。20分の1以上に含まれている農地には10分の1とか、5分の1とか極端に言えば2分の1とかのいわば急々傾斜的なところも含まれる。それを対象とするのは食料政策の観点から限界的農地を対象とすることに意味があるのかというご質問だと思う。これについては、検討事項に「限界的農地については林地化などを行うべきとの考え方もあるがどう考えていくべきか。」と記載している。限界農地をどうするかということは、行政が決めるのではなく、集落の話し合いによって決めるべきものであるが、極端な限界的農地は、林地化も視野に入れた検討をされるのが1つの道ではないかと考える。

　単価の設定については、20分の1以上と設定する場合、米の生産費を組み替え集計した場合に20分の1以上はすべて平均的な概念で一本の単

価で出てくることになる。そうすると基本的には平均的な単価となるので、5分の1、2分の1といったところは実際のコスト差すべてが補填されないこととなる。あまり細かく単価を設定すると急々傾斜地が保護されすぎて食料政策の観点からすると限界的農地まで含めて保護することとなると考えている。」

(ii) 意見が鋭く対立したのは緩傾斜水田の扱いである。これは技術的な問題というよりは、中山間地域への直接支払いに対する立場の違いを反映したものであった。

　中山間地域、特に中・四国地方の荒廃を目の当たりにしている研究者の方々は緩傾斜水田も対象とすべきだと強く主張された。「限られた財源の中である程度絞り込みたいということは理解できるが、特に8法内の緩傾斜地域というのは食料政策的な意味からするとかなり重要なポイントを持つ部分である。同時に中四国など高齢化の進んでいるところでは、かなりのスピードで荒れ果ててきている状況にある。資源論的にも非常にロスが大きく、食料政策的にも見逃すことができない状況である。高齢化率や耕作放棄率を加味しながら緩傾斜の農地を救えるようなシステムを残しておいてほしい。」また、「"対象農地の基本として生産条件（コスト）格差を設定できる農地のみが対象となりうる農地である"との考え方に立てば、緩傾斜農地についても、平坦地との生産条件の格差が存在するにもかかわらず、何故対象とできないのか。」という論理的な主張もあった。

　他方、直接支払いを限定的にすべきだとする立場からは次のような意見が出された。

　その1つの主張は「財源が限られているのであるから、20分の1以上のところに限定すべきだ。」というものであった。これに対しては、私から次のように答えさせていただいた。「議論の前提として予算規模がこれだけだから、対象地域や単価を決めるというアプローチではなく、基本的には生産条件の格差が田の場合、20分の1以上ではどれだけあるのか、100分の1から20分の1ではどれだけあるのかを積み上げて必要額を用意するというアプローチが正しいと思う。予算規模ありきというものではない。どういう地域がふさわしいかというような議論をお願いしたい。」

また、「100分の1という傾斜は緩やかなものであり、田と畑で20分の1と15度、100分の1と8度とが対応するものなのか（田については20分の1以上、畑については8度以上を対象とすべきではないのか）」という意見も出された。
　もう1つの主張は、緩傾斜で基盤整備の終わっている農地は平坦地と生産条件の差はないのではないかというものであった。
　「100分の1から20分の1までの全てを対象にすると、既に基盤整備が済んでいる所がある。そこは平場と同じように生産性を上げている地域である。そこに同じ金額を支払うのは不公平感があるので、市町村長が現実に地域を確定するときに困るという意見を聞く。そのため基盤整備が終了している地域は外すなど基盤整備が出来ていない所と差があるべきではないか。また、このような地域はコスト差の全てをみるのではなく、7割とか8割のコスト差でよいのではないかというようなことが意見として出て来ていることを紹介させて頂きたい。」
　しかし、これに対しては、直ちに、「傾斜地では基盤整備により多くの費用がかかり、負担金も多いのではないか。」という反論がなされた。また、基盤整備が終了しているところは外すなどとすれば、これから緩傾斜では基盤整備をしたくないというマイナスのインセンティブが働くのではないかと思われた。
　私としては、前者の意見に強い共感を覚えたし、次の4点から、緩傾斜を対象から外すことは問題であると考えた。
○　100分の1～20分の1の緩傾斜水田についても、100分の1未満と比べ明確な条件不利性が存在する。100分の1～20分の1の水田については、規模、労働生産性、農業所得のいずれも100分の1未満の水田の79.4％、63.6％、64.4％と低位にある。（また、中山間地の100分の1以上の水田の整備は遅れている。）
○　にもかかわらず、緩傾斜を対象としないことは、緩傾斜農地については条件の不利性が存在しないことを認めることとなる。緩傾斜農地も対象とするのであれば、直接支払いの単価は急傾斜農地（20分の1～）、緩傾斜農地（100分の1～20分の1）のそれぞれと平坦な農地（100分の1未満）とのコスト差に基づいて決定される。しかし、緩傾斜農地が対象とならない、すなわち、条件不利でないというのであ

れば、急傾斜農地の単価は20分の1以上の農地と20分の1未満の農地とのコスト差によって決定されるべきであるという主張がなされる可能性がある。現在の20分の1以上の農地の単価は20分の1以上の農地と100分の1未満の農地との比較により21,000円／10ａと設定しているが、このような方式によれば、単価はより少なくなることは明らかであろう。財源が限られているから20分の1以上に限定すべきであるという主張は、20分の1以上を手厚く保護しようとするのではなく、20分の1以上の単価を引き下げることとなる主張に他ならなかったのである。

○　急傾斜農地と緩傾斜農地が連担している場合には、緩傾斜農地での条件不利性が補正されず、耕作放棄が生ずれば、急傾斜農地への通作も困難となり、急傾斜農地も耕作放棄されてしまう。

○　特定農山村法等において、田は20分の1以上、畑は15度以上を急傾斜と位置づけている。畑について8度以上を対象とし、田について緩傾斜地を対象としないとするのであれば、田の20分の1と畑の15度とはパラレルなものでないこととなり、施策の整合性を欠くこととなる。

　要するに、次の発言にみられるように、問題は、100分の1～20分の1の緩傾斜農地全てではなく、100分の1を基準とすることが緩すぎるのではないかというのが反対論の主たる論拠であった。

「田と畑の傾斜の問題については、私も当初は緩傾斜100分の1では緩すぎるのではないかと思っていた。技術的な制約もあり、単価に違いがあるということから、20分の1と100分の1の間にもう少し刻み目が入ればなお良いのであるが、実際には難しいということであるならば、基本的に緩傾斜も含めるということでいいと思う。」

　したがって、緩傾斜農地については、対象とするかどうか、対象とする場合には限定するかどうかは市町村長の判断に委ねてはどうかと次のとおり提案した。

「100分の1を下限とすることについては、100分の1未満のところと条件の不利性が十分にあると言えないのではないかという議論もある。しかし、100分の1から20分の1の間には色々な農地があると思うので、例えば50分の1とするなど市町村の裁量により対象とする傾斜度を決めるのが、地方分権の方向にも沿っているのではないか。また、100分の1から20分の

1の間の農地は生産条件の不利性はあるにも拘わらず対象にならないということであれば、そこが荒廃することによりこれと連坦している20分の1以上の農地も荒れることになるので、そのような場合には100分の1以上も対象にするようにしてはどうかと考える。なかなかむずかしいとは思うが、どこの農地が守るべき農地なのかということを市町村で判断していただいてはどうか。」

　この提案については、次のように支持する意見が出された。

「今回新しく入ってきた「市町村の判断に委ねる」という考え方は、傾斜度に関しては20分の1以上の急傾斜に関しては誰も異論がなく、問題は100分の1と100分の1から20分の1の間であったと思う。生産費の格差があるということと同時に100分の1というのは緩やかすぎないかという疑問があった。これに関して100分の1を最低限の基準とした上で、20分の1までの間は市町村の判断に委ねるというのは適切な答え方ではないかと思う。これだと第三者からみても納得がいく。明確な基準があると同時に微妙な判断が迷うところは最もその判断ができる者に判断の権限を与えるという筋の通った考え方であると思う。」

　しかし、自治体関係者である専門委員から、全て市町村長に委せられても困るという意見が出されたので、国が一定のガイドラインを示すこととした。

② 自然条件により小区画不整形な農地

　中間とりまとめでは小区画の基準を「10ａ以下」としていたが、最終報告では、「大多数の区画が30ａ未満で、平均規模20ａ以下」となっている。緩和されているようにみえるが、このような農地を急傾斜農地と同じとみるのか、緩傾斜農地と同じとみるのかによる違いがある。当初10ａとしたのはこの農地について20分の1以上の単価を適用しようと考えていたからである。しかし、100分の1～20分の1の農地については不整形の農地もあることから2つの単価が併存し、実施が難しいのではないかという指摘が出された。このため、単価を100分の1以上のものにそろえるため、小区画の基準を再検討した。100分の1以上の農地は30ａ以上の区画でゆるやかな傾斜があることから、傾斜のない小区画・不整形の水田については30ａ未満とすることが適当であるが、30ａを超える農地も一団の農地の中には含まれることも予想されるため、大多数が30ａ未満で平均20ａ以下と

いう条件とした。これに自然条件による不整形という基準がさらに加わっている。制度を再評価する段階で、緩傾斜農地とこの基準が果たしてバランスしているかどうか、また、上記の指摘のように2つの単価が果たして併存するのか、対象農地の判定の基準は一団の農地であり、緩傾斜で小区画不整形な一団の農地については緩傾斜農地の単価でなくても同じ単価を一団の農地全てに適用すればよいのではないか等の点について、さらなる検討が必要となろう。

③ 高齢化率・耕作放棄率の高い農地

ここについても、緩傾斜農地と同様直接支払いをめぐる2つの立場が対立した。

対象とすべきでないとする主張は、対象農地の基準は自然条件上の不利性に限定すべきであるというものであった。

「耕作放棄率、高齢化率を対象地域とすることは理解できない。対象地域の考え方は自然条件に限定することが妥当と考える。例えば、耕作放棄率を考慮することになれば、耕作放棄をしないように努力している成果が配慮されないことになる。怠惰に耕作放棄したところは対象になるが、一生懸命頑張っているところが排除されるという逆の結果になってしまう。このようなことから、人的な条件は要件として考慮しない方がよいと思う。」

これに対し、"耕作放棄が耕作放棄を呼ぶ"という中山間地域の実態を重視する立場からは次のような主張がなされた。

「事務局から5法指定地域から更に平坦地を排除していく可能性を指摘されたが、特に中国地方の中山間地域のような過疎化・高齢化が進んでいる地域では、必ずしも条件が悪いところから順番に耕作放棄されていくのではなく、道路沿い等の優良地も耕作放棄していくことから、平坦部を排除することは良いのかどうかを慎重に考えるべきである。」

「自然的条件で条件不利性を考えるということについては、いろいろと議論があったが、前回、議論が全くされていなかったのは、社会的条件－事務局提案でいうと高齢化率、耕作放棄率－の不利性に対して支払うのかどうか。つまり、この考え方は結果ではあるが、しかし、それが前提として出発した条件不利性になるという考え方である。ネガティブ・スパイラル（負のスパイラルコース）に入っていくのを阻止するために、是非、社会的条件不利性に対しても支払っていただきたい。さらに言えば、自然的条

件にしろ、社会的条件にしろ、いわば長期的な枠組みとしての条件不利性である。現場で今、農業者あるいは集落が戦っているのは、例えば西日本では鳥獣被害、東日本では風水害等の非常に短期的な、しかし、構造的にのしかかっている条件不利性であり、こういったものをどう処理するのか、支払いの対象としてどう考えるのかを今後、議論していくべきではないか。」

　ここでも、対象とするかどうかは市町村長の判断に委ねることとした。ただし、これを否定する議論にも、人為的な要素であり、モラル・ハザードの問題があるという点については十分な根拠があった。

　したがって、

(i)　高齢化率等の基準は平均的数値を上回るある程度高い水準とする
(ii)　意図的・人為的に高齢化率、耕作放棄率を増加させて対象農地とすることを避けるために、対象農地となるかどうかは過去の一定期間の数値により測定する。他方、努力して数値が改善した場合には協定期間中は助成を継続することとした。

④　草地比率の高い農地

　直接支払制度の検討を開始した頃から、ある農林水産省の幹部から北海道についても検討が必要だと指示されていた。畜産局時代に付き合いのあった乳業会社の人に北海道で条件の不利なところはどこですかと聞いたところ、天北と道東ではないでしょうかという答えがあった。確かに、稚内付近は牧草地以外はクマザサしか生えていなかったという記憶がよみがえってきた。

　EUの制度を検討するにつれ、EUの普通条件不利地域は「主として粗放的な畜産業に適しているような生産性が低く、耕作に不適な土地が存在していること」が要件となっており、ドイツでは草地比率が80％以上のときは他の要件を緩和していること、イギリスは草地比率70％以上の農地を対象としていることがわかった。

　これが潜在意識としてあったのだろう。ある時、農林水産省の畜産担当審議官に北海道をどうするのかと問われた際、とっさに"イギリスで草地比率70％以上というのがあります。しかし、もらいすぎると都府県との不公平感がでてきますので1戸当たり100万円の上限を設定すべきです"と答えた。

彼は"よし、わかった。それで行こう"と答えた。
　しかし、何によって生産条件の格差を設定しうるのか疑問であった。北海道のバター、脱脂粉乳向けのいわゆる加工原料乳地帯は都府県の酪農地域よりも生乳生産の全体的なコストは安いからである。このため、牧草以外の畑作物（特に、デントコーン）の作付けができず、かつ、気温が低いため、牧草の収量が劣ることをもって条件不利性を認めることができるのではないかと考えた。すなわち、生乳生産という点では条件不利地域ではないが、農業全体の中での他作目との収益較差を考えれば、畑作や稲作を選択できず、酪農しかできないという点で条件の不利性を認めることができるのではないかと考えたのである。
　このアイデアを考えついたときでも、全国基準である傾斜農地等とは異なり、地域限定的な"特認"という制度が実現できれば、それで扱うべきではないかと思っていた。ところが、検討会で、次のような意見が相次いで出されたため、方針を変更して特認扱いではなく、傾斜農地と並んで扱うこととした。ただし、そのような取扱いとしたことが財政当局との間で火種を作ることとなったことは後述のとおりである。
「本州の中山間地域の耕作放棄地の防止というイメージで資料が作られていると思う。しかし、離島、半島と並んで北海道をどうするかという問題がある。北海道はEUに農業構造が近い。ここで考えられている条件を北海道にも適応するのか、本州とは違った北海道に合った条件を設定すべきかという問題がある。」
「標高の問題については、日本は北から南まで長いので、標高といってもだいぶ違う。ビート（てんさい）とケーン（さとうきび）を同じ国で作るという例は他の国にはない。むしろ、積算温度とか、日照時間によって作物の種類が非常に制限されるとか、単位当たりの収量が非常に制限されるということで、仮に追加的な基準として使うのであれば、積算気温や日照時間を使ったほうが標高よりはいいのではないか。それを使うとすれば、生産条件に恵まれず、牧草しかできないというように対象作物が限定されるような地域というのは１つの物差しになるのではないかと考える。」「WTO協定の農業協定がスタートしたということで価格政策の見直しが行われ、そういった影響を一番大きく受けているのは専業農家である。EUでは価格政策の見直しの代償として直接支払いを実施している例があるとい

うことだった。我が国においても農業の中心的な担い手である専業農家が引き続き頑張っていけるということを農政全般の施策でフォローしていくことが是非必要と考えている。

　北海道は、寒冷な気象条件にあるというハンディキャップがある。具体的には寒冷であるために地域によって栽培作目が限定され、営農上いろいろな制約がある。例えば、道東や道北の酪農が行われている地域では、酪農しかできないため、酪農を失敗すると離農するしかない。離農した場合、跡地を引き受けてくれる者がいる場合は良いが、最近ではなかなか見つからない。そうなると耕作放棄が増え、無人の荒野が増えていくこととなりかねない。先ほど牧草の単収が低い地域があるという話があったが、単収の低さに加え、牧草しかできない、酪農しかできないということ自体がおおきなハンディであると考える。

　北海道の寒冷な気象条件のために農家の生活が困っているということで昭和34年に北海道寒冷地畑作営農改善資金融通臨時措置法が成立しているので、この法律の指定地域を5法地域に追加していただきたい。どうしても困難ということであれば、農地に占める草地面積の割合が高い地域を対象地域にしていただきたい。これは、イギリスの例にもあると聞いている。

　中山間地域等ということで傾斜地の議論が中心になっているが、平地においても条件が不利な地域はたくさんある。例えば、高齢化が進んでいる、離農が多いということで耕作放棄が多発する可能性のある地域は対象にすべきと考える。」

　北海道農業の現場に立脚した優れた意見であった。

⑤　知事特認

　農政改革大綱に至るまでの与党との議論の過程で、当面は5法地域の傾斜農地等で押して行くとしても、最終的には特認的な地域・農地を認めざるをえないのではないかと考えていた。これはEUにおいても特別ハンディキャップ地域（小地域）という例があった。

　検討会でも次のような意見があった。

「農政改革大綱でも5法地域と書いてあるわけではなく、特定農山村法等となっている。基本は5法で良いと思うが、林野率とか傾斜度で線を引いても、北海道のように平坦地でも生産条件に恵まれず、対象作物も非常に限られ、過疎化も進んでいるという地域もある。EUでも条件不利地域に

は3つの区分がある。一定の基準に該当するところは、5法対象以外の地域でも対象とするという道も残しておいた方が良いと思う。」
「前回の対象地域の議論の中では、ルールはできるだけシンプルな方がいいというご意見が多かったように感じている。私も、国民的な理解を得やすくするという意味では基本的には賛成である。ただ、我が国は南北に細長く、地域農業の実態も様々である。特に北海道は、府県とは異質であるので、単純明快なルールは結構であるが、それ一本槍でいくと必ずしも地域農業の実態に合わないことがある。画一農政とも言われかねない心配がある。そこで、地域の特殊性に配慮しないと不公平感が高まるので、そういったものをできるだけ少なくするためには、基本ルールはシンプルでいいし、それを厳格に運用することが必要であるが、それにプラスしてそれぞれの地域の特殊性に応じた弾力的な運用が付加される仕組みを併せて考えていく必要があるのではないかと考える。弾力的な運用といっても、あまり恣意的になると問題であるので、国の一定の方針、枠組みは必要と思うが、国の一定の枠組みの中で、例えばそれぞれの都道府県の知事がそれぞれの地域の実態に応じて適切に運用できるものを付加していただければ、北海道の特殊性というのもカバーしていただけると考える。」
「基本的なコンセプトとして、今回の直接支払制度は少なくともスタート時点においては地域の絞り込みを最大限にしてスタートした方がいい。一旦指定してしまうと、それを解消するというのは非常に難しいことだと考えているので、絞り込みを強くする。ただし、絞り込みを強くすることによって漏れてしまう地域、明らかに条件不利であるにも関わらず漏れてしまう地域がでてくる。それをなんらかの形で救済する。それを知事特認という形でできないのか。もちろん、大臣特認がいいのか、知事特認がいいのかということには議論があると思うが、ある意味では一定の歯止めが地方財政措置等を通じてかかるという意味では、知事特認がいいのではないかと考えている。なお、地域の絞り込みについては、定住条件と自然条件の2つでバインドをかけるべきだと考えている。つまり、生産者が定住者であるということに注目すれば、定住条件の善し悪しも当然、地域指定の要件になると思う。ただし、その要件はできるだけ絞り込むのが適当だということで、両者の関係はorではなく、差し当たりand、つまり両方とも条件不利な地域を指定し、それから漏れるものを知事特認で拾い上げる

ことができないかという提案をさせていただいた。」

ただし、次の歯止めは必要と考えた。また、「特認」制度はともすれば必要以上に拡大する傾向が予想されることから、何らかの制度的制約が必要だとする委員からの提案もあった。

(i) EUの小地域と同様面積の上限を設定する。
(ii) 地元が追加の負担をしてまでも指定したいという地域なので、国の負担額は引き下げる。しかし、農家への支払単価は一般地域と同じとする。
(iii) 地域間で基準の著しい不均衡が生じないよう、国レベルの第3者機関で調整する。

なお、検討会では、EUのように標高の高い農地も対象としてはどうかという意見もあった。しかし、EUの基準では「作物の生育期間が相当短いこと」が明らかな一定以上の標高にある農地が指定されていること、このため緯度の低いスペインでは標高1,000m以上となっていること（日本は緯度からすればスペインよりも南にある）等から、検討会の意見としては採用されなかった。しかし、地域によって標高の高い農地が何らかの条件不利性があることを示すことができるのであれば、特認により処置することは可能である。

(ウ) 対象農地の指定単位（一団の農地性）

公益的機能の観点からは一団の農地を対象とすることについて異論はなかったが、下限を設定する（例えば1ha以上とし、1ha未満の団地については対象としない）かどうかについて次のような議論があった。

「一団の農地についても、一定の下限があったほうが良いと思う。一団の農地は物理的に連坦している農地とするのが一般的である。しかし、農地が10ha程度といった集落で生産組織を育成するとした場合、オペレーター1人の行える仕事を考えると隣の集落も含めないと生産組織が存立できないといったことがあり得る。このため、同一の主体がカバーし、かつ、周辺集落の農地を入れて初めて生産組織の活動が基盤が成立するような場合は、周辺農地もカウントできるようにしても良いのではないかと思う。」

「一団の農地の下限設定には、反対である。1つめの理由は、一団の農地というものを厳密に物理的に特定することは困難ではないかと思っており、これを強行すれば、最も厳密に指定すべき要件が、指定者つまり市町村長の裁量が介在することとなり、不公平感が生まれるのではないかと考えるからで

ある。2つめは、一団の農地の下限を設定することによって、集落内で指定された農地を持つ者と持たない者に分かれる可能性があるためである。集落協定を前提とするのであれば、一団の農地というよりは実質的に集落指定に近いような形にもっていけないのか。土地条件に着目するというのは大原則だと思うが、創意工夫により、実質的には集落指定にもっていくような工夫をすべき。」

「集落指定という意見には賛成。物理的な要因だけで農地の範囲を決めてしまうことには必ずしも合理性がないと思う。」

　いずれの意見も農地の物理的連坦性（農地がつながっているかどうか）だけで一団の農地性を判断することは不適当というものであった。

　また、高知県からは物理的連坦性だけで一団の農地性（1ha）の要件を決定すべきではないという意見が出されていた。

　したがって、下限は1haとするものの「一団の農地の指定は物理的連坦性だけでなく、営農の活動上の一体性等にも配慮し、市町村長の判断により、集落単位での指定を行ったりすることを認めてはどうかと考えられる」とまとめさせていただいた。このような経緯からすれば、物理的連坦性のある1ha以上の団地を主団地として観念し、それがある場合にのみ営農上の一体性のある周辺農地をも対象とできるとする考え方はもとより、営農上の一体性がある場合にのみ物理的連坦性が1haに満たない団地を複数あつめて一団の農地とすることもやや限定的であるといえるだろう。

　また、対象農地の指定方法として次のような意見が出された。

「集落協定が重視されるのであれば、集落が二分、三分されるようなことは是が非でも避けなければならない。その意味で平均傾斜率を集落単位でとることによって集落を全体として指定するような方法を検討すべきという提案をしているが、それが私としては最善と考えている。」

　私としては、生産条件の不利性がある一団の農地のみが対象農地たりうるという整理をしていた。他方、検討会で「中山間地域の中でも対象となる地域と対象外の地域が存在することとなるため、地域の設定に当たってはコミュニティーを壊すことのないよう配慮すべき。」という主張もあったので、対象となる一団の農地に対して交付された直接支払い額を集落が非対象農地も含めどのように配分するかは自由であるという解決方法を採ることが適当と考えた。

第4章　直接支払制度成立過程　119

しかし、このような解決方法を採ることが許されるのであれば、このような方法と並んで初めから平均傾斜で集落単位で指定する方法もありうると考えられる（ただし、この場合は単価についての調整が必要となろう。）。ＥＵの傾斜農地の指定単位はコミューンあるいはゲマインデであり、日本でいえば旧市町村単位で平均傾斜を採ることにより指定している。また、緩傾斜農地を対象とするか否かを議論した際、20分の1以上の農地が半分以上を占めるような旧市町村はまとめて指定できないかという主張もあった。これは特定農山村法の要件の1つでもある。

対象農地の指定方法については、制度を深化するために、将来議論すべき課題が残されているといえよう。

イ　対象行為

対象行為については、以下の全く異なった点が論点となった。

(ア)　対象行為について多面的（公益的）機能を維持・増進する活動も要求するかどうか。

これについては、都市住民の理解を得るためにも、ＥＵがクロス・コンプライアンスとして環境上の要件を環境直接支払い以外にも加えようとしていることからも、要求すべきであるという意見がほとんどであった。「対象行為の環境問題については、完全な形ではないにしろ最初に環境保全の芽を出しておくべきだと考える。中山間地域が災害防止や水源かん養に非常に機能しているということは国民的理解を得ていると思うが、いざ金を出すということになると国民からいろいろな意見が出てくる可能性が大きい。そのためにも、マスコミが手のひらを返さないように何か手を打っておく必要がある。」

また、ある国会議員の方から今までと同じことをして直接支払いを受けるというのでは農家の誇りが傷つくと言われたことも頭の中に残っていた。後藤論文にもあるとおり、農村では生活保護受給者が少ないという実態を考えると、受け取る側の気持ちも考える必要があると考えられた。

しかしながら、本対策と環境保全行為とは切り離した方がよいという強い意見があった。将来環境直接支払いを導入する際に、足枷とならないか危惧されたのである。この意見はもっともであった。したがって、「農法の転換まで必要とするような環境保全行為は要求すべきではない」とまとめさせていただいた。このような行為に対する支払いは環境直接支払いに他ならない

からである。
(ｲ) 集落協定

　耕作放棄の要因を水田についてみると、傾斜度と農業従事者の高齢化が引き上げ要因であるのに対し、生産組織への参加率が耕作放棄化を抑制している。農地保全を一定期間継続的に図るためには、集落協定により生産組織を活用し、農業者等の集団的な維持管理活動を推進していくことが有効ではないかと考えられた。

（参考）耕作放棄地率の決定要因（平成7年）

```
回帰式　Y＝0.159＋0.064X₁＋0.043X₂－0.085X₃
             (0.21) (6.40)    (2.40)    (－3.95)        （　）内はt値
決定係数R²＝0.82
ただしY　＝耕作放棄地率（％）
       X₁＝傾斜度1／100以上の田面積割合（％）
       X₂＝65歳以上の基幹的農業従事者割合（％）
       X₃＝稲作生産組織への参加農家割合（％）
```

資料：農林水産省「農業センサス」、「農山村地域活性化要因調査」
注：沖縄を除く全国農業地域別・農業地域類型別のデータ（サンプル数36）から算出

　検討会報告書の中でもとりわけ"2　対象行為－(2)　集落協定－ア　その重要性"という部分は最も私が心を込めて起草したところである。単に農政史上初の直接支払い制度を導入するというだけではなく、これを触媒として役割分担のはっきりした集落営農が確立していくのであれば、我が国中山間地域農業を発展・振興させていくことができると考えたのである。また、そのようなものとして直接支払いを活用してもらいたかったのである。

　検討会での関連する発言の次に検討会報告の該当部分を載せることとしたい。これ以上のものは今のところ書けないからである。

　「集落を媒介としてダイレクトペイメントを考えることは賛成である。そういう中で生産組織の意義等をもう一度見直されていることにも賛成である。従来、集落営農は中山間地域の資源管理を行う上で、かなり有望であるといわれてきた。しかし、その継承がうまくいかなかった。当初のリーダー的な存在がなくなると、その後継者がいなくて、集落営農が崩壊してしまうケースが多い。その理由としては、リーダーとか中軸的なオペレーターに対しての無償性原理（タダ働き的な論理）が強く働いているためである。旧来的な

集落営農を再編していくようなきっかけにこの直接支払いの原資を活用できないかと期待している。旧来的な集落営農を新たに継続性のある、継承性のある近代的な収益分配システムを持った新たな器として集落営農を再編させていく方向に誘導できるように、ダイレクトペイメントを活用していけばおもしろいと思う。集落営農を単に生産的な機能だけに限らず、集落営農の持つ多面的機能（例：環境機能を増進させる、集落の活性化効果、都市との交流）を引き出せるような方向に誘導するためにダイレクトペイメントを活用できないかと考えている。」

「集落のコアというのは零細農家を排除しないということであるが、地域によっては意欲的な農業者の中に集落営農を嫌う者がいる。集落営農がうまくいっているところは別として、うまくいかないのは、コアとなる者に負担が集中してしまうためにやりきれなくなり抜けてしまい、借地や受委託をして経営を伸ばしていく。このようなことからコアとなる者に負担が集中しないようにすることが、最低限の条件である。そのことをどこかに入れる必要があるのではないか。私は集落営農を拒否している認定農業者に結構大勢会っている。」

以下は検討会報告である。

「耕作放棄の要因をみると、傾斜地等の生産条件の不利性や高齢化が放棄率の引上げ要因となっているのに対し、生産組織への農家の参加率が引下げ要因となっており、集団的な農業活動が耕作放棄の防止に有効な対策となっている。特に、中山間地域等においては、起伏の多い地形から、平地のように個々の農業者が水路・農道等を含めた農地の管理をすべて行うことは困難であり、おのずから集団的対応をなさざるをえず、このような対応ができなくなった地域では一気に耕作放棄が進行することとなりかねない。

また、集落は、その構成員のうちにその兼業先での勤務によりそれぞれ機械、化学、土木、経営、経理、マーケティング等についての専門的知識・技術・資源を持つ者を有する集団であり、このような集団が有機的に連携し総合力を発揮することができれば、個々の農業者以上の成果をおさめることも十分期待できよう。すなわち、中山間地域等ではこれまで容易に認定農業者が出現してこなかったという状況にあるが、今後定年帰農者等が増加することも想定される中で、従来の集落営農とは異なる、兼業農家性を逆手にとった新しいタイプの担い手を育成しうる余地がある。さらに、集落という集合

体は構成員が他の構成員の脱落をカバーできるという柔軟性があり、継続性を有しているというメリットもある。

　したがって、中山間地域等で営農活動を定着化させ、耕作放棄を防止するという直接支払いの目的を達成するためには、集落の持つ諸機能を活用する集落協定による対応は有効と考えられる。

　その際、構成員の役割分担やこれに対する正当な報酬の分配等が明確化された協定の策定に向けての集落内部の合意形成とその実行を支援するものとして、自治体のリーダーシップが要請されることとなろう。また、特定のオペレーター等に負担がかかりすぎるとの批判がある従来型の集落営農とは異なる新たな集落営農を発展させていくためには、集落のリーダー等担い手の育成、構成員の役割分担に応じた収益分配システムの確立、集落内外からの新規就農者の導入等による集落営農組織の新たな再編・構築が集落機能の強化とともに必要である。」

(ウ)　生産調整との整合性

　検討会報告にあるとおり、次の3つの考え方があった。

①　米が過剰であることから、直接支払いの対象から水田を除外すべきである、あるいは、稲作付地においては直接支払いを行うべきではない。

②　ハンディキャップを有する中山間地域等では、過大な要求を行うべきではなく転作等を緩和すべきである。中山間地域等で復田した場合も稲の作付けを認めるべきである。また、一部の中山間地域等では高品質米の生産に適したところもあり、このようなところでは米の生産を認めるべきである。

③　効率的な米生産の観点からは、むしろ中山間地域等で転作を行い、平地地域で生産を行う方がコストも低く消費者の利益や国際競争力の確保の観点からも望ましい。中山間地域等での復田により、米の過剰がさらに強まり、別の行政コストの増加を招くことは避けるべきである。

　特に、大蔵省は①の考え方にこだわったものであり、検討会において、これを明確に否定しておきたかった。

　最終的には①～③の議論は地域間における米生産の分担のあり方に関するものであり、直接支払いとは別個の問題であると整理した。

　この論点については、最終的に与党の制度骨子において、米の生産調整と直接支払いは別個の政策目的に係るものであるが、農政全体としての整合性

を図るとの観点から、集落協定で、米・麦・大豆等の生産目標を規定し、関連づけることとされた。米の生産調整と関連づけるとしても、個人ではなく集落で達成すればよいこと、生産調整は属人的なものであるが、直接支払いは属地的であること（転作目標を個人が直接支払い対象農地と非対象農地にどのように配分してもよく、また、直接支払いを交付するかどうかは対象農地での目標が達成されているかどうかで判断する）から関連づけは緩やかなものである。

　この点については、生産者団体、市町村の意見も分かれていた。転作目標達成のためには関連づけるべきだ、未達成者については直接支払いの対象とすべきではないという意見と、転作目標未達成の地域では関連づけたくないという意見があった。市町村の判断に委ねるというのも1つの方法であろうと思われる。

　また、残された論点として新規開田（復田）の扱いがある。生産調整では、新規開田を行うと転作目標の上乗せというペナルティが課されている。しかし、中山間地域等直接支払いは耕作放棄の防止、解消を目的とするものであるから、復田した場合にはこのようなペナルティは課すべきではないという議論である。

ウ　対象者
　(ｱ)　第1章で中山間地域では農家戸数が減少しても、リタイアする農家の農地

```
①農家あとつぎの地域外への流出
  ↓・「家を継ぐ若い者は、みんな出て行った」
②農家人口の高齢化
  ↓・「ムラで一番若い者は、54歳だ」
③農業労働力の総高齢化の進展
  ↓・「農地を借りている人も年寄りばかり」
④流動的農地貸借現象の発現
  ↓・「農地を借りる人が、コロコロ代わる」
⑤流動的賃貸借の農地潰廃への転化
  ↓「どうしても、借りる人がない田圃は、草ぼうぼうになっている」
  ↓
│農地利用の空洞化│←───────┐
  ↓                              │
○農地荒廃の進展による鳥獣被害の増大
  ・「農地が荒れると、猪や猿のムラになる」
```

が残された農家の規模拡大にはつながらず耕作放棄化すると述べた。

小田切助教授はこのメカニズムを前ページのように分析している。

さらに、後藤論文（前掲）は中山間地域のこのような状況に対処するため、次の提言を行っている。

「ところで、わが国でも、従来から山村、過疎地などの条件不利地域について、山村振興法、過疎地域活性化特別措置法などの地域立法による施策がとられてきたし、平成２年度からは、農林政策独自の「中山間地域活性化対策」が講じられるにいたっている。これらの施策の政策手法は、高補助率の実施、事業採択要件の緩和、税制特別措置、長期低利融資、地方債特例措置などであり、産業基盤、生活環境などを整備するに当たっての投資条件を優遇するものである。

このような諸対策にもかかわらず、1980年代から再燃した首都圏一極集中と中山間の農林業地域の過疎化は、次第に多くの農山村を人口の社会減から自然減の状態に追い込みつつある。耕作や管理が放棄された農林地の増加をはじめ、地域資源等の管理低下による国土・自然環境の保全機能の低下が心配されている。このことは、これまでの政策手法が有効であるための「投資主体」、「農林業の担い手」そのものが急速に減ってきていることを意味する。農林業で生産や投資を行い、地域資源の管理を担う「人」を農山村に定着させる新たな政策手法の開発が急がれている。」

このように、中山間地域では現在いる農業者を維持するだけでは荒廃化に歯止めをかけることはできないのであり、積極的に新規参入、担い手の育成を行わなければならない局面にかなり前から入ってしまっているのである。

検討会では、中山間地域農業の研究者である委員等からこの点を踏まえた積極的な発言がなされた。私は、次の(イ)零細農家の扱いが対象者に関する最も重要な論点と考えていた。しかし、議論は新規参入、担い手育成について多くなされた。黒澤専門委員は過疎の山村ではもはや外から人を連れて来るしかないと訴えられた。中山間地域の悲痛な現実を踏まえた意見が多く出されたといえるだろう。

「高齢化が進行した中山間地域等では、その傾向に歯止めをかけるためには「新規就農者」（農外からの新規参入者、法人への新規就職就農者、家族経営の後継者の就農）のよび込みは、最も重視すべき政策である。」

「対象行為に限らず、この制度を考える場合の大きな論点は、目標とする射

程が重要であると思う。端的にいうとこの制度が短期的なものなのか、長期的なものなのか、あるいは別の言葉でいうと守りなのか、攻めなのか、さらに現地調査で出た言葉でいうと対症療法なのか、体質改善なのか。一体どちらに焦点があるんだということが、おそらく対象行為を規定するような話になるし、もちろん対象者も規定するんだろうと思っている。ただ、結論的に私の考えをいうと、この二兎を追わざるを得ないというところにこの制度の困難性もある。制度の仕組み自体をあたかも二兎を追うがごとく、つまり、二段階に仕組むことはできないか。耕作放棄の防止という非常に短期的な課題については、ハードルを低くし、そこで支払っていく。しかし、体質改善というのはおそらく若者が地域に残って、新規参入者が入ってきて、さらに世代交代ができる生産組織ということになるだろうから、そこについては別のハードルを設けて、それに支払っていくような二段階の仕組みができたらと思っている。」

　このような意見を踏まえ、報告書では次のようにとりまとめた。
「本制度は対症療法的に耕作放棄を防止するという短期的、防御的なものにとどまるのではなく、持続的な農業生産を確保するという観点から青年が地域に残り、新規就農者も参入し、世代交替もできる永続的な集落営農の実現という長期的、積極的、体質改善的なものも目指すべきであろう。したがって、他の施策も活用しつつ、第3セクター等を通じた集落のコアとなる担い手の育成、さらには、集落営農を発展させた特定農業法人化などを積極的に推進すべきである。」

　具体的な政策手法としては、私が構造政策との整合性を主張する財政当局に対抗するために用意していた新規参入者や規模拡大者に対する直接支払い単価への加算に対する支持が表明された。規模拡大加算は米の生産調整の団地化加算等にヒントを得て考え出したものであった。

　このような手法については、本対策に構造政策という別の要素を持ち込むべきではないという強い反対論も出された。

　しかし、規模拡大加算に賛成される委員からは次のような意見が相次いで表明された。

「規模拡大の上乗せ助成を入れるべきかどうかについて、構造政策のつじつま合わせとネガティブにとらなくても、むしろポジティブにとらえるべきではないか。直接支払いで注意しなければならないのは、バラマキに終始して

しまって資源管理の持続性が保たれないことを警戒しなければならない。その意味で生産組織の担い手、中核となる部分がある程度伸びていく必要がある。中山間の場合には規模拡大のインセンティブが低く、逆インセンティブが強い。少ない担い手で基幹的作業くらい出来るようにしなければならない。そうしないと耕作放棄の防止にならない。担い手部分が不利な条件に立ち向かいながら集落の中の基幹的な作業を進めさせるためには、規模拡大のインセンティブを出さないとまずいと思う。平場の構造政策とは違うと考えるべき。排除の論理とか大規模農家を作ろうとかいうものではない。構造政策とのつじつま合わせではない。」

「規模拡大の上乗せ助成というのは、このような書き方をすると直接支払いの目的を上乗せするように受け取られてしまう。中四国の耕作放棄地が多いところをみると、受託をする者が条件のよいところを優先し、条件の悪いところは断られるのではないかと心配している。規模拡大ではなく担い手などの数が少ない場合に条件の悪いところもコストは掛かるかもしれないが耕作放棄を防止するには受託することが必要というように、担い手を育成し中長期的に耕作放棄を阻止するというよりは、耕作放棄を阻止するために相対的に担い手が少ないところで条件のよくないところでも引き受ける場合、上乗せ助成を行うというようにすべき。表現に工夫が必要である。」

「賛成である。「構造政策」と表現すると誤解を招きやすい。中国地方のように過疎化が進んでいる場合は少数の担い手でやらざるを得ない状況が出てくる。機械作業の部分で技術的な問題を考えると一定の上乗せが必要。第3セクターでも何百haも出来ない。作業受託をメインに考えて担い手への助成が必要ではないか。

地域の基幹産業を行う場合は条件のよいところも悪いところもパックでやらなければならないという前提がある。そういうところの規模拡大はどうしてもコストの逓増域が早く来てしまう。平場と比べるとスケールメリットが早くくみ尽くされてしまう。費用逓増域に入っていく中においても、農地を担って耕作していかなければいけないという不利性をカバーしてやらなければならない。」

「関連するかもしれないが、規模拡大のための上乗せ助成という表現では素直にいって反対である。しかし、担い手が希薄化しているところではたとえ格差を埋めたとしてもさらに上乗せするという外部からみて非常にアトラク

ティブな条件を作っていく必要がある。その意味においては上乗せは賛成である。したがって、ここの表現は新規参入に対する特別助成あるいは上乗せ助成に近いものと思っている。私は新規参入に対する上乗せ助成を主張したが中間とりまとめでも今回の検討でもほとんど消えているということで、改めて最終報告に向け再検討願いたい。」

「ＷＴＯの次期交渉をひかえ、コスト削減を考えていくべき。担い手の規模拡大の上乗せで、コスト削減が出来るならば、ここでもみてもよいのではないか。平場ではどんどんコスト削減を行っていく。中山間地も規模拡大すれば多少は下がるのであろうが、今はマイナスのインセンティブしかないのであれば、どこかプラスのインセンティブにする政策を行わないとまずいと思う。」

　これらの意見を踏まえ、最終的には次のようにとりまとめた。
「本制度が対症療法的な耕作放棄の防止という短期的な目標ではなく、担い手の育成・定着を通じて持続的な農業生産の確保を図るという長期的な目標を視野に入れるべきであるとの観点からは、集落のコアとなる担い手を育成することができるよう、新規就農の場合や担い手が耕作放棄を生じさせないようにするため条件不利な農地を引き受けて規模拡大する（一定期間以上行われる定着的な作業受委託を含む。）場合においては、直接支払いの上乗せ助成を検討すべきである。すなわち、条件不利性については、現時点で中山間地域等の傾斜地と平地地域との間に存在する静態的な条件不利性に加え、中山間地域等で規模拡大する場合には傾斜地の存在等から平地地域に比べてコストが十分に低下しないという動態的な条件不利性をも考慮すべきと考える。　…　このような仕組みは平地地域との生産条件の格差が拡大し、将来的に助成単価が増大することを抑制するためにも必要である。」

　以下はこれについての私の説明である。
「現時点では傾斜地と平地との間に静態的な条件不利性が存在する。さらに、中山間地域で規模拡大する場合には、例えば１ha規模拡大したとして中山間地域では１万円しかコストダウンできないが、平場で規模拡大すると３万円コストダウンできましたということになると、その差の２万円の部分は、中山間地に同じ投資をしてもコストが下がらないということなので、それは動態的な条件不利性と考えられるのではないか。仮に中山間地のところと平地のところがみんな一斉に同じく１haの規模拡大をしたとしても、今

の静態的なコスト差がそのまま平行移動するのではなく、コスト差が拡大することもあり得るので、そこは動態的不利性もみてはどうかという考え方である。こういうことをビルトインすることにより、中山間地域においても生産性向上を図らないというのではなくて、生産性向上を図るインセンティブを与えれば将来的に単価が増大する歯止めの一つになるのではないかという考え方で整理させていただいた。」

　下はこの概念図である。

(図4－1) 規模拡大加算の考え方

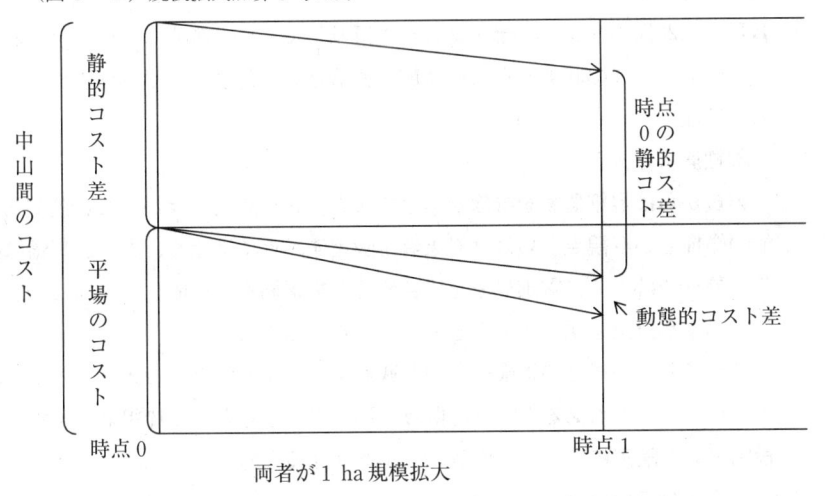

```
                                        │時点
                                        │0の
静的                                     │静的
コスト                                    │コスト
差                                       │差

平場の
コスト                                    ←─動態的コスト差


時点0                                    時点1
         両者が1ha規模拡大
```
中山間のコスト

(「今の上乗せというものは、ＷＴＯ農業協定の枠の中ということであれば、コストの範囲の中での上乗せという意味か。」という質問に対し)
「もし、ＷＴＯでチャレンジされた場合どうやって私どもが反論するかということになるかと思うが、それは2つの論拠があると思う。

　1つは単価について現在あるコスト差の全部を見る必要はないということであれば、そこに上乗せしたとしてもコスト差の枠の中で収まる可能性がある。これが1つの論拠。

　もう1つの論拠は、(そのコスト差の枠内で収まらないとしても) ＥＵで環境直接支払いがされている。これは、化学肥料投入を減少した、あるいは農薬を減少したことによりコストが増大する、あるいは収量が減少するということがあるのでその分は直接支払いで手当てしようというもの。条件不利地域とそれ以外の地域のコスト差を直接支払いするという考え方と同様のも

第4章　直接支払制度成立過程　　129

のである。実はEUはそのコスト差とか収量の減だけではなく、20％のプレミアムをつけている。この20％のプレミアムをつけると120％になり、コスト差を上回っているのではないかということで、（WTOの場では議論されていないが、）OECDの場ではかなりEUに対し議論がされている。そのときにEUが主張していることは、ある一つの静的状態からすれば払いすぎということになるが、ある一定の状態、すなわち、全く環境保全行為をやらない状態から環境保全をやる状態に移行させると、その移行に伴い投資とか色々なものをかけていく必要がある。そのためのコスト差に見合うものを、EUでは20％のインセンティブとして擬制していると説明している。それがまさにある一つの状態から次の状態に移るという動態的な不利性に相当するのではないかと考えている。」

(イ) 零細農家の扱い

委員からは零細農家を排除すべきであるという意見はなかった。公益的機能の発揮という観点からは、対象者を限定すべきではなく、また、集落は排除の論理ではなく、零細農家を排除すると集落協定が機能しなくなるので、零細農家も対象とすべきであるという意見が出された。

これで財政当局との折衝上有力な武器を入手することができた。しかし、上のロジックにもあるとおり、財政当局が集落協定という枠組みを了承した段階でこの論点については財政当局を落とせると考えていた。

(ウ) 高額所得者の扱い

高額所得者を除外することについても、零細農家と同じく集落は排除の論理ではないという問題があり、また、零細農家を排除する論理とは逆に認定農家等を除外してしまうという問題があった。

また、所得を農業所得でみるのか、農外所得も含めてみるのか等技術的な問題もあるので、むしろ直接支払額の上限を設定することで対応してはどうかという意見が出された。

「高額所得者を排除すると共同管理に支障を来すことははっきりしている。高額所得者の分は集落みんなで使うとか考えられないか。」という意見も出された。この意見は財政当局と「卒業」の概念をつめた際に反映されている。

エ 単価

(ア) 単価本体

単価については生産条件格差の全てをみるべきとする考え方と7掛け、8

掛けとすべきであるとする考え方があった。

　前者の考え方は中山間地域農業の荒廃しつつある現状を踏まえたものである。後者の考え方は、格差の全てをみてしまえば平場地域の農業（特に稲作）に影響を与えるのではないか、平場地域では生産性向上を推進し、中山間地域では何もしなくても格差の全てを政府が直接支払いしてくれるというのであれば中山間地域での生産性向上を阻害するのではないかという考え方である。

　検討会の結論としては、この2つの考え方のバランスを採った設定の仕方を追求すべきであるとしたが、与党の制度骨子においてコスト差の8割を単価とすることが決定された。稲作では価格低下の8割を補てんするという制度（稲作経営安定対策）があり、また、9割では高すぎるし、7割では低すぎるだろうと考え、8割とされた。また、EUにおいても、各国が設定する単価は上限単価の8割以内であった。

（参考）EUは直接支払いの助成単価の上限を定め、各国はこの範囲内で単価を設定。

　　　　EUの上限値　　　　150エキュー
　　　　ルクセンブルク　　　113エキュー（75.3％）
　　　　オランダ　　　　　　104エキュー（69.3％）
　　　　ドイツ　　　　　　　93エキュー（62％）
　　　　ベルギー　　　　　　85エキュー（57％）
　　　　フランス　　　　　　70エキュー（47％）
　　　　イタリア　　　　　　57エキュー（38％）
　　　　ポルトガル　　　　　54エキュー（36％）
　　　　イギリス　　　　　　47エキュー（31％）
　　　　スペイン　　　　　　36エキュー（24％）

　なお、検討会では、急傾斜については格差の全て、緩傾斜については格差の7割、8割をみるべきだとする意見、集落に対しては格差の全てを支払い、集落の共同取組活動として一定部分を使用し、残りを農家に配分すれば生産性向上を阻害することにはならないのではないかとする意見が出された。後者の意見について次のようなやりとりがあった。

（A委員）

　　7掛けでも8掛けでも農家に支払うことになるのか。集落として行うための経費は、各農家から出すことになるのか。はじめから留保するのではないか。

（地域振興課長）

これまでも意見が出ているが、基本的には各農家に対するダイレクトペイメント、直接支払いが基本だと思う。それを集落を介して農家にもっていくということであり、結果的に農家から集落に戻すことになるか、先に集落で必要なもの、例えば、機械の共同購入とかを最初から集落で合意していれば、それを差し引いて個人に払うなど、色々なやり方があると思う。
（A委員）

　　私は集落の留保分というか共同購入分あるいは新規就農者についても、それぞれ集落毎の特長を出すとすれば、かなり必要だと思うので、その場合、格差の全額を支払った上で、実際に農家にいくのは6割とか7割という方が合理的だと思う。
（B専門委員）

　　私どもでは集落協定のモデルケースを検討している。その中での意見を紹介したい。例えば集落に100万円くるとすると、50％位は農家に分ける、後は用水路の色んなことに回す、その内2割位は持ち越しできる制度が出来ないかということである。これは色々なケースがある。例えば災害が起きた場合修復をするが、地域負担というものがでてくる。農家の力が弱いから、どうしても負担する能力がない場合、基金的なものを積んでいって将来に備えることを認めてもらえる集落協定ができればいいとの意見も出ていた。

(イ)　単価の設定方法

　　条件の不利度に応じて単価を設定することは、EUでも行われていることに加え、一律のバラマキではないことを示す上でも国民の理解が得られるとして、異論はなかった。

　　しかし、段階を多くしすぎると、20分の1以上を一本の単価とする場合に比べ例えば5分の1の農地の単価が高く、20分の1の農地の単価が低くなるということとなり、5分の1以上のような耕境外農地の単価を大きくしてしまうこと、実施に当たる市町村の事務の繁雑化を招くことから、急傾斜農地と、それ以外という2段階の単価設定とした。

(ウ)　1戸当たり直接支払額の上限

　　WTO農業協定で「生産要素に関連する支払いは、当該要素が一定の水準を超えるときは逓減的に行う」とされていること、ドイツ、フランスなどでは支給額に上限を設けていること、高額所得者を除外するよりは支給額に上

限を設けるべきであるという意見があったことから、多数のオペレーター等からなる第3セクターや生産組織等を除き上限が設定されることとされた。

オ　地方公共団体の役割

　事業実施主体が市町村となることには異論はなかった。しかしながら、国と地方でどのように費用を分担するかについて、検討会の意見は対立した。本委員の中には当初、国が全額負担すべきではないかという意見もあったが、議論が進むにつれ、全ての委員が地方も負担すべきであるという意見に収れんしていった。しかし、地方自治体の立場に立つ専門委員の方々は基本的には国が負担すべきであるという意見があった。

　検討会中最も対立した論点となった。次は議論のやりとりの一部である。
（A専門委員）

　　現段階で2分の1とか3分の1の補助率としてそれに対して県なり、市町村が同率でつき合うということは、今の情勢の中では非常に厳しいのではないかという感じがする。地方分権がいろいろ議論されているし、地方財政が非常に厳しい状況にある。加えて、介護保険制度が目の前に迫っており、地域振興券もあったし、市町村の事務量が膨大に拡大している。地方財政は赤字財政であり、各県でも徹底した行革が行われている。県、市町村の義務負担は非常に厳しいのではないかと思う。地方交付税の中で財源措置があれば別だが、財源措置なくして、都道府県、市町村なりに財源を捻出して出せというのは、今の財政ではかなり苦しいのが現状である。こういう制度は、絶対必要だが、できれば義務負担ではなしに都道府県なり、市町村に裁量を任せていただき、嵩上げ等で対応できるようにしていただきたい。

（B委員）

　　できるだけ地元の市町村の意向を尊重してかなり弾力的に運用できることが望ましい。ただ、他方では、そういうことが一番望まれる地域は財政力指数の低いところであるので、この矛盾をどうするかということである。このため、地方財政措置の裏付けを考えていただきたい。

　　全額国庫負担という発言があるが、地方財政が厳しいのは理解できる。しかしながら、始めから全額国庫負担とすると制度の細かい縛りがたくさんできてしまい、この制度に必要とされる枠組みはきちんと作るが、その中では弾力的な運用ができるということが難しくなってしまうような気がする。地財措置をできるだけ考えていただきながら、最後にいろいろな協定や地域農

業をどうもっていくか、国土資源の管理をどうもっていくかということを考えるところに一定の自由度と責任を持っていただくためには、ある程度地元にも負担をしていただくべきと考える。

現に市町村や県で単独で実施されているものがあるので、これを再編成して、この負担に入れていただくことも含めて考えるべき。

全額国庫負担というのは、非常に細かいところまで縛りがかかってしまう。
（C専門委員）

直接支払いの目的とする公益的機能は、都市住民にも山村の住民にも及ぶ利益であるから、全額国が負担してはどうか。国土を如何に守るか、農地を、林地をどう守るか。豊かな国土を将来に守ってつないでいかなければならない。そのようなことを考えるとこの制度は全額国が責任を持って行うのが基本と考える。しかし、後継者対策や担い手対策は大きな問題ではあるが、これは国が全責任を持つ必要はない、国にも責任があり県も責任があり市町村も応分の責任を持って対処しなければならないと思う。
（D委員）

この制度は公益的機能の発揮ということを生産条件の補正ということを通じて行うことにより、地元に第一義的な利益があり、最終的には公益的機能の発揮につながっていく。この最終のところだけに着目して全額国庫負担というのは如何なものか。

目的が国全体に及ぶから全額国庫負担だということになると、日本国憲法の生存権の保障に基づいて、全国民には等しく最低限の生活を維持する権利があり、その権利を国が保障する生活保護の制度があるが、全額国庫負担にはなっていない。都道府県も市町村も負担している。そのあたりとの関係をどう説明するのか。あるいは道路にしても港湾にしても、国の物流システムの骨格をなすようなもので、国全体の交通システムの整備ということでその受益は地元だけでなく他の地域にも及ぶという道路、港湾については国道とか重要港湾という指定がされているが、これも全額国庫負担でなく地元負担がある。

今度の直接支払いは市町村長が場所まで決めるが、これに対し生活保護の基準は段階はあるものの国が決める。国道や港湾の箇所付けについても、地方自治体の申請に基づいて決めるものもあるが、国が決める。

地方財政が非常に厳しい状況にあることは十分承知しているが、今までの

政策に例をみないような地方の自主性を尊重した政策であり、箇所付け等も合意形成に基づいて市町村長が決める政策について全額国庫負担ということになると、その他各種事業の国と都道府県の負担の仕方と整合性がとれない。全額国庫負担というのは納得できない。

(E委員)

　私も同じことを考えている。市町村の中でも平場といわれるような中心市街地と山間部が存在して、多面的機能の維持あるいは発揮という面では市町村の中の地域もそれなりに恩恵を得るということを考える必要があると思っている。この政策は地方分権的政策ということで他省庁に先駆けて農水省が行うかなりエポックメーキングな政策になると思っている。価格政策には地方自治体の自由度が全くない。地方自治体の自由度という観点で補助率を決めるべきではないか。国との負担割合の問題以上に重要なのが、行政コストの問題ではないか。先程の（農林水産省がモデル的な市町村で行った）ケーススタディでは最終的には農地一筆ずつ計上し一覧表にすることになっているようである。そして、市町村がそれについて確認行為をすることになっているようである。これらの行政コストは膨大なものになるのではないかと思う。その行政コストを国と地方で如何に分担するのかという方が重要ではないか。

　検討会で議論がなされている過程で、全国知事会、市長会、町村会からも、全額国庫負担とすべきであるという要望が出された。

　自治省とはかなり前から意見交換をしていた。しかし、このような要望が出されたため、私はかなり難しい立場に置かれることとなった。私としては、「地方の財政事情の厳しさは理解できるにしても、どのような市町村でも年間20億、30億の予算がある（5法地域の市町村の平均財政規模は約60億円である。）のであり、その中でなぜスクラップアンドビルドによって財源をねん出できないのか、我々は農林水産省の予算の中からスクラップアンドビルドによってねん出するのだ、本対策は地方が長年要望し続けたものではなかったのか」という気持ちがあった。

　検討会には次の資料を提出し、EUにおいても、地方（加盟国）の負担が相当あることを示した。（なお、この資料中参考にあるようにEU加盟国においては、税収はほとんどが国税である）

(資料) EUにおけるEUの補助率及び各国の負担状況
1　価格支持政策、これに関連する「青の政策」及び生産調整に係る直接支払いについては、価格政策に係るものであることから、統一市場の原則に基づき、EUが100％負担している。
2　一般的な構造政策については、各国の自主性を尊重する見地から、EUの補助率は50％とされている。
3　条件不利地域対策については、EUの補助率は原則として25％であり、1人当たりのGDPが少なく財政負担能力の劣る地域については、各加盟国ではなくEUが補助率をかさ上げしている。この結果、EUからの加重平均補助率は37％となっている。

○条件不利地域対策に係るEU、各加盟国及び加盟国自治体の負担状況

	ドイツ・オーストリア		フランス	イギリス	イタリア	スペイン		ベルギー
		旧東独					バスク・ナバラ州	
E　U	25％	50％	25％	25％	50％	70％	70％	25％
加盟国	45％	30％	75％	75％	35％	約27％	―	―
州政府	30％	20％	―	―	15％	約3％	30％	75％

※　地域設定については、EU規則において「市町村（コミューン）又はその一部」とするとされているが、その指定は加盟国政府がEUの承認を得て指定することとされており、州政府の意見を聴く場合もあるが、市町村の関与はない。

(参考) 各加盟国における国税と地方税の状況（1996年）

	ドイツ	オーストリア	フランス	イギリス	イタリア	スペイン	ベルギー	日本(参考)
国　税	398,400	538,276	1,634.13	203,005	498,305	12,643	1,337.21	55,226
地方税			371.07	10,232	40,718	3,349		35,094
州　税	296,700	107,942					869.17	
市町村税	98,336	115,023					198.67	

単位：各国通貨（フランス、イタリア、スペイン、日本は10億、その他の国は100万）
資料：OECD Revenue Statistics（'98)

　地方交付税という制度のないEUにおいては財政負担能力の少ない国や地域に対しては、EU補助率の引上げで対処してきている。我が国において、国と地方が応分の負担をするという基本原則は崩さず、財政負担能力のない自治体に配慮するとすれば、地方交付税を自治省に要求する他なかった。
　自治省は当初、転作は全額国庫負担であるのになぜ地方も負担する必要があるのかという立場であった。これに対しては、価格政策の1つである転作奨励金と本対策は性格が異なること、EUにおいても価格所得対策としての直接支払いは100％EU負担であるのに対し条件不利地域対策では加盟国負担を求めていること等を繰り返し説明し、納得を得るまでにこぎつけた。

（参考１）中山間地域等への直接支払いに係る国と地方の負担関係について
（ポジション・ペーパー）

| 1 | 耕作放棄を防止し公益的機能を確保することを目的とする制度 |

○ 適切な農業生産活動等の維持を通じ、洪水や土砂崩壊の防止、水源のかん養、保健休養等の公益的機能の確保が目的。

| 2 | 国の全額負担により行われる価格政策や生産調整との違い |

○ 「モノ」は全国的に流通することから、価格政策や生産調整のように「モノ」の需給・価格の安定を確保する場合には、国の全額負担により画一的に実施する必要がある。

○ しかし、価格政策を除き、国が行ってきた農業政策は、国と地方が共同して負担しながら実施。

○ ＥＵにおいても、価格政策については統一市場の原則に基づきＥＵが100％負担し、一般的な構造政策については、加盟国の自主性を尊重する観点から補助率50％、条件不利地域対策については、補助率25％が原則となっている。

| 3 | 実施市町村が第一義的に受益 |

○ 直接支払いの実施により、農業生産活動等の維持、定住条件の向上等を通じ、当該中山間地域の経済・厚生水準の改善が図られ地域の定住条件の改善や活性化に大きく寄与。

○ このため、既に多数の県や市町村において直接支払い類似の単独施策を実施。

| 4 | 実施に当たって、地方公共団体の自主性を尊重 |

○ 従来の奨励的補助金と異なり、
  (1) 対象地域の指定基準に都道府県知事の裁量の余地を設けるとともに、地域指定は市町村長の判断（公共事業に係る統合補助金が「国が箇所付けをしない」ことを基本とすることと同様の考え方に立つもの。）。
  (2) 集落協定の内容、直接支払いの配分方法等について市町村長が基本方針を作成して実施
    するなど、市町村の自主性と責任の下に実施される仕組みを検討。

○ また、本施策の実施は、市町村よりも小さい自治組織である「集落」の判断に基づくもの。

| 5 | したがって、国と地方公共団体が応分の負担を行うことが適当 |

（参考２）さらに国費負担をすることが適当と考えられる事業
1 生活保護（市町村及び都道府県が支弁した保護費等の４分の３を国が負担）
  憲法第25条の「生存権」を保障するものであり、全額国費負担であってもよいと考えられないか。
    （参考）生活保護法（昭和25年法律第144号）（抄）
      （この法律の目的）
      第１条　この法律は、日本国憲法第25条に規定する理念に基づき、国が生活に困窮するすべての国民に対し、その困窮の度合いに応じ、必要な保護を行い、その最低限度の生活を保障するとともに、その自立を助長することを目的とする。
2 国道の新設等（国直轄事業にあっては３分の２、都道府県事業にあっては２分の１を国が負担し、残りを都道府県が負担）

全国的な物流インフラとしての「国道」については、全国的な物流効率化を図る観点から、全額国費負担で整備してもよいと考えられないか。
（参考）道路法（昭和27年法律第180号）（抄）
（一般国道の意義及びその路線の指定）
第５条　第３条第２号の一般国道（以下「国道」という。）とは、高速自動車国道とあわせて全国的な幹線道路網を構成し、かつ、次の各号の一に該当する道路で、政令でその路線を指定したものをいう。
１　国土を縦断し、横断し、又は循環して、都道府県庁所在地（北海道の支庁所在地を含む。）その他政治上、経済上又は文化上特に重要な都市（以下「重要都市」という。）を連絡する道路
２から５まで　（略）
3　重要港湾の整備（水域施設、外かく施設又はけい留施設の建設又は改良の工事に要する費用の２分の１を国が負担し、残りを港湾管理者が負担）
道路と同様に全国的な物流インフラであり、全額国費で整備してもよいと考えられないか。
（参考）港湾法（昭和25年法律第218号）（抄）
（定義）
第２条　（略）
②　この法律で「重要港湾」とは、国の利害に重大な関係を有する港湾で政令で定めるものをいい、「地方港湾」とは、重要港湾以外の港湾をいう。
（以下略）

　さらなるハードルは「地方分権推進計画」との関係で、「原則として廃止・縮減を図っていくこととされた奨励的補助金という形式をとることは認められない、地方公共団体が実施主体となり、国が奨励的補助を行うという事業スキームでは国の責任が不明確となる、国が法律により負担を義務づける負担金の形式を採るか、国の支出は国が一方的に出す交付金という形式を採らなければならない」との自治省の立場であった。新しい基本法の目玉であり、各方面から注目されている中山間地域等直接支払いが堂々と奨励的補助金とされることは自治省として受け入れられるものではなかった。この問題は大蔵省の了解もいるので調整に難航したが、最終的には国からの交付金とし、地方がこれに上乗せするという形式で決着した。
　これにより、直接支払いの地方負担分については地方交付税措置を講ずる方向となったので、検討会の報告もまとめることができた。検討会報告には、この間の論点が記述されている。
　カ　期間（卒業）
　次の意見が出され、他の委員からもこれを積極的にサポートする意見が出さ

れた。

「私もやはり、期間を区切って見直すべきと考える。しかも、目標は単純明快な耕作放棄の防止とか、環境保全とか決めたもので、それぞれの集落が決めた目標を達成するということだろうと思う。問題は、達成した後、それをもう一度継続するのかどうかという問題が出てくると思う。この場合、耕作放棄が止った後で、ビオトープを作るとか、里山を整備するとかの次の第2ステップのマスタープランができた場合は、補助対象にしてはどうかと思う。」

　検討会報告の次の文章はこれを踏まえて作成したものである。

「このような目標達成に向けては段階的なアプローチが必要であり、事業自体について5年間というくくりを設けて見直すとともに、個別集落については、集落で決めた生産性向上等の目標を達成した後、当該集落が次の第2ステップへのマスタープランを作成した場合に次の段階の直接支払いの対象とすることが適当であろう。」

(3)　食料・農業・農村基本法案の国会審議

　検討会での検討と並行して、国会で基本法案の審議がなされた。基本法案では農政改革大綱を踏まえ次のとおり第35条第2項で直接支払いを示唆していた。
「国は、中山間地域等においては、適切な農業生産活動が継続的に行われるよう農業の生産条件に関する不利を補正するための支援を行うこと等により、多面的機能の確保を特に図るための施策を講ずるものとする。」

　農政改革大綱で示した制度のフレームワークについての議論はなされたが、検討会で検討されているため制度の細部については立ち入った議論はなされなかった。他の同僚課長から"君のところは、検討会で検討していますからといえば良いのだから楽だな"と冷やかされた。

　しかし、次のような根源的な質問、審議がなされた。

○　中山間地域の振興を図るためには、単に条件の不利性を補正するだけではなく、地域の特性を生かした担い手育成などの総合的な振興対策が必要ではないか。

○　農地の一定規模のまとまりを要件とすれば零細な農家が多い地域は対象から外れてしまい、制度が活かされないのではないか。

○　直接支払いは地方公共団体の一般財源措置として実施すべきではないか。

―（コメント）野党には直接支払いは地方公共団体に対して交付すべきであるという考え方があった。これが地方分権の流れにも資するものだという考え方で

第4章　直接支払制度成立過程　139

ある。農政改革大綱を説明した際、野党の方々や労働組合系の方々から地方公共団体へ交付すべきではないかという質問・意見がなされた。私は"地方公共団体も超えているのです。より直接民主主義的な組織である集落に支払うのです"と答えた。質問された方は"それはすごいな"という反応であった。このため、次のような質問もなされた。

○ 集落崩壊に歯止めをかけ、定住を可能とするためには、集落の総合力を発揮する必要がある。直接支払いについては、集落営農の促進が図られるよう、個人ではなく、集落に支払うべきではないか。

○ 対象地域について、北海道のように輸送コスト等がかかる大消費地から遠く離れている地域も対象とすべきではないか。

―（コメント）生源寺教授の主張を念頭に置いたものであるが、輸送手段の発達によりどの地域が条件が不利なのか判定が難しい（例えば木材は関東から東京へ輸送するよりも、北米から輸送した方が安い）という問題があるとともに、WTO農業協定の要件に合致するかという問題もある。草地比率の高い農地が対象となるのであれば、この主張はほぼ実現されることが予定されていた。

先ほどパブリック・コメントのところでも述べたが、国会での質疑はこのような基本的・根源的なものであるべきであると思う。基本的なところを議論してもらえれば、制度の細部の設計は行政や専門家（検討会）に委ねるべきであろう。

なお、国会での質疑とは関係ないが、検討会での検討の過程で一部の地方公共団体から自らの地域が対象地域となるよう特定農山村法の地域指定を見直してはどうかという要望が出された。直接支払いの対象地域となることで特定農山村法がにわかに注目を集めることとなった次第である。しかし、新しいデータで見直すこととなれば新たに指定を受ける市町村よりも指定から外れる市町村の方が多く出てくることが予想されたし、この問題は特認で処理できると考えた。また、特定農山村法はおかしいのでこれで地域を限定すべきではないという主張を行う地方公共団体への出向者もあったが、根拠のない主張であり、とりあわなかった。

(4) 与党による「直接支払制度骨子」の決定

検討会における検討と並行して、与党においても松岡利勝委員長をヘッドとする基本政策小委員会において5月より7回にわたり精力的に検討が進められた。この小委員会では検討会での論点、中間とりまとめ等について報告を行いながら、議論していただいた。議論はしばしば熱を帯びた。制度骨子の決定は1999年8月11日であり、検討会報告が最終的にとりまとめられた8月13日よりも前である。

通常は、農林水産省の審議会、検討会等での答申、とりまとめの後、与党で同様の内容の決定がなされる。しかし、直接支払いについてはそれが逆になっている。さらに、単価の決定、生産調整、特認地域等については検討会報告よりも具体的となっている。与党のリーダーシップが示されたといえるであろう。

　私にとっては、この1999年8月11日が最大のハイライトであった。与党の了解が得られなければ政策として実行されない。8月11日早朝、郷里の剣豪宮本武蔵の教えに背き、官舎近くの東郷神社で手を合わせてしまった。祈りが神に通じたのか、与党幹部のリーダーシップのおかげで"骨子"がとりまとめられた。

　与党において最も問題となったのは対象地域をめぐってである。

　北海道選出議員の方々から"中山間地域"というタイトルに疑問があったのであろうか、気候条件の悪い北海道は条件不利地域であり、EUと同様条件不利地域を対象とすべきであるという主張がなされた。8法の対象市町村は2,108で全市町村中65％を占めるが、北海道ではこれが83％となっており、北海道を不利に扱うものではないこと、対象農地の指定も傾斜農地だけではなく、草地比率の高い地域の草地という北海道のみが該当する基準も加えていることを説明し、了解していただいた。また、与党農林幹部からは「寒冷地を入れると「中山間寒冷地」ということになる。鹿児島にはシラス土壌がある。兵庫には蛇紋岩地域がある。このように日本は変化が激しい。これをどこまで取り上げるかをしっかり決めなかったら際限なく難しくなる。」との発言もなされた。ただし、北海道のように市町村の規模が大きい場合には草地比率の判定に工夫が必要であるとの意見があったので、一定の場合には市町村よりも細かい単位で判定することとなった。"北海道のことも考えておけ"という農林水産省幹部の助言が身にしみた。草地比率という基準を考えていなければ、与党との調整は困難であったと思う。

　次に8法から外れる市町村をどうするのかという論点があった。これについては、1998年12月の農政改革大綱決定までは我々は否定的に対応していた。次は与党農林幹部の発言である。「どこかで線を引かなければならない。その場合どういう論理で整理するかということ。中山間地域については農政改革大綱をまとめたときにこれに準ずるもの類するものということで「等」を入れた。8法指定ということになったが、似たようなところで一方が入り、一方が入らなかったりするので、そこは特認ということで市町村長の判断も踏まえて調整していく。どこで線を引くかは頭の痛い政治的な問題である。」最終的には、都道府県農地面積の5％という面積上限及び国の負担額の引下げという条件の下に、特認の設定が

決定された。この5％という水準は、EUの特別ハンディキャップ地域は国土面積の4.5％を上限とすると定められているが、実際の指定はEU全農地の2％程度であることを考慮したものである。

対象行為については、前述のとおり、生産調整とは別個の政策目的に係るものであるが、農政全体としての整合性を図るとの観点から関連づけるとされた。

対象者は、農業生産活動等を行っている者であれば、小規模農家も高額所得者も対象とすると明確に記述された。

単価については、平地地域とのコスト差の8割とすることとされた。直接支払いを受け続けるために農家が生産性向上に取り組まないことになれば極めて変ではないかという議論も出された。松岡委員長が"何で8割かと問われても答えにくいが、2割は努力目標として頑張ってもらう。8割と決めた以上、これを大蔵省に切り込まれないよう不退転の覚悟で折衝するので役所も頑張ってほしい。"と述べられたことが印象に残っている。

このほか、平地地域も含めた本格的な直接支払いも導入すべきである、農業予算の使い方をこれまでどおりにしないでこの政策に重点化すべきである等の議論も出された。

(5) 概算要求（財源）

与党の制度骨子、検討会報告を踏まえ、総額700億円、うち国費330億円（一般の場合国の負担割合を2分の1とし、特認の場合3分の1とする）の概算要求を行った。

ここまで至るのに長い省内調整を必要とした。与党の中からは農林水産予算の外枠でという声も聞こえてきたが、都市住民も含め国民全体の理解を得ながら実施することが前提である以上、農林水産予算の中で財源をねん出することが前提条件であった。財源は何とかするから、制度の企画・設計をやってほしいと農林水産省幹部から言われて地域振興課長に就任したが、1999年1月以降は自らも財源調整に関与せざるをえなくなった。省内には強い抵抗があり、この調整は直接支払制度を実現する上で最も苦汁を飲んだプロセスであった。既得権を打ち破ることは容易なことではないと身にしみた。

しかし、こうやってねん出した330億円については財政当局に削減されてはならないという気持ちにはなった。

3．大蔵省折衝

　大蔵省には検討会での検討状況等の説明は行ってきた。通常大蔵省との折衝は概算要求を8月末に決定した後9月から開始される。しかし、中山間地域等直接支払いは主計局農林担当にとっても12年度予算の最大項目であった。このため、概算要求を決定する以前、与党で制度骨子がとりまとめられた直後、主計局の担当から長大な折衝項目、質問項目が届けられてきた。9月に入ってからは、毎週折衝を行った。先方から呼ばれたこともあったが、こちらから押しかけていったこともあった。通常予算折衝は課長補佐レベルで事務的に行い、課長折衝というのは12月までせいぜい数回行うのが例であるが、直接支払いだけは他の人に委せず、ほとんど私が直接行った。

　私の折衝ポジションは極めて明白であった。与党で決定されていることなので、制度骨子というフレームワーク（枠組み）から一歩も後退しないこと及び330億円という要求は満額確保することである。財政当局が納得しないというのであれば、納得するまでデータを示し、主張をしていった。

　財政当局と議論した論点は対象地域から卒業まで極めて多岐にわたった。この中でも財政当局は、とりわけ、特認は認められない、草地比率の高い草地は担い手が定着しており耕作放棄のおそれがないので対象とすべきではない、単価は耕作放棄防止に必要な経費（草刈りや水路・農道等の管理費）に限定すべきである、構造政策との関連から零細農家は対象とすべきではない、卒業の基準が明確でなければならない等を強く主張した。最終の点を除いて、与党の制度骨子からみて私の譲歩する余地がないものであった。しかし、財政当局といつも対立していたわけではない。彼らも国税を投入する以上それが効果的に使われるべきであるという観点から議論を提起したものであり、特認の上限面積の田・畑への配分方法、規模拡大加算、卒業の基準の明確化、基金方式の採用等彼らとの議論を通じて制度がより改善・深化した面もあった。担当主計官、主査とも優秀であった。

　以下、各論点のうち主要なものについてどのような議論がなされたか、あくまでも私の立場からのものであるが、紹介することとしたい。

(1)　対象地域

　　財政当局の主張は、対象地域の基準は単に条件が不利というだけではなく「耕作放棄の発生のおそれがある」ことが明確でなければならないというものであった。現に耕作放棄が発生している農地はそれを裏づけるものであるが、そうでな

い農地については対象としえない、あるいは耕作放棄の懸念が何らかの形で明らかになっていなければならないと主張した。
　また、直接支払いの対象が恣意的にならないためには、「全国的な基準として採用することができるもの」とすべきであると主張した。
　このような原則に立って、具体的には次のような主張を行った。
ア　特認制度は認められない。必要性が仮にあったとしても５％で十分な歯止めとなっているのか。また、指定要件として、耕作放棄のおそれが立証されなければならないが、それをどう担保するのか（耕作放棄率が高いことが必要ではないか）。
イ　高齢化率、耕作放棄率の高い農地については全国平均の２倍としてもあまい地域が出てくる。これに加え当該地域の平均よりも高いことを要求すべきである。
ウ　草地比率の高い草地では担い手が定着しており、耕作放棄のおそれがない。このような農地を対象とすると未来永劫直接支払いを行わなければならないこととなる、（前年私が水田を対象とすべきでないという彼らの主張に対抗するために用いた主張を今度は彼らが用いたのである。）また、この農地は全国的な基準とはいえないことから、絶対認められない。せいぜい認めるとしても、特認制度の中での対応であるが、特認制度自体認められないというのが主計局の立場である。

　以上に対して私は次のように対応した。
ア　特認制度については、①５％の上限を設定するとともに、地方公共団体の負担割合を高めていることから、十分歯止め措置として機能する、②国による特認基準のガイドラインを設定する、③都道府県が特認の基準を定めようとする場合には、傾斜地等と同等の農業生産条件の不利性があり、一般的にこのような農地は他の農地に比べ耕作放棄率が高いことを示すデータを提出して第三者機関で審査させることとしたいと主張した。
　しかしながら、事務折衝では双方の溝は埋められず、最終的には大臣折衝で特認が認められることとなった。

イ　高齢化率、耕作放棄率の高い農地については、各地域における高齢化率等の差異は、各地域間の農業をめぐる自然的・社会的・経済的条件の差をも反映し

たものであり、高齢化率等が「全国平均＋α以上」であることに加えて当該地域の平均値以上との条件を課す必要はないと主張した。

ウ　草地比率の高い地域の草地については、事務的に最も折衝が難航した。畜産局時代の知識も活用しながら次の主張を粘り強く打ち返していった。

　　検討会において、農業生産条件の不利性を示す基準として、積算気温、積雪、標高等についても検討された結果、積算気温が著しく低い地域の中には、牧草以外の畑作物の生育が困難であり、かつ、その収量も他の地域に比べて劣っていることから、これを対象とすることが適当とされた。

　　本対策の検討に当たっては、先行しているEUの条件不利地域対策を参考にしてきたところである。EUの普通条件不利地域は「過度のコストをかけなければ増加させることのできない限られたポテンシャルしか有しておらず、主として粗放的な畜産業に適しているような生産性が低く、耕作に不適な土地」とされ、これを受けてイギリスでは、牧草地面積が農用地面積の70％以上の地域を条件不利地域としていることから、これを採用することとした。

　　また、この点については、新基本法の国会審議における「いわゆる峡谷型だけでなく遠隔・粗放型農業地域も対象とすべき」との議論や、生源寺東大教授の「傾斜の強い地域を対象とするとEUに近い北海道型の条件不利地域が取り残される」との意見等も踏まえ検討してきたところである。

　　北海道については、都府県とは著しく生産条件が異なっており、都府県と同じ基準を適用することは適当ではなく、さらに、我が国農業において北海道農業は農地面積で約3割を占めるなど無視できない比重を有しており、これを特認で処理することは不適当である。

　　また、北海道の状況として次を説明した。
①　専業という点では担い手であるが、多くの負債を抱え、都府県の担い手に比べ経営体質が悪く、離農が生じやすい。
②　北海道酪農は離農跡地を規模拡大で吸収してきたがスタンチョン方式では限界が出ている。北海道の草地比率の高い地域の耕作放棄率が相対的に低いのは、離農跡地が周辺酪農家の規模拡大努力や新規就農を通じて集積してきたためである。しかし、酪農経営の規模拡大が家族経営での飼養管理可能頭数の上限に達し、労働加重感が高まる等により限界に達しているため、耕作放棄率の高い地域も出てきている。したがって、このまま放置すれば、現在

耕作放棄率の低い地域においても将来的には耕作放棄率が発生してくると考えられる。これを解消するためには、フリーストール・ミルキングパーラー方式への移行が必要となるが、これには相当な投資が必要であるため、現状のままでは、新方式への移行は困難であり、生産条件の不利性が補正される必要がある。

③ フリーストール・ミルキングパーラー方式へ移行するとともに負債から脱却することにより、耕作放棄のおそれがなくなるまで生産条件の不利を補正する必要がある。

特に、最近の状況として次を主張した。

① 負債により離農する農家は土地を高く売却したいが、受け手の方は既往負債のため新規投資は阻害される。このため、売買不成立の離農跡地が急増している。すなわち、負債は両面で農地流動化の阻害要因となっている。

② 1戸の離農跡地は大きなものとなっているが、周辺農家も規模拡大しているため、1戸では吸収できず、コマギレ的な引受けとなる。このため、北海道においても新たに分散錯圃が生じるおそれがある。

これに対応するためには、(ア)フリーストール・ミルキングパーラー方式の導入や(イ)新規就農者による農地の一括引受けが有効である。

しかし、(ア)については、負債が増加するのみならず、多頭化による土地管理余力の低下による土地収益性の低下、(イ)については、どのようにして新規就農者を発掘していくのかという問題がある。

この問題を解決するためには、

(a) 飼料生産部門についてコントラクター（飼料生産受託組織）を活用して省力化・コストダウンを図ることにより、労働力を搾乳部門に集中し、多頭化を可能にするフリーストール・ミルキングパーラー方式により生乳生産量の増大、コストダウンを図る。

(b) 集団で酪農ヘルパーを活用することにより、周年でのヘルパーの活動が可能となり、ヘルパーが定着する。このように定着したヘルパーを離農跡地・家屋に導入すれば大きな投資なく新規参入を実現できる。

党の制度骨子で決められた以上、私としてこれを対象農地から除外することは受け入れられるものではなかった。議論が平行線をたどる中で、先方は「個別に耕作放棄が生じた場合のみ対象とする。個別協定により作業受委託等が実施された場合に限るとしてはどうか。つまり、集落協定は対象としない。自作地は対象

とせず、引受地のみに限定する。」という提案を行ってきた。

　しかし、「都府県では集落協定も対象となり、北海道では個別協定のみが対象となるというのは受け入れられない。都府県と北海道で質的な差をもたらすような違いはない。道東の農家は、専業という意味では担い手であるが経営状況の良い農家ばかりではない。大きな負債を抱えており、価格等の条件が悪くなれば離農、耕作放棄が生じる。」と主張し、応じなかった。

　最終的には、負債もなく経営体質のしっかりした担い手がいるところはそもそも卒業しており耕作放棄が生じないので対象にすべきでないというのが財政当局の主張なのであれば、農業を主業とする農家１人当たりの所得について、「収入から負債の償還も含めたコストを引いた「所得」が各都道府県の都市部の平均所得を上回る農家は、既に卒業している者なので自作地部分は対象としない。しかし、このような農家も耕作放棄されそうな農地を個別に引き受ける場合には対象とする。」とすることにより決着をみた。都市部とするのは、乳価で労賃を都市均衡労賃で評価替えするという例があるし、都市部と所得が均衡しているのであれば離農して都市に行かないだろうと考えられるためである。ただし、検討会において高額所得者も集落は排除の論理ではないので対象とすべきであるとしたことから、当該者が集落営農上必要不可欠である場合はその農業者の農地に係る直接支払いは集落の共同取組活動に充てることを条件に自作地も対象とすることとした。

　要するに、他産業並みの所得を農業所得で得ているような農家は卒業することとした。逆にいえば、他産業並みの農業所得を得るまで助成を継続することとしたのである。卒業の基準が明らかになったことが草地比率の高い草地をめぐる議論の副産物となったのである。

　また、「無制限・無原則な対象拡大を防ぐため、単に条件が不利というだけでなく耕作放棄の発生の懸念がある地域、農地であることが必要であると考えられる。現に耕作放棄が発生していることは、そのような農地について耕作放棄の懸念があることを傾向として裏付けるものであると考えられる（例えば急傾斜地）。逆にいえば、条件の不利性があるからといって、現に耕作放棄が発生していない場合には、その懸念が何らかの形で明らかになっている必要がある」という彼らの原則論との関係については、

　①　北海道は全体として都府県に比べ耕作放棄率が低い（平均1.0％）が、その中でも草地比率が高い市町村では1.3％となっていること

② 離農も年2.5％程度発生している中で、1戸当たりの処分面積が30ha弱となっている一方、これらの地域の1戸当たり面積は50ha程度に達しており、現状の営農方式では規模拡大が困難になってきていること

等から、離農跡地について耕作放棄されるおそれがあると双方で整理した。

(2) 単価の水準

　単価については、ＷＴＯ協定に従いコスト差の8割の水準で設定しているものであり、これ以上の限定は不適当であると主張した。コスト差の10割で予算要求をしていれば必ず大蔵省は切り込みにかかったであろうが、中山間地域等での生産性向上も促す必要があるという観点から最初から8割で要求したため、大蔵省も切り込みにくかったようである。先手を打ったことが功を奏したといえる。

(3) 零細農家の取扱い

　小規模農家についても対象とする必要性を検討会報告で記述していたが、大蔵省は集落は排除の論理ではないことはわかるにしても全ての集落に丸ごと払うべきではない、例えば農地を担い手に集積するような集落を支払い対象とすべきだ等と主張した。

　最終的には、集落営農が発展するような方向で直接支払いを使用すればよいのだろうと主張し、市町村が直接支払額の概ね2分の1以上を集落の共同取組活動に使用されるよう集落を指導することとした。先方は2分の1以上を共同取組活動に必ず充てなければならないと規定するよう求めたが、あくまで指導にとどめることとした。ただし、後述するようにこのような結論が市町村長の方々から評価されることとなった。

　また、大分県竹田市九重野地区のように3分の2を共同取組活動に充て、"大きく集めてロマンを語ろう"（"集落協定の知恵袋"）とする集落も出てきた。

(4) 規模拡大加算

　事務的には種々の論点について議論を行った。以下は各論点に対する主張である。

　ア　新規就農者に年令制限を行うことについて、

　　近年、中高齢者の新規就農が増加しており、農業全体でみても65歳以上の者の参入者は約4割を占めている。中山間地域は新規就農者にとって必ずしも魅力のある地域ではないことから、このような高齢者も積極的に受け入れる必要がある。

　　これらの高齢者は、集落のコアとなる担い手ではないが、担い手を支えて集

落営農を実現し、耕作放棄を防止するためには、必要かつ有益な人材である。

　また、検討会報告では、「中山間地域等ではこれまで容易に認定農業者が出現してこなかったという状況にあるが、今後定年帰農者等が増加することも想定される中で、従来の集落営農とは異なる、兼業農家性を逆手にとった新しいタイプの担い手を育成しうる余地がある。さらに、集落という集合体は構成員が他の構成員をカバーできるという柔軟性があり、継続性を有しているというメリットもある。」とされている。

　従って、規模拡大を行う者については将来集落のコアとなる担い手を育成するとの観点から認定農業者等に限定することが適当であるが、新規就農者については限定することは適当ではないと考える。

イ　集落協定の構成員が他の構成員の農地を引き受けることは単に集落協定上の義務（協定農地全てについて耕作放棄をおこさせない）を果たしているにすぎないのではないか、したがって、規模拡大加算は個別協定に限定すべきであるという主張について、

　規模拡大加算は、担い手以外の者が農地を引き受けて集落協定の義務を果たすことに対し支払うのではなく、集落のコアとなる担い手に農地を集積し育成することにより、集落営農を発展、深化させることに意味がある。

　すなわち、集落協定締結による対症療法的な耕作放棄の防止という短期的な目標ではなく、担い手の育成・定着を通じて持続的な農業生産の確保を図るという長期的な目標を視野に入れるべきであるとの観点から、集落のコアとなる担い手を育成することができるよう、新規就農の場合や担い手が規模拡大する場合において、直接支払いの上乗せ助成を行うものである。

　このような集落のコアとなる担い手がいない場合には、集落営農は発展せず卒業もあり得ないこととなる。このため、担い手に対する助成が必要となるものである。

　このような観点から、規模拡大加算を受けられる者は、誰でも対象となるというものではなく、集落協定及び個別協定において、新規就農者や担い手が引き受ける場合であり、担い手については、認定農業者、これに準じる者で市町村長が認めた者、第3セクター及び生産組織等に限定することとしたい。

　上記のような観点から規模拡大加算を考えるのではなく、単なる引き受けという観点からのみとらえるのであれば、集落協定では協定義務の履行にすぎないことから規模拡大加算を受けられず個別協定に係るもののみが規模拡大加算

第4章　直接支払制度成立過程　149

を受けられることとなる。しかし、集団的対応が特に必要となる中山間地域において推進すべきは集落営農であり、集落協定が結ばれない場合に緊急避難的に行われる個別協定を集落協定より優遇することは適当でない。このようなことは我々が意図したものではない。

　ウ　規模拡大加算は農地を引き受けた時の一回限りにすべきであるとの主張について、

　　　規模拡大については、中山間地域等では傾斜地の存在から平地地域に比べコストが十分低下しないという動態的な条件不利性の中で条件不利な農地を引き受けるものであることから、相応のインセンティブを与えるためにも一定期間継続して加算措置を講ずる必要がある。ＥＵの環境支払いについては、コスト差・収益差に加え、その20％に相当するプレミアムを5年間継続して支払うことで農業者にインセンティブを与えている。

　　　なお、規模拡大加算の対象となる農地については、担い手育成という観点からは5年間の対策期間中に継続して同一の担い手が当該農地を引き受ける場合に限りその対象とすることが適当と考えられる。(対策期間中、当該農地が2回以上権利移転され、それぞれの段階で規模拡大加算の対象となることは適当でない。)

　エ　単価については規模拡大の場合にはコスト差の100％をみて、それ以外の場合には50％としてはどうかという主張を財政当局は概算要求前には行っていた。

　　　私の動態的な条件不利性を補正するという考え方に立てば、試算値はコスト差の100％を超える可能性もあるので、そのような余地を残すため、このような主張には否定的に対応した。結果的には規模拡大加算を行っても単価はコスト差の100％内にとどまることとなった。このため、規模拡大加算の水準が少ないのではないかという批判を小田切助教授から受けた。しかし、ウのように5年間継続することとしたため、期間を通じると10a当たり7,500円となる。

(5) 耕作放棄の解消

　大蔵省は、本制度が耕作放棄の防止、解消を目的とする以上、それに向けての取組みを明確にすべきだと主張した。

　我々としても、既耕作放棄地が復旧又は適正に管理されること等は望ましいことであり、次のような仕組みとした。

　ア　集落協定や個別協定の中に既耕作放棄地を加えるかどうかは集落や第3セク

ターの判断に委ねる。

　　この場合、
　①　集落等が直接支払対象農地として既耕作放棄地を含めるのであれば5年以内の復旧又は林地化を条件に初年度から直接支払いの対象とする。
　②　これを含めない場合でも、既耕作放棄地が直接支払対象農地に悪影響を与えないよう、草刈り、防虫対策等必要な既耕作放棄地の管理を行う。
　イ　他の集落が協定を結べないことにより耕作放棄地を発生させるおそれが強い場合には、できる限り、第3セクター、近隣の認定農業者や直接支払対象集落からの出作により、当該問題集落で集落協定を結ばせるか、これらの者に個別協定により問題農地を引き受けさせる旨市町村の基本方針の中に規定するよう国がガイドラインを示すこととする。

(6)　財政構造改革の推進に関する特別措置法上の制度的補助金とすることについて
　　同法では補助金を削減対象となりにくい"制度的補助金"と毎年10％の削減がかかってくる"その他補助金"に分類されていた。このため、我々としては、削減対象となるその他補助金ではなく、「国家の統治又は安全及び対外関係の処理等、専ら国の利害に関するもの」として制度的補助金に該当すると整理した。
　　その理由としては以下を挙げた。
　ア　中山間地域等への直接支払いは、農業生産条件の不利を補正することにより、
　　・　中山間地域等における農業生産活動等の継続による国土の保全、水源かん養等の公益的機能の発揮を通じた全国民の生活基盤の保全
　　・　上記の役割を担い、生産額・農家数・農地面積等で全国の約4割を占める農家の農業生産活動が継続されることによる食料供給力の確保
　を目的としている。
　イ　このように、直接支払いは、国土の保全・食料供給力の確保を通じて国民の生命・財産の保全を図るという役割を担うものであり、専ら国の利害に関するものとして位置づけられるものである。
　ウ　同様の理由により「専ら国の利害に関するもの」として制度的補助金とされているものとしては、保安林整備管理事業費補助金（自治事務、補助率2分の1）があり、国民の生命・財産の保全を目的とする保安林制度を運営するため都道府県が行う保安林の管理等に要する経費を助成するものである。
　　中山間地域等における農業生産活動等の継続は、保安林と同様国民の生命・財産を保全するものであり、そのために行われる直接支払いは、同補助金と同

様の効果を有するものである。

(7) 基金方式の採用

　次を主張することにより、ある年度で不用額が生じた場合、国に返還するのではなく、都道府県に基金を設けることにより次年度以降に繰り越すことができるようにした。

ア　中山間地域等への直接支払いについては、「集落協定等に基づき5年以上継続する農業生産活動等に対し継続して助成していくものであること」から、予算単年度主義の例外として基金を造成し、対策期間中の継続的な支援を行っていく必要がある。

イ　さらに、
　① 集落協定及び個別協定が2年度目以降に締結される集落もあると考えられること
　② 個別協定から集落協定へと転換していくケースもあると考えられること
　③ 他方、集落協定に違反して助成金が打切り・返還となるケースもあると考えられること

等の理由により、対策期間中の助成対象農地面積の変動という当初予想しない変動をもたらす可能性が高く、かつ、対象農地に複数の単価が適用されることから、支出額の変動はさらに増幅されることが予想され、当該年度の支出を見通すことは困難である。したがって、年度間での調整が可能な基金により対応することが適当と考えられる。

ウ　これを単年度の補助金とした場合には、上記イのような要因により後年度における予算額の変動が不可避であるのみならず、年度途中において不用額を計上したり補正予算を編成せざるを得ない事態も想定される。

エ　このため、直接支払いに係る経費については、基金を造成し毎年度基金に助成するとともに基金を取り崩して執行することにより、年度間の予算額の変動を平準化し、財政支出を対策期間中一定の水準に限定した上で、後年度の事業費増にも対応した安定的な事業執行を確保することができると考えられる。

オ　また、基金を造成することにより、
　① 事業実施期間にわたり安定的な財源を確保できる
　② 地域の状況に応じた機動的な対応が可能になる
　③ 基金により財源を安定的に確保することによって、本施策に係る国の役割及び継続的に取り組むとの姿勢を地方公共団体等に明確に示すとともに、こ

れを基に都道府県・市町村の積極的な対応を確保し国・県・市町村の相互連携による効率的な推進体制が確立できる
　④　各都道府県に基金を造成することにより全国一斉の均衡の保たれた事業展開が可能となる
等の効果が期待できる。
(8)　新過疎法から除外される旧過疎法の地域について
　予算折衝が終了しようとする頃、平成12年度から施行される予定の新過疎法の地域基準が公表され、旧過疎法対象であった一部の地域は対象から外れることが明らかとなった。このため、与党内で経過措置を十分なものとすべきであるという主張が強くなされることとなった。
　過疎法からは101市町村が対象外となるが、そのうち62の市町村は他の7つの地域振興立法の対象であるので、直接支払いとの関係では27の市町村が全地域対象外、12市町村が一部地域について対象外となることとなった。
　財政当局と折衝した結果、最終的には5年間の経過措置として対象から外れることとなった地域についても国の負担は2分の1とする、すなわち5年間は8法地域と同様の扱いとした。
(9)　卒業
　既に述べたとおり、財政当局にとっては未来永劫この助成が継続されるという仕組みは好ましくないものであった。このため、卒業という概念を重視した。我々としても、所得が大幅に向上した農家については助成を継続する意味はなくなるのであり、財政資金の効率的活用という観点から彼らと議論した。既に検討会報告で指摘されている点も含め、この議論の結果は、次の点に現れている。
　ア　中山間地域農業の改善
　　㈦　中山間地域農業の現状固定化を招くことのないよう、以下のような仕組みとした。
　　　単に営農活動を行い耕作放棄を発生させないだけでなく、
　　(i)　生産活動に支障を及ぼす要因を除去すること
　　　　特に、既耕作放棄地については、
　　　　a　これを直接支払いの対象農地として協定に取り込むのであれば5年以内の復旧を条件とする
　　　　b　これを直接支払いの対象農地として協定に取り込まない場合でも、直接支払い農地に悪影響を及ぼさないよう、草刈り、防虫対策等必要な既

　　　　　耕作放棄地の管理を行う
　　(ⅱ) 生産性・収益の向上による所得の増加、担い手の定着に関する目標
　　　　　生産性向上等：作業受委託、機械・施設の共同利用、高付加価値型農業
　　　　　　　　　　　の推進等
　　　　　担い手の定着：新規就農者に対する普及センターの指導、研修会への参
　　　　　　　　　　　加、利用権設定による農地の集約、酪農ヘルパーの活用
　　　　　　　　　　　等
　　　等につき、協定で定めることとする。
　(イ) 目標達成状況の公表等
　　　・ 国、都道府県、市町村は集落協定の締結状況・目標設定状況、各集落等
　　　に対する直接支払いの交付状況、協定の実施状況（生産性向上等の目標へ
　　　の取り組み状況等）等を毎年とりまとめて公表する。
　　　・ 隔年ごとに市町村は集落の取り組み状況を評価し、その状況を都道府県
　　　段階の第三者機関に報告し、取り組みが不十分な集落については取組の改
　　　善に向けた指導、助言を行う。
イ　卒業
　(ア) 集落における「卒業」の姿
　　　集落において、協定による目標の実現に向かって取り組むことを通じ、担
　　い手が規模拡大等により集落のコアとして定着すること等により、この助成
　　措置がなくとも集落全体として農業生産活動の継続が可能で、耕作放棄のお
　　それがなくなった時点で「卒業」となる。
　　　また、個々の農家については、農業を主業とするフルタイムの農業従事者
　　１人当たりの所得（収入から負債の償還を含めたコストを除いたもの）が各
　　都道府県の都市部勤労者１人当たりの平均所得を上回った場合には基本的に
　　卒業とする。
　(イ) 市町村単位での「卒業」
　　　地域内のほとんどの集落において(ア)のような状態となった段階で卒業とす
　　る。
　(ウ) ５年後には中山間地域農業を巡る諸情勢の変化、協定による目的達成に向
　　けての取り組みを反映した農地の維持・管理の全体的な実施状況等を踏ま
　　え、制度全体の見直しを行う。
　　　また、必要があれば、３年後に所要の見直しを行う。

4．自治省折衝

　自治省との間では、夏の概算要求の段階で国による交付金方式とすることを前提として地方財政措置を講じることは合意していた。

(1) 残された課題の1つは地方財政措置の規模をどうするかというものであった。具体的には、事業費総額700億円と国費330億円の差370億円全てについて地方財政措置を講じるのか、国費330億円と同額にするのか、すなわち国費で3分の1相当を負担するとした特認部分について、地方財政措置で残り3分の2の全てをみるのか、国費と同額の3分の1相当とするのかという点であった。この点については、特認の歯止め措置として国の負担を一般の場合の2分の1よりも低い3分の1としたにもかかわらず、残りの3分の2全てを地方財政措置としてみてしまうと歯止め措置の意味がなくなることから、特認の地方財政措置についても国の負担額と同様3分の1とし、残る3分の1については純粋地方負担とした。

(2) もう1つの論点は地方財政措置の内容であった。地方財政措置は普通交付税で措置されるのが通常である。しかし、普通交付税では単位費用により措置されるため、ある特定の事業費に対応する交付金とは必ずしもならないという問題があった。特別交付税であればこのような問題はなくなるが、特別交付税については地方交付税総額の一定率以内という総額の枠があり、なかなか認められるものではなかった。

　　しかし、私としてはチャレンジする価値はあると思い、一部について特別交付税での対応を働きかけた。自治省としても、直接支払いの持つ重要性を考慮し、異例のことではあるが、これに応じてもらうこととなった。具体的には、緩傾斜農地、高齢化率等の高い農地、特認農地等の都道府県、市町村の裁量による農地以外の農地、すなわち、急傾斜農地、小区画・不整形農地、草地比率の高い地域の草地について地方負担分の2分の1（120億円）相当を特別交付税で対応することとし、残る210億円については、普通交付税で対応することとなった。

第5章　制度の解説

　制度の基本的なアウトラインを理解してもらう上で次の資料をお読みいただきたい。これは予算の政府原案成立後私が一般の人向けにポイントを理解してもらうために作成した資料である。

中山間地域等直接支払制度のポイント

1　目的
　　耕作放棄地の増加等により多面的機能の低下が特に懸念されている中山間地域等において、担い手の育成等による農業生産の維持を通じて、多面的機能を確保する観点から、国民の理解の下に、直接支払交付金を交付する。
2　基本的考え方
　1　我が国農政史上初の試みであることから、導入の必要性、制度の仕組みについて広く国民の理解を得るとともに、国際的に通用するものとしてWTO農業協定上「緑」の政策として実施する。
　　〈WTO農業協定での条件不利地域対策としての直接支払いの要件〉
　　　・条件不利地域とは、条件の不利性が一時的事情以上の事情から生じる明確に規定された中立的・客観的基準に照らして不利と認められるものでなければならない。
　　　・支払額は、所定の地域において農業生産を行うことに伴う追加の費用又は収入の喪失が限度とされる。
　2　明確かつ客観的基準の下に透明性を確保しながら実施する。
　3　農業生産活動等の継続のためには、地方公共団体の役割が重要であり、国と地方公共団体が緊密な連携の下に共同して実施する。
　4　制度導入後も、中立的な第三者機関による実行状況の点検や施策の効果の評価等を行い、基準等について見直しを行う。
3　制度の仕組み

1　対象地域及び対象農用地
　　対象地域は、特定農山村法等の指定地域とし、対象農用地は、このうち傾斜等により生産条件が不利で耕作放棄地の発生の懸念の大きい農用地区域内の一団の農用地とし、指定は、国が示す基準に基づき市町村長が行う。

　対象農用地は、(1)の地域振興立法の指定地域のうち、(2)の要件に該当する農業生産

条件の不利な1ha以上の面的なまとまりのある農用地とする。
(1) 対象地域（自然的・経済的・社会的条件の悪い地域）
　　特定農山村、山村振興、過疎、半島、離島、沖縄、奄美及び小笠原の地域振興立法8法の指定地域。
　　旧過疎法の指定地域で新過疎法の対象外となる地域については、平成16年度までは対象地域として扱う。
(2) 対象農用地（農業生産条件の悪い農用地）
　① 急傾斜農用地（田：1／20以上、畑・草地・採草放牧地：15度以上）
　② 自然条件により小区画・不整形な田（大多数が30a未満で平均20a以下）
　③ 草地比率の高い（70％以上）地域の草地
　④ 市町村長の判断により、
　　・緩傾斜農用地（田：1／100以上、畑・草地・採草放牧地：8度以上）
　　・高齢化率（40％以上）・耕作放棄率（田：8％以上、畑：15％以上）の高い農地を対象とすることも可能とする。
　　〈緩傾斜農用地に係る国のガイドライン〉
　　　ア　急傾斜農用地と連坦する場合
　　　イ　緩傾斜という条件に別の農業生産条件の不利性が加わる場合
　⑥ 特認（地域の実態に応じた地域指定）
　　都道府県毎の農用地の一定割合の範囲内（次のア及びイ）において、8法以外の地域を含め、上記以外の耕作放棄の発生の懸念の大きい農用地も国の負担する額を引き下げるとの歯止め策を講じた上で準ずる地域として対象できることとする。
　　ア　当該県の8法地域内農用地の5％以内。ただし、これを認めることにより対象農用地面積の合計が8法地域内農用地の50％を超える場合は、50％以内とする。
　　イ　当該県の8法外農用地の5％以内
　　特認指定農用地が田に偏重することを防ぐため、指定農用地のうち田については1、畑、草地及び採草放牧地については1.5で除した面積の合計値が上記ア及びイの範囲内であることとする。すなわち、畑、草地又は採草放牧地に配分する場合は上記ア及びイにより算出した面積の全部又は一部の1.5倍の面積の範囲内で指定することができる。（すべて畑、草地又は採草放牧地とする場合は、田の面積の1.5倍の面積を指定することができる。）
　　また、総特認面積を8法内外にどのように配分するかは都道府県知事の裁量とする。
　　〈特認のガイドライン〉
　　　ア　8法地域内の農用地

8法地域内の農用地にあっては、田で傾斜100分の1以上又は畑で8度以上の農用地と同等の農業生産条件の不利性があり、一般的にこのような農用地は他の農用地に比べて耕作放棄率が高いこと。
　イ　8法地域以外の農用地
　　　8法地域以外の農用地にあっては、a、b、cいずれかの要件を満たす地域の中でdの要件を満たす農用地であること。
　　　なお、cについては、特定農山村法等の地域振興立法の要件等を考慮し、別の基準を定めることができる。ただし、この場合においては、国レベルの第三者機関に必要なデータを提出し、必要があれば調整するものとする。
　　　a　8法地域に地理的に接する農用地
　　　b　農林統計上の中山間地域（旧市町村単位）
　　　c　三大都市圏の既成市街地等に該当せず、次の(a)から(c)までの要件を満たすこと
　　　　(a)　農林業従事者割合が10％以上又は農林地率が75％以上
　　　　(b)　ＤＩＤからの距離が30分以上
　　　　(c)　人口の減少率（平成2年～7年）が3.5％以上でかつ、人口密度150人／km²未満であること
　　　d　次の(a)から(e)までのいずれかの要件を満たすこと
　　　　(a)　傾斜農用地（田：100分の1以上、畑・草地・採草放牧地：8度以上）
　　　　(b)　自然条件により小区画・不整形な田
　　　　(c)　草地比率が高い（70％以上）地域の草地
　　　　(d)　高齢化率・耕作放棄率の高い農地
　　　　(e)　8法内の都道府県知事が定める基準の農用地
(3)　けい畔及び法面面積も対象農用地面積に含める。
(4)　限界的な農地を林地化する場合は、平成16年度まで交付金の交付対象とする。

2　対象行為
　　対象行為は、耕作放棄の防止等を内容とする集落協定又は第3セクターや認定農業者等が耕作放棄される農用地を引き受ける場合の個別協定に基づき、5年以上継続される農業生産活動等とする。
　　（注）①　集落とは、一団の農用地において協定参加者の合意の下に協力して農業生産活動等を行う集団をいう。
　　　　　②　協定は平成13年度以降に締結することも可能とする。

---

(1)　対象となる農業生産活動等
　　農業生産活動等に加え、多面的機能の増進につながる行為として集落がその実態

に合った活動を選択して実施する。
　（注）農法の転換まで必要とするような行為（肥料・農薬の削減等）は求めない。
(2) 集落協定
　ア　対象農用地における耕作、適切な農用地管理及び対象農用地に関連する水路、農道等の適正管理
　（注）農用地については必ずしも耕作が行われる必要はない。調整水田としての管理も対象となる。

　　適正な農業生産活動等に加え、地域の中で、国土保全機能を高める取組み、保健休養機能を高める取組み又は自然生態系の保全に資する取組み等多面的機能の増進につながるものとして例示される行為（これに準ずる行為及び基盤整備への取組みも含む。）から集落が集落の実態に合った活動を（法律で義務付けられている行為及び国庫補助事業の補助対象として行われている行為以外のものを1つ以上）規定する。

分類		具体的に取り組む行為（例）
（必須事項）農業生産活動等	耕作放棄の防止等の活動	適正な農業生産活動を通じた耕作放棄の防止、耕作放棄地の復旧や畜産的利用、高齢農家・離農者の農用地の賃借権設定、法面保護・改修、鳥獣被害の防止、林地化等
	水路、農道等の管理活動	適切な施設の管理・補修（泥上げ、草刈り等）
（選択的必須事項）多面的機能を増進する活動	国土保全機能を高める取組	土壌流亡に配慮した営農の実施、農用地と一体となった周辺林地の管理等
	保健休養機能を高める取組	景観作物の作付け、市民農園・体験農園の設置、棚田のオーナー制度、グリーンツーリズム
	自然生態系の保全に資する取組	魚類・昆虫類の保護（ビオトープの確保）、鳥類の餌場の確保、粗放的畜産、環境の保全に資する活動

　イ　協定は一団の農用地ごとに締結する。ただし、複数の一団の農用地を含めて1つの協定を締結することもできる。
　ウ　集落協定に規定すべき事項（㈲及び㈹は任意的事項）
　　(ｱ) 協定の対象となる農用地の範囲
　　(ｲ) 構成員の役割分担
　　　農用地の管理者及び受託等の方法、水路・農道等の管理活動の内容と作業分

担、経理担当者、市町村に対する代表者等
- (ｳ) 対象行為として取り組む事項（農業生産活動等及び多面的機能を増進する活動）
- (ｴ) 交付金の使用方法

　　集落の各担当者の活動に対する報酬、生産性の向上や担い手の育成に資する活動、鳥獣害防止対策及び水路・農道等の維持・管理等集落の共同取組活動に要する経費の支出や集落協定に基づき農用地の維持・管理活動を行う者に対する経費の支出について記載する。市町村は、協定による共同活動を通じて耕作放棄を防止するとの観点から、交付金の交付額の概ね１／２以上を集落の共同取組活動に充てるよう指導する。
- (ｵ) 生産性や収益の向上による所得の増加、担い手の定着等に関する目標
- (ｶ) 食料自給率の向上に資するよう規定される米・麦・大豆・草地畜産等に関する生産の目標
- (ｷ) 集落の総合力の発揮に資する事項（以下、項目の例示）
  - ・一集落一農場制度による機械コスト低減
  - ・集落外農家との連携
  - ・畜産農家との連携
- (ｸ) 将来の集落像についてのマスタープラン
- (ｹ) 市町村の基本方針により規定すべき事項

(3) 個別協定

　　個別協定の交付対象は引き受け分とする（ただし、一団の農用地全てを耕作する場合や一定規模以上の経営の場合（都府県：3 ha以上、北海道：30ha以上（草地：100ha以上））は自作地も対象とすることができる。）。

(4) 生産調整との関係

　　基本的には生産調整と直接支払いとは別個の政策目的に係るものであるが、農政全体としての整合性を図るとの観点から、集落協定で米の生産目標を規定し、関連づける。

(5) 協定違反の場合の取扱い

　　不可抗力の場合を除き交付金を返還する。

３　対象者

　　対象者は、協定に基づき、５年間以上継続して農業生産活動等を行う農業者等とする。

---

(1) 農業生産活動、農用地管理等を行っている者（小規模農家、農業生産組織等も含む。）を対象とする。

(2) 農業従事者1人当たりの農業所得（収入から負債の償還額を差し引いたもの）が各都道府県の都市部の勤労者1人当たりの平均所得を上回る場合は、集落協定による交付金の交付対象としないが、個別協定による交付金の対象とする。ただし、当該農家が水路・農道等の管理や集落内のとりまとめ等集落営農上の基幹的活動において中核的なリーダーとしての役割を果たす担い手として集落協定で指定された農業者であって、当該農業者の農用地に対して交付される交付金を集落の共同取組活動に充てる場合は、集落協定による交付金の対象とする。
(3) 規模拡大加算については、新規就農や規模拡大した当該年度だけ交付するのではなく、継続して平成16年度まで交付する。

---

4 単価
　単価は、中山間地域等と平地地域との生産条件の格差の範囲内で設定する。

---

(1) 交付金の交付を受けられない平地地域との均衡を図るとともに、生産性向上意欲を阻害しないとの観点から、平地地域と対象農用地との生産条件の格差（コスト差）の8割とする。
(2) 田・畑・草地・採草放牧地別に単価を設定するとともに、原則として急傾斜農用地とそれ以外の農用地とで生産条件の格差に応じて2段階の単価設定。
(3) 1戸当たり100万円の受給総額の上限を設ける（第3セクター等には適用しない。）。

---

5 地方公共団体の役割
　国と地方公共団体とが共同で、緊密な連携の下で直接支払いを実施する。

---

(1) 市町村が対象農用地の指定、集落協定の認定、交付金の交付等の事務を実施（都道府県及び国に中立的な審査機関を設置）
(2) 都道府県と市町村の負担割合も同等とする。年度間の調整を行うため、都道府県に交付金を収入とする資金を設け、都道府県の負担額と資金からの拠出額をあわせて市町村に交付する。
(3) 地方公共団体の負担分については、地方交付税措置（通常分：2分の1相当、特認分：3分の1相当）が講じられる。
　また、急傾斜農用地等の直接支払交付金の必要性の高い地域における直接支払交付金には一部特別交付税措置が、残余については普通交付税措置が講じられる。

(参考) 直接支払交付金の国庫負担と地方財政措置の割合

区分		直接支払交付金（国庫）	地方交付税	
			特別交付税	普通交付税
通常分	○急傾斜農用地 　田：20分の1以上 　畑・草地・採草放牧地：15度以上 ○自然条件により小区画 　・不整形な田 ○草地比率の高い地域の草地	2分の1	4分の1	4分の1
	○緩傾斜農用地 　田：100分の1～20分の1 　畑・草地・採草放牧地：8度～15度 ○高齢化率・耕作放棄率の高い農地	2分の1		2分の1
特認分	○地域の実態に応じた指定農用地	3分の1		3分の1

(4) 市町村は交付金の交付を円滑に実施するため、地域の実情に即し、基本方針を策定する。基本方針において、市町村内の集落協定の共通事項、集落相互間の連携、集落内における交付金の使用方法についてのガイドラインや、生産性・収益の向上、担い手の定着、生活環境の整備等に関する目標等を定める。

(5) 市町村、都道府県、国は、毎年、集落協定の締結状況、各集落等に対する交付金の交付状況、協定による農用地の維持・管理等の実施状況、生産性向上、担い手定着等の目標として掲げている内容及び当該目標への取組状況等直接支払いの実施状況を公表する。

6　期間

　　農業収益の向上等により、対象地域での農業生産活動等の継続が可能であると認められるまで実施する。

(1) 集落については、担い手が規模拡大等により集落の中核として定着すること等により、本交付金の交付がなくても集落全体として農業生産活動等の継続が可能となり、耕作放棄のおそれがないと判断されるまで継続する。

　　（注）具体的には次のケースにより、農業収益の向上等が図られる場合を想定

　　　ア　集落に中核となる担い手がいなくても、農業生産活動等を特定農業法人、生産組織等が安定的に担うという形態の実現

　　　イ　中核となる担い手に集落の相当程度の農地が集積され、これを残りの集落のメンバーが補完するという形態の農業生産活動等の実現

ウ　水路・農道の管理など共同作業については全戸で行いつつ、数戸の農家に土地利用型農業が集中され、残りの農家が高付加価値型農業を営むという集落ぐるみによる生産性の高い複合経営の実現
　　　エ　酪農については、個々の経営が負債から脱却し、フリーストール・ミルキングパーラー方式等の生産性の高い技術の導入により所得を確保するとともに、単一又は複数の集落が新規参入者となりうる酪農ヘルパーや飼料生産のコストダウンに資するコントラクター組織の活用による安定的な生産形態の実現
(2) 個々の農業者においては、農業所得が同一都道府県内の都市部の勤労者1人当たりの平均所得を上回るまで助成を継続する。(ただし、当該農業者が水路・農道の管理や集落内のとりまとめ等において中核的なリーダーとしての役割を果たす担い手となっている場合及び当該農業者が個別協定により農用地利用権の設定又は基幹的農作業の受委託により農業生産活動等を行っている場合を除く。)
(3) 市町村長は、隔年ごとに集落等の取組状況を評価し、その結果を都道府県知事に報告する。
　　都道府県知事は、市町村長からの報告内容を中立的な第三者機関において検討・評価するとともに、その結果を地方農政局長を経由して構造改善局長に報告する。
　　農林水産省は、都道府県知事からの報告を受け、中立的な第三者機関において検討・評価するとともに、中山間地域農業をめぐる諸情勢の変化、協定による目標達成に向けての取り組みを反映した農用地の維持・管理の全体的な実施状況等を踏まえ、5年後に制度全体の見直しを行う。

1．対象地域及び対象農地

　自然的・経済的・社会的条件が不利な地域振興立法の指定地域（特定農山村、山村、過疎、半島、離島、沖縄、奄美、小笠原）等のうち、農業生産条件が不利で耕作放棄地の発生の懸念の大きい農振農用地区域内の1ha以上の一団の農地とする。

(1) 基本的な考え方

　　対象地域は特定農山村法等の地域振興立法の指定地域等とし、対象農地はこのうち、傾斜地の農地等多面的機能を確保する必要性は高いが、農業生産条件が不利で、耕作放棄地の発生の懸念が大きい農用地区域内の一団の農地とした。対象地域と対象農地を分けて考えるという基本的な考え方は次のとおりである。
　　傾斜が厳しい、自然的条件の悪い農地を有する農家であるといっても、例えば、都市近郊に位置するために就業機会は十分にあって高い所得を得ている農家も存在する。東京の練馬に農地を持っている、ただ、宅地化が進んでなかなか農業が

できないような環境にある。これはある意味では農業生産条件の悪いところであるかもしれない。ただし、土地の値段も随分高くて、そんなところにお金がいくということになると周りのサラリーマンは黙っていないだろうということである。他方、過疎地域で就業機会に恵まれない農家であっても、農地の自然的条件に恵まれて高い農業所得を得ている農家も存在する。更に、ＷＴＯ農業協定にも規定されているように、農業生産条件の格差のないところはそもそも対象農地とはならない。したがって、対象地域は、自然的・経済的・社会的条件の全てが悪い地域として、助成対象はこのうち農業生産条件の不利な農地とすることが適当だと考えたわけである。

　自然的・経済的・社会的条件の悪い地域ということで、一次試験の網をかぶせる。その一次試験をクリアしたところで、農業生産条件の悪い、傾斜地あるいは草地比率の高いところ、そういうものを対象にしていくという考え方である。特定農山村法、山村振興法、過疎・半島・離島等の各地域振興立法の指定地域を第一次試験をクリアした地域とし、その中から傾斜地あるいは草地比率の高いところ、そういう農業生産条件の悪いところを対象農地としていくということである。すなわち、対象地域内、8法内の農地全てが対象農地になるわけではなく、そのうち生産条件の悪いところに限定するということである。ＥＵもだいたい同じ考え方である。ＥＵの場合には、ＥＵの全体の56％の農地が条件不利地域内農地になっている。ただし、その中で実際に直接支払いを受けられる農家というのは3割ということであるので、全体として15％ぐらいが対象になっている。

　さらに、本制度においては将来的に真に維持すべき農地を対象とすべきという観点から、対象地域を市町村農業振興地域整備計画の農用地区域とするということ、限界的農地については、市町村や集落等の判断により林地化を行う等の措置を講ずることとしている。すなわち、対象地域、対象農地をクリアしても農地として維持する価値のないところを守ってもしかたがない。農地として長期的に維持すべき農地を対象にしていくという考え方である。

　また、1 ha以上の一団の農地としたのは、ぽつぽつ点在する農地を維持管理して多面的機能を発揮しているというのはおかしいのではないか、ある程度まとまりのある農地を対象とすべきであるという考え方である。ＥＵが対象農家の規模を3 ha（南欧では2 ha）以上としていることも参考にした。

(2)　対象地域

　ア　過疎地域活性化特別措置法、旧過疎法の対象地域については、平成16年度ま

では8法の指定地域とみなすこととした。新しい過疎法の施行により、過疎地域から落ちる地域と新たに入ってくる地域がある。入ってくる地域は問題なく対象とする。しかし、落ちる地域をどうするかという議論になり、5年間の経過措置として過疎債あるいは代行道路について特例を設けることが決定されたように、5年間、すなわち、平成16年度までは経過措置として、旧過疎法地域で新過疎法地域とはならない地域についても引き続き対象とすることとした。

イ　当該地域の変化（例えば橋がかかることにより離島の要件を満たさなくなった。）により指定地域とならなくなった場合等については次のように取り扱うこととした。

①　新たに指定地域に追加された地域は、当該年度から対象とする。指定地域に追加される以前に特認地域であった場合には、当該年度から8法地域とする。

②　平成12年4月1日時点で指定の解除が予定されている地域については、解除年度以降直接支払いの対象としない。ただし、平成12年4月1日時点で指定の解除の予定がない地域については、解除年度以降、特認地域とみなすことができる。

　この場合、特認地域とみなすことができるとしている意味は、指定解除された地域が当該県の特認基準に該当していなくても、また、特認面積の枠がなくとも例外として特認地域となることができるものということである。

(3)　対象農地

対象農地は、次のいずれかに該当するものとする。

ア　傾斜地が田で20分の1以上、畑、草地及び採草放牧地で15度以上であること。

　傾斜農地については平均傾斜で団地指定を行い、一団の対象地域内農地の一部が平均傾斜を下回っても支払い対象とする。例えば、20分の1以上の平均傾斜があるところに50分の1とか60分の1という農地が混じっている場合も、一団の農地として全部20分の1の団地として対象とするということである。

イ　自然条件により小区画・不整形な水田であること。

　「自然条件により小区画・不整形な田」とは、次に掲げる要件をすべて満たす田である。

①　団地内のすべての田が不整形であり、ほ場整備が不可能であること。

②　30ａ未満の区画の合計面積が団地内の田の合計面積に対して80％以上であること。

③　団地内の田の区画の平均面積が20a以下であること。

　具体的なイメージとしては、例えば、谷地田のようにほ場の区画の短辺が短く基盤整備ができないところである。

　不整形とは方形に整形されていないということである。

　「第3次土地利用基盤整備基本調査実施要領」では次のように示されている。

・整　　形：原則として方形に整形されているものとするが、整備後の端田等は整形に含める。

・不整形：等高線区画など上記整形に該当しないもの

　　すなわち、方形（や整備後の端田）以外のものが不整形である。けい畔がまっすぐなものでも方形でないなら不整形である。

　　ほ場整備の可否の判定は、物理的要因（地形条件等）のみにより行われ、合意形成が未了である等の人為的要件は一切含まれない。具体例としては、地形条件等により費用対効果上、ほ場整備の実施が不可能である場合、河川沿いの狭隘な田ではほ場整備の実施に伴い行われる河川改修の用地確保によって田面積が大幅に減少してしまい、小区画での整備も不可能である場合等である。

　　なお、小区画・不整形と緩傾斜の2つの基準を満たす農用地については、通常基準である小区画・不整形の基準を優先して適用する。

ウ　積算気温が著しく低い地域で、草地比率が70％以上である市町村の草地であること。

　積算気温とか積雪とか標高とか、色々なデータについて、条件不利性を吟味した。しかしながら、北海道から沖縄までありとあらゆる作物が作られている、熱帯性の作物から寒冷地の作物も作られている、それぞれに気候風土を利用した適地適産が行われているので、作物に共通した有利性、不利性は認められないということで、全国的な基準として採用することはなかなか難しいという結論となった。

　しかしながら、積算気温が著しく低い地域、この中には、牧草以外は作れないというところもあって、なおかつ積算気温が低下すると牧草の収量が落ちるというのがデータ的に示されていることから、草しか取れず、更にその草についても収量が落ちる、こういうところは条件不利性が明確に認められるのではないかとされた。

　EUの制度をみると、EUは15カ国共通の基準を作り、その細部の実施につ

いては各国に委ねている。イギリスが草地比率70％以上のところを対象農地にしていることを参考にして、対象農地とすることとした。

　ただし、草地比率のみで判断すると、人為的に水田又は畑を草地に転換したためにこの基準をクリアしてしまう地域もでてくるので、5月15日から10月5日までの積算気温が2,300℃以下の地域を対象とした。

　現場での播種期が5月中旬であることや無霜期間等を勘案すれば、5月15日から10月5日を生育期間とし、ホールクロップの原料DM30％に至る積算温度は、栽培限界地帯向けの早生の早〜中の品種でおおよそ2,300℃であることが道立農業試験場の研究結果から明らかにされているので、2,300℃未満では、早生の早〜中の品種でも安定的な生育が困難であると判断したものである。

　草地率は農業センサスで判定する。市町村内の農地地域が気候等により明確に区分されると都道府県段階の第三者機関で判断される場合には、市町村内の一部地域について草地比率を判定することができる。都府県の場合には旧市町村単位で山村振興法とか特定農山村法とかが指定されているので、2つ以上の旧市町村が合併して新しい市町村になっている場合は旧市町村で指定されている。ところが、北海道の場合には1市町村の規模が大きいため、なかなか旧市町村という概念が当てはまらないようなところもある。したがって、例えば、北の方は寒いから草地しか作れない、南の方は畑作を作っているというふうに気候条件として明確に区分できるようなところであれば、1つの市町村を2つの区域に分けてもらって、70％以上を判定してもらうということもあり得ることとした。しかし、あまり細かいところまで下ろしていって、調べてみたら70％以上あったというように意図的に細分化して対象農地とするということは適当ではない。

エ　市町村長の判断により対象となる一団の農地。

(ｱ)　傾斜度が田で100分の1以上20分の1未満、畑、草地、採草放牧地で8度以上15度未満であること

　　検討会では、100分の1から20分の1までのところ、特に100分の1については、はたして条件が不利といえるのかどうか、こういう緩い傾斜のところについて対象とするのがいいのかどうかという議論があった。それで検討会として出した結論は、緩傾斜については当該地域の平坦地等との公平性の問題もあるので、急傾斜地と単価に格差を設定するとともに、急傾斜地と連担している場合、あるいは緩傾斜地が高齢化の進行により耕作放棄が進んでい

る場合等は対象とするなど、国が一定のガイドラインを示した上で、対象とするかどうか、あるいは対象とする場合、下限を100分の１と20分の１との間のどの水準に設定するのか等について市町村長の裁量に委ねてはどうかと整理した。原則として緩傾斜地については、市町村長の裁量に委ねる。ただ、地方公共団体出身の専門委員の方々から、一定のガイドラインを示してもらわないと、全部任されても困るという意見もあったので、ガイドラインを示した。ガイドラインについて、端的にいうと、20分の１以上の急傾斜地と連坦している緩傾斜農地がある場合、いくら急傾斜地だけを守ったとしても、真ん中の緩傾斜のところで耕作放棄されてしまえば急傾斜地に通作できないということになるので、やはり真ん中も守っていかないと上も守れない、それと、緩傾斜地に更に別の条件の不利性が加わる場合、こういう場合は対象としていいではないかというのがこのガイドラインの基本的な考え方である。

　国のガイドラインは以下のとおりである。
　　（注）あくまでもガイドラインであり、当該市町村において地域の実態に応じた基準等を設けることは自由である。

　市町村長は、次を参考とし、耕作放棄の発生を防止する観点から、緩傾斜農地を対象とするかどうか、対象とする場合の下限をどの水準に設定するのか、緩傾斜農地のうちどの範囲を対象とするのかについて決定する。
① 急傾斜農地と連坦している場合
　　一団のまとまりを形成している緩傾斜農地が、一団の急傾斜農地（田：傾斜度20分の１以上、畑、草地、採草放牧地：傾斜度15度以上）と物理的に連坦している場合。
　　この場合、急傾斜農地と同一の集落協定内において、通作、水管理等上流の急傾斜農地を維持する上で必要な一団の緩傾斜農地に限ることとする。
② 緩傾斜という条件に別の農業生産条件の不利性が加わる場合
　　a　緩傾斜農地が高齢化の進行により耕作放棄が進んでいる場合
　　　　緩傾斜農地を含む協定集落に係る高齢化率・耕作放棄率の両者が中山間地域の全国平均以上とする。（高齢化率30％以上、耕作放棄：田５％以上、畑（草地を含む。）10％以上）。田、畑が混在している協定農地である場合には、耕作放棄率は加重平均して算出した割合以上とする。
　　　　（注）①　使用統計データ及び判定方法は(ｲ)（高齢化率・耕作放棄率の高

>   い農地）に準ずる。
>   ② 計算式
>   　　{5％×a（田面積）+10％×b（畑面積）}／(a + b)
>   　　　　　　　　　　　　≦当該集落の耕作放棄率（％）
>   b 土壌条件が著しく悪い場合
>   等

　このガイドラインに従って決める、あるいは100分の1は緩やかだけど、50分の1以上は全て対象とするとか、種々の決め方がある。市町村長の裁量に任せるということである。
　また、条件の不利性があることは明らかであるので、特認のように、新たに条件不利性を示す必要はない。

(イ) 高齢化率・耕作放棄率の高い農地であること
　以上の基準に該当する農地以外の農地で、以下のaからcの条件を全て満たす場合とする。
a　高齢化率（農業従事者数に対する65歳以上の農業従事者数の割合）が40％以上であること。
b　耕作放棄率（経営耕地面積と耕作放棄面積の合計面積に対する耕作放棄地面積の割合）が田で8％以上又は畑（草地を含む。）で15％以上であること。田、畑が混在している協定農地である場合には、耕作放棄率は加重平均して算出した割合以上とする。

計算式：
　　{8％×a（田面積）+15％×b（畑面積）}／(a + b)
　　　　　　　　　　　　≦当該集落の耕作放棄率（％）

　このような農地を対象とする場合であっても、傾斜などの本来的な自然条件による不利ではなくて、人為的条件に由来する農業生産条件の不利性であるので、その基準は平均的数値を上回るある程度高い水準にすることとしたものである。このため、上記の緩傾斜農地についてのガイドラインの中の高齢化率、耕作放棄率よりも高い数値となっている。
c　協定予定農地内において複数の団地がある場合には、耕作放棄率の高い一団の農地を排除し、当該農地の荒廃により通作、水管理等の影響を受けない高齢化率・耕作放棄率が低い一団の農地のみを協定農地とするもので

はないこと。（モラル・ハザードを防ぐためである。）

具体的な指定は次により行う。

① 高齢化率・耕作放棄率が基準に該当するか否かは、基本的にセンサス集落毎に判断する（協定集落の団地毎に判定することも可）。当該集落の範囲内又は複数の集落で協定を策定する場合には、当該集落又は複数の集落いずれも基準を超えていることが必要である。

② 原則として農業センサス（平成7年）により集落単位で判定するが、団地毎に判定する場合は平成12年3月時点で行う。それ以降高齢化率・耕作放棄率が上昇した場合には、モラル・ハザードの問題があり対象としない。他方、協定期間中に関係者の努力により数値が改善した場合には、助成を継続する。

オ　特認（地域の実態に応じて指定される農用地であること）

このような地域は地元が追加の負担をしてまで指定したいという地域であるので、農家に交付される単価は同じであるが、国が負担する額を引き下げる等対象地域の拡大に対する歯止め策を講じた上で、一定の基準に基づき算定される都道府県ごとの農用地の一定割合を指定できる仕組みとした。

また、透明性を確保するという観点から、都道府県レベルで設置される中立的な第三者機関で審査・検討が行われるとともに、地域間で基準の著しい不均衡が生じないよう国レベルの第三者機関に必要なデータが提出され、調整することとした。

具体的には都道府県毎の一定割合の範囲内において、8法以外の地域を含め、上記以外の耕作放棄の発生の懸念の大きい農地も国の負担する額を引き下げる（国の負担割合を2分の1から3分の1に引き下げ）との歯止め策を講じた上で準じる地域として対象とする。

① 特認の概念図

8法の対象地域の中で、次頁の図において、右の白い部分の基準に合致しているところが一般の場合で、これが2分の1の国の負担になるということである。

左下の網掛け部分、8法以外の地域、これは8法に準ずる地域である。例えば、8法地域に地理的に接する農用地であるとか、農林統計上の中山間地域等である。

また、右下の網掛け、地すべり等の地域の実態に応じた指定農用地と

いう場合がある。8法内の地域であっても、この右下の地域の実態に応じた指定農用地ということであれば、これは8法内の特認農用地として指定になる。左下の準ずる地域から右上の白い部分の基準にいく場合、それから、右下の部分にいく場合、これについても、8法以外の特認地

（図5－1）直接支払いの仕組み

対象地域

- 特農、山振
- 過疎、半島
- 離島

（5法）

沖縄、奄美、小笠原

（3法）

準ずる地域
例
・8法地域に地理的に接する農用地
・農林統計上の中山間地域

対象農用地

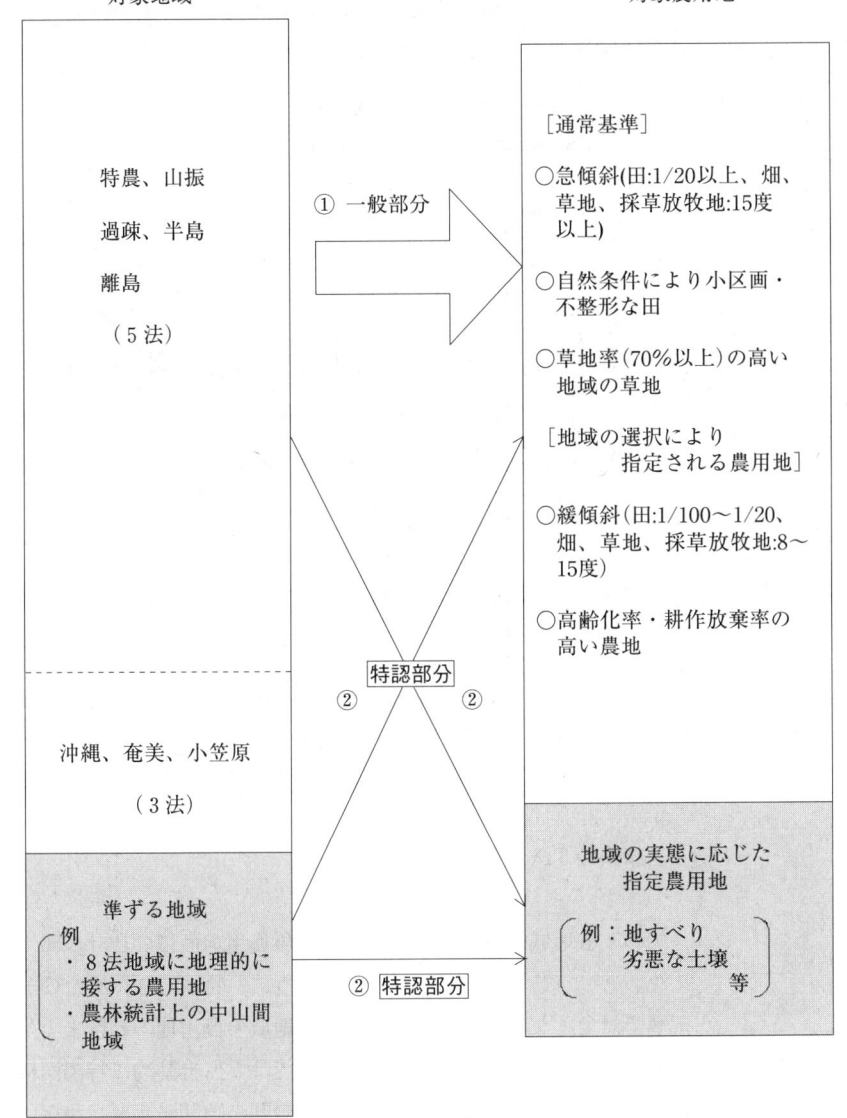

［通常基準］
○急傾斜(田:1/20以上、畑、草地、採草放牧地:15度以上)
○自然条件により小区画・不整形な田
○草地率(70%以上)の高い地域の草地

［地域の選択により指定される農用地］
○緩傾斜(田:1/100～1/20、畑、草地、採草放牧地:8～15度)
○高齢化率・耕作放棄率の高い農地

地域の実態に応じた指定農用地
（例：地すべり　劣悪な土壌　等）

① 一般部分
② 特認部分
② 特認部分

第5章　制度の解説　171

域として、3分の1の国の負担ということになる。いずれにしても、網掛けのところが1つでも絡んでくれば、これは特認の地域である。
② 一定割合の範囲内とは次の(ア)及び(イ)である。
　(ア) 当該県の8法地域内農用地の5％以内。ただし、これを認めることにより対象農用地面積の合計が8法地域内農用地の50％を超える場合は、50％と一般農用地の指定割合との差とする（一般農用地の指定割合が50％を超えるときはゼロである）。

(図5－2) 特認面積の上限設定
　　　　8法地域内農用地の5％かつ対象農用地面積の合計が50％を超えない。

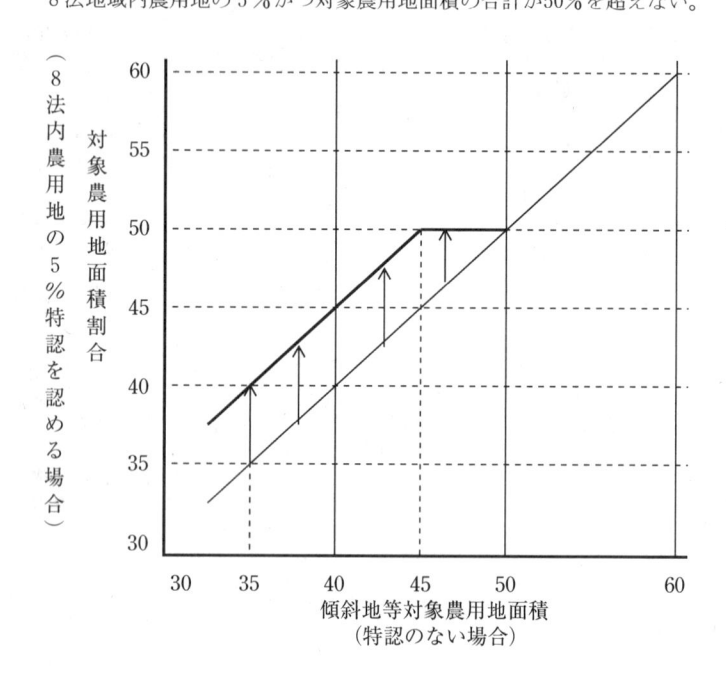

（8法内農用地の5％特認を認める場合）

対象農用地面積割合

傾斜地等対象農用地面積
（特認のない場合）

　(イ) 当該県の8法外農用地の5％以内

　(ア)の8法地域内農用地の5％かつ対象農用地面積の合計が50％を超えないということは、グラフにあるように、特認のない場合の一般の基準で対象となる農地が、当該8法内地域の農用地の45％まで指定されていたということであれば、45％までは5％自動的に特認面積とされる。ところが、46％になると、50％の間の隙間が4％しかないとい

うことで4％が特認面積とされる。47％になると隙間が3％しかないので3％。50％になると隙間が0なので0％。60％指定されていたということであれば、8法内の特認として持ち分はないということである。一般の基準も50％を上回ってはいけないというふうに誤解されている県もあったのであるが、そうではなくて、一般の基準で70％、80％、90％指定されてもそれは構わない。そこを50％に下げるようにということではない。ただし、その場合には、特認の面積は、8法内の面積としてはゼロというだけのことである。

　8法外農用地については、一般農用地の指定というのはないので、5％が自動的に乗る。

　(ｱ)と(ｲ)の関係は、(ｱ)の部分を必ず8法内に使わなければならない、あるいは(ｲ)の持ち分を必ず8法外に使わなければならないということではなくて、これはいわば持ち分と考えていただければよい。この持ち分が、例えば、(ｱ)の農用地面積が5万ha あった、(ｲ)の農用地面積が10万ha あったとすれば、トータルの持ち分は15万ha になるわけである。その15万ha を全部8法内で配分してもいいし、8法外に全部持っていってもいいし、あるいは8法内に3万ha 持っていって、8法外に12万ha 持っていってもいい。その組合せは都道府県の裁量に委ねるということである。

　特認指定農用地が田に偏重することを防ぐため、指定農用地のうち田については1、畑、草地及び採草放牧地については1.5で除した面積の合計値が上記(ｱ)及び(ｲ)の範囲内であることとする（すなわち、畑、草地又は採草放牧地に配分する場合は上記(ｱ)及び(ｲ)により算出した面積の全部又は一部の1.5倍の面積の範囲内で指定することができる。（すべて畑、草地又は採草放牧地とする場合は、田の面積の1.5倍の面積を指定することができる。））。

　これは、急傾斜では田で10a 当たり21,000円、畑で11,500円と、田の単価は畑の約2倍となっているため、特認の面積の配分がどうしても田にシフトしがちとなるからである。5％という基準は田、畑を区別しない農地面積の基準であるので、田を沢山指定するほうが農家の手取りが高いとなれば、どうしても田にシフトしやすい。とすれば、生産に中立的でなければならないというＷＴＯの基本的な考え方に反

第5章　制度の解説　173

するおそれもある。それを緩和するという観点から、こういう仕掛けとした。

具体的に言うと、例えば、特認面積を10万ha持ち分として都道府県が持っていたということであれば、田について、7万ha指定すれば残りの特認部分の持ち分は3万haとなる。その3万haに1.5を乗じて4.5万haまで畑として対象とできる。

③ 第三者機関による審査

都道府県で基準を設定する場合には、当該基準が、8法内については、傾斜地等と同等の農業生産条件の不利性があり、一般的にこのような農地は他の農地に比べ耕作放棄率が高いこと、また、8法外については、自然的経済的社会的条件の悪い地域で、かつ農業生産条件の不利性があることを示すデータを提出し、農業団体等利害関係者を除く中立的な第三者機関で審査・検討を行う。また、その後国レベルの第三者機関に必要なデータが提出され、調整を図る。

④ 特認のガイドライン

> 1) 8法地域内の農用地
> 　　8法地域内の農用地にあっては、勾配が田で100分の1以上、畑・草地、採草放牧地で8度以上の農用地と同等の農業生産条件の不利性があり、他の農用地に比べて耕作放棄率が高いこと。
> 2) 8法地域以外の農用地
> 　　8法地域以外の農用地にあっては、a、b、cいずれかの要件を満たす地域の中でdの要件を満たす農用地であること。
> 　　なお、cについては、特定農山村法等の地域振興立法の要件等を考慮し、別個の基準を定めることができる。ただし、この場合においては国レベルの第三者機関に必要なデータを提出し、必要があれば調整するものとする。
> 　　a　8法地域に地理的に接する農用地
> 　　b　農林統計上の中山間地域
> 　　c　三大都市圏の既成市街地等に該当せず、次のアからウまでの要件を満たすこと
> 　　　　ア　農林業従事者割合が10％以上または農林地率が75％以上
> 　　　　イ　DID（人口集中地区）からの距離が30分以上
> 　　　　ウ　人口の減少率（平成2年〜7年）が3.5％以上でかつ、人口密度

　　　　　150人／km²未満であること
　　　d　次のアからオまでのいずれかの要件を満たすこと
　　　　ア　傾斜農用地（田100分の1以上、畑草地及び採草放牧地8度以上）
　　　　イ　自然条件により小区画・不整形な田
　　　　ウ　草地比率が高い（70％以上）地域の草地
　　　　エ　高齢化率・耕作放棄率の高い農地
　　　　オ　8法内の都道府県知事が定める基準の農用地

　1)の8法地域内の農用地について、田で傾斜度100分の1以上又は畑・草地・採草放牧地で8度以上の農用地と同等の農業生産条件の不利性があり、「他の農用地に比べて耕作放棄率が高い」とは次の趣旨である。例えば、20分の1以上のところを我々は何故対象農用地にするかといえば、それは生産条件が不利であるということと、そういうところは一般的にみて耕作放棄率が高いからである。個別農地について、A村のa集落の20分の1以上の農用地が、耕作放棄率が1％あるいは0％であっても、一般的にいうと20分の1以上の農地については、耕作放棄率が全国平均では10％もあるということであれば、そこは対象になるわけである。それと同じように、一般的に、例えば地すべりのある地域の農地は、他の農地に比べ耕作放棄率が高いということを示してもらう。個々の農地が耕作放棄率が高いというのではなく、一般的にそういう農地は耕作放棄率が高いことを示してもらう必要があるということである。
　2)の、8法地域外の農地については、まず、地域の要件についての検討が必要である。
　aは8法に地理的に接する農地である。例えば、山があって真ん中に市町村の境界線が走り、片一方は8法内、片一方は8法外、同じ山の右と左で、全く同じ傾斜にも係わらず、片一方は対象内になって片一方は対象外になる。これはおかしいだろうというケースである。
bの農林統計上の中山間地域。(旧市町村単位)
cの三大都市圏の既成市街地等に該当せず、アからウまでの要件を満たすこと、これは端的に言うと、イを除いて、8法のそれぞれの法律の要件を若干薄めたものを、andで結んでいったものである。
　また、このcの要件については、都道府県で別の基準を定めてもらう

第5章　制度の解説　　175

こともももちろん結構であるので、この場合には、国レベルの第三者機関に必要なデータを提出して全国的な観点から著しく均衡を欠くことのないよう調整を図る。

(4) 対象農地の指定方法

ア 田、畑、草地、採草放牧地の定義

① 田、畑、草地については、農地法第2条第1項における農地であり、同項において「農地」とは耕作の目的に供される土地をいうとされている。「耕作」とは、土地に労働を加え肥培管理を行って作物を栽培することをいう。したがって、果樹園、牧草栽培地、苗圃、わさび田、はす池等も肥培管理が行われている限り農地である。農地であるかどうかは、その土地の現況によって区分するのであって土地登記簿の地目によって区分するのでない。（農地法の施行について（昭和27年農林事務次官通達））

② 田とは、たん水するためのけい畔及びかんがい機能（自然にかんがいする場合も含む）を有している土地である。田に水稲以外の作物（転作作物）が栽培されている場合でも、田の機能を有しているものは田として、田の単価が適用される。ＷＴＯ農業協定で生産のタイプに関連してはならないこととされているためである。水平にしなければならない田とその必要のない畑は生産要素として異なるものなので単価も別に設定する。しかし、同じ生産要素であれば、その上に何を植えてもあるいは植えなくても田は田の、畑は畑の単価が適用される。

（注）たん水機能を有しているか否かの判定は、けい畔の有無による。

かんがい機能を有しているかの判定は、用水路の有無、揚水施設（ポンプ等）の有無による。

畑とは、田以外の農地で草地を除く畑である。樹園地を含む。

草地とは、畑のうち牧草の栽培を専用とする畑であって、播種後経過年数（おおむね7年未満）と牧草の生産力から判断して、農地とみなしうる程度のものをいう。ただし、牧草の立毛（多年草以外の牧草のものに限る。）がある畑であっても、作付けの都合により1～2年栽培する場合は草地ではなく、畑とする。

なお、生産調整における転換畑についても田の機能が失われていれば畑又は草地となる。

③ 採草放牧地とは、農地法第2条第1項において「農地以外の土地で、主と

して耕作又は養畜の事業のための採草又は家畜の放牧の目的に供されるものをいう。

　混牧林地（農業振興地域の整備に関する法律第3条第2号の土地）は、主として木竹の生育に利用されるものであって、従として耕作又は養畜のための採草又は家畜の放牧に利用される土地である。主たる目的が木竹の生育にあるので採草放牧地には該当せず、対象農用地とはならない。

イ　指定単位としての一団の農用地（集落協定）

①　まず、団地を、一つの農用地又は物理的に連坦している農用地と定義した。この場合、連坦とは、ほ場が直接又はけい畔、農道等を境に隣接していることをいう。団地は、傾斜（勾配）等交付金の対象農用地の適否を判定する単位である。

　（注）

　　㈦　連坦の基準は、通常の農業機械の往来に支障がある場合を除き、次の線的施設が介在しているものであっても、連坦しているものとみなすこととしている。

　　　○　農業用用排水路又は小規模な河川（原則として一級河川及び二級河川であるものを除く。）

　　　○　農道又は小規模な道路（原則として国道及び都道府県道であるものを除く。）

　　　「農業機械の往来に支障がない場合」とは、農業機械が円滑に移動できる（簡易な踏み板等の仮設物で往来ができる場合も含む。）ことをいう。

　　　したがって、鉄道、その他の軌道、高架等の線的施設が介在している場合は、原則として連坦しているとはみなされない。

　　㈠　一級河川及び二級河川であっても、川幅が極めて狭いもの（その目安は、おおむね2m以下）については、小規模な河川として取り扱うことができる。

　　㈢　国道・都道府県道については、山間部等にあるなど利用の実態が農道と類似したものである場合に、その道路の車道幅員が農道程度のものは、小規模な道路として扱うことができる。

　　㈣　なお、水田の維持に必要な帯状防風林（耕地の防風林として設置されたものに限る）、はざ場、のり面等については、水田の付属物とみなさ

第5章　制度の解説　177

れることから、介在する施設とはみなさないこととしている。
　他方、団地であっても以下の条件で区切れる場合には、当該団地の一部を区切って指定することができる。
　a　傾斜が明確に変化している場合
　b　道路を境界とする場合
　c　水路を境界とする場合
　d　河川を境界とする場合
　e　ため池等の水利掛かりを境界とする場合
　f　小字界を境界とする場合
　g　土地改良事業の実施範囲を境界とする場合
　h　農業生産組織等の管理範囲を境界とする場合
② 　以上のように団地を定義した上で、一団の農用地とは、農用地面積が1ha以上の団地又は営農上の一体性を有する複数の団地の合計面積が1ha以上のものをいうと定義した。営農上の一体性があれば、20aの団地が5ヶ所あれば一団の農用地となるということである。また、この場合各団地が対象農地の基準を満たすことが必要であるが、それは同一の基準である必要はない。例えば、急傾斜田の団地30a、緩傾斜畑の団地50a、急傾斜田・緩傾斜畑混在の団地20a、小区画・不整形の団地10aの場合でも一団の農用地となる。
　「営農上の一体性を有する」とは、一団の農用地を構成するすべての団地が、以下のいずれかの条件を満たす場合をいう。
　a　団地間で耕作者、受託者等が重複し、かつ、そのすべての耕作者、受託者等による共同作業が行われている場合
　　具体的には、次の例のように、複数団地間で耕作者、受託者が重複し、すべての団地に共通する共同作業が行われている場合である。
　　共同作業が行われている場合とは、以下に掲げる作業のうち1種類以上を実施しているものをいう。
　　・田：耕起、代かき、田植え、病害虫防除、収穫
　　・畑：耕起、整地、播種、病害虫防除、収穫
　　・草地：耕起、播種、収穫
　　これらの共同作業の形態については、その作業内容を集落協定に規定し、共同取組活動の一環として行われる以下の取組を考えている。
　　・協定の構成員全員（必ずしも同時でなくてもよい）が出役して行う作業

・共同で購入した機械等を用い特定のオペレーターが構成員の農用地で行う作業
・共同所有の防除機による防除を輪番で出役して行う共同作業　等

例（アルファベットは耕作者、受託者等）

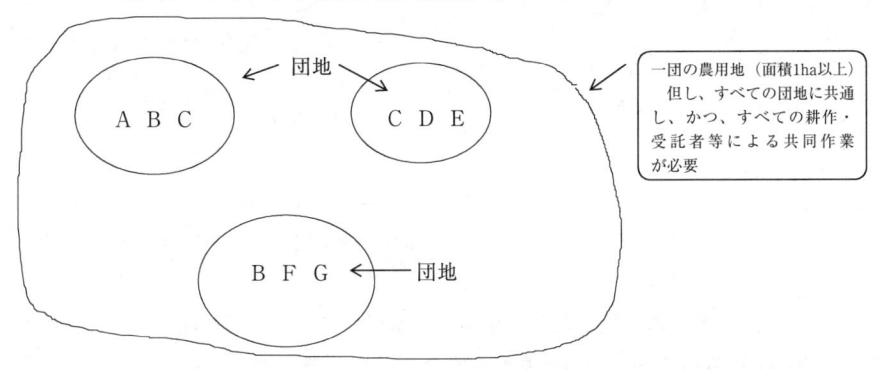

```
         ← 団地
  Ａ Ｂ Ｃ      Ｃ Ｄ Ｅ
                           ← 一団の農用地（面積1ha以上）
                             但し、すべての団地に共通
                             し、かつ、すべての耕作・
                             受託者等による共同作業
       Ｂ Ｆ Ｇ ← 団地        が必要
```

b　同一の生産組織、農業生産法人等により農業生産活動が行われている場合

　具体的には、次の例のように、すべての団地で同一の生産組織、農業生産法人等により農業生産活動が行われている場合である。

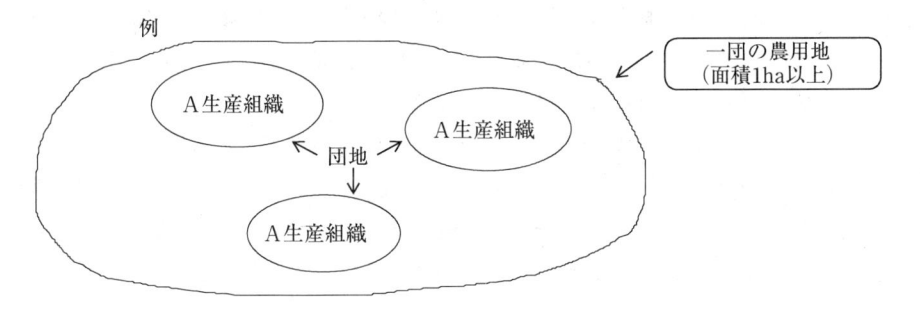

例

```
   Ａ生産組織
              Ａ生産組織     ← 一団の農用地
                              （面積1ha以上）
         ←団地→
      Ａ生産組織
```

c　団地間に水路・農道等の線的施設が介在し、当該施設が構成員全員によって管理されている場合

　具体的には、次の例のように、水路、農道がすべての団地に関連し、かつ、当該施設が構成員全員で管理されている場合である。

　この場合の線的施設の管理については、その管理内容を集落協定に規定し、共同取組活動の一環として、構成員の出役により実施されるものであり、必ずしも全員が同時に行う必要はない。

第5章　制度の解説　179

例（アルファベットは耕作者、受託者等）

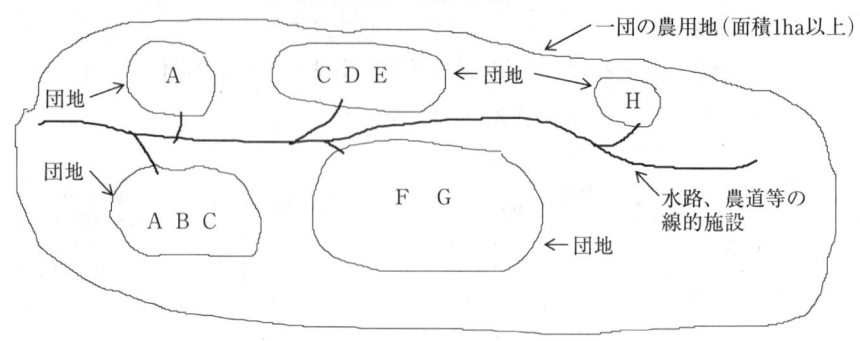

```
                                    ┌─ 一団の農用地（面積1ha以上）
        ┌─ A ─┐    ┌─ C D E ─┐ ← 団地
 団地 ─→│     │    │         │      ┌─ H ─┐
        └─────┘    └─────────┘      └─────┘
 団地
   ↓    ┌─ A B C ─┐   ┌─ F G ─┐           ← 水路、農道等の
        │         │   │       │             線的施設
        └─────────┘   └───────┘ ← 団地
```

但し、介在する線的施設が当該施設の構成員全員によって管理されていることが必要

③ 一団の農用地とは、対象農用地の各基準に該当する農用地面積の合計が1ha以上必要であり、当該基準を満たしている農用地と満たしていない農用地とを合わせて1ha以上とするものではない。田畑の混在している場合で例えば、急傾斜20分の1の田で0.8ha、20分の1（2度52分）の畑で0.2haの場合には、田は傾斜の基準を満たしているが、畑が傾斜の基準を満たしていないので、1haの団地には該当しない。

ただし、市町村が判断して緩傾斜農用地を対象とする場合で、傾斜が5分の1（11度19分）の場合には、畑も緩傾斜の基準を満たすこととなるので、畑も合わせた1haの団地として対象とすることができる。

④ 以上とは逆に、①の後段で述べたとおり、連坦している農用地でも傾斜等が異なる農用地で構成される場合には、連坦している農用地全体では傾斜基準に該当しない場合であっても一部農用地を指定することが可能である。

その際に、傾斜の変化が明確に地形で区分できる場合は農道等で区分されなくてもよい。

⑤ 個別協定により認定農業者等が農用地を個別に引き受ける場合は、一団の農地性は必要ではなく、当該引き受け農用地を対象農地として指定する。しかし、自作地は対象とならない。

ただし、認定農業者等が一団の農用地すべてを耕作している場合は、一団の農用地面積が1ha以上の場合は、個別協定を集落協定と見なして自作地も対象とすることができる。2人以上で一団の農用地を管理すれば集落協定となり、自作地も対象となるのに対し、1人で管理すれば個別協定となり自

作地が対象とならないのは均衡を失するからである。このケースでは同一人であるので通常営農上の一体性は認められることとなろう。このため１haの連担している団地でなくても各団地面積の合計が１ha以上あれば直接支払いが交付されることとなる。

⑥　また、特認は対象地域農地についてのものであり、１ha未満の一団の農用地を特認として認めることはできない。特認農地についても多面的機能の確保という目的は同じだからである。農振農用地区域内という要件についても同じである。

⑦　しかし、一団の農用地の面積が死亡、土地収用等の不可抗力により１ha未満となった場合には残りの農用地面積については平成16年度まで引き続き交付される。

ウ　農地面積や傾斜の把握方法

直接支払いの対象となる農用地面積等は、団地及び筆毎に次の方法により把握する。

(ア)　団地毎の傾斜と面積

　ａ．勾配

　①　直接支払いの対象農用地を判定する勾配については、原則として、団地毎に勾配を測定するための測定単位を設け、平均的な傾斜（主傾斜）により判定する。

　②　勾配の測定方法は原則として現地での実測とするが、測定作業の簡便化等の観点から図上（2,500分の１程度以上）により測定することができる。

　ｂ．面積

　①　国土調査による地籍図又は土地改良法に基づく区画整理事業に伴う確定測量図等（以下「地籍図等」という。）がある場合には、地籍図等に基づく台帳の合計面積及び傾斜とする。ただし、地籍図等が現況と異なる場合や縮尺が5,000分の１の場合は、地籍図等であっても使用できない。

　②　①の地籍図等はないが、2,500分の１程度以上の縮尺図面等がある場合には、当該図面等の図測により行うこととする。

　③　①の地籍図等及び②の図面等がない場合には、農林水産省測量作業規程に準拠し、現地において実測する。

(イ) 筆毎の面積
① 地籍図等がある場合には、地籍図等に基づく台帳の面積とする。
② (ア)の②及び③の場合には、次の算式による。

$$一筆の面積 = (ア)による団地の面積 \times \frac{地籍図等以外の公的資料による当該筆面積}{地籍図等以外の公的資料による当該団地の面積}$$

集落が直接支払いの額を配分する場合には、(イ)の各筆毎の農用地面積により支払うこととする。

この場合、②のような方法でもよいとしたのは、、国からの交付金の算定の対象となる団地毎の面積は正確なものであることが必要であるが、集落は交付された直接支払い額をどのように配分するかは自由であるので、その配分の基礎となる筆毎の面積は厳密なものである必要はないと考えたためである。

エ けい畔の取扱い

けい畔も法面も農地面積に加える。単価に掛けられるのは本地面積ではなく、けい畔も含めた面積である。

オ 既耕作放棄地の扱い

耕作放棄地が復旧又は適正に管理されることは望ましいことであり、耕作放棄については、以下の考え方に基づき取り扱うこととする。

a 集落協定や個別協定の中に既耕作放棄地を加えるかどうかは集落や第3セクター等の判断に委ねる。この場合、

(a) 集落等が直接支払対象農地として、既耕作放棄地を含めるのであれば、平成16年度まで（5年以内）の復旧又は林地化を条件に初年度から直接支払いの対象とする。平成16年度（5年目）に復旧又は林地化しても初年度から5年間交付するということである。これは耕作放棄地の復旧等に時間を要することを考慮したものである。自然災害により農地が崩れている場合も同じである。しかし、平成16年度までに復旧又は林地化を完了しない場合は当該耕作放棄地分については協定認定年度に遡って助成金を返還するとともに、それ以外の農地は当該年度以降の交付を打ち切ることとする。

(b) 協定に含めない耕作放棄地であっても、当該既耕作放棄地が放置されることによって協定農用地の農業生産活動等へ悪影響を与えると懸念されるものについては、集落等の判断により管理の対象に加えることとした。

協定に含めない管理対象の既耕作放棄地の場所と管理内容については、

集落等が協定農用地の農業生産活動等への影響を考慮して判断するものとする。具体的には、協定農用地内や周辺の耕作放棄地及び協定農用地へ通水する水路沿いや通作するための農道沿いの耕作放棄地が対象になると想定され、病害虫の発生を防ぐ草刈り、防除及び通排水を円滑に行うための草刈り、けい畔保全等が考えられる。

　この場合、既耕作放棄地を約束通り管理しなかったときにおいては、協定違反であることは事実なので、協定農地全てについて過去に遡って返してもらうという考え方もあるが、現に耕作している農地を耕作放棄したという場合とは性格が違うだろうと考え、協定農地について次年度以降対象とはしないという扱いとした。

b　ある集落が協定を結べない場合には、近隣の認定農業者等や直接支払対象集落からの出作により、当該集落で集落協定を結ばせるか、これらの者に個別協定により当該集落の農地を引き受けさせるよう努める旨市町村の基本方針の中に規定する。

カ　限界農地の林地化（限界的農地を林地化した場合は、平成16年度まで（5年間）に限り直接支払いの対象とする。）

　限界的農地とは、集落の他の農地に比べ土壌、日照等により生産条件が不利で耕作放棄の懸念の大きい農地として集落の申請により市町村長が判断したものである。

　集落協定において、あらかじめ耕作放棄の懸念の大きい限界的農地及びオの既耕作放棄地を林地化することとした場合には、農振除外や農地転用の許可手続きを行い、農地から林地に転換を行うこととなる。すなわち、国土の保全、土砂崩壊防止等の多面的機能の確保の観点からは、耕作放棄地のままとするよりは林地化をすることがむしろ望ましい場所もあることから、次善の策として林地化を認め、畑の単価（畑の単価が林地化前の地目の単価を上回る場合は、林地化前の地目の単価）での交付金の交付対象とした。

　しかしながら、林地化する旨協定に位置づけた限界的農地等を林地化しなかった場合には、当該限界的農地分の交付金を協定認定年度に遡って返還することとし、協定農用地のその他の農用地については、当該年度以降交付対象としないこととしている。これは既耕作放棄地についての考え方と同じである。

　限界農地を林地化するためには雑草や雑木等の草刈り、除去等を行うのに相当な期間を要するため、5年間交付することとした。既耕作放棄地の復旧と

同様な考え方によるものであるが、5年後あるいは平成17年度以降においてはもはや農地とはみなされず、直接支払いの対象とはならないことに留意する必要がある。さらにこの農地が対象から外れるため、一団の農地が1 ha未満となれば、他の農地も直接支払いの適格性を欠くこととなる。これはオの既耕作放棄地を林地化した場合も同じである。

また、直接支払いの目的は、農業生産活動等の維持を通じて、耕作放棄の発生を防止し多面的機能を確保するものであり、限界的農地の林地化は例外的なものであることから、急傾斜農用地全体を林地化することは不適当である。

キ 土地改良通年施行を行っている農地も対象とする。
　　ただし、次の要件をすべて満たす必要がある。
　① 当該年度の6月30日（平成12年度においては、8月31日）までに、国若しくは地方公共団体の負担若しくは補助又は農林漁業金融公庫若しくは農業近代化資金の融資の対象となることの決定又はこれに準ずる措置がなされること。
　② 当該年度内に事業が終了すること。
　③ 集落協定に事業の実施が位置付けられていること。

ク 直接支払いをどのように使用するかは集落の判断に委ねられており、対象地域内の水路・農道等の線的施設と一体的な管理が必要な施設も直接支払いが使用される対象に加えることができる。

水路・農道等の線的施設については、単にその集落協定内の水路・農道だけを守っても不十分であり、線でつながっている上流・下流のところまでも一体的に管理しないと十分目的を達成することができない。こういう場合には、上流・下流も含めて、水路・農道の管理を協定の中に規定することが適当であろう。もちろん、直接支払いの額は、対象農用地面積に応じて算定され、交付される。この直接支払額をどのような水路・農道の管理にどう配分するかというのは集落の中で議論して決定してもらうということである。

ケ 指定方法
　　市町村長は、市町村基本方針を策定し、都道府県知事に協議の上、対象農地を指定する。協議を受けた都道府県知事は農業団体等の利害関係者を除く中立的な第三者機関で審査する。

　　市町村が決定するというだけではなかなか自信を持てないようなところもあるかもしれないので、都道府県に協議してもらってオーソライズしてもらうこ

ととしたのである。

2．対象行為

　対象行為は、集落協定又は個別協定に基づき、5年間以上継続して行われる農業生産活動等とする。当該協定は市町村長の認定を受けるものとする。

(1)　基本的な考え方

　　集落営農の重要性にかんがみ集落協定を原則とする。個別協定は集落協定が結ばれなかった場合に耕作放棄されそうな農地を認定農業者等が引き受けるときに、引き受けた農地だけを対象とするものである。集落協定が協定に参加する者の農地を自作地も含め全て対象にすることに比べると、個別協定の場合は、対象者、対象農地とも限定的なものである。

　　協定は平成13年度以降に締結することも可能である。ただし、平成13年度や14年度に締結すると、5年以上の協定なので、この制度はとりあえず16年度で切れるため、17年度以降にずれる期間が出てくる。そのずれる期間については、5年後に、見直しをした後の制度の内容が適用されることとなる。

(2)　集落協定

　ア　集落とは、一団の農用地において協定参加者の合意の下に農業生産活動等を協力して行う集団と定義している。したがって、通常の社会通念上の集落とは異なる。通常の集落に複数の一団の農用地がある場合には、基本的にはそれぞれの一団の農用地ごとに協定が結ばれる。したがって、協定ごとに参加農家も異なることとなる。出入作がある場合には他の農業集落の農家も当該集落協定の参加者となる。もちろん複数の一団の農用地をまとめて集落協定を作ることも可能である。直接支払いは農用地面積に応じて支払われることから、複数の一団の農用地、複数の農業集落をまとめて一つの協定を結び「大きくまとめてロマンを語ろう」（集落協定の知恵袋）という事例が出てきている。

　イ　対象行為

　　(ｱ)　対象農地における耕作、適切な農地管理及び対象農地に関連する水路、農道等の適正管理

　　　　農地については必ずしも耕作が行われる必要はない。調整水田としての管理も対象となる。もちろん、耕作までやってもらうことの方が、食料自給率の向上にも資することとなるが、それは別の政策の観点なので、農地の維持管理による多面的機能の維持・発揮を目的とする直接支払制度としては、そ

こまでは求めないということである。すなわち、耕作を行わなければ、これを直ちに耕作放棄と見なして直接支払いの返還を求めるということはしないということである。したがって、協定上の義務は決して重いものではない。この点は十分理解されていないポイントである。

　(イ)　適正な農業生産活動等に加え、地域の中で、国土保全機能を高める取組み、保健休養機能を高める取組み又は自然生態系の保全に資する取組み等多面的機能の増進につながるものとして例示される行為（これに準ずる行為及び基盤整備への取組みも含む。）から集落が集落の実態に合った活動を協定上に規定する。EUが導入するクロス・コンプライアンスを念頭に置いたものである。肥料・農薬の削減等農法の転換まで必要とするような行為である必要はない。ここまで要求すると環境直接支払いとなるのでそれは求めないとしたものである。

分　類		具体的に取り組む行為（例）
農業生産活動等（必須事項）	耕作放棄の防止等の活動	適正な農業生産活動や農地の管理を通じた耕作放棄の防止、耕作放棄地の復旧や畜産的利用、高齢農家・離農者の農地の賃借権設定、法面保護・改修、鳥獣被害の防止、林地化等
	水路、農道等の管理活動	適切な施設の管理・補修（泥上げ、草刈り等）
多面的機能を増進する活動（選択的必須事項）	国土保全機能を高める取組み	土壌流亡に配慮した営農の実施、農地と一体となった周辺林地の管理等
	保健休養機能を高める取組み	景観作物の作付け、市民農園・体験農園の設置、棚田のオーナー制度、グリーンツーリズム
	自然生態系の保全に資する取組み	魚類・昆虫類の保護（ビオトープの確保）、鳥類の餌場の確保、粗放的畜産、環境の保全に資する活動

　なお、調整水田とは、水田に水を張り、常に水田の生産力が維持される状態に管理することをいうが、次のような場合は、多面的機能を増進する活動として認めて差し支えない。
　①地すべり地帯などで通年水を張ることにより地盤の安定を図る場合
　②冬場も水張りを継続することによって渡り鳥の飛来を助長する場合
　ウ　集落協定に規定すべき事項　(キ)及び(ク)は任意的事項）
　　(ア)　対象農地の範囲

(イ)　構成員の役割分担

　　農地の管理者及び受託等の方法、水路・農道等の管理活動の内容と作業分担、経理担当者、市町村に対する代表者等

(ウ)　直接支払いの使用方法

　　集落の各担当者の活動に対する報酬、生産性の向上や担い手の育成に資する活動、鳥獣害防止対策、水路・農道等の維持・管理等集落の共同取組活動に要する支出や協定参加農業者に対する支出について規定する。市町村は集落協定による共同活動を通じて耕作放棄を防止するとの観点から直接支払い額の概ね2分の1以上が集落の共同取組活動に使用されるよう集落を指導することとした。「概ね2分の1以上が集落の共同取組活動に使用されるよう集落を指導する。」とした趣旨は、各農家の経営規模の零細性から個々の農家に配付した場合には、少額となり効果が期待できないばかりか、バラマキとの批判も予想されることから、共同取組活動（共同機械利用等）によりコストを下げること等により集落機能を高める方が有効ではないかと考えたからである。機械の共同利用によってコストダウンが図られれば、個々の農家の所得増にもつながる。農家に直接配分すれば効果は一時的なものにとどまる。しかし、機械の共同化等に使用するのであれば、所得向上への効果は長期にわたり残存する。強制ではなく、期待であるが、このような方向で集落を指導してもらいたいという趣旨である。また、共同取組活動といっても役員報酬や水路・農道の維持・管理活動等個々の農家に渡るものがあるので、大きな縛りではない。交付金の使用方法は自由であり、集落で基金として積み立て、5年間の適当な時期や5年目以降に共同利用機械の購入や農産物加工施設の整備等にまとめて使用しても差し支えない。

　　なお、直接支払いは、生産条件の不利性の補正を目的として交付されるものであり、交付後どのように使用されるかは本来自由なものである。できる限り共同取組活動に充てるということは交付金の有効活用を促進しようとするためのものである。

(エ)　対象行為として取り組む事項（農業生産活動等及び多面的機能を増進する活動。）

(オ)　生産性や収益の向上による所得の増加、担い手の定着等に関する目標

(カ)　食料自給率の向上に資するよう規定される米・麦・大豆・草地畜産等に関する生産の目標（米の生産調整との整合性）

生産量は作況による変動があるので作付面積を守っているかが重要である。5年目の目標ではなく、各年の目標である。また、協定違反との関係では米の生産目標で判断し、米の作付面積の目標を超えて米の作付けが行われた場合には協定農用地の全てについて、次年度以降交付金の対象としない。しかし、生産調整は個々の農家毎に判断されるが、ここでは集落で目標を達成すればよいという緩やかな目標として、農政全体の整合性を図ることとした。

また、生産調整は属人的に配分され、直接支払いは属地的に行われる。協定集落が米の作付面積のガイドラインを協定内田、協定外田へどのように配分するかは、協定集落の自由であり、直接支払制度においては、最低限、集落協定対象田に配分された米の作付面積が集落協定に定める米の生産目標を超えていなければよいこととしている。

下図のように、集落協定の構成員全員（10人）が協定内農地10ha、協定外農地20haを耕作しており、これら10人に米の作付面積目標15haが配分されたとし、集落が協定内農地にこれを9ha、協定外農地に6ha配分した場合、直接支払いを交付するかどうかは、協定内農地において9haを超えて米の作付を行っていないかどうかで判断する。

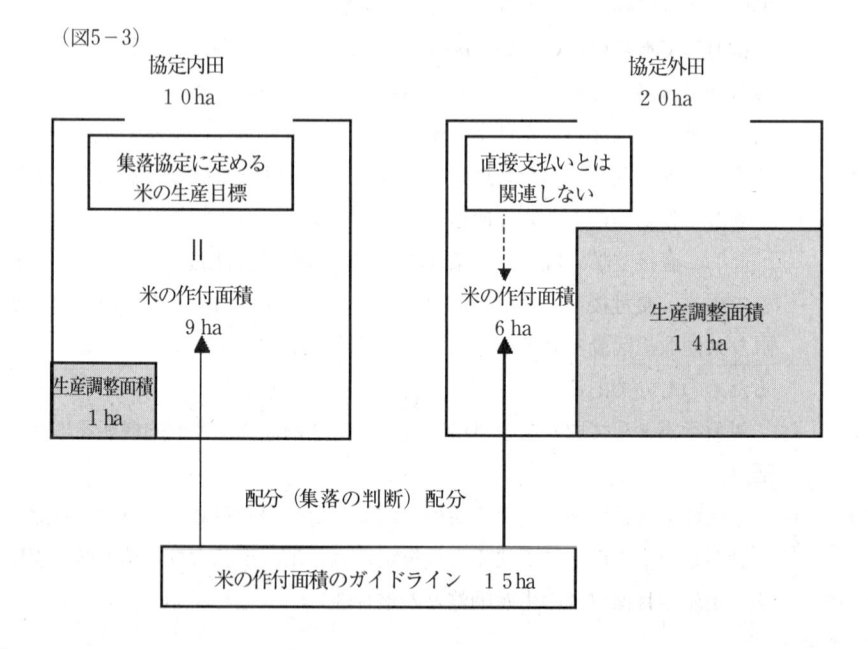

（図5-3）

協定内田 10ha	協定外田 20ha
集落協定に定める米の生産目標 ＝ 米の作付面積 9 ha	直接支払いとは関連しない ／ 米の作付面積 6 ha ／ 生産調整面積 14 ha
生産調整面積 1 ha	

配分（集落の判断）配分

米の作付面積のガイドライン　15ha

ただし、米の生産調整と直接支払いを強く関連づけたいという市町村にあっては、その対応方法は市町村に委ねている。
　(サ) 集落の総合力の発揮に資する事項（以下、項目の例示）
　　　・一集落一農場制度による機械コスト低減に向けての検討
　　　・畜産農家との連携による堆きゅう肥の活用
　　　・集落外農家との連携、農地の受託
　(ク) 将来の集落像についてのマスタープラン
　(ケ) 市町村の基本方針により規定すべき事項

(3) 個別協定

　認定農業者、これに準じる者として市町村長が認定した者、第3セクター、特定農業法人、農協、生産組織等（以下「認定農業者等」という。）が所有権移転、賃借、農作業受託等により、耕作放棄される農地を引き受けて行う農業生産活動等とする。

　ア　所有権移転の場合は、相手方がいないので市町村と新所有権者の間の協定とする。

　イ　個別協定の場合は、一団の農用地すべてを対象としなくともよいが、助成対象は引受分に限定される。一筆でどの農地の引受けでもよいということである。

　　ただし、大規模経営層では、集落協定が想定できない場合もあることから、都府県にあっては3 ha以上、北海道にあっては30 ha以上（草地では100 ha以上）の経営の場合（農業を主業とするフルタイムの農業従事者1人当たりの所得（収入から負債の償還を含めたコストを差し引いたもの）が各都道府県の都市部の勤労者の平均所得を上回る場合は除く。）は、個別協定を集落協定とみなして自作地も対象とする。大規模経営層の都府県3 ha、北海道30 ha（草地100 ha）は、集落規模を最低3戸と考え平均農家規模の3倍程度を目安にしたものである。

　　また、既に述べたとおり、一団の農地全てを1人が耕作する場合も1 ha以上であれば自作地とみなす。この場合には1人で行うため営農上の一体性は通常認められるので複数の団地をまとめて1 ha以上あればよい。

　　個別協定でも自作地を対象とすることを認めたのは、これが集落協定とみなすことができる場合であるからである。したがって、このような場合には個別協定においても多面的機能を増進する活動を規定する必要がある。また、集落協定の場合と同様、他産業並みの農業所得を得ている者については引受地のみ

が対象となり、自作地は対象としない。

　なお、個別協定はあくまでも集落協定が結ばれない例外的な場合に認められるものであり、個別協定が結ばれることによって原則である集落協定が結ばれなくなることは好ましくない。必要とあれば、その旨市町村基本方針の中に規定すべきであろう。

　ウ　個別協定又は規模拡大加算における農作業受託については、同一生産行程における基幹的農作業のうち、3種類以上（草地の場合は1種類以上）のものとする。
　　①　田及び畑においては、耕起、代かき又は整地、田植え又は播種、病害虫防除、収穫、乾燥・調製
　　②　草地においては、耕起、播種、収穫、乾燥・調製

　エ　農地保有合理化法人による農用地の一時保有・賃借については当該農用地を認定農業者等へ移転する経過措置であることから、農地保有合理化法人に移転した段階で認定農業者等に移転したとみなし、個別協定による交付金交付の対象とする。

　　簡単にいうと、農地保有合理化法人が5年以内に移転した場合もしなかった場合も直接支払いの対象とするということである。

　　なお、この場合の規模拡大加算金については、一時保有地等が認定農業者等に正式に移転した年度から交付される。

(4) **協定違反の場合の直接支払いの返還と不可抗力の場合の免責**

　ア　一部農地について耕作放棄が生じ、集落内外の関係者（第3セクター等を含む。）でこれを引き受ける者が存在せず協定に違反した場合には、協定参加者に対し、協定農地すべてについて過去の年度に遡って直接支払いの返還を求めるものとする。協定農用地全てについて5年間耕作放棄を生じさせないことが協定の主たる内容であるからである。EUと同様の扱いである。

　　このような事態を防止するため、市町村や農業委員会は第3セクターや農協等が農地を引き受けるよう、あっせん、指導等を行うものとする。

　　なお、個別協定に違反した場合にはその農業者の全ての個別協定の農地ではなく、当該違反した個別協定に係る農地について返還することとなる。

　イ　次のような場合は不可抗力として過去の年度に遡っての返還は求めないが、病気の回復、災害からの復旧等を除き、当該年以降の支払いは行わない。
　　(ア)　農業者の死亡、病気等の場合

(イ)　自然災害の場合
　(ウ)　土地収用を受けた場合
　(エ)　農地転用の許可を受けて植林した場合（農業振興上不可欠な場合に限り、農業施設用地への転用も不可抗力として扱う）
　(オ)　個別協定において受託者等に責任がない理由によって受委託契約等が解除された場合

　ただし、(ア)の場合において集落協定の他の構成員が高齢化等により当該農地を引き受けることが困難であるときは、集落の代表者はすみやかに市町村、農業委員会等に対し、受託者、賃借者のあっせん等を申し出なければならない。

　協定違反があれば過去に遡って返還を求めることは厳しいとの指摘があった。私は平成12年1月のブロック説明会において、既に、
「直接支払制度は、
① 農地を耕作する必要はなく、維持管理でも良いことから大きな負担にはならないこと。
② 耕作放棄が生じようとしたら集落内外で誰かが引き受ければ良い。集落協定の構成員以外であっても協定を変更すればよいこと。
③ 不可抗力の場合は除外される。「死亡、病気等の場合」には、高齢化により農作業ができなくなった場合も含むこと。
から、きつい縛りではない。返還させることが制度の目的ではないので、返還という事態が生じないようにしてもらいたい。そのために、市町村や農業委員会はあっせん、指導等をしてもらいたい。」と説明していた。

　しかし、平成12年度に入ってからも5年間のしばりは厳しすぎるという指摘を聞いたので、5月25日付けでこれを確認する内容の通知を発したところ、農林水産省は方針を変更したとの指摘を受けたことは残念であった（巻末にあるように、平成12年2月の山村振興連盟町村副会長との懇談においてもこの旨を説明している）。

3．対象者

　対象者は、協定に基づき、5年間以上継続して農業生産活動等を行う者とする。
(1)　所有者ではなく耕作、農地管理等を行う者（農業生産法人、生産組織、第3セクター等を含む。）を対象とする。農地の所有者と作業の受託者等が共同して維持・管理を行っている場合や権利義務関係が明らかでない場合にあっては当事者

間の話合いによりいずれかを対象者とする。協定の構成者としてどちらかが指定されれば、その者に交付金は交付されるものであり、当事者間の交付金の配分問題に行政は介入しないということである。農業委員会等は協定が円滑に締結されるよう、必要とあれば農地の所有者と農業生産活動等を行う者との調整を行う。

(2) 農業を主業とするフルタイムの農業従事者1人当たりの所得（収入から負債の償還を含めたコストを差し引いたもの）が各都道府県の都市部の勤労者の平均所得を上回る農業者については、個別協定により引き受ける場合のみが直接支払いの対象となる。ただし、当該農家が水路・農道等の管理や集落内のとりまとめ等集落営農上の基幹的活動において中核的なリーダーとしての役割を果たす担い手として集落協定で指定された農家であって、当該農家の農地に対して交付される直接支払い額の全てを集落の共同取組活動に充てる場合はこの限りではない。

「農業を主業とするフルタイムの農業従事者」としたのは、農外所得がいくら高くても農業が定着したことにはならないことから主業農家の農業従事者の所得で判断することとした。都府県のように規模が小さい場合稲作で達成することはほとんど考えられず、高収益作物（わさび等）を栽培しているような農家ではないかと思われる。そのような農家はほとんど農地を持っていないのでそもそも交付額自体少なく、実害もない。また、規模の大きい農家は投資、負債も大きいので所得の判定に当たり収入からコストを引くだけではなく、負債も引くこととした。これにより、該当する農家は北海道でも限定される。

都市部の勤労者以上の所得を農業所得により得ている農家は、農地で農業生産活動を継続しなければその所得を維持できないので、自ら耕作放棄することは考えられない。したがって農業が定着していると認められることから、そのような農家に対しては助成する必要がない。すなわち、卒業している農家である。しかし、このような農家が耕作放棄されそうな農地を引き受けることは多面的機能を確保する上でも重要なことなので、個別協定による引き受け分については対象とすることとした。（この場合、規模拡大加算により単価が大きくなることに留意されたい。）

また、当該農家が集落営農上の基幹的活動において中核的なリーダー（集落の規模等により1人とは限らない。）である場合は、当該農家の農地に支払われる直接支払い額のすべてを集落の共同取組活動に充てる場合はその農地も対象とすることができる。これは、当該農家は一定以上の所得をあげているので直接支払いを受ける必要はないが、集落にとっては、その農地に対して支払われる直接支

払いを活用することは集落営農の発展のため有益であるからである。なお、共同取組活動にしか使えないこととなるが、このような農家に対しては、集落協定の定めるところにより共同取組活動の1つとして、直接支払額の一部が役員報酬等として当該農家にフィードバックされ支払われることになる。

都市部の勤労者の平均所得は、総務庁が実施している家計調査の県庁所在地のデータで判断する。

また、高額所得農家の農地を除外する場合でも、1ha以上という一団の農地の判定には当該農地も含めて判定できるものとする。当該農地も含めて多面的機能を発揮していると考えられるからである。

(3) 規模拡大加算については、認定農業者等及び新規就農者が平成12年度以降、新たに受託、借入又は購入により継続して引き受ける場合を対象として（規模拡大した年度だけではなく）平成16年度まで交付する。

(4) 国、地方公共団体並びに国及び地方公共団体の持分が過半となる第3セクターが所有し、かつ農業生産活動等を行っている場合には対象としない。公的機関が所有する農地を公的機関が維持管理する場合には対象としないという考え方であり、市町村有地（公共牧場等）を農家、農協、農業生産法人等が耕作、維持・管理する場合は対象となる。

4．単価

(1) 単価（10a当たり）は以下のとおり。

田：	急傾斜地	21,000円
	緩傾斜地	8,000円
畑：	急傾斜地	11,500円
	緩傾斜地	3,500円
草地：	急傾斜地	10,500円
	緩傾斜地	3,000円
	草地率の高い農地	1,500円
採草放牧地：	急傾斜地	1,000円
	緩傾斜地	300円

① 小区画・不整形な水田及び高齢化率・耕作放棄率の高い農地にあっては、緩傾斜地の単価と同額とする。

② 新規就農の場合や認定農業者等が規模拡大する場合は一定額（田：1,500円、

畑及び草地500円）を上乗せする（規模拡大加算）。

③　特認の場合には、急傾斜地、草地率の高い農地については上記の単価によるものとし、それ以外の農地については、緩傾斜地の単価と同額とする。特認については、「地元が追加の負担をしてまで指定したいという地域であるので、国の負担する額を引き下げる等対象地域の無限定な拡大に対する歯止め策を講じた上で、一定の基準に基づき算定される都道府県ごとの農地の一定割合を指定できる仕組みを検討してはどうか。」との検討会報告を踏まえ、特認の単価自体は一般の場合と同じものとし、歯止め策として国の負担を通常基準（2分の1）よりも低くする（3分の1）との前提で仕組みを検討したものである。地方財政措置についても歯止め策となるよう、単価と国の負担の差の全てではなく国の負担と同額までの措置が講じられることとなった。

(2)　1戸当たり100万円の受給額の上限を設定する。集落の共同取組活動に充てられたものについても各農家の活動に応じて報酬として農家に再配分されるものは1戸当たりの受給額としてカウントする。しかし、それ以外の共同取組活動についてはカウントされない。直接支払いの交付限度は100万円を直接支払い単価で割った面積ではないということである。例えば、草地比率の高い草地については67 haで100万円に達するが、150 haを有する酪農家が83 haに相当する交付額を共同取組活動として使用すれば、直接支払いは150 haに対してなされることとなる。

3人以上のオペレーターや3戸以上の構成員からなる第3セクターや生産組織等には受給額の上限は適用しない。ただし、生産を実質的に共同化・組織化するのではなく、受給額の上限を回避する目的で意図的、名目的に生産を組織化する場合はこの限りではない。

(3)　直接支払いの税法上の取扱い

　ア　本書の刊行時には未だ結論は出されていない又は別の結論が出されるかもしれないと思われるが、私個人としては交付金については次のような取扱いを行うべきと考える。

　　(ｱ)　集落が「人格のない社団等」として法人税法の適用を受ける場合
　　　集落が人格のない社団等に該当し法人とみなされる場合は、法人税法上「人格のない社団等については、収益事業から生じた所得以外の所得については課税しない。」（法人税法第7条）とされている。集落が受け取る中山間地域等直接支払交付金については生産条件の不利性の補正のための国からの交付金であ

り、また、多面的機能を維持するための農地の維持、管理に対する対価である。したがって、これは農産物の売却等の収益事業により生じた所得ととらえるべきではなく非課税となるべきものである。さらに、集落は収益事業の主体ではなく、これを法人税法第2条第13号の「販売業、製造業その他の政令で定める事業で継続して事業場を設けて営まれるもの」とするのは適当ではない。

集落が「人格のない社団等」についての法人税法の適用を受けるか否かについては、次の最高裁の判例により判断される。

「昭和39年10月15日最高裁第1小法廷判決」（要旨）
1　法人に非ざる社団が成立するためには、
　① 団体としての組織をそなえ、
　② 多数決の原則が行われ、
　③ 構成員の変更にかかわらず団体が存続し、
　その組織において、
　④ 代表の方法
　⑤ 総会の運営
　⑥ 財産の管理等
　団体としての主要な点が確定していることを要する。
2　法人に非ざる社団がその名においてその代表者により取得した資産は、構成員に総有的に帰属するものと解すべきである。

(イ)　集落が「人格のない社団等」に該当せず、法人税法の適用を受けない場合
　農業者個人にブレークダウンして課税関係が判断されることとなる。
　① 交付金を集落の代表者が受け取った時点で協定参加者それぞれの農業収入の一部となり、必要経費を差し引いて農業所得とし、他の事業所得と合算して課税されることとなる。したがって、必要経費としての支出が多くなると、課税される所得は少なくなる。
　② 共同取組活動費として使われる金額については、協定参加者の必要経費として計上することができる。したがって、共同取組活動を積極的に行うことにより、必要経費として計上する額が多くなると、課税される所得は少なくなる。ただし、交付金を受け取った年と共同取組活動の費用として支出した年が違う場合は、交付を受けた年の必要経費としての計上はできず、支出した年の必要経費として計上することとなる。

③　共同取組活動のための積立金等は、共同取組活動に支出した時点で個々の農業者の必要経費として計上することができる。（したがって、留保して支出が伴わない年は必要経費として計上できないため、各年の留保額については、個々の農業者の総支出が総収入を上回らない限り課税関係が生じる。）

　④　なお、出役賃金等の共同取組活動費として集落協定参加者が受け取った金額は受け取った者の収入となるが、これは人格なき社団等の場合でも同様である。

(ウ)　以上の取扱いをみると、組織的にしっかりした集落協定であれば税法上も有利な扱いを受けるということがわかる。

イ　しかしながら、平成13年2月に入り、国税庁は担当課長補佐の見解として各国税局へ次のような通知を行った。

　「本件交付金は、形式的には集落協定の代表者に支払われるものであるが、交付金の額は、集落協定参加者の面積を基礎として支払われるものであり、個々の農家に支払われるべき性質のものが、共同取組活動の費用等の支出に充てるため、「集落」において管理されるものと考えられる。

　そのため、協定の代表者に交付された日の属する年分に、協定参加者である各農家が収入すべき金額（「集落」に交付される交付金総額のうち、個々の農家の所有面積に応じた額）を各農家において農業所得に係る収入として取り扱うこととする。

　また、共同取組活動のため集落が支出した経費については、協定参加者の業務遂行上必要と認められるものに使用された場合（共同取組活動には、農業生産活動等のほか、多面的機能を増進する活動があるが、いずれも農業に関連して支出される経費と考えられるため、通常、協定どおりに交付金が使用されている場合には、業務遂行上必要なものと認められる。）、集落の支出が確定した日の属する年分において、各協定参加者の農業所得の必要経費として取り扱う。その際、各農家が必要経費に算入する額は、各農家の協定参加農地面積等に応じ、按分して必要経費に算入する。

　また、協定参加者が共同取組活動に関し、出役賃金等を受け取った場合、農業所得の収入金額に算入する。」

　この見解は「人格なき社団等」として集落を認めないものである。

　集落として課税されるにしろ、農業者個人として課税されるにしろ、農業者

個人として使用するにせよ、集落の共同取組活動として支出するにせよ、また、これが収益事業による収入であるとしても、当該年度に直接支払いとして交付された額すべてを何らかの経費として支出するのであれば、収入から経費を引いた所得はゼロとなり、課税関係は生じない。差が生じるのは、全額支出しない場合や、上記(イ)③のように、将来の共同取組活動のために積み立てる場合に積み立てる過程で課税される可能性が生じることである。

　国税庁見解の誤りは、交付金が個々の農業者に対して支払われるものという前提を置いていることである。交付金額は対象農地面積を算定基礎として支払われるものであるが、交付先は対象農地の農業者以外の構成員も含みうる集落である。直接支払制度では集落を「一団の農用地において協定参加者の合意の下に農業生産活動等を協力して行う集団」と定義している。集落に交付されたものが、集落協定の取極めにより対象農地の農業者、対象農地と関係ない集落内の農業者や農業協同組合（経理等を行う場合）、土地改良区、水利組合（水路、農道等の管理を行う場合）等へ配分されると理解すべきである。面積の測定についても、集落に交付される額の確定のために必要な一団の農地の傾斜・面積については精度の高い測定を要求し、その中の個々の農家面積については精度の低い地図等でもかまわないとしているのもこのような仕組みに根拠がある。直接支払い制度の解釈は農林水産省にあるのであり、国税庁にあるのではない。上記の国税庁担当者の見解は、交付金は対象農地面積に応じて算定されるがそれをどのように使用するかは個々の農家ではなく集落という組織体が自由に決定することであるという制度の基本を理解していない。例えば、新潟県高柳町のように集落外にも交付金額の3割を使用する場合にも当該年度に集落外の活動に支出しないときには、集落内の個々の農家から税を徴収するのであろうか。また、高柳町のように市町村が基本方針の中で交付金の配分方法を決定した場合は国税庁はどのように解釈するのであろうか。これについても農家が支出方法を決定したと構成するのであろうか。

　また、人格なき社団としての取扱いが認められない場合においても、集落協定の構成農業者総員に帰属すると構成し、共同取組活動分が必ず集落協定通り共同取組活動として支出されることを前提として、将来のため積み立てる分についても直接支払い交付年度において必要経費として支出されたとして扱うことができないか検討してはどうかと考えられる。

　しかし、以上のような取扱いがなされない場合においても、中山間地域等に

おいてこのような方式で課税される青色申告者はわずかであると考えられるし、また、このような農業者であっても、将来の直接支払い収入を見込んで支出を行えば、(積み立てた後支出する場合ではなく、最初に支出して後に直接支払い収入で補てんする場合に)支出後3年間(人格なき社団等の法人であれば5年間)にわたり繰越控除を行うことが可能であり、実害は少ないものと思われる。

なお、農家が受け取るものを含めて、およそ直接支払交付金を非課税とすることは、他の同種の助成金等と比べると難しいものがあろう。

5. 地方公共団体の役割

(1) 事業実施主体は市町村とするが、本対策は国と地方公共団体とが共同で実施し、両者の密接な連携の下で執行し負担することを基本とする。都道府県と市町村の負担割合も同等とする。EUにおいても基本的には25%の補助率であること、やはり公益的機能というのはまずその当該地域において受益されてそれが隣の市町村あるいは県外に及んでいくということ、しかし、中山間地域等では財政基盤の弱い自治体があることを考慮し、最終的には国費と地方財政措置による対応の2本立てとした。

(2) 都道府県は交付金を収入とする資金(基金)を設け、市町村が集落に協定農地面積に上記単価を乗じた額を交付するため申請を行った場合には、県の負担額と資金からの拠出額をあわせて市町村に交付する。

一般の補助金の場合は単年度に不用が生じた場合は返さなければならないが、なかなか正確には直接支払いの額を特定できないということと、年度間にやはりブレが生じてくるということで、年度間の調整をうまく行うために基金制度を設けたものである。国からの交付金についての基金であり、県費はその基金に積み立てる必要はなくて、その基金から取り崩す時に県費を随伴させて市町村に交付すればいいというものである。できるだけ基金を作りやすくするという配慮を行ったわけである。

なお、交付金であっても補助金適化法の適用を受けることから返還がなされる場合には基金に対してではなく、国庫にされることになる。

(3) 市町村は本対策を円滑に実施するため、基本方針を策定する。基本方針において、市町村内の集落協定の共通事項、集落相互間の連携、集落内における交付金の使用方法についてのガイドラインや、生産性・収益の向上、担い手の定着、生

活環境の整備等に関する目標等を定める。

　ただし、他の市町村の農業者を対象外としたり、対象農地について急傾斜農地のうち基盤整備した農地を除くとか、畑を除くとか、市町村長の裁量に委ねられていない通常基準の農地をさらに限定することは認められない。どの市町村にいても等しく直接支払いを受けられるという国民の権利を損なうからである。

(4) 市町村は上記目標達成のための施策（新規就農者、オペレーター等の募集、雇用状況の改善、生活環境の整備等）を実施するとともに、集落は、市町村基本方針に示された目標達成に向けて、協定期間中に集落として取り組む事項を集落協定の中に規定し、市町村長の認定を受ける。

例えば、

① 生産性向上等に関する目標

　　（農作業の受委託、農業機械・施設の共同利用、コントラクターによる飼料生産、農地の連坦化・交換分合等による生産性向上、高付加価値型農業の推進等）

② 担い手の定着に関する目標

　　（新規就農者に対する普及センターの指導、集落リーダー・オペレーターの新技術研修会や先進集落視察への参加、新規就農者に対する離農者の家屋の提供、利用権設定による農地の面的集積、酪農ヘルパーの活用等）

(5) 市町村長は集落協定を認定した場合には、その概要を公表するものとする。また、市町村、都道府県、国は、毎年、集落協定の締結状況、各集落等に対する直接支払いの交付状況、協定による農地の維持・管理等の実施状況、生産性向上、担い手定着等の目標として掲げている内容、目標への取組み状況等直接支払いの実施状況を公表するものとする。

(6) 対象行為の確認は、以下により行うこととする。転作と異なり、一筆ごとの確認は必要ではなく、また耕作放棄しているかどうか（草ぼうぼうとなっているかどうか等）の確認であるので、確認行為は容易である。これにより直接支払いによる行政コストが膨大なものになるのではないかという検討会での懸念は払拭できる。

　ア）　対象行為の確認は、所定の期日（9月30日）までに実施主体である市町村職員が協定農用地に出向いて行う。この際、必要に応じて集落の代表者等が立ち会う。

　イ）　確認は、基本的には年1回でよい。

　ウ）　また、現地標示票等を設置し、確認野帳等を整備して行う。

エ）　田については、転作確認と同時に作付け・耕作放棄の現地確認。畑については田の確認と並行して作付け・耕作放棄の現地確認。樹園地については、管理放棄されていないか現地確認。採草放牧地については採草や放牧が行われているか現地確認。基本的には耕作放棄されているか否かの確認なので簡単に行いうる。農道・水路等については草刈りや清掃等が行われ、適切に管理されているかどうかを現地確認する。また、多面的機能を増進する活動についてはそれぞれの取組状況を現地確認する。

オ）　既に行った行為については、代表者が記載している作業日誌や出納簿及び作業状況の写真、確認時点のほ場の状況から判断して確認する。

カ）　交付金を交付後に行うこととなっている対象行為については、実施時点で再度確認する。（必要があれば、集落による実施の確認書を提出してもらう。）

キ）　個別協定のように協定農用地が一筆毎に分散している場合は、一筆毎の確認が必要であるが、見通しの利く団地の場合で、生産調整の場所等が確認済みで、かつ事前に団地を一括確認することが可能なデータが整っていれば、一括確認しても差し支えない。見わたして耕作放棄がなければよいということである。

(7) 隔年ごとに、市町村が集落の取り組み状況を評価し、その状況を都道府県段階の第三者機関に報告する。

6．期間

(1) 集落については、担い手が規模拡大等により集落のコアとして定着すること等により、本助成がなくても集落全体として農業生産活動等の継続が可能で、耕作放棄のおそれがなくなるまで助成を継続する。

　次のケースが考えられる。しかし、形式的に特定農業法人等になれば卒業するというものではなく、本助成がなくても耕作放棄をおこさないという実体を備えているかどうかで判断される。

ア　突出した担い手がいなくても、特定農業法人、株式会社等により生産組織が完成。

イ　コアとなる担い手に相当の農地が集積され、これを残りのメンバーが補完するという形での集落組織が完成。

ウ　水路・農道の管理など共同作業は全戸で行いつつ、数戸の農家に稲作を集中し、残りの農家で高付加価値型農業を営むという集落による複合経営の実現。

共同活動は全員で行うが、稲作を行う集団と高付加価値型農業を行う集団に分化する。高付加価値型農業の場合、野菜を作れば、数反あれば十分収入を稼げるので、あまり土地はいらない。その野菜農家の余った土地は、稲作農家に集中、集積して規模拡大をさせる。そういう地域内での集落による複合経営の実現がされる場合である。
エ　酪農については、個々の経営は負債から脱却し、フリーストール・ミルキングパーラー方式等により、所得を確保するとともに、単一又は複数の集落が新規参入者となりうる酪農ヘルパーや飼料生産のコストダウンに資するコントラクター組織を活用。
　　また、市町村全体としてもほとんどの集落でこのような状態となり、未達成集落の農地についても達成集落における担い手による引受け等により耕作放棄のおそれがないと判断されるまで助成を継続する。
　　個々の農家については、農業を主業とするフルタイムの農業従事者1人当たりの所得（収入から負債の償還を含めたコストを差し引いたもの）が各都道府県の都市部の勤労者の平均所得を上回るまで助成を継続する。（ただし、当該農家が水路・農道の管理や集落内のとりまとめ等集落営農上の基幹的活動において中核的なリーダーとしての役割を果たす担い手となっている場合及び当該農家が個別協定により農地を引き受ける場合は、その後も継続する。）

　　（参考）農業従事者の農業所得、都市部の勤労者の平均所得の把握方法
　　ア　農業者の所得の算定
　　　　（確定申告に基づく農業所得＋専従者給与額－負債の償還額）／農業従事者数
　　　　当該農業者が生産組織、農業生産法人等の構成員であり、当該生産組織、農業生産法人等から給与額又は役員報酬等を受けている場合は、上記農業所得に当該給与額又は役員報酬等を含めるものとする。
　　イ　算定に当たっての留意事項
　　　(ｱ)　アの負債の償還額とは、次に掲げるものとする。
　　　　　a　農業生産活動のための建物・機械等の固定資産に係る負債の償還額（当該負債に係る減価償却額を上回る場合の差引額に限る。）
　　　　　b　a以外の農業生産活動に係る負債（農業生産活動に必要な運転資金等）の当該年におけるネット償還額（当該年の期首の負債額から期末の負債額を差し引いた実償還額）
　　　(ｲ)　農業従事者数の換算は、年間自家農業従事日数（当該日に短時間でも農業に従事していれば、農業従事日数1日として算定する。）が150日以上の農業従事者を「1」とし、農業従事日数が60日以上150日未満の者を「0.5」とする。この他に、家族内に、30日以上60日未満の農業従事者が2名以上いる場合（合計就農日数が60日以上となる。）には、これらの者をまとめて「0.5」とすることができる。

　　　　なお、農業従事者とは、所得税法における青色事業専従者給与の特例又は事業
　　　専従者控除の特例の対象となる者と同等の就業形態を有する者（1日当たりの労
　　　働時間が短時間でも、当該年内に6ヵ月以上の期間（期間内に農作業に従事しな
　　　い日があっても構わない。）にわたって農業に従事している者をいう。）をいう。
　　ウ　農作業従事日数の確認方法は、作業日誌等により行うこととする。
　　エ　「同一都道府県内の都市部の勤労者一人当たりの平均所得」とは直近3ヵ年の
　　　「家計調査年報（総務庁統計局）」の各都道府県の県庁所在地の年平均勤労者所得
　　　（月平均世帯主収入×12ヵ月）とする。
　　　　また、農業所得は、直近の3ヵ年の平均（又は、データに著しい変動がある場合
　　　は5ヵ年間の最高と最低を除く3ヵ年のデータの平均を採る）で判定する。

(2)　5年後には市町村長が集落の取組状況を評価するとともに、中山間地域農業を
　めぐる諸情勢の変化、協定による目標達成に向けての取り組みを反映した農地の
　維持・管理の全体的な実施状況等を踏まえて制度全体の見直しを行う。
　　また、必要があれば、3年後に所要の見直しを行う。

第6章　中山間地域等総合振興対策

　2000年度から直接支払いが導入された。
　しかし、中山間地域等直接支払いは、農業生産条件の不利を補正することを目的とするものであり、直接支払いのみで中山間地域等の抱える多様な課題に対応することは困難である。
　このため、1999年8月の中山間地域等直接支払制度検討会報告において、次のとおり、中山間地域等の多様な課題に対応するため各種対策を総合的・整合的・計画的に実施することが提言された。
「中山間地域等に対する振興対策の総合的実施
　中山間地域等は、自然的・経済的・社会的条件が多様であることから、それぞれの地域は農業振興と農業経営の体質強化のみならず、就業機会の拡大、生活基盤の総合的整備、高齢化対策の推進による定住の促進や農林地の一体的整備等多様な課題を抱えている。生産条件の格差を補正することを目的とした直接支払いのみをもってしては、このような中山間地域等の抱えるすべての課題に対応できるものではない。農業生産条件の不利性を有する地域にあっても、集約型農業の振興対策等一定の面的まとまりのある農地の維持を目的とした直接支払い以外の施策が地域・農業振興にはより有効である場合も考えられる。農林水産省においては従来から各種の対策が講じられてきたところであるが、地域ごとに行われる諸事業が、当該地域の有する資源や諸条件、他の地域との関連性、事業相互間の関連性を考慮することなく、実施されることとなれば、一定の広がりをもった中山間地域等の全体的な振興を図る上で効果的・効率的なものとはならない。したがって、直接支払いも含め、総合的・計画的な中山間地域等対策が講じられる必要がある。このため、都道府県レベル、農林水産省レベルにおいて中立的第三者機関により中山間地域等対策の実施に関する方針を策定するなど、各種対策を相互に関連性を持たせながら、整合的・計画的に実施するとともに、他省庁とも連携しながら中山間地域等に対する振興対策を体系的、総合的、効率的に実施できるシステムを検討する必要がある。」
　これを受けて農林水産省内で検討が行われるとともに、直接支払制度検討会とほぼ同じメンバーで構成される中山間地域等総合対策検討会における議論を経て、2000年度から中山間地域等総合振興対策が実施されることとなった。

中山間地域等総合振興対策の概要

　中山間地域対策の現状を踏まえると、広域で計画的な中山間地域等の振興を推進する必要があり、今後、地域間の連携・調整を十分に行い、予算の効率的執行を行うこととする。
　具体的には、
1　都道府県は広域的なまとまりのある地域（1～数市町村）をグルーピング化。
2　都道府県は、これらまとまりのある地域について、
　ア　概ね5年間にわたり取り組むべき具体的な目標の設定
　イ　目標の実現に必要な各種事業を総合的・整合的に選択し、これらを計画的に実施すること
　等を内容とする地域別振興アクションプランを策定。
　　これにより、地域内での各種事業の有機的・効率的実施（地域内での各種施設の効率的配置、山村振興事業（非公共事業）と中山間総合整備事業（公共事業）との連携等）、当該地域と周辺地域との連携を図る。
3　地域別振興アクションプランに位置づけられた基幹的事業について、予算の範囲内で優先的な採択及び計画的な実施。
4　なお、アクションプランの策定に当たっては、都道府県の出先機関とそれぞれ地域内の市町村との連携による協議会組織を設置し、これにＪＡや民間企業等の参画を求める等により多様な人材の活用を図る。
5　優れたアクションプランを策定した都道府県、優れた事業効果を挙げた地域等については、第三者機関の評価を踏まえ、農林水産大臣賞等として表彰する。

　（参考）
中山間地域等対策の実施上の問題点
(1)　中山間地域等においては
　ア　地域の基幹産業である農林水産業及び関連産業の振興
　イ　所得機会の確保、生活基盤の整備等による定住の促進
　ウ　多面的機能の維持・発揮
　のための諸事業を講じてきたところであり、今後とも必要。
(2)　しかし、これらの事業の多くが市町村単位を基本として実施されているため、
　ア　同一の地域内でA町とB町で類似の施設が重複して設置される。
　イ　グリーンツーリズムを振興しようとしているA町の隣のB町で農村工業導入を行い煤煙を発生させる。
　等の問題。

1. 中山間地域等の振興に当たっての問題点

　中山間地域等の多様な課題に対応し、中山間地域等の振興を図っていくためには、①地域の基幹産業である農林水産業の振興、②多様な所得機会の確保及び生活環境の整備等による定住の促進、③多面的機能の維持・発揮を図るための対策を地域の実情に応じて総合的に講じていく必要がある。

　このため、これまでも、

(1)　高付加価値型農業の推進、生産基盤の整備、多様な担い手の確保、地域食品の表示・認証、鳥獣被害の防止等による農林水産業及び関連産業の振興

(2)　他産業の振興や都市農山漁村交流の推進等による所得機会の確保、生活基盤の総合的整備、高齢者・女性対策の推進等による定住の促進

(3)　農林地の一体的整備による多面的機能の確保

等に関する種々の事業を講じてきたところである。

　これらの事業の多くが市町村単位を基本として実施されてきていることは、地域の発想を極力尊重するという観点から重要であるが、各市町村が行う事業については、地域間の連携・調整が必ずしも十分ではなく、広域的・整合的・計画的な中山間地域等の振興につながっていないという問題がある。ある町でグリーンツーリズムを推進し、隣の村で農村工業導入を行うという矛盾した政策を行っている場合もある。また、ある地方では"能"が有名だということに着目して地域おこしを行った結果、その地方の全ての市町村で能舞台が作られ皆採算割れとなってしまったという事例もある。農業についても各市町村で同じような施設が作られた結果、稼働率が低く採算倒れとなった地域がある。自治体間の連携が十分に採られていないのである。このため、中山間地域等直接支払制度で強調された地方裁量主義、集落裁量主義というボトム・アップの思想を最大限尊重しながら、これに市町村内の集落間や旧村間の調整、市町村間の調整という面的な調整を加えていくことが中山間地域等対策を整合的・効果的に実施するために重要な課題である。

　さらに、集落等からボトム・アップで出されてきた提案を基に、既存の事業を適宜見直していくとともに、国レベルにおいても、各種事業の総合性・整合性を確保する観点から、事業間の連携強化や事業の大括り化等を図っていくことも必要である。

2．中山間地域等の総合振興対策

(1) 地域特性に応じた合理的な地域区分

　都道府県単位で広域的に中山間地域等を振興していくためには、各市町村の自然的・経済的・社会的条件、人的・物的・自然的資源の賦存状況やこれまでの地域振興対策への取組状況等の地域特性を踏まえ、課題を共有する地域を区分し、設定する（1～数市町村）とともに、当該地域と周辺地域との整合性のとれた対策を実施することが重要である。ある地域に神社仏閣が多いのであれば、そのような文化的資源に着目し、その地域をまとめて振興しようという考え方である。

(2) 地域特性に応じた目標の設定及び地域別振興アクションプランの策定

　都道府県は、今後、概ね5年間にわたり取り組むべき「農林水産業その他の産業の振興」、「生活基盤の総合的整備」及び「快適性の向上・多面的機能の維持・増進による定住・交流環境の改善」について、集落、旧村や市町村から出された主体的・積極的な意見、地域内の補完性や各種事業の効果の相乗性も考慮しながら、地域全体についての具体的な目標（必要に応じて当該地域内のより狭い地域についての目標を含む。）を設定し、その実現に向けて地域資源や施策の集中を図ることとする。

　さらに、都道府県は、本対策に取り組む体制が整備されていると判断する地域から順次、当該地域に係る市町村と連携し、目標の実現に必要な各種中山間地域等関係事業（基幹事業及び関連事業）を選択し、これらを総合的・計画的に実施することを内容とする地域別振興アクションプランを策定する。

　基幹事業とは、
① 中山間地域等を対象地域とする事業
② 中山間地域等が事業実施地域の相当部分となることが想定される事業
③ 中山間地域等に対して優遇措置を行っている事業

であって、地域別振興アクションプランの推進目標を効果的・効率的に実現するために必要な事業である。国の直轄事業及び補助事業並びに地方単独事業であり、ハード事業のほか、ソフト事業を含むものとする。

　関連事業とは、地域振興を図るために、基幹事業と連携して実施するその他の事業である。

　本対策においては、事業間の連携強化を図ることが重要である。例えば、中山間地域総合整備事業においては、生産基盤及び生活環境の整備しかできないが、

この事業の共同減歩により生じた用地を活用して、山村振興事業により加工施設の整備を行うことなどが考えられる。

地域別振興アクションプランは、概ね5年後を目標として、次の事項を記載する。

① 基本的な考え方
地域の抱える課題と課題への対応方向
② 課題に応じて選定する対策推進目標、当該推進目標を達成するのに必要な具体的推進方法（関係市町村及び農林業業者等の具体的取組）（参考1）
③ 地域別目標指標（参考2）
対策の実施により達成すべき具体的な目標数値を設定
④ 対策を推進するための事業実施計画
地域の課題を解決するために選択した基幹事業及び関連事業の実施内容

（参考1）

対策推進目標	対策推進方法
1　農林水産業その他の産業の振興	1　農林漁業の生産性の向上 2　高収益・高付加価値型農林水産業の推進 3　農林水産業関連産業の振興 4　生産基盤の整備（農林水産業、工業、観光業等） 5　交流人口の拡大
2　生活基盤の総合的整備	1　生活基盤の整備（アクセス条件の改善、情報・通信、営農飲雑用水、汚水処理施設等の整備） 2　高齢者・女性対策の推進
3　快適性の向上・多面的（公益的）機能の維持・増進による定住・交流環境の改善	1　快適性の向上（伝統的家屋の利用、伝統文化等の継承、ビオトープ整備等） 2　多面的（公益的）機能の維持・増進（農地の保全、森林の整備） 3　交流施設の整備（保健・文化・教育的利用環境の整備・保全、交流ネットワークの整備）

（参考2）

地域別目標指標	
1　就業人口 2　ＩＪＵターン等新規流入者数 3　交流人口数 4　活性化人口（定住人口＋交流人口） 5　総農林漁家数 6　総生産額 7　農林漁業粗生産額	8　農林水産業関連事業所数 9　耕作放棄率 10　ホームヘルパー数 ※対策推進目標と対策推進方法に応じて指標を選択する。 （地域の実情を踏まえて、指標の追加選択を認める。）

(3) 対策の推進
　ア　市町村の推進体制
　　　市町村は、各集落や旧村等からの意見の掘り起こし、集落間や旧村間の意見調整を行う。
　　　また、市町村は、関係市町村や都道府県との連携の強化を図るとともに、事業を円滑に実施するため、必要に応じてＪＡや民間企業等からの参画を求める等多様な人材を活用し、市町村別推進体制の整備を図る。
　イ　都道府県の推進体制
　　　都道府県は、
　　①　地域別振興アクションプランや事業効果の評価等について意見を聴くための中立的な第三者機関の設置
　　②　本庁内の関係部局の連携を強化する体制、出先機関と管下市町村との連携を強化する地域別推進体制の整備
　　③　プラン目標の達成に向けた適切な事業執行による事業効果の早期発現を図るため、市町村と連携して同プランに基づく事業の計画的実施、進行管理等により、対策を推進する。
　　　特に、地域別振興アクションプランの策定は、本対策に取り組む体制が整備されている地域から順に、出先機関と関係市町村との連携による地域別推進体制を整備し、集落及び旧村等からの意見を集約した関係市町村との調整の上、第三者機関の意見を聞いて実施する。
　　　すなわち、当該都道府県の中山間地域全てについて一気にアクションプランを作るのではなく、できるところからやっていこうとしたのである。一度に作ると内容のない計画が作成されるおそれもあったからである。
　ウ　国による対策の推進
　　　国は、各都道府県から地域別振興アクションプランの提出を受けた場合には、第三者機関の意見を聴いた上、次の要件を満たしているときは、認定する。
　　①　国の振興方針に即していること
　　②　地域区分が合理的であり、基幹事業及び関連事業の事業間の整合性・効率性が図られていること
　　③　地域資源を適切に活用していること
　　④　都道府県及び市町村の推進体制が整備されていること
　　　国は、本方針に即したものとして認定した地域別振興アクションプランに位

置づけられた基幹事業については、各事業毎に定められた事業実施手続に従い採択要件への合致等その妥当性が確認された場合には、予算の範囲内においてその優先的な採択及び計画的実施に配慮する。

　また、地域の創意工夫を活かした主体的な取組を促進するため、各地方農政局等の推薦により、優れた地域別振興アクションプランを策定した都道府県、優れた事業効果をあげた地域、独自の発想や取組により優れたまちおこし等を行っている市町村等について、第三者機関の評価を踏まえ、農林水産大臣賞等として表彰し、広く紹介していく。これが積み重ねられることにより、"中山間地域等総合振興対策の知恵袋"として機能することを期待している。

中山間地域等総合振興対策の仕組み

国

中立的第三者機関
・対策の実施に関する方針策定等

中山間地域等総合振興対策要綱の制定
○支援体制の整備
○事業間連携・計画的事業実施への支援

○国・県・市町村の推進体制
○地域別振興アクションプランに関する規定

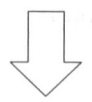

都道府県

中立的第三者機関
・地域別振興アクションプラン策定等

中山間地域の合理的な地域区分
地域別振興アクションプラン（1～数市町村）の策定
事業の進行管理
○他地域との有機的連携
○周辺地域との調整・整合性の確保
○市町村との連携による地域別推進組織の整備

○地域設定
○対策の方向
○地域毎の目標の設定
○事業名・事業の内容

市町村等

事業の総合的・計画的実施
○都道府県との連携による地域別推進組織の整備
○市町村別推進組織の整備（集落間、旧村間の意見調整）
○地域目標の周知・徹底

都道府県レベルで調和のとれた中山間地域の振興

3．第3セクター支援の必要性

ここで、第3セクター支援の必要性について触れたい。

中山間地域の市町村の財政力は悪化しているにもかかわらず、市町村による第3セクターの設立が増加し、市町村の出資比率も年々増加している。

（表6－1）中山間地域の市町村の財政力の状況

	全国		中山間地域	
	元年度	10年度	元年度	10年度
公債費負担比率	13.4	16.5	15.4	18.4
財政力指数	0.43	0.42	0.30	0.21

資料：「市町村別決算状況調べ」（自治省）

（表6－2）市町村農業公社の設立数と市町村出資比率

（単位：千円、％）

	設立数	総出資額	市町村出資率(平均)	市町村出資率分布 70％以上
昭和48年度以前	8	114,910	51	37.5
昭和49～53年度	10	1,266,780	92	50.0
昭和54～58年度	5	188,000	38	20.0
昭和59～63年度	13	342,650	57	46.2
平成元～5年度	41	2,729,340	76	65.9
平成6～10年度	109	5,349,090	79	77.9

しかも、第3セクターによる農作業受託面積は顕著に増加している。

（表6－3）市町村農業公社の農作業受託面積の状況

	平成9年度	平成10年度	平成11年度
事業実施公社の受託面積合計	1,284ha	3,300ha	4,812ha

注：農林水産省中山間地域農地保全支援事業を実施している44法人の実績値である。

また、直接支払い類似の地方単独事業も鳥取県、高知県では基本的には、第3セクターを対象として実施されてきている。

各地における第3セクター設立の動きは、高齢単一世代化が進行する中では集落に基幹的オペレーターが不足し、また、認定農業者等の担い手がいたとしても条件

の不利な農地は引き受けたがらないという状況の下で現場の自治体が農地の最後の受け皿としての第3セクターによる直接耕作が必要であると認識したことによるものである。

　しかし、このようにして出現してきた第3セクターも次のような事情から経営負担が増加していくため、第3セクターのみによって農地を維持・管理することに限界が生じてきている。

　ア　中山間地域では平場に比べ早い段階で平均費用曲線が上昇に転ずる。
　イ　公的性格から条件不利農地も引き受けざるをえない。
　ウ　出し手の農地が点在することにより、必然的に分散錯圃とならざるをえない。
　エ　稲作の受託に対してオペレーターを増員させることとなれば、農閑期において労働力を遊休化させることになるので、労働コストは増加する。

　すなわち、第3セクターは最後の受け皿とはなりえないのである。このため、新潟県が平成4年度から「地域農業担い手公社支援事業」を実施しているように、第3セクターに農地の直接耕作を行わせる一方で第3セクターを通じた担い手育成が必要となっている。

　直接支払いは第3セクターに対して従来助成対象ではなかった運転コストについて事実上助成する途を開くこととなった。しかし、これによっても上記の第3セクターの経営問題は十分には解決できないのであり、担い手育成型(インキュベーター型)の第3セクターを本格的に支援する必要性が高まっている。

第7章　中山間地域等直接支払制度の評価、実践、展望

1．評価

　「日本型」直接支払制度のコアは集落である。ヨーロッパに比べ農場規模の小さい我が国において個々の農業者に対して直接支払いを交付することとなれば、一筆毎に農地の管理協定が必要となるなど行政コストが膨大となること、従来補助事業が複数人の共同行為に対するものであったことが集落に対する交付という行政手法を採ることとした背景にある。しかし、それ以上に、中山間地域等で営農活動を定着化させ、耕作放棄を防止するという直接支払いの目的を達成するためには、集落の持つ諸機能を活用する集落協定による対応が有効と考えた。その際、構成員の役割分担やこれに対する正当な報酬の分配等が明確化された協定が作られなければ、リーダーへの負担増から集落営農は長続きしない。このため、直接支払いの受給条件として役割分担を明確にした集落協定の締結を要求することとした。また、直接支払い額の半分以上を集落の共同取組活動に充てるよう指導することにより集落機能の強化を期待した。

　検討会の委員として参加した小田切東京大学助教授は本制度の特徴を次のようにまとめている。

「直接支払い制度は、たとえば支払い額上限の設定に見られるようにＷＴＯ農業協定との整合性を取ることを一応の前提としている。しかし、当然のことながら、日本の中山間地域を中心とする条件不利地域の現実に適用するために、先行したＥＵのそれとは異なる「日本型」としての特徴を持っている。それは、少なくとも次の3点に集約できる。

　第1の特徴は、この直接支払い制度が、集落協定の締結を支払いの条件とし、また助成金の一部の集落段階でのプール使用を求めているように、制度設計・運営上において、集落を強く意識している点である。地域実態によっては、集落協定によらない柔軟性は保証されているものの、対象地域の指定単位、対象行為の単位、支払い単位等の各面において、集落が重視されていることは間違いない。つまり、制度設計に「集落重点主義」が貫かれている。

　第2は、本政策が助成対象の農業生産者の選別に対して、否定的な点である。集落単位の合意形成が基本である限り、零細農家を助成対象から排除することは困難

だからである。そして、これは、対象農家の経営耕地面積の下限が定められているEUの条件不利地域直接支払い制度とは対照的であり、日本独自の「農家非選別主義」と言えよう。

なお、この点の持つ中山間地域政策上の意義は小さくない。なぜならば、本政策が登場することにより、中山間地域の担い手は、現に農業生産にかかわるすべての農業者であるとの立場が、農政の立場からも明らかにされたからである。担い手像について、中山間地域独自のものが構築されつつあると言ってよいであろう。それは従来の中山間地域政策が一貫して、拒否していたところでもあった。

第3は、地方自治体の裁量や主体的判断が、制度的に重視されている点であり、「地方裁量主義」と表現できる。市町村長による判断は対象地域や対象行為など本制度の基幹的要素のほぼ全般に及んでいる。これはいうまでもなく、中山間地域の多様性を踏まえて、地域条件に応じた制度の弾力性を確保するための措置であり、あまねく中山間地域政策が基本的に備えるべきものである。」

「以上の直接支払い制度の検討からも明らかとなったことであるが、直接支払い制度は、本来は平地地域と比較した、中山間地域における農業生産の条件不利性の補償を目的としているものの、集落協定および助成金の集落段階でのプール活用を重視する現実の運用方法は、集落（ないしはそれを超える地域組織）の活性化のためのひとつの手段として、位置づけられるものである。

そうであれば、地域社会の活性化の目的を明確化した、総合的な政策体系の構築こそが、いまこそ必要となろう。つまり先に指摘した二つの政策課題（定住対策と条件不利対策）の一体化が、直接支払い制度の導入、集落協定の構築を契機として、従来以上に求められているのである。

そして、それを政策サイドから表現すれば、「総合的中山間地域政策」となり、省庁の枠を越えた「総合計画」の方向性を示す立場にある5全総の内容が、改めて注目されるところである。

「集落移転」という意味ではない集落（システム）再編の検討は、中長期的には検討素材となろう。ただし、先の直接支払い制度の集落協定がそうであるように、こうした方向を考えるにあたっても、さしあたり集落単位での取組みから着手せざるを得ない。なぜならば、「そこに住む価値」、「誇り」という定住の基本的要素が埋め込まれた地域社会の新たなシステム自体は、外から持ち込むことはできないからである。集落（システム）の再編は従来の基礎的地縁集団である集落が主体的にかかわって、新たに産み出すものであろう。

つまり、この点では、中山間地域等直接支払い制度における集落協定を入口とし、多自然居住地域政策が本来理念として持つ、中山間地域における新たな社会システムの構築を出口とする議論の活発化が望まれるのである。

　両者のこうした関係の自覚は、政策サイドにおいても、今始まったばかりであろう。したがって、中央省庁改革により、「農山漁村及び中山間地域等の振興に関する総合的な政策の企画及び立案並びに推進に関すること」（改正農林水産省設置法－1997年7月）との役割が明示された新農林水産省の役割は、著しく重い。」
（『農業土木学会誌』第68巻第8号）

　同じく佐伯尚美東京大学名誉教授は制度の特徴として集落重点主義、農家非選別主義、対象事業の非限定性、地方裁量主義、単年度予算主義からの脱却（基金方式）の5つを挙げている（月刊『NOSAI』2001年5月）。

　また、生源寺東京大学教授は集落協定の持つ意義について次のように述べている。

　「ところで、いま引用した対象行為に関する規定には、日本型直接支払い制度のキーワードといってよい言葉が含まれている。それは集落であり、集落協定である。とくに注目されてよいのは、直接支払制度検討会の報告が、集落協定に盛り込むべき内容として、耕作放棄の防止に関わる集落構成員の役割分担や、役割分担を前提とした直接支払い額の配分方法を掲げた点である。

　さらに、集落の機能を重視している点にも関連するのであるが、支払いの対象として小規模農家を除外する措置がとられていないことが重要である。

　一枚一枚の圃場の生産条件の水準は、地域の他の圃場の生産条件にも依存する。この意味において、集落型農業とは圃場間の相互依存ネットワークのもとに営まれる農業にほかならない。こうした構造的な特質のもとでは、たとえ零細な農家によって耕作されている圃場であっても、これを良好な条件に維持しておくことの意味は大きい。つまり、耕作されていないままの状態に放置されるならば、周辺の圃場の生産条件の劣化を招いて、さらなる耕作放棄を引き起こす可能性が高いのである。二次的な耕作放棄である。だからこそ、日本型直接支払い制度は、小規模な農家の圃場をも対象としてカバーできるように設計されたといってよい。いわば、相互依存のネットワークのほころびを未然に防止するところに、直接支払いのねらいがある。集落の活動を強調する姿勢は、農地の面的・一体的な保全の重要性に根ざしているのである。EUの条件不利地域政策に触発されて生まれたわが国の直接支払い制度であるが、その方法は本家のそれとは相当に異なったものとなった。けれども、これはむしろ当然であるというべきである。いま述べたような農業生産の基本構造

がある以上、一方で国際的にも通用する合理性に留意しながら、他方では日本農業の特質を踏まえた制度設計であることが求められるからである。こうした政策立案の基本理念に照らしてみるならば、今回の直接支払い制度は、このふたつの要請を強く意識して練り上げられたものとして、評価されてしかるべきである。」(生源寺『農政大改革』P.175～179)

柏茨城大学助教授は、イギリスにおける新しい条件不利地域対策の展開を踏まえ、総合的な中山間地域対策の必要性を次のように指摘している。

「EUあるいはイギリスにおける条件不利地域政策の新たな展開様態を述べてきた。そこでは従来の直接支払制度の一定の限界とともに、今後はそれと併進すべきと位置付けられている新たな統合的農村政策の意義が示された。わが国の中山間地域再生を展望する上で看過できない重要な問題は、より一層強化された直接支払の導入を可能とするような財政措置の要請のみに止まってはならぬことである。そうした本格的財政措置をベースとして、地域農林業とリンクした内発的経済発展と新たな資源管理システム構築とを、地域社会の主体的参画を引出しながら現場で実現していくための地域マネジメント主体をいかに形成するかに十分留意していく必要がある。集落社会の活力衰退と旧来の資源管理システムの解体とが進行しているわが国中山間地域においては、農業あるいは資源管理といった単一目的の振興施策ではなく、地域における環境、経済、社会の諸領域を統合した戦略的アプローチこそが求められている。」(「イギリス条件不利地域政策の展開と我が国中山間地域政策」(農林統計調査論文2000年10月))

2．実践

制度実施初年度である12年度においては、対象農地のある2,158市町村の8割に当たる1,690市町村において、26,022の集落協定、588の個別協定が結ばれ、協定面積は対象可能面積の約7割に相当する56万7千haとなった。

既に述べたとおり、地方裁量主義と評価された本制度の実施は、皮肉にも自治体の取組姿勢の差を際だたせることとなった。都道府県レベルでは、100％近い実施率となった県の隣で5割にも満たない県がみられ、市町村においても同様であった。

このような状況の中で全国レベルでの取組みの底上げを図るため、1月のブロック別会議に引き続き、7月、9月に各地域での疑問点、問題点に直接その場で解決策を提示するため、ブロック別会議を連続して開いた。

我々が集落協定の締結を促進しようと働きかけたのは次のような趣旨からであ

る。

「今回の中山間地域等直接支払制度は、単に農政史上初めての手法を導入したということにとどまらず、新しいタイプの集落営農の推進を通じて中山間地域等の農業の振興を図ることを意図したものである。

起伏の多い中山間地域等において耕作放棄を防止するためには、集団で農用地を管理することが必要であるが、従来の役割分担の明らかでない集落営農では特定のリーダーに負担がかかり、失敗に終わる例が多かった。このため、中山間地域等直接支払制度においては、構成員の役割分担を明確にした集落協定を締結し、新しい集落営農の推進を目指しているところである。

しかしながら、全国的には既に集落営農が極めて高度な水準まで達している集落がある一方で、集落機能を必ずしも生かし切れていない集落もみられる。したがって、このような地域において集落営農を発展させていくためには、はじめから高度な内容の集落協定の締結を期待するのではなく、まずは、構成員の役割分担、集落の話し合い機能の強化や共同取組活動等について最小限の内容を規定した集落協定を締結することが有効である。

このように、全国的に中山間地域等の振興を図るためには、地域の特性に応じた集落協定を締結する必要があり、事業実施初年度において極力多くの地域で集落協定が締結されることが重要である。」(平成12年9月29日農林水産省構造改善局長通知 (12構改B第961号))

端的にいえば、大学レベルの集落もある一方で、そうでないレベルの集落もあるのであり、まだレベルの低い集落もまずは協定を結び、小学校に入学してもらわないとレベルを高めることはできないということである。このため、できる限り多くの地域で協定の締結を呼びかけたのである。通常は補助金申請を査定する立場にある農林水産省が交付金のより多くの使用を働きかけたという点でも農政史上稀な例だろう。

また、地方では小田切助教授と山口県による集落協定の知恵袋運動が展開され、山口県のホームページには8月末以来7ヶ月間に延べ6,716人から延べ54,462回のアクセスがなされた。全国の自治体関係者間の意見交換による草の根ネットワークが広がりをみせつつある。農林水産省においてもホームページにおいて『地域の知恵が活きている取組・推進事例』を収集し、全国に紹介することとした。

私が訪れた鹿児島県の集落では、リーダーの方が「この制度を利用して損になるということはありません。この制度のポイントは集落の農地を荒廃させないという

ことです。」と本質をついた説明をされていたのが印象に残った。

　以下では各地において出された問題点に対して私が示した解決策と山口県等の各地における先進事例を「集落協定の知恵袋」及び「地域の知恵が活きている取組・推進事例」から紹介することとしたい。

　「集落協定の知恵袋」が紹介したように耕作放棄対策としての保険方式など霞ヶ関にいる制度の設計者の考えもしなかった知恵が地域から湧き出している。このような地域の活動を頼もしく思うとともに、知恵袋の運動の輪がさらに広がり、全国の中山間地域が活性化することを期待するものである。

　まず、各論に入る前に、大分県竹田市九重野地区及び新潟県高柳町における取組みと評価を小田切論文（農業土木学会誌第68巻第8号）から紹介することとしたい。

　「(1)　事例1：大分県竹田市　大分県竹田市のA地区（大字）では、地域内の7集落が一体化した地域農業の再編が試みられている。それらは「谷ごと農場」と称されており、最終的には集落を超えた地区単位での土地利用調整による一体的・団地的土地利用、そして集落農業法人の設立による担い手の育成を目指している。そうした一連の取組みの中で、集落協定づくりもこの地区を1つの「集落」とする話し合いが始まっている。地域条件から地域内の全農地（約100ha）が急傾斜水田となり、その支払い額は年間2,000万円以上、5年間では1億円を超えることも予想されている。そして、その配分は、支払い金の3分の1を対象者（農地耕作者・管理者）に、2分の1は地区で「共益金」としてプールすることとなっており、制度が求める割合よりも地域内でプールする割合を高くしている点に特徴がある（表7－1）。また、その使途は、地域農業の企画、遂行やその合意形成をサポートする地域マネージャーの人件費としての利用をはじめとして、既に設立された受託組合の農業機械購入や労賃、農産加工所の建設資金の一部、あるいは都市住民との交流事業等のために活用することが話し合われている。

（表7－1）　大分県竹田市A地区における集落協定実施プラン

収入	支出	
直接支払助成金　21,000,000円 （100ha×2.1万円）	直接交付金　7,000,000円 （助成金の1/3）	耕地・農地管理者への交付金　7,000,000円 （10a当たり7,000円）
	共益金　14,000,000円 （助成金の2/3）	事務局費　1,500,000円 ①人件費（事務局長手当）　500,000円 ②報償費（推進委員手当－10人）　500,000円 ③事務費（一般事務費）　500,000円 事業費　12,500,000円

		①耕作放棄解消事業	600,000円
		②農道補修事業費	600,000円
		③水路維持改修事業	600,000円
		④受託組合育成事業	5,000,000円
		⑤農産加工所建設及び機械一部負担金助成	5,000,000円
		⑥グリーンツーリズム事業	500,000円
		⑦その他事業	200,000円
	合　計		21,000,000円

資料：竹田市Ａ地区「集落協定説明会資料」（2000年2月）による。

（2）事例2：新潟県高柳町「じょんのびの里」の取組みで著名な新潟県高柳町では、地域の活性化の諸方策は、集落単位を基礎単位として取組み、そこに集落の特徴と独自性が溢れるものとすることが追求されてきた。たとえば、荻の島集落では、かやぶき家と「環状集落」という地域資源を核に、集落メンバーが主体となって都市住民との交流活動を推し進めている。

こうした活性化原則を踏まえ、町では、集落協定づくりについても、集落の独自の活動を推進するものとして位置づけ、集落単位でのプール金の活用案づくりのために、特に支援体制を強めている。他方で、対象集落と連坦し、また水系としても一体的な非対象集落までも含めた対応も、地域農業の面的維持のためには不可欠であることから、助成金は、個人にその3割を配分し、集落に4割、そして「集落間」（非対象集落も含めた水利上の連坦性がある数集落の集まり－この結合を「集落間協定」と呼んでいる）に3割を配分することとしている。

これらの使途については、集落や「集落間」で特色のあるものが予想されるが、共通して自力土地改良である「手作り基盤整備」への利用（ブルドーザー等の利用料やオペレーター賃金）が期待されている。

以上の試みは、現在進行中のものであり、流動的な要素もある。しかし、こうした地域の試みは、本制度のあるべき位置や姿を示唆しているように思われる。2点ほど指摘しておきたい。

第1に、この二つの事例は、その背後には、従来からの地域の活性化へ向けた積極的な取組みとそのための話合いが、確かに存在している点で共通している。ここでは、直接支払い制度は、個別の生産者における農業生産の条件不利性の補償に加えて、地域活性化やその基礎となる農業再編の「手段」としての位置づけが与えられている。つまり、「助成金をもらうための集落協定」ではなく、「地域社会・農業活性化を実現するための集落協定」、そして「集落協定内容を実現するための助成

金」との認識の重要性を再確認させてくれる。

　第2に、より具体的な論点であるが、次の点も示唆的である。面積単位の支払いであるこの制度では、当然のことではあるが、協定上の農地総面積に比例して助成金総額も増大することである。そのため対象農地が100 haを超える先の竹田市A地区では、先述のような巨額な「共益金」の造成が可能となっている。そして、こうした水準の「共益金」の有効な活用をめぐり、いままでにない活発な議論が、地域内で交わされている点も見逃せない。それは、助成金の総額が、山村再生の「ロマン」を語るに値するものだったからであろう。

　それに対して、中山間地集落の農地規模は、一般に零細であり、集落当たりの支払い総額やそれによる集落プール金も多くは望めない。特に、それは西日本で顕著であり、たとえば四国山間地域では、1集落当たりの農地面積は9 haにすぎず、山間地域といえども28 haの農地を持つ東北とは対照的である（1990年時点）。したがって、「規模のメリット」を実現するための集落規模を超えた取組みは、少なくない地域で追求すべき課題であろう。高柳町の「集落間協定」も、集落単位での独自性や主体性と助成金に係わる「規模のメリット」を両立させるための創意とも理解できる。」

　残念ながら高柳町は未だ訪問していないのでコメントはできないが、竹田市の取組みは大分県庁地方振興局の担当者、竹田市の担当者及び九重野地区のリーダーの方々による秀作である。彼らから「1年間で2,100万円、5年間トータルだと1億円強となる。ふるさと創生資金は市に1億円きたが、今度は集落に1億円くる。」と聞いたときは、目からウロコが落ちる思いがした。我々は5年間トータルで考えるという発想を持っていなかったからである。以来、各地のブロック会議で「直接支払いは単年度ごとに使うのではなく、例えば5年間、あるいは5年を超える7年間の基金として積み立て、農産物加工施設の設置などにまとめて使ってもよいか。」という質問に対して、「使い方は全く自由です。むしろまとめて使っていただいた方が集落にとって有効なのではないか。」と答えさせていただいた。小田切論文の第2のコメントにさらに追加するならば、面積を広くまとめるとともに、期間をもまとめることにより、より大きな額を有効に活用することが可能となる点である。

　小田切論文の第1のポイントもそのとおりである。例えば、島根県では13年度において対象可能農地の9割強、島根県内全農地の3分の1が直接支払い対象農地となる見込みである。このような島根県の状況は同県が集落営農に長年熱心に取り組んできており、全国で最も多い特定農業法人を有することと無縁ではない。

(1) 推進体制
ア　都道府県及び市町村の取組み

　　都道府県のみならず集落と直接接する市町村の担当者の取組みが極めて重要である。しかし、ある県では12年度が始まる前の12年２～３月の段階で３分の１の市町村が直接支払いの前提となる市町村基本方針を作成しない、あるいは12年度の実施はあきらめ13年度から実施すると聞いたときはびっくりしてしまった。
　　次はこれに対する私の解答である。
　　（対象農用地を有する市町村における基本方針策定の必要性）
① 　中山間地域等直接支払交付金は、国の事業として予算化されたものであり、平成12年度に集落からの要望があるにも拘わらず、市町村の判断でその実施を見送る（市町村基本方針を策定しない）ことは、国民として直接支払いを受ける権利を否定することとなり、制度上認められない。
② 　対象市町村においては、制度の普及・啓発に努めるとともに、協定締結希望集落の協定の指針となる市町村基本方針を策定する必要がある。
　　（集落からの要望等を踏まえての対応）
① 　集落の取組みが低調な場合等は、集落の話し合いを促進する手だてを講ずるとともに、市町村基本方針を策定して行政としての姿勢を示すことも大事である。
② 　協定期間の５年間の行為に自信が持てない等から集落の取組みが低調なことについては、高齢化に伴う農業生産活動の脆弱化による直接支払いの返還という事態はないように手当てしている。
　　仮にこのような措置にも拘わらず、返還を求められる事態が生じたとしても、返還を求められるのは既に受け取った額のみであり、これ以上の負担を求めるものではない。
　　以上を踏まえ、積極的に集落協定が締結されるよう指導されたい。
③ 　現在、集落の取組みが低調であっても、平成13年度以降に取組意欲を示した場合の対応や市町村基本方針策定自体が該当集落の取組意欲を刺激する場合もあることから、対象集落の現在の状況に拘わらず、市町村基本方針を策定することが重要である。
　　全国では、次のように優れた推進事例がみられる。
▶事例１　山口県Ａ町の事例－全農業関連組織による推進チーム体制－

中山間地域等直接支払制度の「ねらい」や「しくみ」を集落に徹底し、制度を活用した集落活性化を図るため、136集落を担当するチームを関係機関により13班編制し（1班3名編成：町役場、農協支所、県農林事務所普及部（農業改良普及センター）、農業委員会、町第3セクター職員混合チーム）、「集落ローリング」を展開中。また、地区説明においては、地元農業委員、農協理事、土地改良区役員が同席している。

関係機関相互の意志疎通を円滑にし、かつ、各集落の反応や制度推進に関する情報の一元化を図るため、関係機関共通の活動記録様式「中山間地域等直接支払制度集落集会等活動記録」を作成し、集会に参加した推進チーム員が、「協議結果」や「残された課題」等を記入することとしている。また、記入後の「記録」は相互にFAX送信する等により、情報の共有化を行っている。また集会を通じて得た集落の特徴を「集落活動状況確認表」に蓄積し、集落協定内容の実現を支援する際の参考資料として活用することを目指している。

▶事例2　山口県Y市の事例－集落からの推進活動－

Y市は、直接支払制度を「構造施策」「担い手施策」「地域施策」等の関連を重視して推進、また、農業委員会、農協等の組織と協議を密にして推進に当たっている。特に、集落協定の推進に関しては、旧村を基本とする単位（地区）において、農業委員、土地改良区役員、各地区農業管理センター（各農協支所）、生産調整地区委員等で委員会を構成し、この委員会が制度の説明や取りまとめを行う体制を組織しているが、集落と各地区委員会をつなぐキーパーソンを「学識経験者」として1〜2集落から1名推薦してもらい、委員会への参画を求め地元の意向を反映した制度推進を図っている。

▶事例3　山口県A町の事例－役場全職員への説明会の開催－

A町では、「町役場職員も集落に帰れば、集落の一員である」ことから、職員が中心的役割を果たすことが期待されている。そのため、既に本年5月には町役場の全職員を対象にした独自の説明会を開催した。

▶事例4　山口県I農林事務所の事例－「寸劇」ビデオによる制度の普及啓発－

山口県I農林事務所普及部（I農業改良普及センター）では、直接支払制度や水田農業経営確立対策等新たな農政施策を地域で役立ててもらう気運を醸成するために、地区集会の席で、職員による制度を活用した地域活性化の取組みについての「寸劇」を作成し披露するとともに、その様子をビデオに

収め、他地区への普及推進にも活用している。

▶事例5　山形県Y町の事例－業務推進員・協力員の配置－

　　直接支払いの「ねらい」や「しくみ」を集落に徹底し、制度を活用した集落活性化を図るため、町長名で集落内の農業委員、町議会議員、農事実行組合長、集落役員に業務推進員としての委嘱状を交付した。なお、推進員についての報酬等はないものの集落協定毎に3万円を補助することとしている。

　　また、町は、農業振興地域内農用地の田畑1筆毎に色分けを行い、かつ1ha以上の団地化を設定しながら、その団地内に協力員1～2名（土地精通者）を配置している。

　　業務推進員と協力員は、所有者及び耕作者を独自に招集し、説明会を開催しながら取りまとめ作業等を行っている。

▶事例6　京都府の事例－集落営農と集落協定の取組み－

　　京都府では1集落当たりの農地面積が小さいことから、数集落単位（小学校、農協の旧支所の範囲程度）に、地域農業の仕組みづくりを進めている。この取組と集落協定とを少しでもリンクしたいと考え、市町村等へ提案してきた。

　　大部分は集落単位での集落協定であるが、いくつかの市町村、地域で集落の範囲を越えての集落協定が締結でき、またできる見通しである。

　　平成13年の2月には、集落協定の締結とその実践を通じて、集落機能の強化を目指して、農家のリーダーと一緒に先進的な集落協定の取組みについての研究会を開催する予定である。

イ　農業団体等の支援

　　構造改善局長名で全国農協中央会長及び全国農業会議所会長にあて農業団体による積極的取組みを喚起するための文書を発出するとともに、農業協同組合等の取組みについて次のように指導した。直接支払制度は農業団体の事業拡大に資するところが少ないため、一般的には農業団体はこの制度に冷淡であり、直接的なかかわり合いを持ちたがらないという指摘がある。しかし、直接支払いが推進しようとしている集落営農は従来農協系統が推進しようとした「営農団地」に他ならないと思われた。島根県の取組状況が高い水準にあることは、県中央会をはじめとする農協系統等が集落営農に熱心であることも大きな要因であろう。

①　将来にわたって農業生産活動を維持し、多面的機能の確保を図っていくた

めには、集落営農の確立が重要である。このため、地域の農業組織の中核である農業協同組合は、集落協定の締結や協定集落の農業生産活動に積極的に関わるべきと考えている。

② 具体的な取組みとしては、例えば、

　　ア　協定集落に交付される交付金のいわゆる指定金融機関としての業務、これを通じた協定集落の会計処理の支援。

　　イ　先進地視察や担い手研修の企画、実施の支援。これを通じた戦略作物の導入や作付け指導。販売促進のためのイベントの企画、実施の支援。

　　ウ　関係集落協議会の結成等を支援し、広域的な取組みによる特産品の産地形成。

　　エ　集落を越えた賃借権の設定や受委託のあっせん等

このような取組みの費用については、集落との相談により、集落に交付された交付金から支払いを受けることも可能である。

農業団体の中にも次のような事例がみられた。

▶事例1　秋田県H町の事例

　　H町は、農地が点在し小規模経営農家が大半であることから、町をあげての営農活動とすべく、農協が中心となって町全体で1つの集落協定の締結を推進している。また、交付金の管理は農協へ委託し、農協職員が担当することとし、協定参加者の負担軽減を図っている。

▶事例2　山口県A町

　　集落協定に係る事務（総括会計事務、申請・報告事務）については、土地改良区（今後、協議会を設立し協議会事務局となる予定）が代行する。その際、共同活動費の一部を事務代行経費として徴収する予定。その水準は、助成金総額の約2％と現在のところ話しあっている。

ウ　集落のリーダーの不在

以下の問題に対しては次のように答えた。

【問】　地域を取りまとめるリーダーがいないため集落協定の締結が難しい。

【答】　（直接支払いの位置づけ）

　　①　直接支払いは、その推進を通じて地域リーダーが育成されることを期待している制度である。（最初からリーダーがいなくてもよい）

　　（リーダー不在の時の取組み）

　　①　しかしながら、リーダーが育成されるまでの期間あるいは集落協定の

締結に向けた話し合いを進めていくに当たっては、例えば次のような手段が考えられる。

　ア　直接支払いにおける集落は、社会通念上のものではなく営農上の集団としていることから、農協を集落とし、組合員を構成員とする集落協定を締結する。

　イ　第3セクターや農業協同組合、市町村の職員は、集落協定の締結に当たり、積極的に中心的な役割を果たす。

② このような場合、協定集落の経理等を農協職員が担当する場合は、その報酬を交付された交付金から支払うことができる。

【問】役員の期間が5年間と長いので、引き受ける人がいない。

【答】協定で、期間を2つに区分するなどして、輪番制でやるように書いてはどうか。

【問】交付金が多額なので、管理する人の責任が重く、担当する人がいない。

【答】集落の通帳の管理会計を、市町村、JA、改良区に頼んではどうか。これらの者が交付金の一部を集落の会計担当役員の報酬として受けることとなる。

これについても、次のような先進事例が見られる。

▶事例1　岩手県H市の事例－集落協定管理組合の設立－

H市H集落では、直接支払いの導入に当たって新たに集落協定管理組合を設立した。管理組合では、組合長、事務局、監事のほか、道路、水路、景観、営農それぞれの維持管理を担当する理事4名をおき、内規により作業賃金や機械損料、慰労費の使用基準等を定めたほか、集落内の景観整備の取組み等についても具体的に定め、組合をあげて農業生産活動を通じた農地の保全、景観の整備、生活環境の向上に取り組むこととしている。

検討会において、集落協定に基づく集落営農を推進するに当たり、リーダーに対する過剰な負担と正当な報酬がなかったことが、従来の集落営農の停滞を招いた原因ではないかという結論となった。

このため、集落協定においては、対象面積、構成員に加えて、役割分担と交付金の使用方法を明確に規定することとした。この事例はそのねらいを見事に実現している。

▶事例2　山口県M町のある集落の事例－役員の任期－

この町では、集落協定の締結に当たり、役員に集落代表・副代表・書記・

会計の4役を置き、任期を2年とすることとした。また、次期代表は何らかの役につき、継続性を確保することを徹底している。

▶事例3　山口県**A**町のある地域の事例－土地改良区単位－

　　土地改良区単位の協定締結を目指している。関係集落は16集落に及ぶが、協定の事務手続きや協定の管理に土地改良区が当該地域では最も適当と判断されたことによる。その際、共同活動費の一部を事務代行経費として徴収する。交付金の活用方法については、総額の2分の1は個別農家への配分、残り2分の1の共同活動費のうち、一部を事務代行経費及び水路、農道の維持・管理委託費（土地改良区）として使用し、残額を各集落への共同活動経費として配分する案で協議を行っている。なお、各集落の共同活動経費は属人主義での配分を検討中。

(2)　集落協定の範囲

　ア　対象農用地と非対象農用地が混在する集落等における対応

　　「集落内に対象農用地と非対象農用地（対象農業者と非対象農業者）があるため、集落内の調整に苦慮している」という問題については次のように答えた。

　（交付対象基準の考え方）

　①　中山間地域等直接支払交付金は、中山間地域内農地の農業生産条件の不利性を補正するために交付されるものであり、不利性のない農用地には交付されない。直接支払いによって、条件不利な農地とその他の農地との公平さが保たれることになる。

　②　本交付金は、広く国民の理解を得て実施する必要があることから、その交付基準は、明確かつ合理的・客観的である必要があることを理解されたい。

　（集落の対応方法）

　①　しかしながら、交付された交付金の配分、使用については、集落の裁量に委ねられている。したがって、非対象農用地に配分することも可能である。

　②　また、協定構成員が合意すれば交付金をどのように使用するかは自由であり、旧村単位の組織や市町村全体の組織にプールして使用することも差し支えない。

　　具体的には高柳町における取組みのほか、次のような事例がある。

▶事例1　山形県**A**村の推進方策

　　ある集落では、集落内の農用地のすべてが対象とはならないため、農業者間に不公平感が生じ集落内の不和が懸念された。このため、この集落では、

集落内の農道・水路等の維持管理は対象農地の有無にかかわらず集落内農業者全員で行っていることから、集落の農業者全員が集落協定に参加することとし、交付金全額を共同取組活動に充当することとしている。

イ 大きくまとめ「ロマン」を語ろう。

【問】 団地ごとに協定を結ぼうとすると、同一人が複数の協定を締結することとなり、大変である。

【答】 複数の団地で1協定も可能である。

なお、新潟県の高柳町では、非対象農地へも交付金を配分することとしており、このような考え方をすれば、さらに広いエリアをカバーした協定も可能である。

既に述べた大分県竹田市九重野地区以外にも旧町村単位、水系単位等で既存の集落を越えた広域的取組みがなされてきている。

▶事例1　山口県A町の事例－基本方針としての広域的対応－

A町内には136集落があり、町ではそのすべてを集落協定締結の対象とする方針を掲げている。しかし、「小さな集落単位ではこの制度は活きない」との町長の思いから、136の集落協定を作るのではなく、水系の一体性や出入り作の状況により、複数の集落単位での協定締結を原則として、26地区（1地区平均5.2集落）でのエリア設定を提案している。

▶事例2　山口県M村のある地域の事例－水利組合単位－

水利組合の管理範囲、農地の連担の状況等から3集落で一つ集落協定を締結する予定。これにより共同取組活動分の事業規模を拡大して、農地の有効利用、都市住民との交流事業等新たな地域づくりについて検討している。

▶事例3　岩手県M村のある地域の事例－集落一農場による取組－

M集落は、平成8年から実施されている県営ほ場整備事業をきっかけに3集落（行政集落）が1つになったもので、水稲の共同育苗、共同乾燥等を推進し、集落一農場による取組みを行っている。

集落協定の締結に当たっても、M集落とこの集落を母体としたM生産組合が一体的な取組みを行い、24団地・約70haを対象とした1つの集落協定を締結している。

また、交付金について、畦畔の草刈を確実に行った農業者に対して畦畔面積に応じて作業労賃として支払うこととしているほか、共同取組活動として、M集落で以前から取り組んでいた畦畔へのグランドカバープランツ（アジュ

ガ等）の植栽や、ブロックローテーションによる大規模な大豆の団地転作に対応した機械及び防除用のラジコンヘリの購入の経費に充当することとしている。

▶事例4　岩手県O市のある地域の事例－水系単位－

　H集落は、協定農用地面積が15 haと、農地が傾斜地に点在するO市にあって最も面積が大きい協定集落である。H集落は、農地が3団地に分かれていたことから、集落協定も団地毎に締結する予定であった。しかし、同一の水系、営農上の一体性、耕作者が一部重複していることなどから、3団地がまとまって1つの集落協定を締結し、地域ぐるみで農地保全を図ることとしている。

▶事例5　岩手県D町の事例－旧町村（農協支所）単位－

　D町では、対象農用地が約2,600 haあるが、旧町村単位（一部農協支所単位）に集落協定を締結することにより、町内の全ての対象農地を6つの集落協定でカバーしている。この広域的な集落設定により、旧来の集落を越えての農地の利用集積、有機栽培の導入等の集落営農を中心とした共同取組活動に取り組むこととしている。

▶事例6　秋田県F町の事例－集落機能を生かした協定締結－

　山林原野が93％を占めるF町では、山間地に点在する集落では適切な管理が行われない農地が増加しつつある。このため、水利掛かりや出入り作の状況などから複数の集落で1つの集落協定を締結しつつ、全町で6つの集落協定とし、集落を越える地域単位で農用地を管理することとしている。

▶事例7　福島県I村のある集落の事例－既存の組織を基礎とした合意形成－

　I村のある地域では、旧来の集落の構成員で組織された農事組合が主体となって転作の団地化、作業受委託、農道・水路の維持管理等の取組みを行ってきたことから、協定締結の単位を農事組合の範囲としている。地域内のほぼすべての農業者が協定に参加することにより長年培ってきた連帯感のもとに耕作放棄の防止と効率的農業の推進が期待される。

▶事例8　新潟県K町S地区の事例－広域的対応－

　この地区は、12集落からなり、町の面積の2分の1を占めているにもかかわらず、人口は約8分の1（1,100人）と過疎化、高齢化の進行が著しく、行政集落を基本とした協定締結による営農活動が困難な状況となっている。

　このため、12集落を4つの地域に分割し、それぞれの地域に営農組合を設

立して、地域内の高齢者等の継続した生産活動を支援するとともに、4つの営農組合からなる営農委員会に会計・経理等を行う職員を常駐させながら地区全体として多面的機能増進などの取組みを支援する体制を確立することとしている。

▶事例9　富山県K町O地区の事例－農地防災に向けた広域的な取組み－

　この地区では、営農上のまとまりや古くからのつき合い等から、隣接するS地区と合同で協定を締結した。長年にわたる台風時期の農地崩壊等の被災の経験から、交付金の一定割合（約30％）を畦畔の崩落などの災害復旧費用に充てるための基金として積み立てることとしている。

▶事例10　富山県K市H地区の事例－広域的な対応－

　この地区では、米の生産調整に対応したブロックローテーションの実施や協定活動を円滑に推進する（出役賃金の統一による出入耕作者の不満感の解消、経理方法の統一による経理担当者の負担軽減など）ために6集落（協定は各集落で締結）で連絡協議会を設立し、広域的な取組みにより、合理的な土地利用の実現や協定締結上の不安の解消を図ることとしている。

(3)　対象農地・対象者

ア　「傾斜、面積が確定していないので、集落説明に入れない。」という市町村に対しては次のように指導した。

　集落協定締結は、実測等を終了するまで待つ必要はない。交付申請時までに傾斜等が確定していればよい。

　実測や地図作成等が間に合わない場合は、

①　傾斜が明らかに20分の1以上であるところを先に処理する（例えば傾斜が20分の1以上かどうか不安な農地が5 haあったら、明らかに20分の1以上ある傾斜地3 ha分で協定を締結する。）。

②　緩傾斜も含めることとし、100分の1、8度の基準について安全をみて、実際にはこれを上回る例えば、50分の1以上、10度以上の農地を対象とする等の方法が考えられる。緩傾斜は単価は低いが、対象面積が増えるので、急傾斜を対象とした場合と、結果はあまり変わらない。また、急傾斜と緩傾斜がそれぞれ1 ha以上あれば、団地を分けて別々に単価を設定することも可能。

　①、②いずれの場合でも実測等により確定した結果に基づき、次年度以降、協定面積を拡大すればよい。

イ 「不在地主の土地を耕作しているが、集落協定に当たっては利用権の設定が必要か。」という質問に対しては次のように答えた。

　誰が耕作しているかがはっきりしていればよい。権利の設定の有無については所有者と耕作者との間の私的関係であり、直接支払いは関知しない。

ウ また、市町村の中には、他からの入作者や区画整理済みの農地等を対象としないというところもみられたので、次のように指示した。

① 直接支払交付金は、農業生産活動等の行われる対象農用地に交付されるものである。その対象農用地を誰が耕作・管理するかということは、問わないものである。

　したがって、集落協定に参加する意志のある他市町村の農業者（入作）等を差別する内容とすることは、国の事業を受ける権利を否定することとなり認められない。維持管理されるものは当該市町村内の農用地であることを考慮すべき。（なお、集落において、他の市町村の農業者を協定の構成員とすることを好まない場合には、所有者も農業生産活動の一部を行うことを前提として他市町村の受託者ではなく町内の所有者を協定構成員とし、所有者を通じて直接支払いの一部を受託者に配分する方法もある。）

② 通常基準に該当する区画整理済みの農用地や畑を直接支払いの対象外とすることは、農家に対し、すべての市町村で等しく国の事業を受ける権利を否定することとなり認められない。

エ 集落の中にも、「入作者は水路、農道の管理を行っていないため、協定に含めない。」というところもあったが、これに対しては次のように答えた。

　集落の人が共同取組活動として水路、農道の維持管理を出役して行えば、交付金の配分を受けることができるが、入作者が出役しなければその配分を受けることはできないので、集落の人と入作者を平等に扱うことにはならない。集落の農地面積が増えれば、集落の共同取組活動に使用できる額も増えるので、できるだけ入作者も含めて協定を締結していただきたい。

(4) 対象行為としての「多面的機能を維持・増進する活動」

　これが見あたらないとする市町村もあったが次のように指導した。

　「この活動の基本は、自らの地域をより住み良い地域にしていこうとする活動である。したがって、活動の種類も集落を流れる水路の自家に面した部分や法面の一部にあじさい、彼岸花等の景観作物を植えるとか、家庭からでる生ゴミを堆肥化して施用する等の身近な取組みでよい。いずれにしても、どのような行為が

多面的機能を増進する活動に該当するかは市町村長の判断裁量に委ねられている。」
　地域によっては集落の判断に待つよりは、市町村で判断する（例えば市町村全域であじさいを法面に植栽する）方がより美しい村づくりにつながるのではないかとも思われる。
　以下は具体的な事例である。

▶事例1　山口県M村のある集落の事例－朝市・交流－
　　多面的機能増進活動として、集落の朝市横の空き農地を活用し体験農園を開設する。集落の関係者で管理を行い、ルーラル・フェスタ等で都市の参加者を募集する。

▶事例2　山口県M村のある集落の事例－伝統文化－
　　集落のシンボルである神楽舞の伝承保存活動として、集落外、村外からも後継者を募集する等新たな取組みを行うことによって集落の活性化を図る。

▶事例3　山口県M村のある集落の事例－イベント－
　　毎年、集落で行っている「ホタル祭り」の会場整備又はイベント規模を拡大することにより、都市部からの来訪者を増加させる。

▶事例4　山口県M村のある集落の事例－景観形成－
　　集落の農道に、5年間かけて順次こぶしを植栽し、「こぶし通り」と名付けて農村の景観形成を図る。

▶事例5　山口県Y市のある集落の事例－ビオトープ－
　　河川の草刈り、清掃をすることで、ホタルの餌となるカワニナを増やし、ホタルが生息できる環境を整える。そして、子供や都市住民にホタルを見に来てもらうことにより、体験学習や交流の場を作りたい。

▶事例6　福井県M町の事例－環境保全に配慮した取組み－
　　この町は、観光資源である湖の富栄養化防止等水質保全を図るため、環境保全型農業への取組みを推進することを基本方針に定めている。この方針を受け一部の集落では、湖への流入水の水質浄化を図るため耕作放棄地を復旧し、ケナフを栽培することとしている。また、成長したケナフを小学校の総合学習時間で紙すき実習に利用するなど、町全体の取組みへの発展を目指している。

▶事例7　三重県F町S地区の事例－景観作物・ビオトープ－
　　F町には紅葉の名所聖宝寺があり、年間を通じて多数の参詣者が訪れてい

ることから、周辺を観光客や町民の憩いの場として提供することとし、多面的機能を増進する活動を行うこととした。畦畔等にはシバザクラやコスモス等の景観作物を作付けし、休耕地の通年水張りにより、ビオトープを確保し、子供の体験学習や都市住民との交流の場としたいと考えている。

(5) 5年間の協定期間について

「耕作できなくなった農地が発生したときは、どうすればよいのか。自分の農地だけでも精一杯である。高齢のため、農業生産活動等を5年間継続できない。集落の他の人に迷惑がかかる。集落では、5年間の継続要件に抵抗感がある。」という質問が多く出された。

初めてこの問題が指摘された時、私は農林水産大臣に「5年間もできないという主張は5年間の間に耕作放棄をするのだと言っているに他なりません。このような人に直接支払いを行うことは国民の納得が得られません。」と申し上げた。「君のいうとおりだ。」というのが答えであった。しかし、そうはいってもこの点については十分配慮をしている。

以下はこれに対する私の解答である。

「協定期間を5年間としたのは、直接支払交付金は、将来にわたって耕作放棄を防止し、農業生産活動等の維持を通じた多面的機能の確保を図ることを目的として交付されるものであるからである。EUにおいても、同じく5年間とされている。

しかし、高齢化の実態を踏まえ次のような配慮が制度的になされている。

① 耕作まで求めるものではなく、調整水田等による維持・管理も協定の対象とし交付金を交付する。すなわち、集落協定の義務としては軽いものである。

② 5年間の間に農地の維持管理が不可能となった場合でも、協定内外の農業者等（農業公社や農協でも可）が構成員となり作業を引き継げば交付金は継続する。認定農業者等に引き受けてもらえば、当該認定農業者等は規模拡大加算も受けられる。

③ 死亡、病気、高齢化による身体的機能の低下といった不可抗力による農地の維持管理の停止については、協定違反とはならない。また、その判定は市町村長に委ねられている。（したがって、高齢化だから返還しなければならないという事態はない。また、身体的機能の低下に応じて維持管理できる農地が年々30a→20a→10aと減少すると認定してもよい。）

④ 当初1haあったものが、高齢化等の不可抗力によって途中で1ha未満と

なっても交付される。(当初の1.2haから0.3ha減少して0.9haとなっても、0.9haについては5年間交付される。)

　途中での離脱は、集落の人に迷惑がかかるということだが、その人が協定に入らないことによって、当初の時点で1haの要件を満たさないこととなれば、集落の全ての人が最初から交付金を受けられないことになり、交付金の交付を希望する他の人々にかえって迷惑がかかるということを説明いただきたい。

　また、交付金の一部を保険として積み立て、離脱農家が出てくれば積立金を活用し、その農地を集落が作業委託に出すというやり方もある。」

　耕作放棄保険方式として次のようなアイデアが出されている。

▶事例1　山口県S町のある集落の事例－耕作放棄保険方式（その1）－

　この集落では、耕作放棄が生じた場合に対応するため、個人へ配分された交付金の一部を集落の合意のもとに積み立てておき、万が一、耕作放棄が生じた場合、一時的な自己保全管理によりそれを解消することを計画している。具体的には、初年度の助成金のうち個人配分（助成金の50％、約1万円／10a）は、「今年はなかったもの」として積み立て、耕作放棄をせざるを得なくなった年の個人配分金と合わせた約2万円を、その農地の自己保全管理に経費として充てる。この金額は、トラクターによる浅耕を年間2回、畦畔草刈を年回2回を外部に委託した料金（10a当たり）にほぼ相当することから、当該年の耕作放棄解消は十分可能と考えられている。その翌年以降については、時間をかけて検討し、利用権設定等の措置を考える。

▶事例2　山口県Y市のある集落の事例－耕作放棄保険方式（その2）－

　この集落では助成金の10％を、作付不能農地の発生に備えた耕作放棄対策費として積み立てる予定（その他は、自治会統一経費50％、自己管理経費20％とし、管理費として、自治会相互間の連携強化、農地の利用調整等の経費に充てる部分を20％）。ただし、このうち耕作放棄対策費（保険）は現実には、それが実行されることはあまりないと地域の人は考えている。よく言われるように「保険」は「安心料」であり、むしろそのような仕組みがあることで、高齢者でも安心して参加できるようになることが重要だとしている。

▶事例3　岡山県奈義町西原地区の事例（平成13年5月27日山陽新聞）

　さまざまな課題を抱えながらも交付金を生かして、集落維持活動を活発化させようとする動きは広がりを見せている。

奈義町西原地区は、高齢者らから耕作を請け負う農家に対し、請負面積に応じて、交付金から助成金を支給することを決めた。集落の代表を務める野々上博之さん（68）は「耕作できない農家が出た場合、周りが助け合って、耕作を請け負わないと耕作放棄は食い止められない。交付金を活用した助成制度を設けた結果、新たに請負に手を上げる農家も出始めた」と話す。

(6) 交付金の使途

　「交付金の2分の1の共同取組活動について、遵守を望む行政と農家個人とで溝が生じている。」との質問に対しては次のように解答した。

　「交付金の2分の1は義務ではない。10分の1、3分の1もあり得る。市町村が指導したにも拘わらず集落協定で2分の1とすることができなかった場合は、協定を認定することもやむを得ない。このような場合、当初は集落への配分割合を2分の1以下とし、集落営農の定着に伴い、その割合を増加させ、5年目には2分の1程度とする方法も考えられる。また、出役者に支払われる水路・農道の管理も共同取組活動なので、共同取組活動の中に占める水路・農道の管理活動のウェイトを高めることも考えられる。」

　市町村長の意見を聞くとできる限り共同取組活動に充てるようにしたいという意見が多かった。やはり非対象農家や非農家のことを考えると農家に直接交付することに対しては抵抗があるのであろう。このように非農家の目もあるのであり、運用を誤ると制度自体に対する反感が生じかねないことにも留意する必要があろう。

　逆に、「認定農業者が共同取組活動への支出が不要な個別協定を選好するため、集落協定が結べないところがある。」との指摘もなされた。

　しかし、個別協定は、集落協定が結ばれない場合の例外的措置である。例外が原則を妨害することはあってはならず、市町村基本方針でこのような個別協定は認めないと規定すればよい。

　また、例えば12年度は個別協定のみを締結し、13年度以降個別協定に係る農地を含めて集落協定を締結する、すなわち、個別協定を集落協定の中に発展的に解消していくことも可能である。

　交付金の使用方法については、全国で種々な知恵が出されている。本来交付金をどのように使用するかは自由であり、目的が明確であれば集落で基金として積み立て、5年間の適当な時期や5年目以降に共同利用機械の購入や農産物加工施設の整備等に使用しても差し支えない。

▶事例1　山口県S町のある地域の事例－小規模災害対策基金－

　個人へ配布された交付金の一定金額をあらかじめ土地改良区へ拠出し、土地改良施設が小規模な災害を受けた際の復旧費用に充てる。小規模災害は、補助事業の対象とならず、集落にとっては以前からの課題であったという。

▶事例2　九州北部のある自治体の事例－鳥獣害防止対策－

　イノシシ害防護柵の設置を各集落の協定書の中で記載する事例が多い。ある集落では、最初3年間、個人配分をなくし、ほぼ全額を防護柵設置に使うことで検討中。

▶事例3　新潟県S市N集落の事例－猿害防止対策－

　この集落は、本制度の導入を契機に集落内に猿害特別対策班を設置し、防護柵の設置等猿害防止対策に取り組むこととしている。また、集落の農地をブロック分けし、芋類等猿害の少ない作物を山あいの農地で、被害を受け易い野菜等を民家の近くで集団栽培するなどにより猿害の軽減を図ることとしている。

▶事例4　滋賀県T町Y集落の事例－全額共同取組活動へ－

　この集落では、従来から、専業農家が不在地主や兼業農家の農地を積極的に耕作するとともに、隣家との助け合い意識の中で農地の貸し借りを行い農地の荒廃を防いできている。集落協定の締結に当たって、このような集落機能を維持強化することを目的に水路、農道の維持補修や防護柵の設置などの共同取組活動に交付金を全額充てることとしている。

▶事例5　広島県K町－水路の改修－

　広島県K町のある集落では交付金を水路整備に活用する予定。水田地帯のこの集落では、早く（昭和30年代）からほ場整備が行われた。しかし、整備されてから長い年月が経過し、水路が老朽化してしまい稲作に不都合が生じていた。そこでこの交付金を集落で全額充て、水路整備を行おうというもの。

▶事例6　広島県A町－かんきつ産地の強化を目指して－

　広島県A町（島嶼部）のある集落では柑橘の栽培が盛んで、この交付金を活用して、より市場評価の高い品種（デコポンや高糖系みかん）への切り替えや堆きゅう肥施用、栽培講習会などを計画。さらに産直市を設置することによって、産地としての知名度アップとより一層の高付加価値化を目指す予定。

▶事例7　広島県H市のある集落の事例－次世代にむらを引き継ぐために－

広島県H市の中にある1つの農事組合法人と7つの農区で構成するこの集落では，農業生産活動への使用ももちろん行う計画であるが，一部を地域興しイベントや子ども会の農業体験学習などのための助成金として使用する予定である。将来の担い手である子供達に農業を知ってもらうことや，コミュニティー活動を通じて地域の繋がりを深めることが大切だと考えているからである。

収　入　・　支　出　　（案）	
直接交付金 13,520,000円	集落への交付金充当額（100％） （内　訳）
	①畦畔管理交付金　　　　　　　　　　3,300,000円
協定参加農家 131戸	②麦・そば栽培交付金　　　　　　　　3,000,000円
	③農道・水路管理（各農区へ）　　　　2,100,000円
対象農用地面積 64.4ha	④農産物直売所整備運営　　　　　　　3,000,000円
	⑤子供会等助成　　　　　　　　　　　　500,000円
	⑥公園維持管理　　　　　　　　　　　1,000,000円
	⑦イベント助成　　　　　　　　　　　　500,000円
	⑧協定委員運営費　　　　　　　　　　　120,000円
	合計　　　　　　　　　　　　　　　13,520,000円

(7) 地方交付税

　普通交付税については210億円を措置した。しかし、配分が第1次産業従事者を基礎に行われたことから、一部の地方公共団体から普通交付税への算入が過少であるとの問題が指摘された。これは普通交付税という性格上ある程度やむを得ないものであるが、自治省と折衝し、12年度については、この乖離の一部について特別交付税により調整することとした。（具体的には普通交付税で充当されることを予定されていた部分（急傾斜農地等の交付額の4分の1、緩傾斜農地等の交付額の2分の1）について、その50％まで普通交付税が配分されていない市町村についてはその50％相当額と普通交付税配分額の差額を特別交付税で調整することとした。）また、13年度以降については算定方法について改善を行うこととしている。

　なお、地方負担があるから取り組まないという市町村もみられた。しかし、普通交付税が全く配分されなかったと仮定しても平均的な市町村負担分は（210億円＋30億円（特認の地方純負担））÷2（都道府県と市町村で半々の負担）÷2,000市町村＝600万円にすぎない。平均的にみて60億円ほどの予算規模を持つ5法地域の市町村が負担できないとは考えられないのである。

3．展望

　本制度については、5年後に制度全体の見直しを行うこととしている。その見直しに際して財政当局は単価の圧縮等制度全体の"卒業"を視野に入れた見直しを求めてくることが予想される。

　私はブロック説明会において"新しい基本法に基づく政策が5年で終わることはありません。50年、100年も続くかと問われると自信はありませんが、EUでも既に25年以上続いています"と説明してきた。しかし、本制度が盤石のものとなるためには、本制度が地域に定着し、国民から評価されるものとなることが不可欠である。逆にそのようなものとなっていれば、財政当局に対して、堂々と制度の正統性を主張していくことができるであろう。

　また、制度の見直しに当たっては、今の制度を維持するという"守り"の姿勢で行うのではなく、中山間地域農業の実態や変化、制度の運用等を踏まえ、制度をよりよくするとの観点から実行されるべきである。検討会報告はこの点について次のように述べている。

「EUにおいては、1940年代からの英国の丘陵地農業対策、1972年からの仏の山岳地域対策を経て、1975年にECの条件不利地域対策が発足した後も、過放牧防止のための支給家畜単位の制限等の制度改正が数次にわたり行われ、現在でも、環境要件の付加や家畜単位当たりの支給方法の廃止が検討されている。本制度は我が国農政史上初めての手法であり、制度導入後も公正中立な第三者機関を設置し、実行状況の点検、政策の効果の評価等を行い、基準等について不断の見直しを行っていくべきであろう。」

　例えば、検討会で熱心に議論がなされた新規参入、後継者確保の問題については規模拡大加算が行われたが、5年後の中山間地域の現状からみて十分なものであるのか等について議論が必要であろう。既に述べたようにEUの環境直接支払いでは新たに環境プログラムに参加する者に対して20％のプレミアムを加算しているし、条件不利地域への直接支払いについても特に条件の不利な地域へは20％の単価の上積（一般150ユーロ、特別180ユーロ）を認めている。

　また、佐伯名誉教授は、直接支払いの実施率が概して田作地帯で高く畑作地帯で低いことから、「水田の場合、水利用、米生産調整の実施などを通じて集落での規制が強く働いているのに対して、畑作の場合にはそうした地域規制がほとんど存在せず、しかも作目、経営類型とも著しく多様である。こうした畑作での特殊性を考

慮した場合、そこでの直接支払制度は今後は集落とは別の形の媒介項が必要となってくるのではないであろうか。」と指摘している。(『月刊 NOSAI』2001年5月)

　制度の見直しに当たっては、次の点に留意する必要があろう。
① 　WTO農業協定を基本とし、これを逸脱しないこと。
② 　直接支払いはあくまでも生産条件の不利性の補正を基本とし、これ以外の多くの観点を持ち込まないこと（特に、財政当局は多くのことを要求しがちであるが、あれもこれもと多くの要素を入れると制度の目的があいまいなものとなってしまう。）。
③ 　第2の米価運動としないこと（対象地域や単価の設定方法は既に決められているので大きな政治運動にはならないのではないかと思われるが、過去の米価をめぐる農業団体の活動は結果として農業に対する国民のイメージダウンをもたらした側面もある。）。

　さらに、それほど将来のことではないが、農林水産省において担い手に限定した新しい経営所得対策が検討されている。その担い手像について、中山間地域としての担い手像を示していく必要はないか。平場地域のみを念頭に置いた担い手対策が採られれば、平場ではますます生産性が向上し、中山間地域はますます取り残される。そうであれば、中山間への直接支払い額は不必要に増加することとなりかねない。中山間地域では特定農業法人や一集落一農場のような農業生産法人等一定のレベルに達した集落営農については新しい経営所得対策の担い手として位置づけ、これを通じて中山間地域の生産性向上を推進すべきではないであろうか。そして、それでも平均的に残る生産条件の格差については中山間地域等直接支払いで対応していくというアプローチを採るべきではないだろうか。検討すべき課題である。(拙著『WTOと農政改革』P.257、P.258)

参　考

1　農水省の山下地域振興課長に聞く （平成11年10月18日山陽新聞）

農水省の山下地域振興課長に聞く

中山間地域農業 直接支払い制度

生産条件の不利性補正

平地に比べ生産条件の悪い中山間地域の農家の現金を交付する「直接支払い制度」が来年度からスタートする。中国四国地方は農家の高齢化が進み、中山間地域の割合も全国に比べて大幅に高い。「食料・農業・農村基本法」（新農基法）の"目玉メニュー"として期待される同制度の狙いや課題について、農水省の山下仁＝構造改善局地域振興課長＝笠岡市出身＝に聞いた。（東京支社・黒住正義）

―制度導入の背景は。

「中山間地域は土砂崩れの防止、水資源のかん養など国土保全の意味で極めて高い公益的機能を持つ。しかし、まとまった農地が確保できない情、農業を通じた国土の保全、食料供給能力の確保が急務の柱に据えており、単に条件の悪い所にお金を出すというのではなく、集落営農を振興することで日本の農業を変えていこうという大きな意図を持っている」

国土保全と食料供給 公益的機能維持へ 客観的な基準が重要

など生産条件の悪さから就農者の高齢化、耕作放棄地の増加を招き、公益的機能が果たせなくなってきているのが実情。農業を通じた国土の保全、食料供給能力の確保が急務の柱に据えており、「集落協定」を大きな柱として公金が使われるわけだから『どうしてその農家が支払いの対象となるのか』『その農地がどういう意味で不利なのか』を周りの人たちに理解してもらわないといけない。制度導入に向けた検討会では、緩やかな傾斜地などう扱うかについて『対象にすべき』『すべきでない』の両論が出た。そのため、個々の農地だけでなく、集落で対応していくしかない。

―制度の狙いは。

「農家の所得を保障するのではなく、生産条件の不利性を補正し、平地と中山間地域のコスト差を支払っていくのが制度のコンセプト。中山間地域は一戸の農家だけでは守れず、集落で対応していくしかない。

明で客観的なものにする論が出た。そのため、個々の農地だけでなく集落で対応していくしかない」

「支払いを受ける基準を透明で客観的なものにするべきで、『対象にす べき』『すべきでない』の両論が出た。そのため、個々の高齢化の進展もあって個々の農

地方は中山間地域が耕地面積に占める割合が六〇・四％、農家数が六〇・五％と全国平均耕地面積ともに四二％を上回る。この地域をどう位置づけているか。

「中山間地域の代表として認識している。北海道、東北、九州などは農家個人のう営農がすべて不磨の大典とせず、常に実態に合ったものに見直していかなければいけない。中山間地域にも、単にお金を受けるではなく、『いかにして農業生産、所得の向上を図るか』という前向きの姿勢で臨んでほしい」

―岡山県をはじめ中国四国六十五歳の後継者がいても定年になったら、戻ってくる『定年機能』も大事にすべき。そういうことが集落後継者の担い手を見つけていくことが大事かもしれないと思っている。

―市町村の判断にも透明かは実施主体となる市町村の判断に任せることにしており、地方の裁量が極めて大きい制度と言えよう。

―市町村の役割と責任は大きくなるわけだ。

「市町村の判断にも透明で客観的な基準が求められる。やはり集落営農を中心に据えなければならない。幸い、島根県などでは集落営農の育成などの施策との組み合わせ、総合的に対策を練っていかなくてはならない。一九七五年から条件不利地域への直接支払い制度を導入しているEU諸国は今もなお改善すべき点は改めている。日本も今回の制度を『不磨の大典』とせず、常に実態に合ったものに見直していかなければいけない。中山間地域にも、単にお金を受けるではなく、『いかにして農業生産、所得の向上を図るか』という前向きの姿勢で臨んでほしい」

直接支払い制度

中山間地域とみなされる特定農山村地域、過疎法などの指定地域を原則に、急傾斜地の水田10㌃につき年間21000円など、農地の種類、傾斜の区分などに応じて国と地方自治体から農家へ交付金が支払われる。実施主体は市町村。生産条件不利地域への対策を講じる方針を定めた新農基法が7月に成立したのを受け、農水省が来年度予算概算要求に国の負担分330億円を盛り込み、制度がスタートすることになった。総事業費は年間約700億円の見込み。

焦点インタビュー

参　考　239

2 「農林と都市をむすぶ」誌における議論（抄）—1999年9月

座談会出席者

【司会】
 服部 信司（東洋大学教授）
【報告】
 山下 一仁（農水省構造改善局地域振興課長）
【コメント】
 小田切徳美（東京大学助教授）
 矢口 芳生（東京農工大学助教授）
【出席者】（発言順）
 佐伯 尚美（日本農業研究所研究員）
 常盤 政治（慶応大学名誉教授）
 加瀬 和俊（東京大学教授）
 小林 信一（日本大学助教授）
 赤嶋 昌夫（農業情報研究所委員）
 谷口 信和（東京大学教授）
 神山 安雄（全国農業新聞編集長）

常盤　検討会報告の5ページ（本書283ページ）。イの一番下のパラグラフ、「兼業機会等農業とは別の問題を抱えているのであれば、それに見合う対策を講ずるべき」というのは、もう少し具体的にいうとどういうことなのですか。

山下　具体的にいいますと、過疎地域でも傾斜のところと真っ平らなところがあるわけですね。真っ平らなところは、農業生産条件の格差というのは設定しようにも設定できないわけです。地代が安いわけですから、むしろ平場地域よりもコストが安いところもあるわけです。だから、そういうところは、生産条件格差がないのでこの直接支払いというような対策は打ちようにも打てないわけです。論理矛盾になってしまいますから。ただ、そこは過疎で就業機会がないということであれば、それは就業機会がないということに対する対策をやはり講ずるべきである。具体的にいえば、例えば1つの方法としては農村工業導入という方法もございます。それからもう1つは、グリーンツーリズムということで、都市と農村の交流施設をつくって、そこで農家の所得を上げるというような対策もあるでしょう。そいう直接の課題に合った対策を打つべきだろうというようなことでございます。

加瀬　同じ箇所なのですけれども、同じ5ページ（本書282ページ）の、高い所得を得ている農家が存在する云々というところなのですが、農地に対する給付として説明されているようなのですが、就業機会は十分にあって高い所得がある農家も存在する。これは都市近郊を例に挙げて説明していますが、例えば高い所得を上げて役場に勤めている人がいる農家というのを除くというような意味ではないですね。

山下　ではございません。

加瀬　それはあくまでも農地として指定すると。

山下　ええ、地域としてということです。

加瀬　ここは地域の説明として。

山下　ええ、そういうことです。

水田と畑の区別

服部　ほかはどうでしょうか。

小林　支払い単価は、水田であっても畑として使えば、畑としての単価になるのでしょうか。

山下　我々は水田と畑というのは生産要素に違いがあるというように整理して考えています。要するに水田というのは真っ平らにしないと使いようのない生産装置ですね。畑は傾斜があってもいいわけです。水田であれば、そこの上に何が乗っかっていようと、コメをつくろうが、あるいは調整水田にしようが、あるいは大豆をつくろうが、小麦をつくろう

が、それはやはり水田としてみて、要するに生産要素に着目して支払うべきだと考えています。したがって、そこに何を植えていても水田の単価が適用されるということでございます。これをそうしないと、逆に水田で小麦を作れば安い単価ということになりますと、これは作物に特定した助成ということになるわけですね。そうすると、これはまず第１にＷＴＯのグリーンの要件に合わないということと、もう１つは生産調整が困難になるということ、この２つの事情がありますので、我々としては水田という生産要素に着目して助成する。

　ＷＴＯの農業協定の条件不利地域政策の要件の中にｂという規定がありまして、生産の形態または量に関連し、または基づくものであってはならないと。だから、生産の形態に関係してはならない。先ほどいったように小麦を植えたら小麦の単価というのはだめだということですね。ただ、この中でｅという要件がありまして、生産要素に関連する支払いは当該要素が一定水準を超える場合には逓減的に行うということで、ほかの、生産に関連しない収入支持という直接支払いについては、支払い額は基準期間後の生産の形態または量、価格だけではなく、生産要素にも関連し、または基づくものであってはならないとされています。これが緑の要件の一番ベーシックな要件なのですね。ところが、条件不利地域対策については、ｅというところで生産要素に関連してもいい。ただし、一定の水準を超える場合には逓減的に行うというような縛りがついていますけれども、要するに生産要素に関連してもいいということで、我々としては水田という生産要素、畑という生産要素、それぞれ生産要素が違いますから、それに関連して助成単価を決めたということでございます。

服部　それでは、当初の予定に従いまして、コメンテーターとして来ていただきました小田切さんと矢口さんに大体10分ぐらいをめどにして、今回の報告についての感想なり意見をまず出していただこうと思います。

　では、小田切さんからお願いします。

検討会メンバーからのコメント

小田切　東大の小田切でございます。いまほどの山下課長の話にありましたように、服部先生と私は、この検討会に加わっております。そのため立場が微妙ですが、若手のコメントなどをしてみたいと思います。

　まず、全体的な私自身の立場からの評価を先に論じてみたいと思います。実は私、議論が始まった当初の段階、４月の段階で私案を検討会に提出しております。現地調査にも参加しまして、個別の部品についてはいろいろな議論ができるとしても、しかし、全体の体系の中でその思想をあらわすことがこの対策には特に重要だろうという認識を強めまして私案を提起させていただきました。

　率直にいって中間報告の段階では、私自身が考えたそのようなものとの距離が随分あって、大変強い疲労を感じたわけなのですが、しかし、最終報告の段に至りますと、私自身の考えが変わってきたところ、あるいは議論が急速に詰まってきたこともございまして、全体的にはまずまずのものが、少なくともこの報告書の段階ではできたのではないかと思っております。

集落重点・農家非選別・地方裁量主義

　それではそのように評価できる特徴は何かということから議論を展開してみたいと思います。恐らく今回の中山間地域等直接支払い政策の特徴を簡単なキーワードであらわせば、集落重点主義、農家非選別主義、そして地方裁量主義、この３つのキーワードが出て

くるのではないかと思います。

1番目の集落重点主義に関しましては、既に佐伯先生が今年の7月に日本農業経済学会と学術会議の共催シンポジウムで同じような性格規定をされておりますが、今回のこの政策は、何よりも集落を強く意識しています。それは単に集落協定をつくるということが支払いの前提となっていることにとどまらず、支払いの単位、あるいは地域指定の単位、さらに助成金の受け皿単位など、この政策の根幹にかかわるようなところすべてに集落が登場する。そういう意味で集落重点主義という特徴がえぐり出せるだろうと思います。

2番目の特徴は、このことと直接関連しまして、農家非選別主義の考え方が明確化されたことだろうと思います。集落を対象として、その集落の集落協定を前提とするのであれば、報告の中にもございましたように、農家を排除するのであれば集落協定が結べないためにこの非選別主義というのが出てきているのだろうと思います。

そして、この担い手政策上の意義は、私は決して小さくないものがあるのだろうと思っております。つまり、従来の中山間地政策の特徴は、いわば平場の構造政策が山のてっぺんまで上りつめていく、つまり構造政策が中山間地域に対してもカバーするような、そんなところに特徴があった。別の言葉でいうと、中山間地域独自の担い手像というものが提起されていなかったということだろうと思います。ところが、今回のこの直接支払い政策は、間接的ながら、また先ほど支払い額がコスト格差の8割水準だという話がございましたが、その点では不十分な点もありながらも、しかし、現に農業生産にかかわるすべての農業者が中山間地域農業の担い手であり、守り手であるという、そういうことが農政史上初めて明確化されたのだろうと私自身は考えております。

3番目の特徴は、地方裁量主義といいましょうか、市町村長なり県知事の裁量権が大きいという点です。緩傾斜地への支払いの可否、あるいは耕作放棄地、高齢化率等の結果的指標による地域指定の可否、さらに対象行為についても市町村長によって集落協定が認定される。さらにその前提となる市町村基本方針も市町村長によって定められるということで、この裁量主義はかなり貫徹しているのだろうと思います。

こうして、この集落重点主義、非選別主義、地方裁量主義、この3点を基本原則としてスタートするわけですが、それと同時に、この検討会報告の中に、制度導入後も中立公正な第三者機関を設置し、実行状況の点検、政策の効果の評価等を行い、基準等について不断の見直しを行うべきだろうことも書かれております。その点で将来的な見直しも弾力的に含んでいるということで、これも4番目の特徴として挙げて良いのかもしれません。

集落機能維持強化の課題

さて、そういうもとにおいていかなる課題があるのかということでございますが、4点ほど指摘したいと思います。

まず第1点でございますが、先ほど申しました集落重点主義についてです。実は中山間地域の特徴は、地域によっては人の空洞化から始まって土地の空洞化に至り、今や、いわゆるムラの空洞化の段階に至っているというのが特徴だろうと思います。私どもの90年集落センサスの分析によりましても、集落の高齢化率と村の寄り合いの回数には大変強い負の相関関係があります。つまり、集落の高齢化率が高いところでは村の寄り合いがあまり行われなくなっている。そういう実態の地方では今回の直接支払い政策が集落重点主義をとっていることは、大きな課題となってくるのだろうと思います。恐らくこの集落機能の

維持強化ということが、直接支払い政策の前提に、あるいは直接支払い政策自体が、格差を埋めるということと同時に、集落機能を維持強化する二重の目的をもたざるを得ないのだろうと考えております。

生産調整との整合性

第2番目は、山下さんからも出ました生産調整政策との整合性の話です。委員会の議論の大宗は、この直接支払い政策と生産調整政策とは別個のものである。そういうことで議論が進んでいたかと思います。しかし、別個のものということは、別の表現をすると、何ら調整をしないということになりまして、これは非常にまずい。具体的に申しますと、例えば耕作放棄地、これは既に水田地目から外れているようなところを指しておりますが、そういうところが仮に復田した場合には現行の生産調整との整合性をとらなければ新規開田になってしまい、それはご存じのように抑制されております。つまり、今回の直接支払い政策によって、本来的な目標である耕作放棄を解消するということが実は生産調整政策とバッティングするケースがあり得、その調整がない限りでは大きな問題をはらんでいるのだろうと思います。つまり、生産調整サイドからの「アリの一穴」を問題にする立場をとるのか、そうではなくて、この直接支払い政策シンボルとしての復田を重点するのかということをとるのかは、かなり高度な調整が求められるところだろうと思いましたが、それは、この調整ということは今後の生産調整政策の枠組みが出ることによって必至だろうと私自身は考えております。

3番目でございます。これは一見すると非常に技術的なことと思われる先生方もいらっしゃるかもしれませんが、私はそうは考えておりません。日本農業の特質である零細分散錯圃、とりわけ中山間地域ではそれが激しい

わけですが、そこに農地を対象とした直接支払いを行うということは、恐らく行政コストが著しく増大する。農地の特定、助成金の支払い、そして行為履行の審査、そういう面において膨大な行政コストが発生すると考えております。

さらにそれは地形条件、つまり傾斜度を計測するとか、水田以外の地目を含む点において、現行の生産調整政策のそれをはるかに凌駕するということが予想されるわけです。この点に関して、国が仮に「助成をもらいたいなら当たり前」とばかりに、この負担を地方なり、集落なり、個人に押しつけるということは許されない。この国、自治体、集落、そして個人の行政コストをめぐる負担の明確化というものが非常に重要ではないかと思っております。

ただ、この問題は私自身は、単に今回のスキームに限ったことではなくて、いわゆる財政負担型農政への転換によって施策の透明性というものがますます求められる状況に至って、ほかの政策にも同様に覆いかぶさっているのだろうと思います。そういう意味では、実は検討会報告の最後の附帯条項の中に、「農家への直接支払い導入に伴い必要な透明性の確保が行政コストを増大させないような取組も必要となろう」という一文が入っておりますが、これを農政全体として受けとめることが重要ではないかと思っております。

ＷＴＯ農業協定との整合性

4点目でございますが、やはりＷＴＯ農業協定との整合性も実は課題であり次期の交渉においては、本制度も許容するその改定が求められるのだろうと思っております。今回の直接支払い政策の検討は、当然日本型のそれの検討を行ったわけでございますが、細かい部分ではＷＴＯ農業協定の条件不利直接支払いの規定と親和的でない事項もあります。そ

れは、WTOのこの規定が、ヨーロピアン・スタンダードによるものであり、ヨーロッパ型と日本型の齟齬が恐らくあるのではないかと思います。

具体的に言えば、WTOの規定では「支払いは適格性を有する地域の生産者のみが受けることができる」というものがございます。しかし、集落協定をつくって、そして今回の助成が集落に払われる場合、場合によっては集落は非農家にも配分する可能性が出てくるのだろうと思います。農業生産には参加しないものの、地域資源の維持管理に参画している非農家、とりわけ元農家にこの助成金を配分することはあり得ますが、しかしそれはこの規定と、バッティングするという可能性も出てくるわけです。

それから、「支払い額は所定の地域において農業生産を行うことに伴う追加の費用、または収入の喪失に限定される」という規定もありますが、これは新規就農者への上乗せ助成を著しく制約することになろうかと思います。新規就農者の上乗せ支払いについては、既に1,500円という単価が出ておりますが、これ1,500円で一体、新規就農者にどれほどの効果があるのかということについては疑問を呈さざるを得ない。しかし、それは必ずしも農水省がそのように制約したということではなくて、WTO農業協定との整合性をもたせると、どうしてもこうなってしまうということだろうと思います。

特に新規参入者の場合には集約型作物に営農が集中しているということを考えれば、WTO農業協定を守る限りは、それはほとんど無力なのだろうと私は思っております。そういう意味で、新規就農者、つまり自然減社会の中で社会増を果たすということが日本の中山間地域、過疎地域の課題であるとするならば、そこを目指したWTO農業協定の改定なり、あるいは日本型の主張というものが求め

られているのではないかと思います。

最後に、直接支払い政策を含めた総合的な中山間地対策の構築がいまこそ重要であると考えますが、時間がありませんので、議論の中で機会があればまた提起させていただきたいと思います。

以上でございます。

服部　ありがとうございました。

予想を超える決着

では、矢口さん、お願いします。

矢口　問題点については、ここに論客がたくさんおりますから、議論の中でということで、そちらの方でまたあればと思うのですが、私は大きく2点について、素直に評価しておきたい点を指摘してコメントに代えたいと思います。

中間取りまとめと今度の最終報告の2つに共通して評価できるのではないかという点が、まず1つの評価したい点です。もう1つは、中間取りまとめと最終報告との比較において、いい意味で予想を超える決着になったのではないかと評価できる点です。これが決着かどうかはわかりませんが、中間とりまとめより前進した内容になっているという点です。今いった2点の面から、この報告書を私なりに評価してみたいと思います。

まず、中間取りまとめと最終報告の2つに共通して評価してもいいのではないかと思われる点なのですが、第1点は、これは何よりも今まで再三農政課題に上がりながら実現をみてなかったのですが、やっとこの中間取りまとめで具体化の方向に行ったし、そして最終報告で具体的に平成12年度から実施をするということで、今までの農政課題がこれを一歩進めたという点で、評価しておきたいという点がまず第1点ですね。

第2点は、先ほどから何度も出ておりますけれども、農政の国際的な枠組みを踏まえて、

不利の補正、あるいは多面的価値生産への対価という理念を明確にしたという点でも、評価しておきたい。しかも、不利の補正によって正常な農業生産活動等を継続させる。それによって多面的な機能を維持するというような理解に基づいて位置づけたという点でも評価しておきたいと思うのです。つまり、生産刺激的なものではなくて、農業資源の維持管理行為、あるいは環境修復行為への助成というような意味で、今までにない助成のあり方として明確にした。しかも、それは国際的な枠組みを踏まえて位置づけたという点を、2点目には素直に評価しておきたいと思うのですね。

3つ目は、地域政策の総合化というのがあるわけですけれども、これが施策の基本的な方向というところで、中間取りまとめ、最終報告、両方に明記されて、しかも最終報告では「総合的、効率的、体系的に実施できるシステムを検討する必要がある」のだと。これを前進とみるか、中間取りまとめと比べて後退とみるかどうかわかりませんが、中間取りまとめではそういう必要があるのだと書いてあったのですが、最終報告ではもっと具体的に実施できるシステムを検討するのだといっているわけです。具体的に足を踏み込むようにみれば、一歩踏み込んだのか、それとも必要があるということをいっておきながら、今度はもう一歩手前のところで書き込んでいるという点では後退とみるか、この辺は微妙ですが、いずれにしましても、地域政策の総合化を施策の基本方向の1つとして位置づけたという点で、これも評価しておきたいと思うのですね。

中山間の食料供給機能の位置づけ

さて、大きなもう1点ですが、つまり中間取りまとめと最終報告、この両者で、いい意味で中間取りまとめの内容が最終報告では予想をはるかに超えた1つの結果が出たという点で指摘させていただけば、まず1つは、中間取りまとめでは中山間地域の食料供給機能の位置づけという点がいまひとつ明らかでなかった。最初の方に中山間地域は非常に重要であるということをいって、食料供給機能というのは、それはそれなりに重要であるということを最初にぽんとはいっているのですけれども、その具体的検討という内容をみると、その中身がみえてこなかった。しかし、今度の最終報告では、例えば集落協定規定事項の中の1つとして、「食料自給率の向上に資するよう規定されるコメ、麦、大豆、草地、畜産等に関する生産の目標」ということで、まず位置づけたという点が1つですし、もう1点は、生産調整との整合性というところで、「多面的機能の発揮、コメ以外の農作物の作付による食料自給率の向上という観点からは有益な農地であり、農地としての機能を維持していくべきものである」と。このように中山間地域の食料供給機能の位置づけを具体的に記したという点で、中間取りまとめの書き方からいえば、予想を上回る書き方になっていて、私はこれを素直に評価しておきたいと思います。

しかし、これはあくまでも書き込んだということなのであって、必ずしも具体的にどのようにそれが担保されたかどうかという問題はもちろん別問題です。また、中山間地域でコメ以外の作付けが適切かどうかにも疑問が残ります。とくに昔からある石垣でつくられた棚田を畑にしたら、翌年の畦の管理、棚田の維持は難しくなります。石垣から漏水するからです。棚田は棚田として利用してこそ多面的機能が維持できることを見落としてはならないと思います。

いずれにしましても、最終報告で中間取りまとめ以上に食料供給機能の位置づけが明らかにされたという点で評価しておきたい。

予想を超えた対象面積と単価

2つ目は、対象農地なのですね。中間取りまとめを読む限りでは、私はEUとの比較からいえば、「特別小地域」、あるいは「山岳地域」への直接支払いというような意味合いぐらいで、いってみれば水田の1割程度ぐらいの面積かなと思っていたのですけれども、これが実際に説明がきょうありましたけれども、対象面積で90万haということですから、中山間地域の農地は約200万haあるといわれておりますから、これでみますと、まさに45％に相当しまして、先ほどの山下課長の報告によりますと、50％、つまり5％上乗せもありということですから、そういう点からいいますと、これもかなり予想を超える支給対象農地面積になったという点で、中間取りまとめで予想された小規模な対象面積がかなり広いところまでカバーされる形で書き込みが出てきているという点が評価できるのではないか。これも予想を超える報告になっているということですね。

それと3つ目は、面積もさることながら、支給額の問題ですね。これも非常に驚いたといいますか、1戸当たりの支払い上限が100万円までということもさることながら、単価も生産費の8割ということで出ておりまして、金額にして2万1,000円ということですね。もちろんこれですべてが解決するというわけではないわけですけれども、しかし、少なくとも当初予想していた単価、あるいは事業規模という点からいいますと、正直、私なんかは2、3百億ぐらいで、単価もせいぜいが1万円から2万円いけばいいなと思っていました。しかし、こういう形で生産費の8割ということで2万1,000円、畑の場合には1万1,000円ということで、当初予想していた具体的な金額よりもはるかに高い金額で報告が出されたという点で、この辺も素直に評価

しておきたいと思います。

単価、支払い額に関して、1点申し上げておきたいことがあります。それは「直接支払い」と「直接所得補償」の言葉の使い方です。使い方に混乱があり、現場にもいい影響を与えないと思いますので一言。「直接支払い」とは、政策・行政当局つまり施策執行側からみた表現であり、「直接所得補償」とは、農民・生産者、つまり補助金を受け取る側からみた表現です。政策・行政当局の「直接支払い」は、結果として農家・農民の所得の一部を直接補塡するもので、まさに「直接所得補償」なのです。

時間がありませんから、どういう点で評価できるのかなという点で、若干の問題点にもふれながら、一応私からコメントさせていただきました。さらなる問題点については議論の中でしていきたいと思います。

服部 ありがとうございました。

それでは、特に小田切さんから幾つか課題も指摘されましたので、ごく簡単に課長からお答えがあったらお願いいたします。

山下 まず集落重点主義というのは、まさにそのとおりでありまして、これは私としても、特に小田切先生、あるいは柏先生を中心にして、集落の重要性について検討会でいろいろ伺ったということもありまして、先ほども申しましたけれども、一番心を込めて書いた点であります。そういう意味で集落重点主義ということで、新しい、それを日本型とみるのがいいのかというのはあるかと思いますが、ヨーロッパを参考にしながらも完全にヨーロッパ型ではなくて、WTO協定の枠組みの中で日本に適合した条件不利地域対策を追求できたのかなと考えております。

非選別主義というのもそのとおりでございます。地方裁量主義についても、できるだけ地方の裁量に任せて、基本的には実際にやるのは地方公共団体、市町村長の役割が多いわ

けでございまして、ここの判断というのが極めて重要だということだと思っております。

それから、制度導入後の第三者機関を設置して、不断の見直しを行うということ。これは、やりっ放しというのは問題なわけでございまして、今回は初めて導入するということですので、実際にどのように地域で根づいていくのか、常にチェックする必要があるであろうと思っております。

集落機能の維持強化

それから、課題のところでございますが、4点課題として指摘していただいたわけでございますが、ムラの空洞化ということで、直接支払いの前提としての集落機能の維持強化と、集落への支払いを通じて集落機能の維持強化を果たすという二重の役割を積極的に付与するというご指摘ですが、私の考え方としては、むしろ後者の効果を大いに期待できるのではないかと考えています。

従来の集落営農では、こういう直接支払いという触媒がないわけですから、だれかが反対すると協定なんか結べないわけです。しかし、今回、変な言い方かもしれませんけれども、お金が来るということで、集落協定を結べなかったらお金をもらえないわけですから、それを1つのきっかけとして集落協定というのが結ばれていく。その集落協定の中には、だれが何をするか、役割分担をちゃんと書いてもらう。その働きぐあいに応じてお金も配分してもらうということですので、そういう意味で従来、集落営農が重要ですよと口だけでいっていたところから、この直接支払いを契機として1つの新しい集落営農ができるのではないか。直接支払いは農政上の手法として新しいだけではなく、農業を変えていくもの、単なる生産条件の不利性を補正するということではなくて、中山間地域の新しい集落営農の実現に資するということで、直接支払いがもう1つ農業を変えていく、あるいは農業を改善していく1つの力になると考えておりまして、その面での直接支払いの役割というのを担当者として期待しているわけでございます。

次のご指摘の生産調整との関係で、復田するという場合に、新規開田の扱いに現行の生産調整の制度の仕組みはどうなるかということです。ここもなかなか難しいところですが、この秋以降さらに新しいコメ政策というのが、土地利用型農業というのが検討されているということで、その検討を待つということだろうと思います。ただ1つ、担当外のものとして指摘させていただければ、この直接支払いというお金を払って復田する、その復田した結果、さらにコメの過剰を招くということであれば、この復田した結果、またさらに行政コストが増大するということで、二重にお金を支払うということになる。そういうことになったら、これは困ったことになるのではないかと個人的には考えております。

予算の確保による傾斜の実測

それから、行政コストの増大の可能性なのですが、これは確かにいろいろ難しい、本邦初演ということもありますし、実はこれから本当の傾斜の実測とか、こういう難しいことを抱えていくわけでございます。これについては農林水産省としても所要の予算を確保しまして、傾斜の実測をやっていきたいと思っています。そういう意味で検討会の最後に書いていただいた、先ほど小田切先生が附帯事項と申されましたけれども、地図情報を整備していきたいと思っています。ただ、これは1回計測すれば、土地の条件がそれほど変わるわけではございません。問題はどのような形で実際に対象行為としてちゃんとやっているかということを確認する作業とか、これはかなり手間暇かかることになるのではないか

なと思います。ただ、これも市町村の方々に余り過大な負担をかけても事務的に大変なことになりますので、できるだけ簡単な方法で十分チェックできるというようなことを考えていく必要があると思います。それから、これは実際どうなるかという将来の予測というのはなかなか難しいと思うのですけれども、やはりこの直接支払いを農家がもらうということを周りの人はみているわけですよね。そうすると、変なことをやれば周りの人が黙っていないという、そういう意味で透明性の効果というのも期待できるのかなと考えています。絶えず代官が見回ってないとチェックできないということではなくて、周りの人がいろいろみている。こういうのも1つのチェック機能と思っております。

次に、WTOとの関連なのですが、基本的には面積当たり幾らという支払い方をしまして、それを集落でどのように分配していくかということになると思うので、結果的に非農家も分配にあずかるというのは当然あり得ると思いますが、これはまず一たん農家が受け取って、それを非農家に渡すというように考えていただければ、それほど問題にならないのではないかなと思っております。

新規就農者の上乗せ助成とWTO協定

それから、新規就農者の上乗せ助成については、2つの観点からWTO上ディフェンドできると思います。というのは、1つは単純な話で、上乗せ助成をした結果としてもコスト差の範囲内におさまっていれば、これはセーフだという議論。

それからもう1つは、EUがやっております環境の直接支払いについては、EUは20％の上乗せ助成というのをやっていまして、これは単なる化学肥料投入を減少したということの追加的なコストの負担というだけではなくて、ある状況から次の状況に、環境保全型農業をやらない状況から環境保全型農業に移行する場合のコスト又は投資の増加に対して20％プレミアムをつけているのですね。これは、こういう動態的な条件不利性を是正するのだという理屈がない限り、WTO協定ではディフェンドできないはずだと思います。これまでEUはOECDの場なんかではかなりチャレンジされているようですが、これについてEUは、動態的な——動態的な不利性というのは私の言葉で、EUはそれを使っているわけではなく、ある状態から次の状態に移るための不利性を補正するのだという言葉でEUの担当者は説明していましたけれども、そのような、動態的な不利性を補正するということでは、EUとタッグマッチを組めるのかもしれないというようなことを考えております。

EUの条件不利地域政策の問題点

それから、もちろん今の緑の政策というのはヨーロピアンスタンダードかもしれないのですけれども、必ずしもヨーロッパの条件不利地域政策が今のWTOの規定で全部ディフェンドできているかどうかというのも、私も疑問なところがございまして、1つは、これは明らかに欧州委員会がいっているので、紛れもなくそうなのですけれども、家畜単位の助成はやってはいけないとWTOの農業協定は書いてあるのですね。先ほどの要件なのですが、生産の形態または量（家畜の頭数を含む）に関連し、または基づくものであってはならない。これはEU自体がWTO整合性を説明するのにかなり難しい。EUは今、家畜当たり幾らというのと面積当たり幾ら、この両建てなのですが、基本的には酪農とか畜産については家畜当たり幾らということで助成しています。ここは相当WTOと整合性が欠けるというようにEU自体も認識しておりま

して、近々変えるということで、イギリスなんかも一生懸命どうやったら変えられるのかということを今、議論しているところでございます。

緑の政策のど真ん中をねらった政策

EUではそういう問題はあるのですけれども、我々としては先ほど申し上げましたように緑の政策のど真ん中ということで、そういうことを意識してつくったということでございますので、ここはどこからチャレンジされてもWTOの場でディフェンドしていきたい。

それから、今の緑のこの規定はできればこのまま維持していきたい……。環境的なクロス・コンプライアンスの要件は多分追加されてくるのだと思いますけれども、条件不利地域への直接支払いの枠組みを変えられるととんでもないことになりますので、これは次期交渉におきましても、ぜひともディフェンドしていきたいと考えております。

服部 ありがとうございました。

単価の算定方式は

服部 それでは、最初のところが少し長くなりましたけれども、質疑応答、ディスカッションに入りたいと思います。

最初、ちょっと赤嶋さんから質問がございましたけれども、単価の算定方式です。ここで、水田に関しては生産費調査に基づく生産費の格差の8割という計算だと思うのですけれども、畑の場合にはどういう算定をして出したのでしょうか。

山下 まず水田につきましては、コメの生産費調査を組み換え集計しまして、まず3つのカテゴリーで分けられるわけですね。20分の1以上の水田、それから20分の1未満100分の1以上のところ、これが第2のカテゴリーですね。それから第3のカテゴリーは全く平ら、100分の1未満のところですね。この3つにコメの生産費を組み換え集計しまして、その差をとっていった。20分の1以上のところと100分の1未満のところ、それから100分の1以上で20分の1未満のところと100分の1未満のところ、このおのおののコスト差をとって、これに単純に8割を掛けた。

これは単純でわかりやすいのですが、問題は畑でして、いろいろな多種多様なものが作付されているわけですから、これをどのようなところでとろうかと。余りこれを細かくやりますと、EUのように例えばミカンは対象外にするとか、そのようなところまでいく可能性があるのです。ただ、そういうやり方が生産に対して中立的といえるのかどうかということで、その点も私としては、EUの今やっていることが果たしていいのかどうかと、ちょっと疑問に思っているのですが。そうすると、やはり日本の畑作物で全国的に展開しているもので、しかも畑作物として一番多く作付されている代表的なものは何か、なおかつ生産費調査もしっかりしているものは何かということであれば、やはりこれは小麦ではないかと。これは多分、誰もこの議論にご異論を唱えられる方はないだろうなというようなことで、小麦をベースにしてコスト差を出していったということでございます。標準小作料で大体畑は田の45%ぐらいなのですね。それからすると、急傾斜で2万1,000円と1万1,500円、緩傾斜で8,000円と3,500円ということで、妥当な結果が得られたのではないかなと思っています。

矢口 ただ、現実には畑での、小麦を想定しているというけれども、畑で小麦というのは最近我が国でつくられているのですか。それと一番、私いつも疑問に思っているのだけれども、いわゆる耕作放棄地で畑が荒れて困るというのは、例えばこの前の95年センサスでも明らかですけれども、樹園地ですよね。東

山だとかの。例えば桑園なんかその典型で、耕作放棄どころか、価格政策がそれに追いつかなくて、桑園が荒し放題でアメリカシロヒトリいっぱいという状態ですね。もう本当に林みたいな感じで。そういうところの耕作放棄された畑、樹園地といっていいのかもしれませんけれども、東山なんかで最も典型的に出ている、センサスでも明らかになった、そういった桑園の耕作放棄みたいなものについては、どんな議論がされたのか。実際には小麦というのは我が国でどの程度つくられているのか。むしろ、水田裏でつくられているのが現実ではないかという点を考えた場合、どうなのでしょうね。

山下　統計のデータでみると、小麦は水田よりも畑で作られており、また、やはり畑作物の中で小麦は断トツというか、一番大きいシェアをもっているということと、それと生産費調査もかなりしっかりしているということ。それから、桑園が荒れているという話はよくきくわけなのですが、傾斜の桑園と傾斜がない桑園を比べるということも至難のわざでございまして、データがそろうかどうかということもあります。

矢口　畑に入るのですか。この桑園だとか果樹園なんかの。

山下　ええ、樹園地も畑に入ります。

草地と採草放牧地

矢口　ついでに草地と採草放牧地も。

服部　ちょっとそれも簡単に説明してもらった方がいいかもわからないですね。

山下　草地というのは、耕作をしていれば草地。要するに耕して草を植えている。採草放牧地は耕作はしてない。要するに阿蘇の野焼きですね。草を焼いて、自然に任せて、ススキとかなんとかが生えるのを牛に食べさせる。

小林　草地についてもかなり大きな単価の違いがあるのですが、それはどのように計算されたのでしょうか。例えば草地率比70％以上だと1,500円、傾斜度が15度以上だと、かなり高い1万5,000円ですか。

山下　傾斜度の8度から15度というところと15度以上のところというのは、基本的には都府県の草地というように理解してください。この草地比率が70％以上というのは、北海道の宗谷とか根釧の草地です。傾斜については、大体水田と畑と同じ方法論で計算したのですが、草地比率の高いところというのは、傾斜というところで比較したわけではなくて、これは真っ平らなのですね。その指定した理由が寒くて草地しかできないと。しかも、水田の場合には寒いと収量が逆に上がるのですけれども、この牧草だけは寒いと収量が下がるということがありますので、結局草地比率の高いところとそうでないところの牧草の収量で比較したわけです。その収量を費用価で換算して、この数字を出したということです。

矢口　採草放牧地というのは、例えば具体的には入会林野みたいな、阿蘇の牧野など、ああいうイメージですか。

山下　はい。

「一団の農地」の考え方

加瀬　この単価は上限ではなくて、この金額ですよね。その意味なのですけれども、当然市町村が指定をするという場合に、これはいい、これはだめというのは非常に大変な、精神的にも大変な作業になると思いますから、実質的には全部指定してしまって、単価を半分にすると。市町村の側で全部配ってしまう。それは集落協定の中での配り方の問題だから、まあいいのだということになるのかなと思うのですけれども、これはそういう意味では、したがって、この集落の中の農地のうち、これだけが指定されましたとなれば、それに応じて出るものなのか、それとも一筆ごとに、

ここは指定、ここは指定ではないという。これは行政コストにもかかわると思うのですけれども、そういうものなのか。

山下 基本的には我々は一団の農地と考えていますので、それは原則1ha以上ということですから、まとまりのある農地ですね。これはEUもそうなのですけれども、傾斜で、要するに全部20分の1以上で、きれいに20分の1以上になっているわけではなくて、あるところは極端にいえば6分の1というところもあるし、一団の農地の中でですね。あるところは10分の1というところもあるし、あるところは20分の1以上の中に、極端にいえば40分の1がまじるかもしれないわけですね。そうした場合に我々が考えているのは、平均して、その一団の農地の平均が20分の1以上あれば、そこは一団の農地として、その面積に20分の1以上の単価を掛けて、それが交付総額になる。

加瀬 集落協定で、例えば50町歩なら50町歩が集落協定の農地だというようになった場合に、それにある種のオブリゲーションというのが、その50町歩のうちの指定された農地にかかるわけですね。例えば30町歩が認定された農地だとすればね。その場合に、集落協定というのはその30町歩に対してのオブリゲーション規定なのですか。農家は関係なく。

山下 それは集落協定で、自分で進んで、50までやるというようにするのは自由です。20分の1以上が30haあって、100分の1未満が20haあるという地形もあるわけですね。でも、我々が制度として予定しているのは、その20分の1以上のところをやってもらえばいいのです。

集落と集落協定

加瀬 恐らく集落としてやった場合に、全部の農地が実質的にみんなの頭の中では指定されて、それに応じて金が平均的にばらまかれるというようになるのではないかなと思われるので。

山下 そこは集落の集落協定の結び方だと思いますね。20分の1以上のところでお金を受け取って、実際の配分は下流のところもある程度貢献している、下流の人も上流のところに行って、水路、農道の管理をやっているということであれば、その人たちにも何らかの直接支払いの配分が行くということであれば、それは50haというところで協定を結ぶという可能性はあると思います。しかし、直接支払いの対象となるのは20分の1以上のところです。

加瀬 ここでいう集落というのは、集落協定の範囲の集落というのは、自由に選んでいいわけですか。農地が連担しているということは重要だけれども。

山下 ええ。一団の農地を基本として協定を結んでいただくということですから、これは検討会の報告の中に「集落とは一団の農地において合意の下に協力して営農・営農関連活動を行う集団をいう」と定義しているのですけれども、集落の中の一部の人がその一団の農地を守っているということであれば、その一部の人が協定を結ぶということになると思うのです。

矢口 集落協定の話が出たからいいますけれども、いわゆる経営基盤強化法の中に農用地利用規定がありますね。あれよりもはるかに内容豊富なもので、今回の報告書では様々な集落協定事項があげられていますけれども、これは現実的にはどの程度現実性というか、実現性というか、今年度中にプレで各市町村10個ぐらいモデルをつくって何かやっているようですけれども、そこら辺どうなのですか。

山下 確かにおっしゃるように、検討会報告に記載してありますが、ここは集落協定の理想像ということであるかもしれません。ただ、我々としてはいろいろな形の集落協定がある

と思います。一番簡単なものとしては、各項目でこの選択肢に丸をつけて済むような集落協定、すなわち、水路については水利組合にお願いしますというのと、いや、集落の全員が泥上げをしますというのと、どれに丸をしますかといったもの。そういうわかりやすいものでもいいというような形にしようかなと思っています。

集落機能低下のなかでの集落協定のチェックの問題

佐伯 さっき小田切さんがおっしゃったように、確かにこれを核にして集落農業みたいなものができてくるということは理想論としてはあり得るけれども、しかし実際には中山間地域というのは集落機能がほとんど果たせないところが多い。そういうところではだれかが簡単な丸バツ方式の書式をつくり、そういうものでやるという形にならざるを得ないのではないか。そこで問題は、これを後からチェックするという場合に、どこまでのチェックをするのか。集落協定があるにもかかわらず、そのようにやってないではないかということになったら、ほとんどが落第することにもなりかねない。その辺はどうお考えですか。

山下 基本的には、集落機能が十分ではないところがあるわけでございます。これは農水省が検討会に出した資料でおもしろい統計がありまして、まず東北と九州、これはほかの地域と比較して、一市町村当たりの認定農業者の数とか、3 ha以上の経営割合が高いという比較的個人が強いところ。それから、北陸、近畿、東海なのですが、ほかの地域と比べますと、農業生産組織の参加率が高く、いわゆる集落での取組みが強いところ。それから、中国、四国なのですが、これはかなり担い手、集落機能が減少をしていまして、第3セクターが数多く存在している。地域間のこういうばらつきがあるということで、我々は

基本的には集落協定というのが原則だと思いますけれども、集落協定もできないところ、あるいは集落協定で漏れるところについては、第3セクターや認定農業者等が個別に農地を引き受けるというような方法で救っていく必要があるだろうというのが第1点。

それからもう1つは、集落協定の把握の方法、実施状況の点検なのですが、これは基本的には農地をちゃんと維持管理しているかということですので、要するに耕作放棄をしてないということですので、これ自体はある程度簡単にわかるのではないかと思います。もう1つは、多面的機能を維持している行為をやっているかどうかという、私は先ほど必須的選択事項と申し上げたのですが、この確認は若干難しいかもしれませんけれども、透明性の効果と申しますか、周りの非農家、それから非対象農家の目というのもありますので、ここもそれほど難しいことにはならないのではないか。

傾斜実測は、手をあげた集落について行う

佐伯 もう1つ、さっき加瀬さんの質問したことに関連するのですけれども、具体的なやり方、認定の仕方としては、まず傾斜について、一筆調査をやるわけですね。それは中山間地の農地全部についてやるのですか。

山下 中山間地の農地全部についてやるということも、できればそれは望ましいと思いますけれども、ただ、基本的には手を上げて、集落で協定を結びましょうというところが対象になるわけですね。だから、自分はもう何もやりたくない、集落協定も結びたくない、個別協定も結びたくないというのは、そもそも対象にならないわけですから。だから、どういうところが手を上げるかというところ。そういうところを中心に、傾斜とかというのは計測していけばいいのかと思います。

それともう1つは、明らかにだれがみても20分の1以上というのははっきりしていますので、そういうところはそれほど難しくはない。もちろん、これは実際計測して数字を出してみないとわかりません。これを年末まで努力して把握してみたいなと思っています。
佐伯　それは地方農政局がやるのですか。
山下　いや、これは県の力を借りてですね。むしろ、傾斜の地図をもっているのは、農政局というよりも県、市町村が多いものですから。
矢口　逆に事業費が700億って出ているということは、大体どれぐらいあるかというのは想定されているわけですか。90万haということが出ていましたけれども、ここら辺はどういう感じで出てきたのでしょうね。
山下　ここは推計でして、第3次土地利用基盤整備基本調査で大体概略がわかりますので、そこをベースにしてやったということです。ただ、一筆一筆のところや一団の農地までが具体的にここではわかりませんので、そういう意味で概数を推計するのはこれを使って推計したということです。

第3セクターや農業公社が引き受ける場合

神山　あと、中四国の第3セクターなり農業公社がやる場合というのは、ほとんど作業受委託の形ですよね。その場合には、直接支払いの支払い先、対象は、そのときには農家になる。
山下　いや、そこはどういう配分の仕方をするのかというのは、これは第3セクターだけではなくて、個別農家が引き受ける場合も同じ問題があると思うのです。それはそれぞれで協定を結んでもらって、ある程度分担しながら、その農地を維持管理しているわけですね。作業受委託のところとそれ以外のところですね。そこはやはり協定を結んでもらって、だれがどれだけ配分を受けるのか。基本的に第3セクターに行ったとしても、それはある部分は農家が管理しているということであれば、その農家にある程度のお金は行かざるを得ないでしょう。
神山　部分作業受委託が多いですよね。検討会の現地実態調査の1つとして高知県の大豊町に行かれていますけれども、あそこは第3セクターが耕うん、代かきと収穫作業だけやっていますよね。それに高知県独自の、市町村が助成をしている場合は2分の1を県が助成していますけれども、そのような事例が一方にある中でどのように仕組んでいくのか。農家に配分といっても第3セクター経由で配分されるのか、あるいは農家に直接いくのか。それは市町村の裁量にまかせるのでしょうけれども、その具体的な形になると実際は難しいなと。
山下　第3セクターが関与するのは、基本的には集落協定を結べない場合、すなわち個別協定の場合を想定しています。個別引き受けで第3セクターが登場するというのは、何らかの形で第3セクターが農地を引き受けるという行為になるわけですから、そうすると、その第3セクターに金が行くという構成をとらざるを得ないだろう。その後で第3セクターと農家との間で分配してもらうことになると思います。
小田切　若干補足させていただくと、必ずしも正確ではないかもしれませんが、市町村長が基本方針というものをつくることになっておりまして、作業受委託の場合のお金の流れについては、そこで規定することが可能だと考えております。
　それからもう1つ、佐伯先生の、どの精度まで土地情報を把握するのかという質問ですが、これは私自身の考え方ですが、それは助成金の配分方法によって違うのだろうと思っておりまして、個人に配分するのであれば、

当然一筆調査ということになって、その一筆毎のデータが必要になるわけですが、集落に配分して、個人には集落で考えながら配分する、あるいはプールするということであれば、集落の農地全体としての土地情報でいいのだろうと思います。

佐伯　助成金の集落内部での配分は全く自由ですか。そこは縛らないのですか。

小田切　集落からの配分については、縛りは、市町村長の基本方針による規定はありますけれども、国からの縛りは無いと思います。

佐伯　その自由はあるのですね。あとは個々の集落の中でやるわけですね。

山下　はい。

「協定集落」の定義

谷口　その集落というのはどういう範囲なのですか。何が集落か、よくわからないのです。

山下　検討会の報告の中に"注"として、集落とは一団の農地において合意のもとに協力して営農、営農関連活動を行う集団をいうということですので、基本的に我々のイメージしているのは一団の農地がまずありきだと。そこを例えば集落ということで、センサス集落で100人いましたと。ところが、その一団の農地は5人で管理していましたということであれば、その5人の人が基本的には集落と。

谷口　そうすると、この前ちょっと大分に行ったのですが、本当に小さい農地が谷ごとにバラバラにあるのですよ。1戸の農家でも何ヵ所にももっているのですね。そういう場合本当に集落と数えてしまうのですか。

山下　出入り作があるわけですね。

谷口　出入り作がなくて、完全に1つの集落の人が、何ヵ所にももつ場合に1つずつ集落を数えるのですか。

山下　一団の農地ごとに数えます。

谷口　それを集落と考えるのですか。

山下　ええ。

協定集落と本来の集落

小田切　谷口先生のように、非常に厳密に議論すればそうなのですが、ただ、そこのところは弾力性があると私は考えておりまして、報告書の8ページにあるパラグラフになりますが、ここのところをどのように解釈するのか、どのように考えるのか、多分集落協定の結び方も、あるいは計測の仕方もいろいろ影響が出てくると思うのですが、報告書には、「一団の農地の指定は物理的連担性だけではなく、営農の活動の一体性等に配慮し、市町村長の判断により集落単位で指定を行う」よう弾力性を確保するという文章があります。したがって、原則としては、いわゆる協定集落、つまり一団の農地の集まり、その利用者が集落だと考えるわけですが、現実には本来の集落とのズレが必ず出てくるということで、それを調整したり、あるいは近似するような、そういう弾力性はどこかに担保されるべきだろうと思っております。

谷口　まとまっていればいいのですけれども、ほとんどが1ha以下だから全部指定されないなと、大分では不安をもっていましたが市町村長だったら指定しなければけんかになるから、頭が痛いと、こういう感じですね。

山下　だから、例えばこうある一団の農地と、つながっていると一番望ましいのですけれども、若干ちょっと外れているけれども、耕作上一体的なものがあると。営農上の一体性はあるということであれば、これを合わせて1つの集落協定をつくるということも可能だと思います。

加瀬　1戸の集落もあり得るのですか。

山下　現実にあるかどうかは別として、一団の農地を1戸が維持管理していればその一団の農地は直接支払いの対象となります。

谷口　通常、センサスとかで把握される集落で類似のものが幾つか集まった場合はどのよ

うに考えるのですか。Ａ集落は協定が全然できていないけれども、Ｂ集落が仕掛けてまとめてしまうような場合は、集落と認知してもらえるのか。集落というと、地元で集落と呼んでいるものや、農業センサスで集落として把握されているものをベースに考えていくものなのかどうか。

山下　基本的には、普通の場合には自然発生したところが集落だと思います。農地がつながっている場合であれば、Ａ集落の人とＢ集落の人がみんなが一緒になって、それぞれ自分がもっているところを合わせて１つの集落協定をつくると。そういうのは可能だと思います。また、つながっていなくてもＢ集落の人がＡ集落の農地に出作してＡ集落で協定がまとまるということもありうると思います。

常盤　基準になる平地地域というのはだれが決めるのですか。これも、ここは大体平地地域だというように市町村長が決めるのですか。

山下　基本的には、水田の場合は20分の１以上の急傾斜のところが当確でして、あと緩傾斜がありまして、それと全く当選しないというところが100分の１未満のところですね。だから、この緩傾斜のところをどうするか。100分の１から20分の１以上のところをどうするか。これは国が一定のガイドラインを示すというように報告書に書かれていますけれども、基本的には市町村長の裁量で決めていただくということになると思います。

都道府県の実態に応じた弾力的な指定の方法

常盤　もう１点、「骨子」の方の２ページのところに「地域の実態に応じた地域指定」というのがあって、①、②がありますけれども、この①が先に先行するのですか。そうではなくて同じなのですか。要するに①の方は、８法地域内の農地の５％以内であって、50％を超えない。そっちの方を先に決めて、なお余地があれば②の方を決めてもいいということなのですか。それとも同時的に、どっちにどのようになってもいいと。

山下　はい。これはこれからあと財政当局と、いろいろと議論になるかもしれませんが、少なくとも私の考え方は、これは持ち分なのです。８法内の５％以内の農地が例えば10万haある。８法外の５％の農地が５万haある。そうしますと、10万と５万haを合わせまして15万haになりますですね。これを全部８法内地域の農地に配分してもいいし、８法外地域の中に配分してもいいし、あるいはその10対5の比率を変えて、８法内に５、８法外に10与えてもいいし、これは持ち分ということで、どう配分するかは都府県知事の裁量に任せてはどうかなと思っています。

　これは今、私が考えているだけで、今後財政当局とも議論していく必要があると思いますけれども、そのような柔軟性をもたせていく。私の考え方によりますと、これはあくまで持ち分であって、これを８法内、あるいは８法外にどう配分するか。これは都府県知事の自由な裁量に任せたらどうかということです。

既存の直接支払いとの関係

矢口　例えば既存の各県がやっているのとか、各市町村が既にやっている直接支払いがありますね。それとの整合性というか、関連性というのはどのように理解するのですか。今度の直接支払いというのは。

山下　なかなか難しいところでございますけれども、各県の直接支払い類似の事業をみますと、かなり限定を加えているところがあると思うのですね。例えば京都府なんかも全部が全部いくということではなくて、一定の利用権を長期間設定すると、20分の１以上のところでもらえるとか、これは小田切先生も詳

しいと思うのですけれども、鳥取なんかは第3セクターに限ると。

矢口 要するに、それがかぶさった場合です。つまり、各市町村、各県がやっている、そういう補助事業と今度の直接支払いの地域がかぶさったときの直接支払いのあり方、県の対応、市町村の対応というのは、具体的にはどのように調整するのでしょうか。

山下 これはなかなか国として、既にやっているものをやめろというのも難しいところがあります。我々としては、できれば継続してもらいたいと考えています。

矢口 それはかぶさりますよね。

山下 ええ。ある程度かぶさってくると思います。完全にオーバーラップはしないまでも、ある程度かぶさってくるので、そこは何らかの調整も考えてもらう必要があるかもしれません。

服部 これを前提にした調整になるのではないかな。

「1,500円」の担い手への集積上乗せは、どの程度のインセンティブか

神山 京都府独自の中山間地域への支払事業で見ると、傾斜度20分の1以上で、区画10a未満の水田を認定農業者もしくは、京都府独自の「地域農業の担い手」に6年以上の利用権設定をした場合は年10a当たり2万4,000円を6年間、3年以上の農作業受託をした場合は、10a 8,000円を3年間支給するというものです。それからみますと、さっき小田切さんが新規就農で指摘しましたけれども、10a当たり1,500円の上乗せというのも担い手への土地利用集積という面ではどうも……。基本的には直接支払いの目的というのは耕作放棄の防止だと。その第一目的はいいわけですけれども、担い手への土地利用集積という面では、どちらかというと、1,500円というのはインセンティブはないのではないか。あ

るいは新規就農についても、特に新規就農は小規模ですから、なかなかインセンティブが出てこない。

山下 そこは私は小田切先生とちょっと意見が違うのですが、小田切先生がおっしゃったのは、いわゆる集約型の農業に新規参入してくるだろうと。その場合に、集約型農業というのは確かに高い金額を稼ぎますから、その点で反当たり1,500円というのは少ないのではないかということなのですね。それはおっしゃるとおりだと思います。

しかし、今回の直接支払いの目的は耕作放棄を防止することで、公益的機能を確保するというところにあります。そうすると、集約型農業の場合には、農業が仮に振興されたとしても、農地は余り使いませんから、農地は荒廃するという場合もあるわけですね。農業の振興と農地の維持が一致しないのです。我々が議論しているのは、新規就農といっても土地利用型農業での新規就農です。集約型農業の振興としての新規就農は、例えば特定農山村法が目指したような別の手法をとるのがいいのかなということで、同じ新規就農といっても、異なるものがあると考えています。この上乗せ加算で集約型農業の新規就農者対策までやろうとすると、この制度の目的が、要するに耕作放棄を防止して、中山間地の農地を維持しようというのがやはり目的ですから、限界があります。

矢口 新規就農措置でやればということだと思うのです。

明確な基本方針と柔軟な肉付け

服部 きょうは非常に時間がオーバーしました。普通の検討会ですと大体2時間で終わるのですけれども、きょうは議論がいろいろな角度から大変活発になって、30分オーバーしました。一応きょうはこれでもって、中山間地直接支払いについての検討会を終わりたい

と思います。

　最後に、私は今まで非常に発言を抑えていましたので、2点だけ簡単に発言して終わらせてもらいたいと思います。

　1つは、私も検討会の中に入らせてもらって、勉強させてもらいました。9回の検討会が行なわれたわけです。最初の段階で構造改善局の地域振興課の山下さんを中心にして骨格に関して明確なビジョンがもたれていたと思います。それは最後まで貫かれたという感じがしています。

　と同時に、検討会の中でもって出されてきたいろいろな意見が柔軟に取り入れられて、特に小田切さんなんかが出された都道府県知事に一定の裁量権を与え、それによって政策に柔軟性をもたせるという考え方などを積極的に取り入れられて、本当に評価の高い中山間地の直接支払い制度の最終的な案にまとめられたという印象をもっています。

　最後にもう1点、生産費格差の80％を補てんするという単価の基準についてです。これは検討会が終わった後で、最終的に山下さんたちから具体的な案として提起されたわけですね。生産費格差の80％を補てんすると。これに関しては、100％ではないということに関して若干の批判もあるようですが、私は逆に、非常に自制のきいた提案になったと評価しています。

　今、アメリカでは固定支払いについて、あれだけでは価格の低下に対して不十分だといって、大変な大盤振る舞いがやられようとしています。財政の規律がないし、みずから決めた96年農業法の前提を覆すというようなことが行われているわけです。それに対して我が国の新しい政策が節度をもって、だれに対しても胸を張って説明できるような提案になった。その重要な一因がその80％の補てんではないのかと、私はそんな感じをもっています。

　きょうはこれをもって終わりたいと思います。どうもありがとうございました。

3　食料・農業政策研究センターにおける議論（抄）—1999年11月）

出席者

石光　研二（農村開発企画委員会常任専門委員）
大内　　力（東京大学名誉教授）
小倉　武一（食料・農業政策研究センター名誉会長）
紙谷　　貢（食料・農業政策研究センター理事長）
川野　重任（東京大学名誉教授）
是永　東彦（宇都宮大学教授）
島津　　正（前日本大学教授）
新藤　政治（前CGPRTセンター所長）
高山　隆子（明海大学教授）
束野　宗利（食品需給研究センター顧問）
土屋　圭造（九州大学名誉教授）
並木　正吉（前食料・農業政策研究センター理事長）
服部　信司（東洋大学教授）
笛木　　昭（広島県立大学教授）
逸見　謙三（前東洋英和女学院大学教授）
柳澤　和夫（食料・農業政策研究センター理事）
山下　一仁（農水省構造改善局地域振興課長）

中山間地域の農家の所得安定策と集落営農

土屋　3点ほどお伺いしたいのですが、1つは、先ほどご説明がありましたが、支給額は農業生産に伴う追加の費用または収入の喪失が限度であるというご説明がありました。ご報告をおうかがいしますと、率直に言いまして、果たして中山間地域の所得の安定あるいは担い手の確保に問題がないだろうかというのが疑問です。

それで、所得の安定ということに関しては、例えば稲作については、稲作経営対策があるわけですが、過去3年間の市場価格を基準にした価格になっています。しかも、最近、年々米価が下がっておりますから、補償額が稲作経営安定対策では下がっている。最近の麦とか大豆の安定対策等も稲作経営安定対策をモデルにしておりますので、所得の補填対策がだんだん弱まってくるのではないだろうかというのが第1点です。

2点目は、先ほど集落協定が非常に重要だというお話がありました。例えばコメとか麦の生産目標をつくるというようなことのようですが、集落協定ができない、あるいは集落がすでに崩壊している地域が随分ありますが、そういうところをどのようにお考えなのかということが2点目です。

3点目は、せっかくいい案をつくっていただきましたけれども、私、茨城県の瓜連町の近くに住んでいるのですが、この地域は平坦地域ですけれども、町独自の直接補償事業をやっております。できれば中山間地域のみならず、山下さんはEUに大変ご造詣が深いようですが、EUのように全地域を対象にした補填対策が必要ではないだろうかと思います。

以上3点についてお伺いします。

山下　それでは1点ずつご説明させていただきます。

最初のこれで所得の安定が確保できるかという点ですが、これについて3つコメントさせていただきます。

まず第1点は、従来「直接所得補償」という言葉が、我々農業関係者のグループの間では流布されて、EUが条件不利地域対策のあの単価で所得を補償しているという誤解があったと思います。EUも、先ほどの資料を見ていただきますと、1戸当たり19万円でしかないわけです。これで所得を補償していると

いうことではなくて、EUもコスト差を補正するというコンセプトは明確だと思うのです。要するに条件が不利の場合、その不利を補正するのだということです。それ以外の所得をどういうふうにやっていくのかというのは、全体の価格政策や所得政策のマターだということで、この条件不利地域対策に全部を期待するのは無理だというのがEUの考え方です。

もう1つは、先ほど申し上げましたように、この直接支払いというのは生産条件の格差の補正ということですから、万能薬ではあり得ないわけで、中山間地域の所得の確保のためには、例えば農村工業導入をやって兼業収入を得るとか、あるいはグリーンツーリズムをやって、これでまた別の意味で所得のチャンスを拡大するとか、そういう取り組みがどうしても重要とならざるを得ない。中山間地域はどうしても面積が少ないわけですから、農業所得だけで食べていこうというのは難しいところがあると思います。そういう意味で、この施策だけではなくて、いろいろな施策を総合的に実施していく必要があると思うのです。

最後に、直接支払いの場合には平場とのコスト差が幾らということですので、稲作の経営安定対策のように、過去3年間の価格をとって、3年間の価格のトレンドが下がれば、自動的に下がるという仕組みではないということです。

それから、2番目の集落協定ができないところはどうするかということで、これは大変重要な指摘だと思います。我々、データ的に見てみますと、北海道は別格として、九州と東北にきわめて強い農業の層がありまして、真ん中がどちらかと言うと空洞化しているという感じがあります。いわゆる認定農業者とか規模の大きいところは、九州と東北にかなり多い。その中間的なところが東海とか近畿とか北陸とか、こういうところは生産組織の対応がかなり目立っているのです。1番疲弊しているところはどこかというと、中・四国で傾斜地も多いということで、集落営農も、集落自体も崩壊しつつあります。

そうは言っても、そういうところで第3セクターを通じて農地を維持・確保していこうという動きは、かなり中・四国にあります。それともう1つの流れとしては、島根に代表的に見られるように集落農業というのをもう一遍再考していくべきじゃないかということで、かなり集落営農に力を入れているところもみられます。

そういう意味で、最後の砦としては第3セクターによる農地の維持管理というやり方もあるのですが、第3セクターと言っても、その抱えた農地がどこに行くのかというところもありますので、第3セクターだけでやるというのは限界がある。特に第3セクターというのは、公的機関ということですので、いいところは担い手のところに集中して、悪いところだけ第3セクターに引き受けさせられるというところもあるので、やはり健全な姿としては、私は集落営農というところに戻っていくのではないかと思います。

この前、中・四国地方と同様傾斜地の多い大分に行ってきましたが、大分の中山間地域でも最後の手段は集落営農しかないというふうなことも言われまして、我々が考えた方向は間違っていなかったのではないかと思っております。

最後の平坦地をどうするかということですが、私が今、役所の立場で言えることは、先ほども申し上げたようにEUでも75年に条件不利地域対策、85年に環境直接支払い、92年に直接所得補償ということですから、段階的に追っていくべきではないかなと思います。今すぐ全部をやるということは難しいので、まずはだれもが納得できるこの条件不利地域

対策、中山間地域対策で、これはハンディキャップを負っているところの直接支払いですから、都市住民の人も、公益的機能を果たしているということで納得してもらえるのではないかと思うのです。そういうところから進んで行って、さらに将来はどうするかということを考えるべきだと思うのです。個人的には、平坦地に対する直接支払いというのは、二兼農家も全部含めて直接支払いするというのは問題だと思いますけれども、ある程度の対象を絞り込んだ形で、本当のコアとなる人に対して直接支払いをやる、本格的な直接支払いをやるというのは魅力的な政策だと思います。これによって、単に農業を生き返らせるということだけではなくて、価格支持がなくなり価格が低下するので関税交渉等に対する国際交渉力も強くなりますし、国産農産物が割高であることによって加工食品の競争力が低下するという食品産業の原料問題とか、価格低下による国産農産物の需要の拡大とか、そういういろいろな問題や課題を解決できるということになると思いますので、将来的にはそういうところで仕事をさせていただければ幸せだと思っております。

ＥＵでは補助金は有効な手段だが直接払いは

笛木　私、前に全国農業会議所で構造問題を担当して、今、広島県立大学に勤め、庄原に住んでおります。今お話に出ましたまさに中国山地のど真ん中に住んでいるわけですが、今の土屋先生のご質問とも関連して質問させていただきたいのは、まず集落協定が個々の規模拡大農家の対応と矛盾が出てこないかということです。中国山地でも近年は集落地域で規模拡大農家が出ているわけです。もちろんご承知のように営農集団が一方にありまして、営農集団と規模拡大農家と、今のところはばらばらになっています。ですから、集落協定の中でそういった規模拡大農家についても盛り込めるかどうかということが第１点。しかしその矛盾の面がかなり残るのではないか、そこはどう考えておられるのか。

もう１つは、市町村長に聞きますと、非常に心配して、これは大変だと言うわけです。つまり今お話がありました、まるっきり平坦地ならいいのですけれども、中国地方内陸部は地形が複雑で同じ庄原市の中で、地形条件でもらえるところともらえないところが出てくる。これは市町村長としてはとても耐えられないというのです。先ほどのやや50％以内のカバーで対応できるのかどうかというのが２点目の問題です。

それから、所得の問題ですが、ヨーロッパの動きを、実態を見たり聞いたりしていますと、確かに条件不利地域の補助だけでなく粗放化とかいろいろありますが、国の補助金は全体合わせますと、農業所得の、平場だって20％以上、山の中へ行くと50％近くになります。要するにヨーロッパの場合は農場としてかなりまとまった一定の構造的な展開がなされたところで、いろいろな助成が集中されてかなり有意な助成政策になっており、条件不利地域対策はその一環をなしています。わが国の場合は、ぽつぽつ規模拡大農家が出ていますし、集団的な集落営農も若干ありますけれども、まだ初歩の段階といいますか、かっての小農構造が解体過程を深めながらその新しい再構成された経営主体形成はまだ非常に微弱なわけです。そういう中で私が感じますのは、例えば中山間地域の兼業農家といいましても、家族合わせて1,000万円以上の農家所得のある農家はざらなわけです。片や退職した農家というのは、確かに年金とかありますが、つつましいものです。退職してやっているような方には、これはそれなりのサポートになると思いますけれども、現在、1,000万円以上稼いでいるような農家は、１集落で

3～4割はあります。500～600万円というと、退職農家を除いて大半がそうです。そうすると、これだけの補助金で果たして農地の有効利用に対するインセンティブになり得るのかどうか。

その問題に関連して、昨年ご報告させていただいたように、兼業化の世代交代を通しての小農解体が誰も止める事の出来ない歴史的過程として進行しています。その中でこれだけのインセンティブで果たしてどれだけ農地の有効利用が保てるか。そこで仮に今農業をやっている高齢世代にはそれなりに喜ばれる事があっても、その次の世代は農業とは無縁になっている中で、結果として補助金のバラマキに終わる事が目に見えています。実際問題としては、現地の農業構造を見る限りではそんなに効果は出ないのではないかと思います。つまり農業構造の展開について、わが国では小農が解体している――大内先生がいらっしゃいますけれども、大内先生がかつて明らかにされた強固な小農制が根本的に解体しているわけです。そこで新しい主体の再構成をなしていかなければならないけれども、それには時間がかかるわけです。そこを余りダイレクトに結びつけても、主体の成長がない所では政策効果が出ないのです。ですから、農地保有合理化事業をもっと整備強化した機関のようなワンクッションを置いて――要するに農業をやれなくなった農家のクッションみたいなところに農地を集めて、新しい担い手が出てくる過程に時間をかけて対応していくことが必要ではないかと考えます。これは条件不利地域の直接助成だけでなく問題になっている農業者年金などもそうですが、高齢農業者等小農制のつながりで担われている部分とそれが消える中での、受け皿の形成を担保した金の使い方をしていけば、将来に向けての構造政策の効果がかなり出てくるのではないかと思うのですけれども、ただばらまいてしまったのでは余りインセンティブがない。その辺をどういうふうにお考えでしょうか。

山下　まず検討会報告の集落協定の規定事項のところを見ていただきたいと思います。その(オ)のところですが、「生産性や収益の向上による所得の増加、担い手の定着等に関する目標」を規定してもらうこととしています。我々が考えている仕組みは次のようなものです。市長村で基本方針をつくってもらう。その基本方針の中で、どういうふうに担い手を確保していくか。中山間地域でも条件のいいところ、先生がおっしゃったように1,000万円も稼いでいるところはいいところなんですが、中国地方の都市近郊では虫食い的に出てしまって、人がいなくなってきている、単に高齢者1世帯だけの集落というのがかなり出ている。先ほど土屋先生がおっしゃったように集落自体で寄り合いもできなくなるというようなところが出てくる。そういうところに担い手をどのようにして集めてくるのか。集めた担い手をどういうふうに規模拡大させていくのか。集落協定である以上は小規模農家も対象にしますけれども、そこでは構造政策や規模拡大というビジョンを捨てたわけではなくて、規模拡大加算も活用してもらいながら、集落営農を構造政策と整合させながらやっていこうということです。そういう意味から市町村長に基本方針をつくってもらう。市町村はやることはいっぱいあると思うのです。生産性向上をどうするか。担い手をどうやっていくのか。あるいは生活環境をどう整備していくのか。幾ら担い手がいたとしても、電気も水道も引いてないようなところには担い手だって来ないわけですから、そういう生活環境をどうやって整備するか。いろいろな課題がある。

その課題を基本方針で書いてもらって、その基本方針を書いてもらう中に、市町村自体

がやらなければならない課題があると思うのです。例えば生活環境の整備は集落でできるわけではないですから、これは市町村、公的機関で行う必要がある。あるいは担い手とかオペレーターを見つけてくるためには市町村自体が都市住民に働きかける。これも集落でできるわけではない。こういうふうなことは市町村にやってもらわなければならない。それを市町村がやりつつ集落自体としても何をどういうふうにやるのか。例えば機械の共同利用をするということであればコストがどんと下がる。そうすると、健全な農業を営むことができる。あるいは農地を担い手に集積して規模拡大を助長する。そういうふうなことで集落として一歩でも二歩でも前進してもらう。そういう集落協定をつくってもらう。

それについて努力してもらって、5年後に努力した成果を市町村が判定して、この集落は集落協定に立派なことを書いてあるけれども、何もやってない、これでは進歩する意欲も何もないということであれば、都道府県の審査を経て、助成はそこで打ち切る。余り高いハードルを設置すると、皆落第するということもありますので、先ほど言いましたように1年生が2年生に上がるような感じで一歩一歩進んで行くというふうな目標にしたらどうかと思うのです。

集落営農というのは、いろいろなパターンがあると思うのです。1つは、先ほど申し上げたように全部兼業農家でも役割分担をちゃんと発揮して組織化してやっていく。組織化することによって、例えば機械の共同利用ができればコストダウンができるわけですから、そういう意味では個々の農家は零細であっても集落全体としてコストダウンできる余地がある。

もう1つのパターンとしては、コアとなる担い手が規模拡大をどんどん進めていく一方で、担い手だけではできない水回りの管理とか農道の管理とか、担い手が全部やるわけにはいかないですから、そういう周辺的なところは集落全員でやる。要するにコアとなる担い手の周りに集落のほかのメンバーが存在するというパターンもあると思います。

もう1つは、稲作は稲作で専門化する、野菜とか果実はたくさん土地は要らない、たくさん土地は要らないけれども、収益を上げていくことができる野菜農家の余った土地は稲作農家に集中させるということで、集落の中で稲作に特化するグループと、高付加価値型農業で特化するグループと、2つのグループが存在し、農道とか水路の管理とか、そういう集落共通の維持業務は当然要るわけですから、それは協力してやってもらうということで、集落全体として営農水準が上がっていく。そういうイメージを考えていく。すなわち、集落協定と言っても、単に零細農家を温存するタイプの集落協定ではなくて、もう1つワンランクアップした集落営農というのを我々としてはイメージしているわけです。

それと、公社の位置づけなんですが、新潟県の事例を参考にされて、検討会のメンバーの茨城大学の柏木先生は、インキュベーター型の第3セクターにかなり注目されておられます。これも検討会の報告で少し紹介しているのですが、担い手を育成するための1つの方法として、農地保有合理化法人とか、第3セクターに将来の担い手が入ってきて、しばらくオペレーターとして就業し、そこで技術を習得した段階で、その合理化法人等の持っている土地を株分けしてもらって独立する。その独立した人が、先ほど言いましたように集落のコアになって集落営農を実現する。こういうのが1番の理想像だと思います。単に公社も土地を集めるというだけではなくて、そういう形で担い手を育成しながら第3セクターとしての機能を果たしていくというのが望ましい対応ではないかと思っております。

それから、市町村長の悩みは確かにあると思いますが、同じ8法内のところでも、傾斜などで生産条件の悪いところと、そうでないところがあるわけです。生産条件の良いところには、直接支払い制度が生産条件の不利を補填するという制度である以上、交付できないのです。そういう傾斜がなく真っ平らなところは、逆に生産費を調べてみるとわかるのですが、実は中山間地域のほうが地代なんかうんと安いわけです。むしろ平場のほうが高い。そういう意味では優位にある地域だと思うのです。もし土地利用型農業を展開しようと思えば、中山間地域のほうがむしろ有利に展開できる。東大の生源寺先生がおっしゃっている議論ですが、国際経済学のヘクシャー・オーリン理論を応用すれば土地という生産要素が比較的多く賦存する中山間地域は畜産等の土地利用型農業に比較優位を持つ可能性があるというふうなこともあるわけです。中山間地域でも農業生産条件の良いところでは、その有利性を生かして農業の展開をすべきだと思いますし、そこで傾斜農地と同じ農業を展開するということはあり得ないのです。そういう意味で確かに行政的に難しい点があると思いますけれども、農業生産条件の良いところまで生産条件の不利を補正する直接支払いは交付できないのです。それをやってしまうと、それこそバラマキになってしまいます。対象になる農家と対象にならない農家があり、さらに非農家もいるのです。非農家から見ると、真っ平らなところまで金を払うとすれば、生産条件が悪くもないのに、何でこの人は金をもらえるのという話になりますので、やはり透明性の効果というのは非常にあると思うのです。金が行く以上は、なぜここに金が行くのかというところを明確にしていく必要があると思うのです。そうでないと非農家からも批判されて、結局この直接支払い制度が崩壊するということを恐れています。

中山間地域は生活環境整備と生産環境整備が必要

川野　いろいろ検討しておられるのに、こういうことを申し上げるのは申しわけない気がしますが、感想的なことを1つ申し上げたいと思います。

　この話を農家の方々、特に中山間地域の農家の方々が聞いた場合、喜ぶ人が多いのか、あるいは懸念する人が多いのか。私は懸念する人のほうが多いのではないかと思うのですが、その理由は何かといいますと、従来の政策は個別の生産者を対象としての助成というのはまずなかったと思っておりますが、それを個別の経営条件に即して、しかも一定の期間、ある種の補助がある。その補助の前提となった条件を守らなければいけないというのは大変厳しい政策ではないかという感じがします。もともとのねらいは、農家を中山間地域にとどまらしめたいというのが1つ。あわせてその地域における公的ファンクションは、場合によってはそういう方々に負ってもらう。その方々が負えないのであれば、集団で負ってもらうというふうな思想ではないかと思っておりますが、もし農家をその土地にとどまらしめるというのであれば、抽象的には、私は生産上の条件と生活上の条件の2つがあると思うのです。生活上の条件というのは、道路が悪い、上・下水道の設備が悪い、病院が遠い、学校が遠い、あるいは電気がどうだといったようなことだと思っておりますが、それは従来いろいろやってきたと思いますけれども、これをかなり徹底してやって、なおかつ生産上の条件不利というものによって農家が出て行く。農家が出て行くだけではない。それによって、その地域の環境整備等の条件が満たされない。それに対する対応だということかもしれませんが、もしそうであ

れば、まずは生活上の条件整備ということについてどこまで徹底しているのか。

　私は、岐阜県の高根町に、あそこの火祭りを見に行ったことがありますが、約2万人ぐらい集まっていました。2万人ぐらい集まって大変盛況なんですが、2万人集まった人々が、そして祭りが済んで帰ろうという場合、あの国道が一車線で、延々、何時間も車を連ねて帰らなければいけないという状況です。国道で、しかも一車線という事態こそ問題で、国道というならば国道としての期待があるはずですから、それをきちんとやるというのが筋ではないか。ふだんは道路の利用者が少ないから、ああいう状態だというならば、そのこと自体どんどん人が減っていっている事態を是認しているわけですね。それに手を加えることなくして、ほかの対策をやっても無理ではないかという感じがします。

　そこで、次の問題は、農家をとどまらしめて、生活上の条件が整備されても、なおかつ生産上の不利ということがある。それを是正するということについて、個別の経営に則して補助をするという大変手の込んだ行政をされるものだと思っていますが、その生産上の条件については、地形上の条件もありましょう。しかしながら他方、農機具を使い、基盤整備を行う等々の条件がありますから、その面についてもっと徹底した助成をする。しかもその助成というのは、個別農家に対する助成でなしに、その地域の集団に対して助成するとすれば、個別農家は、その補助を受けようとする人、受けない人、いろいろありましょう。自由にそれに参加させる。それから公的機能、例えば小動物はどうとか、従来余り関係のなかったファンクションもはたしてほしいということのようですが、それはそういう集団のファンクションとして期待する。そして集団に対する助成をする。集団が、その助成を受けて、その地域のどの農家にどの程度の協力をお願いするかということは、その集団の判断に任せる。したがって、個々の農家はそれに雇用されることによって所得の機会を得る。それでもどんどん出ていく人はおるかもしれない。集落といっても、金を出して協力してくれる個別農家はほとんどないということもあるかもしれない。その場合にはよそから人を呼んできてやるよりほかにないと思うんだな。現在おる人を、本当はその人も出て行きたくないんだというのをとどましめるというのだったらいいのですが、そうでない人が非常に多いとすると、それに対して何年間か補助金をやって、ああしろ、こうしろというのは、受けるほうとしてはちょっと躊躇するのではないかという懸念だけをちょっと申し上げておきたいと思います。

　これは感想です。

山下　実は我々が考えていることと、今おっしゃられたことと変わりないのです。まず生活環境の条件整備が必要だというのは、まさにそのとおりで、中山間地域の生活環境の条件整備はまだ図られていないのは事実で、構造改善局の中山間地域等総合整備事業というのがありまして、これは生産条件の整備と農道等の生活環境の整備を一体的にやるという事業なんですが、来年度は640億の予算を要求しております。中山間では下水道とかの普及率も全然低いわけで、そこら辺を重点的にやっていかなければいけないというのは、そのとおりだと思います。

　もう1つ、生産上の条件についても、確かにEU型の直接支払いというのは個別農家にバンと行くわけです。それは17haと規模がでかいわけですから、そこで集落協定というのは余り考えられない。EUでも集団的な取り組みがないことはないと言っていましたけれども、基本的には個別農家に対する助成なんです。ところが、我々が考えているのは集落による集団的な対応ということで、交付金

は面積当たり幾らということで計算して集落に行きます。その金をどういうふうに使うかというのは、集落で決めてもらう。集落の共通の作業——例えば水路、農道の管理は共同で皆でやるのだということになれば、それを集落でプールして使ってもらう。極端な話、下に下ろさずに集落で全部プールして、機械の共同購入とか飼料の共同購入とかに充ててもいい。そういう意味で、検討会報告の対象者のところに書いてありますが、集落で支払い関係の役割分担がはっきりしていれば、集落そのものを支払いの対象者とするというふうなことも考えてはどうかというふうに書いていただいたわけです。これは東大の小田切先生から、むしろ全員参加の市町村を超えた自治組織である集落に交付するというのは、きわめて進んだ考え方じゃないかというふうに評価されたわけですけれども、我々としても集団的な対応というのは重要だと思っております。それから、このような集落に新規参入者を入れて行くことも重要と考えています。

補助金が時により地主のメリットになる恐れ

是永 水田に10a当たり2万1,000円払いますと、地価に反映する。資産価値に反映するという問題は大事だと思う。それは土地の流動化において、小作料が上がるという形であらわれる。最初は生産条件の差を反映する形で補助金を決めても、資産価値の上昇というのが生じますと、経営におけるコストギャップをカバーする機能が低下する。結局個別農家にこういう形でコストギャップを相殺しようとしても、資産価値に反映するという問題をうまく処理しないと、空回りして、十分な効果がないことにもなりかねない。

ヨーロッパの場合でも、資産価値に対する影響が議論されている。フランスは当初、山岳地域において機械に対する補助金が導入された。そういうもののほうが地価に反映しないと思う。これに対して、土地に結びついた補助金や生産割当てははるかに地価に反映する。だから、地価への反映をそのままにしておくと、結局地主のメリットになるだけで、経営者のメリットには余りならないという問題があります。

だから、川野先生の議論の続きみたいになりますが、個別経営に対してそういうふうに完全にコストギャップを相殺し、マーケットにおいて十分に競争力をカバーすると思っても、経済の論理から言うと、ほとんど地主のほうに行ってしまう。欧州では、そういう非常にやっかいな問題がある。直接支払い制度を持っている農政はどこでも持っているやっかいな問題に日本農政もこれから直面することになる。日本は資産に対して敏感だから、こっちの農地と向こうの農地が同じような条件でも、向こうには補助金があるために地価が上がるという問題をどう受け止めるか。それがこの制度の難しさであると思う。例えば5年とか10年たって評価する場合に、果たしてこれによってどれだけ条件不利地域のギャップが埋められ、その地域がどれだけ競争力を維持できたかという場合に、かなり厳しい評価が出てくることを懸念するのです。以上が私の感想です。

山下 5年後にどうなっているかという問題があると思うのですが、2つ、コメントさせていただきます。

1つは、検討会の資料ですが、「3　対象者」のところの「(1)　基本的な考え方の」イ、「なお、本制度の対象としては、農地の所有者ではなく、実際に農業生産活動、農地の維持管理作業を行っている者を対象とすべきである」ということで、所有者ではなくて、小作者や受託している人に交付することにしています。金の支払い方は反当たり幾らという

計算で交付しますけれども、所有者に交付されるのではないのです。直接支払いにより小作者や受託者が高い所得を上げるようになり、経済的な余剰の一部分が地代になるということであれば、間接的部分的に地代は上がるかもしれませんけれども、直接的に所有者のところに行って、まるまる地代が上がる高まるということにはならないと思うのです。そこはどういうふうに経済的な連鎖が起こるかというのはわかりませんけれども、それが1つ。

もう1つは、先ほど地代の話をさせてもらいましたが、中山間地域と平場の地域では農地の価値関係が全然違うと思うのです。平場のところは、借り手はたくさんいるけれども、出し手がいない。要するに資産的保有もありますから、なかなか出したがらない。借り手となって規模拡大をする意欲のある人はたくさんいるけれども、なかなか農地を集積できないというような問題があると思うのです。ところが中山間地域は全くその逆で、中山間地域の農地が流動化しないというのは、出し手はたくさんいるのだけれども、受け手が全くいない。中・四国の中山間地域の場合には、出し手はたくさんいるんだけれども、受け手がいない。なかなか引き受けたがらない。引き受けても、それを返せなくなる恐怖があるというのです。ヨーロッパとは別の意味で平場地域の状況と中山間地域の状況とが違ってきていると思うのです。だから、この直接支払いをやることによって、地代がどんどん上がるということまではないのではないかと思うのです。

是永 だから補助金の額は余り上げないほうがいいんですよ。わずかな額だと矛盾があらわれない。ヨーロッパはものすごく少ないですよ、ha当たりに直しますとね。日本のは大きいから、それが一体どういうふうに影響するか。今の資産価値の序列があるわけですが、それを大きく変えるわけですからね。

高山 私も感想を述べさせていただきますが、十数年前に『農業と経済』誌に「ドイツの農業政策」について書きましたところ、県や市町村の職員の方とか、農協の方から積極的な反応がありました。それも中山間地域に限っていました。そのころの私の関心は、他の分野でしたので、多くの方々がこの問題にこのように強い関心を持たれていることに大変驚きました。ですから、この問題は多くの現場の方々の期待を担って出発した問題だと思います。

もう1つは、やはり10年前ドイツの農業政策を農水省の若手の方にご説明したことがあるのです。そのとき、彼ら、彼女らが私の話に関心を持ったのは、とくに次のような点でした。若い行政官の方々が現場で指導している場合集団でやらないと補助金が出ないということで、その集団をつくるのに大変苦労をしているというのです。それがドイツではなぜ個人に補助金が出るのか、どういう差があるのか、私たちは本当にこれで苦労しているから、ぜひ日本でも個人に補助金が出るよう実現してほしいということを若い方々から言われました。もう十数年もたちますが、今お話を聞きますと、彼らの思いが、全部は実現してないけれども、集落で全部金を使ってもいいという話ですから、日本的に妥協され、おまとめになったと思います。十数年前から、市町村で働いている人々や農水省の末端で働いている人々の思いが今実現したのかなというのが私の感想です。

本日、御説明いただいたことは、今後行うべきさまざまな問題の第一歩だろうと思うのです。この問題ですべて解決するわけではないと思います。ドイツでは、中山間地域のお金のほかに、環境問題に貢献している農業者等には別な形で直接所得のお金が出てくる。それから水の保全のために貢献していれば、

それに対しても出る。いろいろな形で、トータルで現代社会が必要としているものに貢献している人に対してお金が出るというふうに日本でもなるのかな、それにはあと10年ぐらい必要なのかなと思って期待したいと思っております。

それから、土地というのは農産物をつくるだけではなくて、自然を涵養している等、生態的・環境的価値について評価していく社会情勢になっていると思います。

農村の知恵に期待

並木 さっきの地代を上げる云々の話と多少関係するのですけれども、中山間地域の場合でも、最低限の区画整理を必要とする地域があるだろうと思うのです、平場的な意味ではなくてですよ。不耕作地が出ないような最低限の区画整理を必要とするような地帯があると思うのです。そういうところで、なぜできないかということを現地に行って聞いてみると、1つは土地を持っている地主が、そんな区画整理をやったって耕す労働力がいない、事業費の償還を一体どうしてやるのだという反対があってなかなかできないという実情があるわけです。ところが、さっきの10a当たり2万かあれば、それが償還に回る可能性があり得るので、そういうことであればやってもいいではないかとか、誘導の可能性があるのではないか。

もう1つは、引き受けるいい農家があれば、私にやらせてくれれば能率よくやって、例えば10a当たり、米作で言えば3万円なり4万円なりの地代を払いましょうと。そこから償還をしてくれと。労働力は私がやるということで成り立つような事例があるわけです。ですから、そういうような中山間地域で、一定の区画整理を必要とするようなところで、今の直接不足払い制度がどういうふうに作用するかということをちょっとヒヤリングでもやっていただくと、やや参考になるのではないかという感想を持ちました。

5年後の見なおしについて

逸見 いろいろなプログラムがあって、問題がこうあって、農水省の中にもこれだけあるし、環境庁にもこれだけあると。こうなるとやり方がずっと変わってくる。そういうふうにしないと、これだけで5年後に見直しちゃったら、対象になった地域はかわいそうだという気がしますよ。それでまじめにやらないから切ると言ったらね。

山下 強制的に目標を国とか県とか市町村が設定してやるということじゃなくて、そこはあくまで集落が自分で目標を設定するわけです。それはいいかげんな目標だったら困るのですけれども、自分で合理的な目標を立てて自分で達成できる――頑張れば達成できるような目標を設定しますから、それを集落としてやる以上は、そんなに難しい目標を自分で立てるわけはないと思うんです。今1反しかないのが、5年後には20haおれは持つんだという目標は多分立てない。やっぱり1反が2反になり、2反が3反になるという目標だと思うのですよね。そういう現実的な目標を立ててもらう。

服部 先月、長野県の中条村に現地調査に行ったのです。中条村というのは長野市の隣村なんです。長野市というのは、市町村合併をやって非常に範囲が広がっているのですね。中条村は5法地域です。だから、この中の傾斜地は当然対象になるから、今全部申請の方向でやっているということだったのですけれどもね、中条村と接している長野市の部分は自然条件がほぼ同じです。当然その中には20分の1以上の傾斜地とか10分の1以上の畑というのはあるわけです。それは、この中に書かれている5％という、都道府県知事が決定するアローアンスの範囲でカバーされればい

いのだけれども、何となく僕の聞いている感じでは、長野県というのは非常にそういうところが多いということを言ってましたので、都道府県知事が5％の範囲内で、5法地域以外のところでも入れるという制度を入れて本当によかったなということと、何となく5％でそれがカバーされるのかなという、その2つの感じを持ったのです。

　もう1つは、これは議論に直接関係ないのですけれども、最近、WTO次期交渉をめぐって国際的な場でオーストラリアとかいろいろな人たちと議論することがあった。日本の提案が多面的機能の維持・発揮ということを中心にしてますが、そのときに直接支払い制度というのがそういう多面的機能を維持すべき具体的な政策としてある。これが来年度から実施されるということが、そういう議論をしていく場合に、わが国の主張を裏付ける支えになっていると感じました。

並木　サポートする……

服部　そうなんです。もしこれがなかったら本当に大変だろうなという感じが逆にしましたね。だから、これがあって非常によかった。多面的機能という主張のサポートになるという感じを持っています。

土地に補助金や生産割当てがつくと土地は値上がりする

土屋　先ほど是永さんがおっしゃった、このダイレクト・ペイメントによって資産価値が上がるというふうにおっしゃいましたけれども、それはいろいろな場合があって、完全にはそう言えないと思うのです。どういう点が問題かというと、集団機能を重視するというのは非常に正しい方向だと思いますが、集団機能が非常にうまくいっているところと、そうでないところがありますね。うまくいっていて、しかも永続するところはどういうところかというと、具体的に言いますと、労賃を

1時間に2,000円払っているところは大体永続するでしょう。ところが、多くの集落では労賃を1時間1,000円にしているのです。1,000円にするとどういうふうになるかというと、出るのを渋ってなかなか出ない。そうすると、集落機能が永続しない。その点、検討材料になるのではないかという印象を持ったのですけれども、いかがでしょうか。

是永　ヨーロッパでは、土地について補助金をもらう権利があるとか、生産割当と結びついているということ自体が、その土地の価値を上げているというのは歴然たる事実なんですよ。

逸見　理論的には上がりますよ。

是永　補助金をもらう権利とか、生産割当とか、土地がそれに結びついている場合には、確実に資産価値が上がるということです。

土屋　だけど理論的に言ったら中山間地帯では耕作放棄農地が多く、土地供給曲線は水平となるので、それはおかしいですよ。

是永　いや、全然おかしくないですよ。理論的には全く当たり前のことですよ。

山下　ちょっとコメントさせていただきますと、今回は耕作者に払いますから、地主に行くのは間接的な効果だと思うのですね。耕作者が、自分が経済的余剰をたくさんもらえるようになって、もっと払えるようになったということになれば地代は上がると思いますけれども、それは耕作者の受忍の範囲内なわけですよね。だから、それで地代が上がったとしても別に構わないのではないかと思います。もう少しいいますと、地代の水準は、耕作者の農地に対する派生需要曲線と地主の供給曲線の交わる点で決定されると考えると、派生需要に対してこの直接支払いが影響するのだと思うのです。これによって派生需要曲線が右のほうにシフトすると、地代は理論的に上がるということはあると思いますけれども、直接支払額全てが地代の上昇になるわけ

ではないし、農地の供給曲線が弾力的な場合には上昇幅はほとんどないと考えてよいと思われます。また、いずれにしても需給の均衡点は右に移動するので農地は流動化することになります。

是永 それはいろいろな形があるわけです。自作農の場合は、地主兼経営者だから、もらっているだけでは顕在化しないが、彼が土地を貸す場合には明らかに利益が出てくるわけね。小作農であれば、小作地の契約期間が切れたようなときに影響があらわれる。それから土地自体に結びついた場合、土地そのものの資産評価にあらわれる。例えば直接支払いの権利と結びついた土地は確実にその資産評価か高い。

土屋 それはちょっと問題がある。

是永 それがあるから、現在、ヨーロッパの場合、直接支払いや生産割当ての受給権が資産価値に与える影響が大いに関心の対象となっている。

紙谷 活発な議論が続いておりますけれども、時間も経過しましたので、この辺で終わせていただきたいと思います。

　どうもありがとうございました。

4　山村振興連盟における議論（2000年2月）

山村振興連盟出席者

会長代行・副会長	黒澤　丈夫	群馬県上野村長
副会長	山口　通男	岩手県新里村長
〃	中井　勉	岐阜県高根村長
〃	吉岡　秀男	京都府大江町長
〃	横溝彌太郎	福岡県黒木町長
常務理事	三井　嗣郎	事務局長

山下課長　今回の中山間地域等直接支払制度の創設に当たりましては、いろいろと皆様方からご意見、ご助言を賜りましたことに厚く御礼を申し上げます。

さて、中山間地域は、農業生産活動が営まれることにより国土の保全、水源のかん養、自然環境の保全等の多面的機能を発揮する上で重要な地域であります。しかしながら、これらの地域は、生産条件が不利な地域であるために、耕作放棄地の発生が進行しており、このことを防止することが極めて重要であります。

このようなことから、昨年から、本制度の検討を進め、12年度から実施することとなった処であります。本制度の検討過程において、地方自治体が果たしていただく役割が重要でありますから、自治省とも一緒になって協議をかさね検討をして参りました。そして方向が出たところで、私どもは、地方農政局単位にブロック会議等を開き、都道府県の農政担当者から、それぞれの財政担当者に説明をして頂くようにお願いしているところであります。

例えば、一般の場合と特認の場合を見たとき、国の負担の割合や地方交付税の割合は違いますが、特認の場合は地方でも負担してもらうことにより農家の受取額、農家に行く金は同じものとなると考えています。

三井事務局長　地方財政措置のお話しですが、特認事業の方は、交付税上の積算と言いますが単位費用の額の方で見る、かたや一般事業の方には特別交付税の手当てがあると言うことでありますが、農林水産省の立場からは、地方交付税制上の手当てについては、単

【特別交付税と普通交付税の区分】

負担区分 対象農地	国	都道府県		市町村	
		特別交付税	普通交付税	特別交付税	普通交付税
①8法の地域の中であって急傾斜農地、小区画・不整形、草地比率70％以上等の対象地域（市町村長の判断により対象となる一団の農地以外の対象地域）	2分の1	8分の1	8分の1	8分の1	8分の1
②緩傾斜地と高齢化率・耕作放棄率の高いところの地域、いわゆる市町村長の判断により対象となる一団の農地	2分の1	―	4分の1	―	4分の1
③都道府県知事が認める特認地域	3分の1	―	6分の1	―	6分の1

位費用上の措置であろうと特別交付税であろうと農家への扱いに有意の差はないと考えてよろしいのでしょうか。

山下課長 特別交付税の部分は、市町村長の裁量がない8法の地域の中の急傾斜農地、小区画・不整形なところ、草地比率が70％以上のところです。

緩傾斜と高齢化率・耕作放棄率の高いところ、これは市町村長の判断に委ねている、特認も知事の判断である、このようなところは全て普通交付税での対応となります。

特別交付税が対象になるところはどこかというと、先ほど言いました急傾斜地、小区画・不整形なところと草地率70％のところ、ここの地方負担の2分の1は特別交付税、と言うことは特別交付税は必ずそこに充てるという実績払いですから、結果として国の負担が2分の1、特別交付税で残りの2分の1の2分の1ですから4分の1ですね、だから実績は4分の3の補助ということになる、と言うことです。最後の4分の1は普通交付税でやると言うことです。市町村の裁量である緩傾斜のところと高齢化率、耕作放棄率の高いところは国が2分の1であとの2分の1は普通交付税、特認事業の場合は国が3分の1で普通交付税で3分の1、残りの3分の1は地元負担ということになる、地方財源から負担する、こういう仕組みになっています。

三井事務局長 自治省と地方財政措置の交渉をされて、考え方が中間色かなと思うところは、定額交付金としたところでしょうか、補助として一定額までは見るけれども、補助率概念はあると言えばあるけれども定額思想だというところ、そう言うことだと思って良いでしょうか。

山下課長 定額交付金としたのは、奨励的補助金は好ましくないという自治省の主張があったためです。しかし、一般の場合は2分の1、特認の場合は3分の1相当を国が交付するということです。

三井事務局長 市町村長の判断で数字を減らすのは、出来ると思っていいわけですか。つまり農林水産省的にどうおっしゃるかが微妙なところがあるかも知れませんが、本当の実態は、市町村長が少ない数字が良いと思った場合は、補助金は単価が決まっているが、あとは地方負担分でもって実質渡す金が減ると言うことは起こり得る、と言うことでしょうか。

山下課長 そこは、自治省の立場からすると、それはどこに充てようとご自由だ、特別交付税は別として、普通交付税はそれを直接支払いに充てても良いし、例えば、別の何かグリンツーリズムのふるさと振興に使っても良いということです。

我々からすれば、では何で330億円が来たんだというと、それは直接支払いがあったから来たんではないか、国が330億円用意するから同額と言うことで330億円が財政措置されたので、できる限り直接支払いに充ててもらいたいと考えています。

現実問題としてですね、市町村でA町が10a当たり2万1,000円全部出しました、隣のB町が1万500円しか出しませんでしたとこういう対応は、おそらくないと思うんですね。そんなことをすると大変なことになると思うんですが。

三井事務局長 例えば、建物を建てる、加工施設を造ると言う場合には、事業費が確定していてその額に対する2分の1と言うように補助金が出ますから、事業費と言う概念がありますが、この直接支払交付金は、個々のふところに入っちゃう金ですよね。

極論すれば、一応見せ金を出して引っ込めたって良いわけだから、例えばさっきおっしゃった4分の3は、補助として出ますね、農林水産省的に言えば事業費として残る4分の1も満度にないとどうも理屈に合わない。そ

参考 271

の事業費があるから金が2分の1出るんだよと言うことだけれど、見せ金、頭の中で4分の1出して自分の懐に入れば、出さなかったと同じことですよね。事業費は使うから事業費なんだけど、これは事業費概念そのものに多少外形的に掌握出来ない部分があるのではないかと。

山下課長 まあ市町村でのやり方次第ですけれど。集落でどういうふうに配分するかは自由だと言うことですから、集落で合意出来れば一旦もらったものを一部分、例えば4分の1は市町村に戻して市町村でその集落かその関連するところの村のイベントに使うとかね、集落協定の中でその金をどういうふうに配分するかと言うのは自由なんです。本人の懐に入らない部分があってもかまわない。

我々がむしろ奨励しているのは、集落協定で、集落で例えば200万円来ました、協定に参加している農家は10戸でしたという場合に10戸に分配すると1戸20万円しかいかない。20万円と言っても中山間地域の農業所得は1戸100万円ぐらいですから、100万円で20万円と言ったら結構な金ですけれど、所得はまあ500万円ぐらいありますから、20万円しか来なかったと言うことで無駄に使ってしまったというなら、これは何も展望がないわけです。我々としては、200万円来たら半分ぐらいはその集落の共同の取組み活動に充ててもらった方が良い、そうすると例えば集落で共同利用機械を購入すると言うことになればコストが低下し各農家の所得が向上する。農家に全て配分した場合よりも農家所得が向上することもありうる。

それは、個人が直接支払いを受け取って拠出したと言うことになるのではなく、集落で受けとる、受取り人は、個人ではなく集落の代表者が受け取る、それを集落が配分するということです。

黒澤会長代行 そういう使い方で、行ってもらいたい。そのほうが我々は文句が出なくて良い。

山下課長 むしろ、その個々にばらまいたら展望がない訳ですよね。そうじゃなくて、共同利用の機械を購入すると言うことになれば、さしあたりは所得が増えないという気になるが、共同利用機械を使って行けば、機械費用がコストダウン出来る、そうすれば所得が増えるということになる。

横溝副会長 私らも今言われるような形が、文書付けがあれば一番良いんですがね。

中井副会長 直接支払い云々と言うことで、どうも個人に金が行くように思っているんですよ。ほんとに調整、線を引くことが困るんですよ。

山下課長 そこはね、我々、要綱や、要領の考え方というものを示して、半分以上は出来るだけ集落の共同取組み活動に充てるようにして欲しいと言ってる訳です。

黒澤会長代行 そう言うところを、いずれ1つ解説的に書いてもらいたい。

山下課長 私がブロック会議等で強調させてもらっているのは、中山間地域というのは、山あり、谷ありの地形ですから1人の優秀な農業者が全部やるという訳にはいかない。そもそも、水路、農道の管理と言ったら、全部集落で共同して管理していかなければ駄目だ。真っ平らなところなら1人の農業者が管理して出来るかも知れないが、山あり、谷ありのころではどうしても集落対応せざるを得ない、そうじゃないと一気に耕作放棄してしまう。それと集落と言っても中山間地域と言うのは、殆ど農業所得だけでは食っていけませんから、兼業先が多い訳です、その兼業先の職業で、ある人は機械に強い、ある人は経理に強いといういろんな人、能力をもっている人の集合体なんです。従来の集落営農というのは、「集落営農やりましょう」といってもその1人のリーダーだけにしわ寄せが来

て、結局駄目になることが多いときいていま
す。
　直接支払いでは役割分担をはっきりした集
落協定を作ってもらう。この人は経理担当、
この人は機械担当というふうに共同して取り
組みをやってもらう、そういうところにお金
を出すということであれば、直接支払いを通
じて新しいタイプの役割分担がはっきりした
集落営農ができあがる。そうすると、直接支
払いをきっかけとして新しい農業が中山間地
域に出来る、我々はそれを期待している。
三井事務局長　一言で言えば、作業組織育成
奨励金だと思えばいいのでしょうか。
山下課長　ブロック会議を開いて見るといろ
んな反応がありますね。中には集落で全部
プールして使うのは駄目か、と言う質問もあ
ります。
　それは結構ですと言ってるわけです。2分
の1だけでなく全額でも良い。集落で決めた
らそれで良い。しかし、北海道は、比率を2
分の1と言わず3分の1でも良いのではない
か、そう言うのはあります。でも担当課長と
しては、単にお金を配ると言うのではなくて、
今後さらに農業の体質強化を図って日本の農
業、中山間地域の農業を変えると言うことを
見据えたら、集落で一定以上は自分で共同取
組み活動をやりますと、共同利用機械の購入
とか、あるいは畜産だったら共同でサイロを
作るとか。あるいは自家配合というのが畜産
ではありますが、配合飼料を購入すると餌代
が高くつきますが、自分で単体とうもろこし
なんか購入して自家配合するようなことがあ
るんですね。自家配合も北海道のように大き
な200haの農家は、自分で自家配合の工場を
持ってるわけですが、都府県ではそこまで行
かないから、地域で自家配合を行う、自分で
飼料を作ることが出来ないから、集落で施設
を作る、そうすると餌のコストがどんと下が
る訳ですね。こういうふうな将来展望のある
方法に使ってもらえないかなあと思っていま
す。
三井事務局長　市町村長が決める緩傾斜地等
の基準、都道府県知事が決める特認基準の、
国のガイドライン等は。
山下課長　市町村長の判断となる緩やかな傾
斜地、100分の1から20分の1のところ、そ
れから高齢化率、耕作放棄地率の高いところ
を対象とするか、しないかと言う選択もある
し、それから緩傾斜でも、例えばここは50分
の1以上は拾うけれども、それ以下は拾わな
いという裁量があるわけですよ。ところが、
あまりにも裁量に任せられると実は困る面も
あるんだと言うことで、市町村部分の判断と
しての、国がガイドラインを示しております。
　国の市町村に対する緩傾斜地についてのガ
イドラインは、例えば、急傾斜地があって、
緩傾斜地が連たんしている、つながっている
ところは対象にしたほうが良いでしょう、と
言っている。これは、どういう理屈かという
と、急傾斜があって緩傾斜があって真っ平ら
なところがあるとすると、真っ平らなところ
から急傾斜のところに通作するわけですね。
間のところ、緩傾斜地が耕作放棄されてしま
うと急傾斜地が耕作出来なくなる、水路も流
れて来なくなるわけですね、急傾斜はお金を
払うことにして、真ん中のところは払わず耕
作放棄をおこすといういうことになれば、通
作が出来なくなって、結局この急傾斜地も耕
作放棄されるというんで、これでは急傾斜に
金を出した意味がない。
　それは急傾斜と連たんしているところは出
して下さいよと、それと緩傾斜、急傾斜地と
は関係ないが、緩やかな傾斜でもそこに耕作
放棄地率が高いとか、あるいは土壌条件が悪
いとかそういうもう1つの悪い条件が加わっ
たケースですね、それも対象とすることは結
構じゃないかと言うような、ガイドラインを
示している訳です。

参　考　273

三井事務局長 市町村長が、緩傾斜と判断したとしますね、物理的にあれば何度だと証明する責任者は誰なんでしょうか。

山下課長 そこは、市町村で判断してもらうことにしています。

そこが今なかなか難しいところですが、まず、国土調査をやっているところは、ちゃんとした地図がある訳で、大体傾斜度が解るんで良いですが。その他2,500分の1以上の地図を持っているところ、これも大丈夫なんですね。ところがそう言う地図がないところをどうするかと言うことで、急きょ、構造改善局で11年度の補正予算で航空写真を撮る予算を取って、これで都道府県を大体カバーする。ただし、これが出来上がるのが県によってまちまちで、ある県は秋頃になる可能性がある、今年度の補正なのですけど、それでそこまでの間どうするかと言うのが問題になっている。でも、急傾斜地というのは、誰が見ても明らかに20分の1以上だというのはどうぞおやりなさいと言っている。問題なのは20分の1を欠けるかどうかというところでしょうけれども、そこも支払いがされないよりは、されたほうが良いという考え方に立ってもらって、集落協定を結んでいただく。結んでいなければ支払われないわけですから。集落協定を結んだら20分の1以上あれば支払いがされるということなんで、そういうマイナスじゃなくてプラス思考で考えてもらって、地図ではっきりしたら金がもらえるんだということでやってもらう。さっき言いましたように集落協定自体は、その集落にマイナスになるわけではないので、そこはプラスに考えてもらえないかなあというふうに指導しています。ただ市町村の現場で対応する人はなかなか難しいところがあると思います。

それからもう1つ、普通は4月ぐらいに集落協定が出来ないと駄目なんですね、12年度は初年度だと言うこともあるんで、8月末までに集落協定を結んでもらえば良いと言うことにしました。市町村は、9月にそれを認定して、認定すると同時に確認をしてもらって、それから県を通じてお金を申請してもらうと言うことにしています。

三井事務局長 水田作業が終ったりしていませんか。

山下課長 そこは、8月末でも良いとしたのは、初年度と言うこともありますが、例えば9月に収穫してるとか、収穫後であっても稲刈りしたら根株が残っている、突然それが残るわけがないんでそれは4月に代かきやって、5月に田植えをやっている、そう言う行為があって、8月末の状態があるわけですからそこで確認してもらえば4月からやっていると見て良いんだと、だから年に1回の確認で結構ですよ、しかも転作みたいに1ほ場をいくら転作しているか、測る必要はなくてざっと見て、耕作放棄していなければ全部ちゃんとやってますよ、合格といえば良いんですよと言うことにしました。我々としては、極力、市町村の負担にならない極めて簡単な確認にしたいと言うことです。

中井副会長 これから勉強させて頂いて、姿勢を正して、県の問題、市町村の問題をチェックしてからいろいろと皆さん方にご相談を申し上げていきたい。そう思っています。

山口副会長 そういう方向に持っていってもらう、大変有り難いことですからね。

山下課長 今、県の担当者が市町村の担当者とかなり接触していろいろ疑問点とか出てきている頃なんですね。

吉岡副会長 県の職員は知識が高いんですが、私たちからすると現場の問題の認識という点では市町村の職員が上だろうと思っています。したがって、見方をもう一歩分析して頂くということも参考にしていただきたい。

黒澤会長代行 県は、中央の考え方を忠実に伝えるだけという傾向がありますから、十分

認識していただきたい。

横溝副会長 課長さんさっきおっしゃたように、ちゃんと管理していれば、お金が来るんだと、実際そうだと思うんですけれど、実際の現場では、集落協定を結ぶと言うことと、5年間の期間ということ、そこらあたりが、心配なんですね。今までやっていなかったものが出来るだろうかと言う、なんか今後精神的にも負担が大きくて、義務が果たせるか、俺はそこまで体が持つんだろうか、と言うお年寄りなんか出てくるのです。

山下課長 協定の5年間と言うところは、私も譲れないところがありましてね。

ブロック会議をするかなり以前の昨年の12月の話なんですが、『長野県の木曽谷の方で、高齢化で5年間の協定が出来ないと言っている、集落協定を結べないという市町村が11中8市町村だと言っている』と言う報道があったのです。しかし、調べてみると殆んど結ぶと言ってると言うんですね、ただ12年度は結べないで13年度に食い込むというのです。逆に、ある新聞には、愛媛県の農業者が、『直接支払いでお金がもらえることになった、国民の税金を、貰うのだからこれは恥じないようにやらなければいけない、ただ単にお金を貰うということでは、社会保障と一緒だと、お金を恵んでもらうと言うことはいやだ』といっていると言う記事がありました。私たちは、5年間という期間に何故したかというと、多面的機能とか、公益的機能というからには、ある程度継続してやってもらう必要があるということです。

5年以内に耕作放棄を起こしますよと言ってるところに耕作放棄防止のための直接支払いを出すとすればおかしい、その農地に税金を投入すると言うことは都市住民の期待も担っているわけで、継続的に維持管理して貰うために出してる訳です。5年以内に耕作放棄しますよというふうなことをあからさまに言ってるところに金を出すと言うことは、これは適当ではない言うのが考え方です。しかし、5年間最初に協定で決めた人が継続して必ずやっていくと言うことではない。集落の内外で誰かが引き受けてくれればいい、だから、その人がその人の農地を5年間必ず管理しなければならないと言うんじゃない、隣の人がカバーしても良いし、集落の外から誰か来て、集落協定の中に途中で入って貰って管理して貰っても良い。

それから市町村の第3セクターが管理しても良いし、農協が管理しても良い、途中でね、誰でも良いから土地が維持管理されていれば、我々は協定違反とは言わない。それと高齢化になってですね、足腰立たなくなって農業が出来なくなったというのも、これは不可抗力。そこで死亡、病気等と言う表現は、そう言うことを含んでいるんです。しかし、足腰弱くなったからと言って簡単に耕作放棄しないで、基本的には集落の中や外で誰かを見つけるようにして下さいよと、協定違反とは言わない、だけども集落の中で見つけて貰って、集落の中で適当な人がいないようだったら、市町村とか農業委員会に斡旋して貰って集落の外の人が誰かカバーしていく、そういうふうな努力はやって貰いたい、それでもこなかったと言うんであれば、それは集落の責めに帰すべき事由じゃないんで、そこは協定違反とは我々は言いませんよと言っている訳です。最初から俺達は5年もやらないと言って貰うと困ると言うことです。

三井事務局長 形式上は集落が背負うんですか。個人が背負うんですか。やはり集落という人格なきグループが背負うんだと思うが。

山下課長 そう言うことです。

横溝副会長 集落団地でしょう、いわゆる地図によった全部じゃなしに、これだけ耕作しますという集団ですね。出来るところだけで1 ha以上まとまれば良いわけですね。

山下課長 そう言うことです。
横溝副会長 実際は、通常管理をして適正にやっている人達にご苦労さんとしてやる形です。ただ、5年間の協定というから、何か縛られるのかなあと言う義務感を強く感じる。
山下課長 これはですね、我々の役人の常識からすると、普通5年保証するという予算はないんですよ。国の予算は単年度主義だから、大蔵省が5年間予算を約束すると言うようなことは、殆どないんです。
三井事務局長 以上で懇談会を終了いたします。お忙しい中、山下課長、小風室長、誠に有り難うございました。

資料

1 中山間地域等直接支払制度検討会報告

〔平成11年8月〕

目　次

はじめに	279
Ⅰ　中山間地域等をめぐる事情	279
1　中山間地域等の重要性	279
2　農業生産条件の不利性	279
3　劣悪な定住条件	279
4　過疎化、高齢化による担い手の減少と集落機能の低下	279
5　耕作放棄の増加による多面的機能の低下	280
6　ＷＴＯ農業協定における条件不利地域への直接支払いの位置付け等	280
Ⅱ　施策の基本的方向	280
1　直接支払導入の必要性	280
(1)　多面的機能の維持	280
(2)　耕作放棄の直接の原因となる生産条件の不利性の補正	280
(3)　直接支払い導入の意義	281
2　直接支払い導入に際しての基本的考え方	281
(1)　国民合意の必要性	281
(2)　制度の仕組み	281
(3)　国と地方公共団体の緊密な連携	281
(4)　政策効果の評価と見直し	281
3　中山間地域等に対する振興対策の総合的実施	282
Ⅲ　具体的検討	282
1　対象地域及び対象農地	282
(1)　基本的考え方	282
(2)　対象地域（地域振興立法の範囲）	283
(3)　対象農地（農業生産条件の不利性を示す基準）	284
(4)　対象農地の指定単位	286
2　対象行為	286
(1)　対象行為としての適正な農業生産活動等	286
(2)　集落協定	287
(3)　個別協定	289
(4)　協定違反の場合の直接支払いの返還と不可抗力の場合の免責	289
(5)　米の生産調整との整合性	289
3　対象者	290
(1)　基本的考え方	290
(2)　担い手確保・育成政策との整合性	290

		(3) 高額所得者の扱い………………………………………………291
	4　単価……………………………………………………………………291
		(1) 基本的考え方……………………………………………………291
		(2) 条件不利の度合に応じた段階的な単価設定……………………291
		(3) 直接支払いの額の上限…………………………………………291
	5　地方公共団体の役割…………………………………………………292
		(1) 実施主体…………………………………………………………292
		(2) 費用分担…………………………………………………………292
	6　期間……………………………………………………………………293
	7　関連事項………………………………………………………………293

はじめに

　農業・農村は、今内外において、単に食料を供給するだけでなく、国土の保全、国民の保健休養等に資する多面的機能をもつものとして、国民共有の財産と認識されつつある。

　21世紀においても活力ある農村地域を維持・発展させていくためには、良好な生産基盤、生活基盤を有する持続的な農業・農村の形成が求められる。しかし、現状においては、人口の減少・高齢化の進展や生活基盤の立ち遅れが見られ、農業の振興を含め、地域全体の振興・活性化を図るための新たな対応が必要となっている。特に中山間地域等においては、他の地域に比べ過疎化・高齢化が急速に進行する中で、農業生産条件が不利な地域が多いことから、農地等への管理が行き届かず、耕作放棄地の増加等による多面的機能の低下が懸念されている。

　このような状況を踏まえ、食料・農業・農村基本問題調査会答申（平成10年9月）では、中山間地域等への直接支払いについて、「真に政策支援が必要な主体に焦点を当てた運用がなされ、施策の透明性が確保されるならば、その点でメリットがあり、新たな公的支援策として有効な手法の一つである。」とされ、その導入が提言されたところである。

　その後、「農政改革大綱」（平成10年12月）がとりまとめられ、中山間地域等に対する直接支払いの枠組みが示されるとともに、その実現に向け第三者機関を設置し、具体的検討を行うこととされた。本検討会は、農政改革大綱においてまとめられた枠組みに基づき、本年1月から8地区における現地調査、農業団体、経済団体、消費者団体からの意見聴取を行うとともに、9回にわたり、制度運営の課題、適切な運用方法等につき検討を行ってきたところである。

　以下は、中山間地域等における直接支払制度のあり方について、検討結果を取りまとめたものである。

Ⅰ　中山間地域等をめぐる事情

1　中山間地域等の重要性

　平野の外縁部から山間地に至る中山間地域等は、河川の上流域に位置し、傾斜地が多い等の立地特性から、農業生産活動等を通じ国土の保全、水源のかん養、良好な景観の形成等の多面的機能を発揮しており、全国民の生活基盤を守る重要な役割を果たしている。

　また、中山間地域等は多様な食料の供給を担うとともに、豊かな伝統文化や自然生態系を保全し、都市住民に対して保健休養の場を提供する等の役割も果たしている。

2　農業生産条件の不利性

　中山間地域等では、傾斜地が多く、まとまった耕地が少ないことから、零細規模農家が大半を占め、農業生産性が低い農業構造となっている。

　水田面積に占める傾斜水田（1/20以上）の割合は、平地農業地域では6％にすぎないが、中間農業地域では18％、山間農業地域では24％となっている。農業生産基盤整備率（田）は、平地農業地域が63％であるのに対し、中山間地域等は45％と低く、農業生産基盤の整備が遅れている。

3　劣悪な定住条件

　中山間地域等の主業農家の平均農家所得をみると、農業条件の不利性、アクセス条件の悪さ等により、他の地域に比べて、農業所得、農外所得いずれも少ない状況にあるなど就業機会に恵まれていない。また、道路、汚水処理施設等の生活環境施設の整備も遅れている。

4　過疎化、高齢化による担い手の減少と集落機能の低下

以上のような農業生産条件の不利性、劣悪な定住条件により、中山間地域等においては、平地に比べて、65歳以上の農業従事者割合が大きい（基幹的農業従事者に占める65歳以上の者の比率：平地農業地域36％、中山間地域等46％）など、高齢化の進行が著しく、担い手面での脆弱化が進んでいる。1995年農業センサスによると、過去5年間で世帯が減少した農業集落の割合は中間地域で38％、山間地域で44％となっており、また、現状のまま推移すれば、平成22年には中山間地域等の4割の集落で農家戸数が10戸以下になると推計されるなど集落機能の低下も懸念される。

5　耕作放棄の増加による多面的機能の低下

　定住条件については、農村地域工業等導入、山村振興等農林漁業特別対策事業、中山間地域総合整備事業等の対策が講じられてきたが、高齢化の進行等を背景とした耕作放棄地の増大により農地の果たす多面的機能の低下が懸念されており、農業生産条件の不利性を補正する対策が必要となっている。

6　ＷＴＯ農業協定における条件不利地域への直接支払いの位置付け等

　1995年にＷＴＯ農業協定が成立、発効した。関税や輸出補助金等について一定の規律が導入されたほか、各国の国内農業政策についても、価格支持政策等から貿易歪曲効果の少ない政策へ移行すべきものとされた。この中においてＥＵが1975年以降実施してきた条件不利地域への直接支払いは、一定の要件の下で削減対象外の「緑」の政策として位置付けられている。

　また、農業の持つ多面的機能については、1998年3月に採択されたＯＥＣＤ農業大臣会合コミュニケにおいて、「農業活動は、食料や繊維の供給という基本的機能を越えて、景観を形成し、国土保全や再生できる自然資源の持続可能な管理、生物多様性の保全といった環境便益を提供し」、「この多面的性格を通じ、農村地域の経済的生活に特に重要な役割を果たしている」とされたところである。

Ⅱ　施策の基本的方向

1　直接支払導入の必要性

(1) 多面的機能の維持

　　中山間地域等は、下流域の都市住民をはじめとした国民の生命・財産を守るという、防波堤あるいは都市の里山ともいえる役割を果たしている。しかし、中山間地域等においては、高齢化が進行する中、農業生産条件が不利な地域があることから、耕作放棄地の増加等により多面的機能の低下が特に懸念されている。耕作放棄が行われ農地が荒廃すれば、その復旧には多大のコストを要するものであり、21世紀へ健全な農地・国土を引き継いでいくためには、耕作放棄の発生を防止し多面的機能を維持することが喫緊の課題となっている。

(2) 耕作放棄の直接の原因となる生産条件の不利性の補正

　　このような中で、直接支払いという手法は、外部経済効果に対して直接働きかけ、耕作放棄の原因となる生産条件の不利性を直接的に補正するものである。したがって、国民の納得が得られるような仕組み、運用等となるならば、適正な農業生産活動等の維持を通じて中山間地域等の多面的機能の維持・発揮を図っていくために有効な手法の一つであるとして、その導入が提言されることとなった。

(3) 直接支払い導入の意義
　　直接支払い類似の対策は国に先行する形で各地の地方公共団体により実施されてきている。従来の農業政策の多くは国レベルで決定したものを地方が実施するというものであったが、今回導入されようとする直接支払いは地方で草の根的に実施されてきた政策をいわばボトムアップにより全国レベルで展開しようとするものであり、画期的な意義を有するものと考えられる。

2 直接支払い導入に際しての基本的考え方
(1) 国民合意の必要性
　ア　必要性、制度の仕組みについての国民理解
　　　中山間地域等への直接支払いは有効な手法であるが、わが国農政史上例のないものであることから、導入の必要性、対象地域、対象者、対象行為等について、広く国民一般の理解を求めることが必要である。
　イ　ＷＴＯ農業協定との整合性
　　　また、新基本法に基づく政策について、国際的に通用することはもとより、国内で理解を得るためにも、ＷＴＯ農業協定上「緑」の政策とすることが必要である。
(2) 制度の仕組み
　　制度検討に当たっては、以下の諸点に配慮すべきであろう。
　ア　真に政策支援が必要な主体に焦点を当てた運用が必要である。
　イ　生産条件が不利な地域の一団の農地において、耕作放棄地の発生を防止し、水源かん養、洪水防止、土砂崩壊防止等の多面的機能を継続的、効果的に発揮するという観点から、既存の政策との整合性を図りつつ、対象地域、対象者、対象行為等を検討することが必要である。
　ウ　広く国民の理解を得るためには、明確かつ合理的・客観的な基準の下に透明性を確保しながら実施することが必要である。
　エ　直接支払いは、生産性向上、付加価値向上、担い手の定着等による農業収益の向上、生活環境の整備等により、当該地域における農業生産活動等の継続が可能であると認められるまで実施することが必要である。
　オ　ＷＴＯ農業協定では条件不利地域対策としての直接支払いについて、次のような規定があり、これと整合的に実施する必要がある。
　　・条件不利地域とは、条件の不利性が一時的事情以上の事情から生じる明確に規定された中立的・客観的基準に照らして不利と認められるものでなければならない。
　　・支払額は生産の形態又は量、国内価格又は国際価格に関連し又は基づくものであってはならず、かつ、所定の地域において農業生産を行うことに伴う追加の費用又は収入の喪失が限度とされる。
(3) 国と地方公共団体の緊密な連携
　　農業生産活動等の継続を実効性のあるものにしていくためには、地方公共団体の役割が重要であり、国と地方公共団体が緊密な連携の下で実施していくことが必要である。
(4) 政策効果の評価と見直し
　　ＥＵにおいては、1940年代からの英国の丘陵地農業対策、1972年からの仏の山岳地域対策を経て、1975年にＥＣの条件不利地域対策が発足した後も、過放牧防止のための支給家

畜単位の制限等の制度改正が数次にわたり行われ、現在でも、環境要件の付加や家畜単位当たりの支給方法の廃止が検討されている。本制度は我が国農政史上初めての手法であり、制度導入後も公正中立な第三者機関を設置し、実行状況の点検、政策の効果の評価等を行い、基準等について不断の見直しを行っていくべきであろう。

3 中山間地域等に対する振興対策の総合的実施

中山間地域等は、自然的・経済的・社会的条件が多様であることから、それぞれの地域は農業振興と農業経営の体質強化のみならず、就業機会の拡大、生活基盤の総合的整備、高齢化対策の推進による定住の促進や農林地の一体的整備等多様な課題を抱えている。生産条件の格差を補正することを目的とした直接支払いのみをもってしては、このような中山間地域等の抱えるすべての課題に対応できるものではない。農業生産条件の不利性を有する地域にあっても、集約型農業の振興対策等一定の面的まとまりのある農地の維持を目的とした直接支払い以外の施策が地域・農業振興にはより有効である場合も考えられる。農林水産省においては従来から各種の対策が講じられてきたところであるが、地域ごとに行われる諸事業が、当該地域の有する資源や諸条件、他の地域との関連性、事業相互間の関連性を考慮することなく、実施されることとなれば、一定の広がりをもった中山間地域等の全体的な振興を図る上で効果的・効率的なものとはならない。したがって、直接支払いも含め、総合的・計画的な中山間地域等対策が講じられる必要がある。このため、都道府県レベル、農林水産省レベルにおいて中立的第三者機関により中山間地域等対策の実施に関する方針を策定するなど、各種対策を相互に関連性を持たせながら、整合的・計画的に実施するとともに、他省庁とも連携しながら中山間地域等に対する振興対策を体系的、総合的、効率的に実施できるシステムを検討する必要がある。

Ⅲ 具体的検討

以上の考え方の下に、具体的な項目についての検討結果をとりまとめると次のとおりである。(枠内は農政改革大綱(平成10年12月)の考え方である。)

---

1 対象地域及び対象農地

① 対象地域は、特定農山村法等の地域振興立法の指定地域とし、対象農地はこのうち、傾斜地の農地等多面的機能を確保する必要性は高いが、農業生産条件が不利で、耕作放棄地の発生の懸念が大きい農用地区域内の一団の農地とする。

② 対象農地の指定は、国が示す客観的基準に基づき、市町村長が行う。

---

(1) 基本的考え方

ア 傾斜が厳しく、自然的条件の悪い農地を保有する農家であっても、都市近郊に位置しているため、就業機会が十分にあり、高い所得を得ている農家も存在する。他方、過疎地域で就業機会に恵まれない農家でも農地の自然条件に恵まれ高い農業所得を得ている農家も存在する。さらに、WTO農業協定にも規定されているように、農業生産条件の格差がないところは、そもそも対象農地とはならない。したがって、対象地域については、EUで採られているように、自然的・経済的・社会的条件のすべてが悪い地域とし、

助成対象はこのうち、農業生産条件の不利な農地とすることが適当である。
イ　この場合、自然的・経済的・社会的条件の悪い地域としては、従来から中山間地域総合整備事業、山村振興等農林漁業特別対策事業等を実施しており、かつ、国会の議決を経た法律に基づく地域である特定農山村法等の地域振興立法の指定地域を検討することが適当である。この地域の中から農業生産条件が不利で、耕作放棄の発生の懸念が大きく、生産条件格差を設定できる農地が対象となりうる農地である。

　なお、地域振興立法の指定地域に存在するものの農業生産条件が不利でない農家が、兼業機会等農業とは別の問題を抱えているのであれば、それに見合う対策を講ずべきであろう。

ウ　さらに、本制度においては将来的に真に維持すべき農地を対象とすべきであり、このため対象地域を市町村農業振興地域整備計画の農用地区域とするとともに、限界的農地については市町村や集落等の判断により、林地化を行う等の措置を講ずるべきであろう。

エ　すなわち、直接支払いの対象は、地域振興立法指定地域の農用地区域の中で農業生産条件が不利で、耕作放棄の発生の懸念が大きく、生産条件格差を設定できる農地となる。もとより、この要件に該当する農地はあくまで直接支払いの適格性を有する農地であって、直接支払いの対象は、積極的な営農活動を行う意欲のある地域、追加的なサポートがあれば営農活動が続けられる地域、すなわち農地を維持・管理する意欲や可能性のあるところを念頭に置いて実施すべきであろう。

オ　具体的な農地の指定に当たっては、中山間地域等の中でも対象となる農地と対象外の農地が存在することとなるため、コミュニティーを壊すことのないよう配慮すべきである。この点で市町村長の役割は重要であり、対象農地の指定に当たっては周辺住民も含め国民の合意を得られる説得力のあるデータや情報を開示することにより透明性を確保することが必要である。

カ　畑地等水田以外の農地の扱い等
　(ｱ)　田については、水源かん養等の多面的機能が高く評価されている。
　　しかし、畑（肥培管理された牧草地を含む。）についても、洪水防止機能や水源かん養機能は田と比べ低いものの、土壌侵食防止や大気浄化の機能は田と比べ遜色なく、対象としてよいのではないかと考えられる。
　　また、大気浄化、景観等の点で優れた採草放牧地も管理放棄が生じており、傾斜による生産条件格差が設定できる場合には対象としてはどうかと考えられる。
　(ｲ)　農業生産活動等のためにはけい畔の管理が必要であり、特に、水田については、傾斜が厳しくなればなるほどけい畔の占める割合も多くなることから、耕作対象である本地のみではなく、けい畔も対象としてはどうかと考えられる。
　(ｳ)　水路・農道等の線的施設については、対象地域内の施設と一体的な管理が必要な施設も対象としてはどうかと考えられる。

(2)　対象地域（地域振興立法の範囲）
　地域振興立法としては、従来から中山間地域等対策を講じてきており、また、定住条件等にも恵まれない、特定農山村法、山村振興法、過疎法、半島振興法、離島振興法、沖縄振興開発特別措置法、奄美群島振興開発特別措置法及び小笠原諸島振興開発特別措置法の8法とすることが適当であろう。

(3) 対象農地（農業生産条件の不利性を示す基準）

　直接支払いの対象となる農地は、上述の地域内の農地の中で、農業の生産条件が不利で耕作放棄地の発生の懸念の大きい農地に限定する必要がある。

ア　傾斜度

(ｱ)　地域別にみた傾斜水田（1/20以上）の割合は、平地で6％、中間で18％、山間で24％と中山間地域等の方が高くなっている。また、地域別、傾斜度別の基盤整備率をみると、平地地域から中間、山間地域へいくほど、また、傾斜が厳しいほど、整備率が低くなっている。

　傾斜が厳しくなるにつれ、生産条件も悪化しており、1/100未満の水田を100とした場合、1/100〜1/20、1/20以上の水田は、経営規模では79.4％、72.1％、労働生産性では63.6％、53.4％、農業所得では64.4％、55.0％と低い水準にある。

(ｲ)　畑地においても、傾斜農地は機械化による省力化や生産性の向上に限界があり、農業生産条件面で不利である。

(ｳ)　以上からすれば、急傾斜地（1/20、15度以上）を対象とすることは妥当である。さらに、緩傾斜地（1/100、8度以上）も、平坦地との生産条件の格差が存在し、守るべき価値がある農地であれば、対象とすることが適当である。急傾斜地は生産条件の不利性を補正され、緩傾斜地は一定の条件不利性があるにもかかわらず、補正されないとなれば、緩傾斜地で耕作放棄が生じることとなる。この場合には、急傾斜地への通作が困難となり急傾斜地も耕作放棄のおそれが高まるとともに、下流への水回り等が悪化するため平坦地も耕作放棄されることにもなりかねず、大幅な農業資源上のロスを生じることとなる。しかし、緩傾斜地については、当該地域の平坦地等との公平性の問題もあるので、急傾斜地と単価に格差を設定するとともに、急傾斜地と連担している場合、あるいは緩傾斜地が高齢化の進行により耕作放棄が進んでいる場合等は対象とするなど国が一定のガイドラインを示した上で、対象とするかどうか、あるいは対象とする場合、下限を1/100（8度）と1/20（15度）との間のどの水準に設定するのか等について市町村長（市町村長が行うことが適当でないと考えられる場合は都道府県知事）の裁量に委ねてはどうかと考えられる。

（参考）

　　傾斜度による生産条件の不利性

　　○　1/20以上の水田：30 a 区画以上のほ場整備が困難
　　○　1/100以上の水田：30 a 区画以上のほ場整備は可能であるが、1 ha以上のほ場整備は困難
　　○　15度以上の畑　　：農業機械の利用が困難
　　○　8度以上の畑　　　：農業機械作業の精度・効率が低下

イ　自然条件により小区画・不整形となる田

　自然条件により小区画・不整形となる谷地田においては、洪水調整や水源かん養等の機能のほか、水路と水田との水位差がないことから、ドジョウ、タニシ、メダカ、フナ等の水生生物が水田等に生息し、生態系保全の面からも高い多面的機能を有している。

　自然条件により小区画・不整形な水田では、効率的なほ場整備が技術的に困難であることから大型の農業機械の導入も限定され、多くの労働時間を要するため、耕作放棄率

が高くなる傾向にある。
　このような農地を対象とする場合、小区画の基準については、10a当たり労働時間は1ha農地で13時間、30a農地で17.5時間となっていることから、大多数の区画が30a未満（整備可能なものを除く。）であって、平均規模が20a以下となる一団の農地を対象とすることが適当ではないかと考えられる。
ウ　その他の条件
　(ｱ)　高齢化率・耕作放棄率の高い農地
　　農業従事者の高齢化率が高くなるほど耕作放棄率が高くなる傾向がある。また、耕作放棄地は発生率が高くなるに従い、病虫害、鳥獣害の温床となること、他の農地の日陰となること、水路・農道等の管理水準の低下を招くこと等から、周辺の農地に悪影響を与え、耕作放棄が新たな耕作放棄の原因となる。
　　しかし、このような農地を対象とする場合にあっても、傾斜などの本来的な自然的条件による不利性ではなく、人為的条件に由来する農業生産条件の不利性によるものであること等から、その基準は平均的数値を上回るある程度高い水準とするとともに、農地転用等を目的とした耕作放棄の増加というケースは排除するなど高齢化率・耕作放棄率の高い農地を対象とするか否かを市町村長（市町村長が行うことが適当でないと考えられる場合は都道府県知事）の判断に委ねることが適当であろう。また、高齢化・耕作放棄率の高い農地は担い手が不足している場合が多いことから、後述の基本方針の中で、適切な担い手による農業生産活動等が行われるよう配慮が必要である。
　　この場合、意図的・人為的に高齢化率・耕作放棄率の数値を上昇させて助成を受けること（意図的に耕作放棄を行ったり、生産条件が悪く耕作放棄されている農地と生産条件の良い農地を一団の農地として合算して耕作放棄率を上昇させる等）はモラルハザードであり、適当ではない。他方、協定期間中に関係者の努力により、これらの数値が改善した場合には助成を継続すべきものと考えられる。一方、協定農地について協定期間中に耕作放棄に係る改善努力がなされなかった場合には助成の打ち切りなどの措置が必要であろう。
　　（注）耕作放棄率を適正に反映するデータを採用することが必要である。
　(ｲ)　その他の自然条件については、積算気温、積雪、標高等も挙げられるが、日本は南北に長く、それぞれの気象風土を利用した適地適産が行われており、作物には共通した有利性、不利性は認められず、全国的な基準として採用することは難しい。しかし、積算気温が著しく低い地域の中には、牧草以外の畑作物の生育が困難であり、かつ、その収量も他地域に比べ劣っており、耕作放棄の懸念が大きい地域がある。したがって、英国が草地率70％以上の農地を条件不利地域としているように、農地に占める草地面積の比率が著しく高い地域の草地も対象とすることが適当ではないかと考えられる。
　(ｳ)　8法地域以外でも8法地域内対象農地と同様の自然的・社会的・経済的条件の不利な地域もあり、また、8法地域内においても傾斜度等以外にも生産条件に恵まれず対象作物が限定されている等の条件が不利な地域もあり、地域の実態に応じた基準に該当する耕作放棄の発生の懸念が大きい農地は対象とする道を残してはどうかと考えられる。このような地域は地元が追加の負担をしてまで指定したいという地域であるの

資　　料　285

で、国の負担する額を引き下げる等対象地域の無制限な拡大に対する歯止め策を講じた上で、一定の基準に基づき算定される都道府県ごとの農地の一定割合を指定できる仕組みを検討してはどうかと考えられる。また、地域の実態に応じた基準を設定する場合においても透明性を確保する観点から都道府県レベルで設置される中立的な第三者機関で審査・検討が行われるとともに、地域間で基準の著しい不均衡が生じないよう国レベルの第三者機関に必要なデータが提出され、調整されることが望ましい。

(4) 対象農地の指定単位

ア 多面的機能を発揮するためには、一定の面的なまとまりのある農地を対象とすることが適当であるが、戸数の少ない集落もあることから下限面積を1 haとすることが適当ではないかと考えられる。この場合、一団の農地の指定は物理的連担性だけでなく、営農の活動上の一体性等にも配慮し、市町村長の判断により、集落単位での指定を行ったり、他方、連担している農地でも傾斜等が異なる農地で構成されている場合には一部農地を指定することも認めてはどうかと考えられる。

イ ただし、第3セクター等が農地を個別に引き受ける場合には、一団の農地性は必要ではなく当該農地を対象農地として指定すべきである。

2 対象行為

対象行為は、農業生産活動等（「耕作及び農地管理並びに水路、農道等の管理」をいう。）の継続により農地の有する多面的機能が発揮されていることを踏まえ、地域の創意工夫が活かせるよう、市町村長が認定する次に掲げる協定に基づき5年以上継続して行われる多面的機能の発揮に寄与する適正な農業生産活動等とする。

なお、協定に違反した場合には、支払停止、直接支払いの返還等の措置を講じる。

① 対象地域における農業生産活動等に関する集落協定
② 第3セクターや認定農業者及びこれに準ずる者が賃借、農作業受託等により耕作放棄される農地を引き受けて行う農業生産活動等に関する個別協定

（注）集落とは一団の農地において合意の下に協力して営農・営農関連活動を行う集団をいう。

(1) 対象行為としての適正な農業生産活動等

ア 直接支払いの対象地域は、中山間地域等のすべての地域をカバーすることとはならないことから、周辺の非農家のみならず非対象農家の理解を得るためにも、地域の指定が明確な条件不利性に裏付けられたものであるとともに、対象農家が直接支払いの対価として耕作放棄の発生を防止し、多面的機能を十分に発揮していることを国民に示していくことが必要と考えられる。他方、農業サイドにおいても、従来と同じ行為に対して直接支払いが交付されることについては、農家の誇りを傷つけるのではないかという指摘がある。

また、次期WTO農業協定交渉では、より環境重視の方向が出されることも予想され、EUにおいては、これを先取りする形で条件不利地域対策等の直接支払いに（環境直接支払いとの違いを明確にした上で、）何らかの環境上の行為を要件に加えようとしている。

イ　したがって、農業生産活動等に加え、地域の中で、国土保全機能を高める取組、保健休養機能を高める取組又は自然生態系の保全に資する取組等多面的機能の増進につながるものとして例示される行為（これに準ずる行為も含む。）から集落が集落の実態に合った活動を協定上に規定してはどうかと考えられる。ただし、この場合においても、農法の転換まで必要とするような環境保全行為は要求すべきではない。また、営農の継続のためには基盤整備が不可欠である地域が多く、耕作放棄を防止し多面的機能の維持・発揮に資する基盤整備に向けたプランを策定することも多面的機能を増進する行為の一つとして選択してはどうかと考えられる。

ウ　さらに、営農継続のためには集落の維持が前提であり、非農家も含め将来の集落のあり方についてのマスタープランを検討・策定することも任意的な事項として集落協定に含めることが望ましいという意見も出された。

分　類		具体的に取り組む行為（例）
農業生産活動等	耕作放棄の防止等の活動	適正な農業生産活動を通じた耕作放棄の防止、耕作放棄地の復旧や畜産的利用、高齢農家・離農者の農地の賃借権設定、法面保護・改修、鳥獣被害の防止、林地化等
	水路、農道等の管理活動	適切な施設の管理・補修（泥上げ、草刈り等）
多面的機能を増進する活動	国土保全機能を高める取組	土壌流亡に配慮した営農の実施、農地と一体となった周辺林地の管理等
	保健休養機能を高める取組	景観作物の作付け、市民農園・体験農園の設置、棚田オーナー制度、グリーンツーリズム
	自然生態系の保全に資する取組	魚類・昆虫類の保護（ビオトープの確保）、鳥類の餌場の確保、環境の保全に資する活動

（注）鳥類の餌場の確保：冬季の湛水化、耕作放棄地での水張り等
　　　環境の保全に資する活動：堆きゅう肥の施肥、拮抗植物の利用、アイガモ・
　　　　　　　　　　　　　　　鯉の利用、輪作の徹底、緑肥作物の作付け等

(2) 集落協定

ア　その重要性

　　耕作放棄の要因をみると、傾斜地等の生産条件の不利性や高齢化が放棄率の引上げ要因となっているのに対し、生産組織への農家の参加率が引下げ要因となっており、集団的な農業活動が耕作放棄の防止に有効な対策となっている。特に、中山間地域等においては、起伏の多い地形から、平地のように個々の農業者が水路・農道等を含めた農地の管理をすべて行うことは困難であり、おのずから集団的対応をなさざるをえず、このような対応ができなくなった地域では一気に耕作放棄が進行することとなりかねない。

　　また、集落は、その構成員のうちにその兼業先での勤務によりそれぞれ機械、化学、土木、経営、経理、マーケティング等についての専門的知識・技術・資源を持つ者を有する集団であり、このような集団が有機的に連携し総合力を発揮することができれば、個々の農業者以上の成果をおさめることも十分期待できよう。すなわち、中山間地域等

ではこれまで容易に認定農業者が出現してこなかったという状況にあるが、今後定年帰農者等が増加することも想定される中で、従来の集落営農とは異なる、兼業農家性を逆手にとった新しいタイプの担い手を育成しうる余地がある。さらに、集落という集合体は構成員が他の構成員の脱落をカバーできるという柔軟性があり、継続性を有しているというメリットもある。

したがって、中山間地域等で営農活動を定着化させ、耕作放棄を防止するという直接支払いの目的を達成するためには、集落の持つ諸機能を活用する集落協定による対応は有効と考えられる。

その際、構成員の役割分担やこれに対する正当な報酬の分配等が明確化された協定の策定に向けての集落内部の合意形成とその実行を支援するものとして、自治体のリーダーシップが要請されることとなろう。また、特定のオペレーター等に負担がかかりすぎるとの批判がある従来型の集落営農とは異なる新たな集落営農を発展させていくためには、集落のリーダー等担い手の育成、構成員の役割分担に応じた収益分配システムの確立、集落内外からの新規就農者の導入等による集落営農組織の新たな再編・構築が集落機能の強化とともに必要である。

イ 集落協定規定事項

協定の規定事項としては、次のようなものが考えられる（(キ)及び(ク)は任意的事項）。このような集落協定の作成に当たっては、新規参入者の受入れ等集落内外に開かれた協定とするとともに、集落に過度の事務的負担をかけないよう配慮する必要がある。

(ア) 対象地域の範囲（対象農地）

(イ) 構成員の役割分担

農地の管理者及び受託等の方法、水路・農道等の管理活動の内容と作業分担、経理担当者、市町村に対する代表者等

(ウ) 直接支払い額の配分方法

農地及び施設管理に係る配分比率

作業受託（一部受託を含む。）する者への配分、法面管理・水回り等をそれぞれ担当する者への配分、水路・農道の管理活動に参加した者への配分等

(エ) 対象行為として取り組む事項（農業生産活動等及び多面的機能を増進する活動。基盤整備等の実施に関する事項を多面的機能を増進する活動として選択することも可能。）

(オ) 生産性や収益の向上による所得の増加、担い手の定着等に関する目標

(カ) 食料自給率の向上に資するよう規定される米・麦・大豆・草地畜産等に関する生産の目標

(キ) 集落の総合力の発揮に資する事項（以下、項目の例示）
・新規就農者（定年帰農者も含む。）の受入れ方法
・オペレーターの募集・育成方法
・共同利用機械の維持・管理の方法
・農地の連担化
・一集落一農場制による機械コスト低減に向けての検討
・畜産農家との連携による堆きゅう肥の活用

　　　　・集落外農家との連携、農地の受託
　　(ク) 将来の集落像についてのマスタープラン
　　(ケ) 市町村の基本方針により規定すべき事項
(3) 個別協定
　　また、集落営農とは別に、認定農業者及びこれに準ずる者や第3セクターが農地を個別に引き受けて行う活動も、持続的な農業生産を確保し、多面的機能の維持・発揮を図る観点から有効である。なお、この場合の対象者を認定農業者等及び第3セクターに限定するのは、農地の有効利用の継続性を確保する必要があるからである。
　　この場合には、一団の農地すべてを対象とする必要はないが、集落の他の農業者とのバランスを考慮し、助成対象は引受分に限定すべきであろう。ただし、大規模経営層では集落協定が想定できない場合もあることから、一団の農地すべてを耕作する場合や一定規模以上の経営の場合は、個別協定を集落協定とみなして自作地も対象とすべきであろう。
(4) 協定違反の場合の直接支払いの返還と不可抗力の場合の免責
　ア　一部農地について耕作放棄が生じ、集落内外の関係者でこれを引き受ける者が存在せず協定に違反した場合には、協定参加者に対し、直接支払いの返還を求めるべきである。
　イ　ただし、次のような場合は不可抗力として返還は義務づけられないとすべきである。
　　(ｱ) 農業者の死亡、病気等の場合
　　(ｲ) 自然災害の場合
　　(ｳ) 土地収用を受けた場合
　　(ｴ) 承認を受けて植林した場合
(5) 米の生産調整との整合性
　ア　米の生産調整との関係については、
　　(ｱ) 米が過剰であることから、直接支払いの対象から水田を除外すべきである、あるいは、稲作付地においては直接支払いを行うべきではない。
　　(ｲ) ハンディキャップを有する中山間地域等では、過大な要求を行うべきではなく転作等を緩和すべきである。中山間地域等で復田した場合も稲の作付けを認めるべきである。また、一部の中山間地域等では高品質米の生産に適したところもあり、このようなところでは米の生産を認めるべきである。
　　(ｳ) 効率的な米生産の観点からは、むしろ中山間地域等で転作を行い、平地地域で生産を行う方がコストも低く消費者の利益や国際競争力の確保の観点からも望ましい。中山間地域等での復田により、米の過剰がさらに強まり、別の行政コストの増加を招くことは避けるべきである。
　　等の種々の考え方がある。
　イ　しかし、アの議論については、地域間における米生産の分担のあり方等に関する問題であり、中山間地域等の耕作放棄を防止し多面的機能を維持するという本対策とは本来別個の政策目的に係る問題である。上記(ｳ)の考え方のように、中山間地域等の農地は、米の生産性等が平地地域に比べて劣るため、米生産の効率性の面からは必ずしも好ましくないという批判もあるが、多面的機能の発揮、米以外の農作物の作付けによる食料自給率の向上という観点からは有益な農地であり、農地としての機能を維持していくべきものと考える。

ウ いずれにしても、農政全体としての整合性・効率性を保つことが重要であり、このような観点から、双方の助成の調和が図られるよう、必要となれば何らかの調整措置は講ぜられるべきであろう。

> 3 対象者
> 　対象者は、協定に基づき、5年以上継続して農業生産活動等を行う者（第3セクター、生産組織等を含む。）とする。なお、水路・農道等の管理については、対象行為を行う土地改良区、集落等とする。

(1) 基本的考え方
　ア 対象行為とも関連するが、本制度は対処療法的に耕作放棄を防止するという短期的、防御的なものにとどまるのではなく、持続的な農業生産を確保するという観点から青年が地域に残り、新規就農者も参入し、世代交替もできる永続的な集落営農の実現という長期的、積極的、体質改善的なものも目指すべきであろう。したがって、他の施策も活用しつつ、第3セクター等を通じた集落のコアとなる担い手の育成、さらには、集落営農を発展させた特定農業法人化などを積極的に推進すべきである。
　イ なお、本制度の対象としては、農地の所有者ではなく、実際に農業生産活動、農地の維持管理作業を行っている者を対象とすべきである。この場合、農業委員会等の支援を受けつつ、農地の所有者と農業生産活動等を行う者との調整を行うことが必要である。
　　さらに、集落協定で直接支払いの配分方法が明確になっている場合には集落そのものも支払いの対象者とする柔軟性も求められるべきである。また、水路・農道の維持管理行為に対して直接支払いが配分される場合には、水利組合や土地改良区等も対象者として配分される仕組みとすべきである。

(2) 担い手確保・育成政策との整合性
　ア これまで中山間地域等への直接支払いの導入が見送られてきた大きな理由は、直接支払いが零細な農業構造を温存し、我が国の構造政策を遅らせるのではないかという懸念が強かったためである。
　　しかし、多面的機能の発揮という観点からは、対象者を限定すべきではなく、特に、棚田等多面的機能の高い農地では自然条件により規模が小さくならざるをえず、対象者を限定することは中山間地域等の農業実態に合致しない。中山間地域等では、市町村当たり認定農業者数は他の地域の47人に対し、16人にすぎず、0.5ha未満の規模の小さい農家も平地の29％に対し、47％となっている。また、集落は排除の論理ではなく、規模の小さい農家を排除すると集落協定が機能しなくなる。以上の観点に立てば、規模の小さい農家も対象とすべきであろう。
　イ 他方、本制度が対処療法的な耕作放棄の防止という短期的な目標ではなく、担い手の育成・定着を通じて持続的な農業生産の確保を図るという長期的な目標を視野に入れるべきであるとの観点からは、集落のコアとなる担い手を育成することができるよう、新規就農の場合や担い手が耕作放棄を生じさせないようにするため条件不利な農地を引き受けて規模拡大する（一定期間以上行われる定着的な作業受委託を含む。）場合においては、直接支払いの上乗せ助成を検討すべきである。すなわち、条件不利性については、

現時点で中山間地域等の傾斜地と平地地域との間に存在する静態的な条件不利性に加え、中山間地域等で規模拡大する場合には傾斜地の存在等から平地地域に比べてコストが十分に低下しないという動態的な条件不利性をも考慮すべきと考える。
(3) 高額所得者の扱い
　高額所得者については、これを除外すると集落協定が機能しないという問題のほか、認定農業者が排除されてしまうという問題もあるので、対象とすべきであろう。また、この関連で、所得の上限金額の水準を設定する決め手はないとすれば、直接支払いの額の上限を考えてはどうかという考え方も示された。

4　単価
　直接支払いの単価は、中山間地域等の農業生産条件の不利な地域において、農業生産活動等を継続し、多面的機能の低下を防ぐとの観点から、中山間地域等と平地地域との農業生産活動等に係る生産条件の格差を考慮し、その範囲内で設定する。

(1) 基本的考え方
　農業構造が脆弱化している中山間地域等の現状を考慮すれば、生産費格差を十分反映した単価とすべきであるとの考え方がある。
　他方、我が国のように中山間地域等も含め、引き続き構造改革を推進する必要がある中で生産条件の格差すべてを補正することについては、中山間地域等における生産性向上へのインセンティブを失わせ、担い手対策の実施を遅延させるのではないかというおそれもある。さらに、中山間地域等と平地地域との間に作付けされる品目に大きな違いが見られない我が国においては、中山間地域等への直接支払いが平地地域の農業を圧迫することのないよう留意する必要がある。このような考え方に立てば、単価は抑制的に設定すべきであろう。
　したがって、単価の設定に際しては、この二つの考え方のバランスを採った設定の仕方を追及すべきものと考える。
　さらに、中山間地域等での新規参入や担い手の定着を助長し、長期的な耕作放棄を防止するとの見地からは、既に述べたように、助成単価への上乗せによる耕作放棄防止に対するインセンティブを与えるべきであり、このような仕組みは平地地域との生産条件の格差が拡大し、将来的に助成単価が増大することを抑制するためにも必要である。
(2) 条件不利の度合に応じた段階的な単価設定
　傾斜度の度合等に応じて生産条件の格差には明確な違いがあり、条件の不利度、生産条件の格差に応じて段階的に単価を設定することは、一律のバラマキではないことを示す上でも、国民の理解の得られる方法ではないかと考えられる。ただし、段階が多くなりすぎると、条件の悪い農地を過度に保護することになりかねないことや、市町村での制度運用が複雑となる。したがって、田・畑・草地・採草放牧地別に単価を設定するとともに、原則として、急傾斜農地とそれ以外の農地で生産条件の格差に応じて2段階の単価を設定してはどうかと考えられる。
(3) 直接支払いの額の上限
　ア　WTO農業協定では「生産要素に関連する支払いは、当該要素が一定の水準を超える

場合には、逓減的に行う。」とされており、また、EUでは直接支払いについて一戸当たりの受給総額の上限が設定されている。
　イ　高額所得者を除外することについては、その所得の水準をどのようにするか等の問題があることから、むしろ直接支払いの額の上限を設定すべきであるという考え方もあり、また、上記のWTO農業協定の規定や非農家の理解の必要性を考慮すると、一戸当たりの受給総額の上限が設定されるべきである。
　　　他方、その水準については、少数の担い手が作業受託等により相当の農地の農業生産活動等を受け持つ場合もあることを考慮して、設定してはどうかと考えられる。
　ウ　なお、本問題は一戸の農家が多額の金額を受領することは周囲の非農家の感情を考えると好ましくないのではないか等の見地から検討が必要となるものであり、多数のオペレーターや構成員からなる第3セクター、生産組織等の場合には直接支払いの額の上限を設けることはそもそも不適当である。

5　地方公共団体の役割
本政策は、国と地方公共団体とが共同で、両者の緊密な連携の下で実施する。

(1) 実施主体

　市町村の土地利用を定めた農業振興地域整備計画、農業経営基盤強化促進基本構想等と整合的に行う必要があること、また、保全する農地は地域が主体性を持って指定していくことが適切であること等から、直接支払いに関する事業の実施主体は市町村が望ましい。

　さらに、中山間地域等の特徴はその多様性にあり、かつ、抱えている課題も多様であることを考慮すると、国が明確かつ客観的な枠組み・基準を示した上で、集落協定の内容、直接支払いの配分方法などの制度の運用は地方公共団体に可能な限り自由度を与えながら、その自主性と責任の下で実施していくべきである。具体的には、市町村が、市町村内の集落協定の共通事項、生産性・収益の向上や担い手の定着に関する目標、集落のコアとなる担い手の育成や新規就農者の受入れ方法、集落相互間の連携、交付金の配分方法等市町村の認定基準となるような基本方針を作成してはどうかと考えられる。このような基本方針は、直接支払いを受けない非農家、非対象農家に対しても必要な情報を開示し、透明性を確保するという点でも望ましいものと考えられる。

(2) 費用分担

　ア　直接支払いにより、適正な農業生産活動が維持され、洪水や土砂崩壊の防止、定住条件の向上等を通じ、当該中山間地域等の経済活動や生活・居住環境等が改善されるとともに、当該地域以外の住民に対しても、水源のかん養、保健休養等の多面的機能が及ぶものと期待される。
　イ　我が国農業政策における補助体系をみると、生産調整を含む価格政策についてはモノは全国的に流通し全国画一的な政策が必要であることから全額国庫負担で行い、それ以外の政策については国と地方が応分の負担をしながら実施してきている。
　ウ　EU加盟国内部の負担関係は種々であるが、EUにおいては、ほとんどの国や地域に対し、EUが25％の補助を行っており、所得水準が低く財政力の弱い一部の国や地域に対しては、50％から75％まで補助率を引き上げている。EUが共通農業政策の中の価格

政策と異なり条件不利地域対策等の構造政策について、各国の負担を求めているのは、EU規則の下で極力各国の自主性と責任の下に事業を実施すべきであるという考え方に基づくものである。
　エ　既に本対策類似の地方単独事業が実施されている例があり、また、本対策については地方の要望を踏まえて検討されることとなったという経緯もある。
　オ　以上の観点からは、本事業は国と地方公共団体が緊密な連携の下で実施すべきものであり、地元の自由度と責任を持った弾力的な運用や地域の実態を踏まえた対象地域の指定など地元の意欲と責任を引き出していくような事業とするためには、国とともに地方公共団体も負担する方向で検討していく必要がある。その場合においても、地方公共団体出身の専門委員の中には、本事業が農業政策の基本にかかわる問題であり、多面的機能はアのように広い範囲に及ぶことから、全額国が負担すべきであるとの意見があったことや、直接支払い制度の対象となる中山間地域等の市町村は財政事情の厳しいところが多いことに留意する必要がある。以上を総合的に踏まえ、国と地方の負担割合を適切なものとするとともに、地方公共団体の財政負担に対しては、所要の地方税財源を確保した上で、適切な地方財政措置を講じることを検討すべきである。

6　期　間

　直接支払いは、生産性向上、付加価値向上、担い手の定着等による農業収益の向上、生活環境の整備等により、当該地域における農業生産活動等の継続が可能であると認められるまで実施する。

農業生産活動等の継続が可能であると認められる場合として、最終的には生産性等が近隣の非対象地域並みとなった場合とすることが考えられる。
しかし、このような目標達成に向けては段階的なアプローチが必要であり、事業自体について5年間というくくりを設けて見直すとともに、個別集落については、集落で決めた生産性向上等の目標を達成した後、当該集落が次の第2ステップへのマスタープランを作成した場合に次の段階の直接支払いの対象とすることが適当であろう。

7　関連事項

(1)　既に、各地で直接支払い類似の事業が実施されてきており、本制度を円滑に実施していくためにも、これら具体的事業の内容・運用の実態等を広く周知していくことが重要である。
(2)　農家への直接支払い導入に伴い必要となる透明性の確保が行政コストを増大させないような取組も必要となろう。
(3)　地図等の空間情報は十分整備されていない状況にあり、直接支払いを含め実効ある地域政策を推進するためには、これら空間の情報のデータベースを早急に構築すべきである。
(4)　森林についても高い多面的機能を有していることから、農地への直接支払いと同様の対策を検討すべきであるとの意見が強く出された。しかしながら、農地への直接支払いが、WTO農業協定の緑の政策のフレームワークの中に位置付けられる一方で、森林について

は同協定の対象とはなってはいないことに加え、実態的にも森林の多くは傾斜地に存在し、平地との生産条件の補正という制度にはなじまないこと、国土保全等の観点から治山事業や個人に助成を行う造林補助事業が既に実施されていること等から、今回の検討からははずれることとなった。農地と一体となった周辺林地の管理などについては本対策の集落協定の対象となり得るが、森林自体に関する施策については、林業生産活動に対して森林の多面的機能に着目した助成措置が既に講じられていることから、別途、林政全体の検討の中で、森林・林業の実態や既存施策との関係等を十分踏まえて、総合的な観点から検討されるべきである。

中山間地域等直接支払制度検討会委員・専門委員名簿

座　　　長　　祖田　修　（京都大学教授）
委　　　員　　小田切徳美　（東京大学助教授）
　　　　　　　柏　　雅之　（茨城大学助教授）
　　　　　　　金子　弘道　（日経産業消費研究所主席研究員）
　　　　　　　後藤　康夫　（日本銀行政策委員会審議委員）
　　　　　　　佐藤　洋平　（東京大学教授）
　　　　　　　内藤　克美　（（財）日本農業土木総合研究所理事長）
　　　　　　　西崎　哲郎　（経済評論家）
　　　　　　　服部　信司　（東洋大学教授）
　　　　　　　松田　苑子　（淑徳大学教授）
専 門 委 員　　岡本　　坦　（横浜市助役）
　　　　　　　黒澤　丈夫　（群馬県上野村長）
　　　　　　　小山　邦武　（長野県飯山市長）
　　　　　　　佐々木　健　（島根県美都町長）
　　　　　　　林田　　敦　（宮崎県西郷村長）
　　　　　　　原田　克弘　（前山形県副知事）
　　　　　　　松本　允秀　（福島県葛尾村長）
　　　　　　　向田　孝志　（（財）北海道農業開発公社理事長）

中山間地域等直接支払制度検討会の審議経緯

第1回（1月29日㈮）
・直接支払いをめぐる事情等の全般的事項
第2回（2月17日㈬）
・対象地域、対象行為、対象者
第3回（3月15日㈪）
・対象者、交付単価、地方公共団体の役割、期間
第4回（4月5日㈪）
・関係団体（農業団体、経済団体、消費者団体の5団体）からヒアリング
第5回（4月23日㈮）
・主要論点の整理
第6回（5月24日㈪）
・中間とりまとめ
第7回（6月21日㈪）
・残された論点についての議論
第8回（7月28日㈬）
・残された論点についての議論
第9回（8月5日㈭）
・最終とりまとめについての議論

※　現地調査
・3月24〜25日　高知県本山町、大豊町
・4月6〜7日　熊本県久木野村、宮崎県高千穂町
・4月8〜9日　新潟県牧村、安塚町
・4月15〜16日　山形県真室川町、大江町
・4月15〜16日　兵庫県村岡町、加美町
・5月10〜12日　沖縄県国頭村、伊平屋村
・5月10〜11日　北海道別海町、中標津町
・5月18〜19日　北海道津別町、足寄町

2　中山間地域等直接支払制度骨子

〔平成11年8月〕

Ⅰ　目的

　　耕作放棄地の増加等により多面的機能の低下が特に懸念されている中山間地域等において、農業生産の維持を図りつつ、多面的機能を確保するという観点から、国民の理解の下に、直接支払いを実施する。

Ⅱ　基本的考え方

1　我が国農政史上初の試みであることから、導入の必要性、制度の仕組みについて広く国民の理解を得るとともに、国際的に通用するものとしてWTO農業協定上「緑」の政策として実施する。
2　明確かつ客観的基準の下に透明性を確保しながら実施する。
3　農業生産活動等の継続のためには、地方公共団体の役割が重要であり、国と地方公共団体が緊密な連携の下に共同して実施する。
4　制度導入後も、中立的な第三者機関による実施状況の点検や政策効果の評価等を行い、基準等について見直しを行う。

Ⅲ　制度の仕組み

1　対象地域及び対象農地

　　対象地域は、特定農山村法等の指定地域とし、対象農地は、このうち傾斜等により生産条件が不利で耕作放棄地の発生の懸念の大きい農用地区域内の一団の農地とし、指定は、国が示す基準に基づき市町村長が行う。

対象農地は、(1)の地域振興立法の指定地域のうち、(2)の要件に該当する農業生産条件の不利な1ha以上の面的なまとまりのある農地とする。
(1)　対象地域（自然的・経済的・社会的条件の悪い地域）
　　特定農山村、山村振興、過疎、半島、離島、沖縄、奄美及び小笠原の地域振興立法8法の指定地域
(2)　対象農地（農業生産条件の悪い農地）
　① 急傾斜農地（田1／20以上、畑15度以上）
　② 自然条件により小区画・不整形な水田（大多数が30a未満で平均20a以下）
　③ 草地比率の高い（70%以上）地域の草地
　④ 傾斜採草放牧地

　　○ 市町村長の判断により、
　　・緩傾斜農地（田1／100以上、畑8度以上）
　　・高齢化率・耕作放棄率の高い農地

　　　　を対象とすることも可能とする。
　　○　地域の実態に応じた地域指定
　　　　都道府県毎の農地の一定割合の範囲内（次の①及び②）において、8法以外の地域を含め、上記以外の耕作放棄の発生の懸念の大きい農地も国の負担する額を引き下げるとの歯止め策を講じた上で準ずる地域として対象とできることとする。
　　①　当該県の8法地域内農地の5％以内であって、かつ、対象農地面積の合計が8法地域内農地の50％を超えない
　　②　当該県の8法外農地の5％以内
　　○　水田については、けい畔も対象とする。

2　対象行為
　対象行為は、耕作放棄の防止等を内容とする集落協定又は第3セクターや認定農業者等が耕作放棄される農地を引き受ける場合の個別協定に基づき、5年以上継続される農業生産活動等とする。

---

(1)　対象となる農業生産活動等
　　農業生産活動等に加え、多面的機能の増進につながる行為として集落がその実態に合った活動を選択して実施する。
　　注：農法の転換まで必要とするような行為（肥料・農薬の削減等）は求めない。
(2)　個別協定
　　個別協定の助成対象は引き受け分とする。（ただし、一団の農地全てを耕作する場合や一定規模以上の経営の場合は個別協定を集落協定とみなして自作地も対象。）
(3)　生産調整との関係
　　基本的には生産調整と直接支払いとは別個の政策目的に係るものであるが、農政全体としての整合性を図るとの観点から、集落協定で米、麦、大豆等の生産目標を規定し、関連づける。
(4)　協定違反の場合の取扱い
　　不可抗力の場合を除き助成金を返還する。

3　対象者
　対象者は、協定に基づく農業生産活動等を行う農業者等とする。

農業生産活動等を行っている者（小規模農家、高額所得者、農業生産組織等も含む。）を対象とする。

4　単価
　単価は、中山間地域等と平地地域との生産条件の格差の範囲内で設定する。

---

(1)　助成を受けられない平地地域との均衡を図るとともに、生産性向上意欲を阻害しないと

の観点から、平地地域と対象農地との生産条件の格差（コスト差）の８割とする。
(2) 田・畑・草地・採草放牧地別に単価を設定するとともに、原則として急傾斜農地とそれ以外の農地とで生産条件の格差に応じて２段階の単価設定。
(3) １戸当たり100万円の受給総額の上限を設ける（第３セクター等には適用しない。）。

5 地方公共団体の役割
国と地方公共団体とが共同で、緊密な連携の下で直接支払いを実施する。

(1) 市町村が対象農地の指定、集落協定の認定、直接支払いの交付等の事務を実施（都道府県及び国に中立的な審査機関を設置）。
(2) 地方公共団体の財政負担に対しては、所要の地方税財源を確保した上で、適切な地方財政措置を講ずる。

6 期　間
農業収益の向上等により、対象地域での農業生産活動等の継続が可能であると認められるまで実施する。

事業自体に５年のくくりを設けて見直し。個別集落は第２ステップのマスタープランを作成した場合に次の段階の直接支払いの対象。

3　中山間地域等直接支払交付金実施要領及び要領の運用

[平成12年4月]
[12構改Ｂ第38号・第74号]

要	領

第1　趣旨

　　中山間地域等は流域の上流部に位置することから、中山間地域等の農業・農村が有する水源かん養機能、洪水防止機能等の多面的機能によって、下流域の都市住民を含む多くの国民の生命・財産と豊かなくらしが守られている。

　　しかしながら、中山間地域等では、高齢化が進展する中で平地に比べ自然的・経済的・社会的条件が不利な地域があることから、担い手の減少、耕作放棄の増加等により、多面的機能が低下し、国民全体にとって大きな経済的損失が生じることが懸念されている。

　　このような状況を踏まえ、食料・農業・農村基本法（平成11年法律第106号。以下「新基本法」という。）第35条第2項において「国は、中山間地域等においては、適切な農業生産活動が継続的に行われるよう農業の生産条件に関する不利を補正するための支援を行うこと等により、多面的機能の確保を特に図るための施策を講ずるものとする。」とされたところである。

　　このため、耕作放棄地の増加等により多面的機能の低下が特に懸念されている中山間地域等において、担い手の育成等による農業生産の維持を通じて、多面的機能を確保する観点から、国民の理解の下に、以下に定めるところにより、中山間地域等直接支払交付金を交付する。

第2　直接支払いの基本的考え方

1　基本的考え方
(1)　生産条件が不利な地域の一団の農用地（農地又は採草放牧地をいう。以下同じ。）において、耕作放棄地の発生を防止し、水源かん養、洪水防止、土砂崩壊防止等の多面的機能を継続的、効果的に発揮するという観点から、既存施策との整合性を図りつつ、対象地域、対象者、対象行為等を定める。
(2)　交付金の交付は、生産性の向上、付加価値の向上等による農業収益の向上、生活環境の整備等により、生産条件が不利な地域における農業生産活動等（農用地における耕作、適切な農用地の維持・管理及び水路、農道等の維持・管理をいう。以下同じ。）の自律的かつ継続的な実施が可能となるまで実施する。

2　推進上の留意点
(1)　国民合意の必要性
　ア　直接支払いは我が国農政史上例のないものであることから、広く国民の理解を得るためには実施に当たって明確かつ合理的・客観的な基準の下に透明性を確保する必要がある。
　イ　また、新基本法に基づく施策であることから、国際的に通用することはもとより、国内で理解を得るためにも、世界貿易機関を設立するマラケシュ協定附属書1Ａの農業に関する協定（以下「農業協定」という。）に合致した政策とする必要があり、具体的には、同農業協定の附属書2の13に規定する次の要件を満たす

要　　領　　の　　運　　用

第1　農用地等の定義
1　実施要領第2の1の(1)の「農地」とは、耕作の目的に供される土地をいい（農地法（昭和27年法律第229号、以下「農地法」という。）第2条第1項）、農地を以下に掲げる田、畑、草地に区分する。
(1)　「田」とは、たん水するための畦畔及びかんがい機能（自然にかんがいするものを含む。以下同じ。）を有している土地とする。
(2)　「畑」とは、田以外の農地で草地を除く畑とし、樹園地を含むものとする。
(3)　「草地」とは、牧草専用地とする。牧草専用地とは、畑のうち牧草の栽培を専用とする畑であって、播種後経過年数（概ね7年未満）と牧草の生産力から判断して、農地としてみなしうる程度のものとする。ただし、牧草の立毛がある畑であっても、作付けの都合により1年から2年間に限り牧草を栽培する場合は牧草専用地ではなく、「畑」とする。
2　実施要領第2の1の(1)の「採草放牧地」とは、農地以外の土地で、主として耕作又は養畜の事業のための採草又は家畜の放牧の目的に供されるものをいう（農地法第2条第1項）。
3　実施要領第2の1の(2)の「適切な農用地の維持・管理」とは、農用地としての形態及び機能を維持することをいい、調整水田等の農地の保全管理も含まれる。
4　実施要領第2の1の(2)の「水路、農道等」とは次に掲げるものをいう。
(1)　農業用用排水施設（用水路、排水路、樋門、堰、揚・排水機場、ため池等）

ものでなければならない。
- (ア) 条件不利地域とは、条件の不利性が一時的事情以上の事情から生じる明確に規定された中立的・客観的基準に照らして不利と認められるものでなければならない。
- (イ) 支払額は生産の形態若しくは量、国内価格又は国際価格に関連し、又は基づくものであってはならず、かつ所定の地域において農業生産を行うことに伴う追加の費用又は収入の喪失が限度とされる。

(2) 国と地方公共団体の緊密な連携

耕作放棄を防止し、農業生産活動等の継続を実効性のあるものにしていくためには、地方公共団体の役割が重要であり、国と地方公共団体が密接な連携の下に実施していくことが必要である。

(3) 政策効果の評価と見直し

交付金は我が国農政史上初めての手法であり、制度導入後も中立的な第三者機関を設置し、実行状況の点検、施策の効果の評価等を行い、基準等について不断の見直しを行っていくことが必要である。

第3 交付金の仕組み

国は、第4の対象地域のうち第4の2の対象農用地において第6の2の(1)の集落協定又は同(2)の個別協定に基づき5年間以上継続して行われる農業生産活動等を行う農業者等（農業者、地方公共団体が出資する法人（以下「第3セクターという。）、特定農業法人（農業経営基盤強化促進法（昭和55年法律第65号、以下「基盤強化法」という。）第23条第4項に定められるものをいう。以下同じ。）、農業協同組合、生産組織等をいう。以下同じ。）に対し、市町村が交付金を交付するのに必要な経費につき、都道府県が交付金を交付するのに必要な経費に充てるためあらかじめ資金を積み立てるのに必要な経費について、交付金を交付する。

第4 対象地域及び対象農用地

1 対象地域

交付金の交付対象となる地域（以下「対象地域」という。）は次の(1)から(9)までの地域とする。
- (1) 特定農山村地域における農林業等の活性化のための基盤整備の促進に関する法律（平成5年法律第72号）第2条第4項の規定に基づき公示された特定農山村地域
- (2) 山村振興法（昭和40年法律第64号）第7条第1項の規定に基づき指定された振興山村地域
- (3) 過疎地域自立促進特別措置法（平成12年法律第15号）第2条第1項の規定に基づき公示された過疎地域（同法第33条第1項又は第2項の規定により過疎地域とみなされる区域を含み、平成12年度から平成16年度までの間に限り、同法附則第5条第1項に規定する特定市町村（同法附則第6条又は第7条の規定により特定市町村の区域とみなされるものを含む。）を含む。）
- (4) 半島振興法（昭和60年法律第63号）第2条第1項の規定に基づき指定された半島振興対策実施地域
- (5) 離島振興法（昭和28年法律第72号）第2条第1項の規定に基づき指定された離島

(2)　農業用道路（農道）
　(3)　その他農用地の保全又は利用上必要な施設（防風林、土壌浸食防止施設等）

第2　対象地域
　1　実施要領第4の1の「対象地域」は、平成12年4月1日現在で指定されている地域（実施要領第4の1の(9)を除く。）とする。
　2　平成12年4月1日以降、実施要領第4の1の(1)から(8)までの指定地域（以下「8法地域」という。）の見直しにより、追加又は解除になった地域の取扱いについては、次に掲げるとおりとする。
　　(1)　新たに指定された地域は、当該年度から対象（指定される以前に実施要領第4の1の(9)の地域（以下「特認地域」という。）であった地域は、当該年度から8法地域）とする。
　　(2)　平成12年4月1日時点で指定の解除の予定がある地域については、解除年度以降、対象としない。ただし、平成12年4月1日時点で指定の解除の予定がない地域については、解除年度以降、特認地域とみなすことができる。

振興対策実施地域
- (6) 沖縄振興開発特別措置法（昭和46年法律第131号）第2条第1項に規定する沖縄
- (7) 奄美群島振興開発特別措置法（昭和29年法律第189号）第1条に規定する奄美群島
- (8) 小笠原諸島振興開発特別措置法（昭和44年法律第79号）第2条第1項に規定する小笠原諸島
- (9) 地域の実態に応じて都道府県知事が指定する自然的・経済的・社会的条件が不利な地域（以下「特認地域」という。）

2 対象農用地

　交付金の交付対象となる農用地（以下「対象農用地」という。）は、対象地域内に存する農用地区域（農業振興地域の整備に関する法律（昭和44年法律第58号。以下「農振法」という。）第8条第2項第1号に定める農用地区域をいう。以下同じ。）内に存する一団の農用地（1ha以上の面積を有するものに限る。）であって、次の(1)から(5)までのいずれかの基準を満たすものとする。

(1) 勾配が田で1／20以上、畑、草地及び採草放牧地で15度以上である農用地（以下「急傾斜農用地」という。）

(2) 自然条件により小区画・不整形な田

(3) 積算気温が著しく低く、かつ、草地比率が70％以上である市町村内に存する草地（以下「草地比率の高い草地」という。）

(4) 次のア又はイの基準を満たす農用地であって、市町村長（市町村長が判断すること

第3　対象農用地の基準

1　実施要領第4の2の「一団の農用地」とは、農用地面積（農用地面積には畦畔及び法面面積を含む。）が1ha以上の団地又は営農上の一体性を有する複数の団地の合計面積が1ha以上のもの（農業所得が同一都道府県内の都市部の勤労者一人当たりの平均所得を上回る者として構造改善局長が定める者（第6の1）の農用地についても一団の農用地の面積に算入できる（交付金の交付対象面積とはならない。）。）とする。

　　ただし、第10の2の(1)から(4)までの事項により、集落協定等の認定時において、1ha以上であった一団の農用地の面積が1ha未満となった場合においても、引き続き平成16年度まで対象とすることができる。

　　なお、一団の農用地の要件の詳細は、別記1に定めるとおりとする。

2　実施要領第4の2の(1)及び(4)のアの勾配の測定については、別記2に定めるとおりとする。

3　実施要領第4の2の(2)の「自然条件により小区画・不整形な田」とは、次に掲げる要件をすべて満たす田とする。
　(1)　団地内のすべての田が不整形であり、ほ場整備が不可能であること。
　(2)　30a未満の区画の合計面積が団地内の田の合計面積に対して80％以上であること。
　(3)　団地内の田の区画の平均面積が20a以下であること。

4　実施要領第4の2の(3)の「草地比率の高い草地」とは、5の基準を満たす地域内に存する農用地が当該市町村の農用地の大宗を占め、かつ、6で算定された草地比率が70％以上の市町村又は地域に存する草地とする。

5　実施要領第4の2の(3)の「積算気温が著しく低く」とは、1日の平均気温を5月15日から10月5日までの期間において積算したものが2,300℃未満のことをいう。

6　実施要領第4の2の(3)の「草地比率」とは、新市町村又は旧市町村単位での経営耕地面積に対する牧草専用地面積の割合とする。（なお、草地比率の算出に用いるデータは平成7年農業センサスの農業事業体調査結果の経営耕地面積、牧草専用地面積とする。また、市町村内の農用地が都道府県段階の第三者機関において、気候等により明確に区分されると認められた場合には、市町村内を区切って草地比率を判定することができる。）

7　実施要領第4の2の(4)の「市町村長が判断することが困難な場合」とは、集落が複

が困難な場合には、都道府県知事）が特に必要と認めるもの。
　ア　勾配が田で１／100以上１／20未満、畑、草地及び採草放牧地で８度以上15度未満である農用地（以下「緩傾斜農用地」という。）

　イ　高齢化率が40％以上であり、かつ、耕作放棄率が次の式により算定される率以上である集落に存する農地
　　　（８％×田面積＋15％×畑面積）÷（田面積＋畑面積）

(5)　(1)から(4)までの基準に準ずるものとして、都道府県知事が定める基準（以下「特認基準」という。）に該当する農用地

数の市町村にまたがっている場合等をいう。
8 実施要領第4の2の(4)のアの緩傾斜農用地については、構造改善局長が別に定めるガイドライン（以下「緩傾斜農用地のガイドライン」という。）を参考に、市町村長（市町村長が判断することが困難な場合には、都道府県知事）が対象の可否及び対象基準について判断する。
　なお、都道府県知事は、緩傾斜農用地のガイドラインとは別にガイドラインを定めることができる。

9 実施要領第4の2の(4)の市町村長が判断することが困難である場合の手続きは、次のとおりとする。
 (1) 市町村長は、判断が困難な事由を記した書面をもって都道府県知事に判断を要請する。
 (2) 判断の要請を受けた都道府県知事は、具体的な判断結果に理由を付して当該市町村長に書面で通知する。

10 実施要領第4の2の(4)のイの高齢化率・耕作放棄率の高い農地の判断に当たっての高齢化率等の算定は、次の(1)及び(2)の式により行う。
 (1) 「高齢化率」は、次のとおりとする。
　　　65歳以上の農業従事者数／農業従事者数
 (2) 「耕作放棄率」は、次のとおりとする。
　　　耕作放棄地面積／（経営耕地面積＋耕作放棄地面積）
 (3) 算定に用いるデータは、次のとおりとする。
　ア　高齢化率は、平成7年農業センサスの農家調査結果の農業従事者数
　イ　耕作放棄率は、平成7年農業センサスの農業事業体調査結果の経営耕地面積、耕作放棄地面積
 (4) 高齢化率及び耕作放棄率は、原則としてセンサス集落毎に判定する。ただし、実施要領第6の2の(1)の集落協定を締結する一団の農用地毎に区切って算定することが適当な場合には、協定単位で判定（一団の農用地毎に判定する場合は、平成12年3月31日時点で行う。）することもできる。
　なお、複数の集落にまたがって協定を締結する場合は、すべての集落において基準を超えていることが必要である。
 (5) 複数の団地を対象として集落協定の締結が可能な集落においては、原則として耕作放棄率の高い団地を除いて協定を締結することはできない。

11 特認地域及び特認基準について
 (1) 特認地域及び特認基準の設定
　都道府県知事は、実施要領第4の1の(9)の特認地域及び同2の(5)の特認基準の設定に当たっては、構造改善局長が別に定めるガイドライン（以下「特認基準のガイドライン」という。）を参考にして、次のア又はイに掲げるデータを実施要領第8の2の中立的な第三者機関に提出し、審査検討を行うものとする。
　ア　8法地域については、傾斜地等と同等の農業生産条件の不利性があり、他の農用地に比べ耕作放棄率が高いことを示すデータ

イ 8法外地域(実施要領第4の1の(1)から(8)まで以外の地域をいう。以下同じ。)については、自然的・経済的・社会的条件の悪い地域で、かつ、農業生産条件の不利性があることを示すデータ
(2) 都道府県知事は、中立的な第三者機関で審査された特認地域及び特認基準について、参考様式第1号に次表に掲げる必要なデータを添付し、地方農政局長(北海道にあっては直接、沖縄県にあっては沖縄総合事務局長)を経由して構造改善局長に協議する。

地域・農用地区分		データの提出
8法地域	農業生産条件の不利な農用地	農業生産条件の不利性を示すデータ ① コスト格差 ② 耕作放棄率が他の農用地に比べ高いこと。
8法外地域	8法に準ずる地域	構造改善局長が定めるガイドラインに基づかないもの。 　自然的・経済的・社会的条件の不利性を示すデータ 構造改善局長が定めるガイドラインに基づく場合は、データの提出は必要としない。
	農業生産条件の不利な農用地	構造改善局長が定めるガイドラインに基づかないもの。 ① コスト格差 ② 耕作放棄率が他の農用地に比べて高いこと。 構造改善局長が定めるガイドラインに基づく場合は、データの提出は必要としない。

(3) 国による特認地域及び特認基準の調整手続き
　都道府県知事から(2)の協議を受けた構造改善局長は、実施要領第8の1の第三者機関の意見を聴き、必要があれば各都道府県の特認地域及び特認基準の調整を行うものとする。また、構造改善局長は、調整結果を、参考様式第2号により地方農政局長(北海道にあっては直接、沖縄県にあっては沖縄総合事務局長)を経由して都道府県知事に通知する。
(4) 特認地域及び特認基準の通知
　都道府県知事は、特認地域及び特認基準を決定したときは、速やかに市町村等の関係機関に書面をもって通知する。
(5) 特認面積の上限及び配分
　都道府県内における特認面積の上限及び配分は、次のとおりとする。
ア 8法地域内の特認基準に係る対象農用地面積及び特認地域内の対象農用地面積(8法外地域で通常基準(実施要領第4の2の(1)から(4)までの基準をいう。以下同じ。)又は特認基準で指定される農用地の合計面積)の合計面積(以下「特認面積」という。)は、次の(ア)及び(イ)により算定される面積の範囲内とする。

        (ｱ) 各都道府県における８法地域及び８法外地域の農用地区域（農業振興地域の整備に関する法律（昭和44年法律第58号）第８条第２項第１号に定める農用地区域をいう。以下同じ。）内の農用地面積のそれぞれ５％以内であること。
        (ｲ) ただし、８法地域において、特認面積を加えることにより交付金の対象農用地面積が８法地域内農用地区域内の農用地面積の50％を超える場合は、50％以内の面積とすること。
      イ 特認面積の配分
        アにより得られた農用地面積の８法地域内外の配分については、都道府県知事の裁量とする。
    (6) 特認面積の算定基準
      特認面積の算定は、当該指定農用地のうち、田については１、畑、草地又は採草放牧地については1.5で除した面積の合計面積が(5)のアにより算出した面積の範囲内であることとする（すなわち、畑、草地又は採草放牧地に配分する場合には、(5)のアにより算出した面積の全部又は一部の1.5倍の面積の範囲内で指定することができる（すべて畑、草地又は採草放牧地とする場合は、田の面積の1.5倍の面積を指定できる。）。）。

 12 実施要領第４の２の対象農用地の面積の測定は、別記３に定めるとおりとする。

第４ 既耕作放棄地等の取扱い等
 １ 既耕作放棄地の取扱い
  (1) 既耕作放棄地の定義
    ア 「既耕作放棄地」とは、平成12年３月31日までに耕作放棄地（以前耕作したことがあるが、過去１年間以上作物を栽培せず、かつ、ここ数年の間に再び耕作するはっきりした意志のない土地（平成７年農業センサス））となった農地とする。
    イ 「耕作放棄地の復旧」とは、既耕作放棄地を耕作しうる状態にすることをいい、耕作しうる状態とは、次に掲げる状態をいう。
      (ｱ) 田の場合は、灌木の抜根等を行い、たん水するための畦畔及びかんがい機能を有し、作物の栽培が可能な状態
      (ｲ) 畑及び草地の場合は、灌木の抜根等を行い、容易に耕起・整地でき、作物が栽培できる状態（樹園地の場合は、草刈り等を行い、容易に農作業が行え、収穫物が得られる状態）
  (2) 既耕作放棄地の取扱い
    既耕作放棄地については、次のとおり取り扱うこととする。
    ア 既耕作放棄地を協定の対象とすることについては、集落協定の場合は集落、個別協定の場合は認定農業者等の判断に委ねるものとする。
    イ 既耕作放棄地を集落協定や個別協定に位置づけた場合には、平成16年度までに既耕作放棄地を復旧又は林地化することを条件に当該既耕作放棄地を協定認定年度から交付金の交付対象とすることができる。
    ウ 集落協定又は個別協定に位置づけない既耕作放棄地（協定の対象となる農用地（以下「協定農用地」という。）の生産活動に影響があると協定申請者が判断したもの。）についても、協定農用地の農業生産活動等に悪影響を与えないよう既

耕作放棄地の草刈り、防虫対策等を行う。
2 限界的農地の取扱い
 (1) 限界的農地の定義
　　現に耕作又は管理されている農地で、集落の他の農地に比べ、土壌、日照条件、極端な急傾斜等により生産条件が不利で、耕作放棄の懸念が特に大きい農地として集落の申請により市町村長が判断した農地をいう。
 (2) 限界的農地の取扱い
　　平成16年度までに林地化するための準備を行い、植林することが集落協定にあらかじめ位置づけられている場合は、平成16年度まで交付金の交付対象とすることができる。
3 現に自然災害を受けている農用地の取扱い
　現に自然災害を受けている農用地については、平成16年度までに復旧し、農業生産活動等を実施する旨が集落協定に位置づけられている場合は、協定認定年度から交付金の交付対象とすることができる。
4 国、地方公共団体等が所有する農用地の取扱い
　国、地方公共団体等が所有する農用地については、国、地方公共団体並びに国及び地方公共団体の持分が過半となる第3セクターが所有し、かつ、農業生産活動等を行っている農用地については、交付金の交付対象とすることとしない。
5 土地改良通年施行等の取扱い等
 (1) 土地改良通年施行の対象事業の範囲
　ア 土地改良通年施行は、次に掲げる要件をすべて満たす土地改良事業又はこれに準ずる事業に係るものとする。ただし、次の要件を満たしていたものが、その後、工事実施時期の変更等によりこれを満たさなくなった場合においては、それが不測の事態の発生等真にやむを得ない事由によるものである場合に限り、土地改良通年施行の対象事業として取り扱う。
　　(ｱ) 当該年度の6月30日（平成12年度においては8月31日）までに、国若しくは地方公共団体の負担若しくは補助又は農林漁業金融公庫若しくは農業近代化資金の融資の対象となることの決定又はこれに準ずる措置がなされること。
　　(ｲ) 当該年度内に事業が終了すること。
　　(ｳ) 集落協定に事業の実施が位置づけられていること。
　イ アの土地改良事業又はこれに準ずる事業とは、次に掲げる事業をいう。
　　(ｱ) ほ場整備事業（区画整理その他の面的工事に限る。）
　　(ｲ) 客土事業
　　(ｳ) その他土地改良事業等のうち(ｱ)又は(ｲ)に該当する工種
　ウ 土地改良通年施行に係る事業の実施については、関係局長が別に定めるところによる。
 (2) 土地改良通年施行に係る農地の取扱い
　　(1)の土地改良通年施行に係る農地については、交付金の交付対象とすることができる。
 (3) 土地改良事業等の実施等により対象要件に変更があった農用地の取扱い
　　土地改良事業等の実施等が集落協定に位置づけられている場合には、当該土地改良事業等の実施、地目の変更等により協定認定時の対象農用地の要件に変更があっ

第5　中山間地域等直接支払市町村基本方針
　　市町村長は、交付金の交付を円滑に実施するため、地域の実情に即し、中山間地域等直接支払市町村基本方針（以下「基本方針」という。）を次により策定する。
　1　基本方針は次に掲げる事項を内容とする。
　(1)　趣旨

　(2)　対象地域及び対象農用地

　(3)　集落協定の共通事項

　(4)　個別協定の共通事項

　(5)　対象者

　(6)　集落相互間の連携

　(7)　交付金の使用方法

　(8)　交付金の返還

　(9)　生産性・収益の向上、担い手の定着、生活環境の整備等に関する目標

　(10)　実施状況の公表及び評価

ても、当該農用地を平成16年度まで交付金の交付対象とすることができる。
第5　中山間地域等直接支払市町村基本方針（以下「基本方針」という。）
　1　基本方針の内容
　　　基本方針の内容については、次の事項を参考に記載する。

　　(1)　実施要領第5の1の(1)の「趣旨」については、市町村の現況、交付金を実施する意義、基本方針に定める項目等について記載する。

　　(2)　実施要領第5の1の(2)の「対象地域及び対象農用地」については、実施要領第4の1の(1)から(9)までのうち、当該市町村に該当する対象地域及び実施要領第4の2の(1)から(5)までのうち、当該市町村長が指定しようとする対象農用地の基準について記載する。

　　(3)　実施要領第5の1の(3)の「集落協定の共通事項」については、集落が集落協定に定めるべき事項（実施要領第6の2の(1)のア）について記載する。

　　(4)　実施要領第5の1の(4)の「個別協定の共通事項」については、協定の対象となる農用地等の事項（実施要領第6の2の(2)のア）について記載する。

　　(5)　実施要領第5の1の(5)の「対象者」については、認定農業者（農業経営基盤強化促進法（昭和55年法律第65号、以下「基盤強化法」という。）第12条第1項の認定を受けた者をいう。以下同じ。）に準ずる者として市町村長が認定する者について定義の上、交付金の交付の対象者（実施要領第6の1）について記載する。

　　(6)　実施要領第5の1の(6)の「集落相互間の連携」については、市町村が行う集落間の連携支援等について記載する。なお、集落協定を締結できない集落が想定される場合には、当該集落の農用地に係る近隣の認定農業者等や直接支払対象集落による利用権の設定等及び農作業の受委託の推進について記載する。

　　(7)　実施要領第5の1の(7)の「交付金の使用方法」については、地域の実情を考慮して市町村が望ましいと考える使用内容について記載する。
　　　　なお、集落協定の場合にあっては、集落への交付額の概ね1／2以上を集落の共同取組活動に充てることが望ましい旨を記載する。

　　(8)　実施要領第5の1の(8)の「交付金の返還」については、実施要領第6の4に基づき記載する。

　　(9)　実施要領第5の1の(9)の「生産性・収益の向上、担い手の定着、生活環境の整備等に関する目標」については、市町村の目標及び市町村が目標達成のために講ずる施策等について記載する。

　　(10)　実施要領第5の1の(10)の「実施状況の公表及び評価」については、公表内容及び

(11)　その他必要な事項

　2　基本方針は、原則として平成16年度までの方針とする。

　3　市町村長は、基本方針を策定し、又は変更しようとするときは、都道府県知事にその認定を受けるものとする。

第6　直接支払いの実施
　1　対象者
　　交付金の交付の対象となる者（以下「対象者」という。）は、次に掲げる者（農業所得が同一都道府県内の都市部の勤労者一人当たりの平均所得を上回る者として構造改善局長が定める者を除く。）とする。
　(1)　2の(1)の集落協定に基づき、5年間以上継続して農業生産活動等を行う農業者等
　(2)　2の(2)の個別協定に基づき、5年間以上継続して農業生産活動等を行う認定農業者等（認定農業者（基盤強化法第12条第1項の認定を受けた者をいう。以下同じ。）、これに準ずる者として市町村長が認定した者、第3セクター、特定農業法人、農業協同組合、生産組織等をいう。以下同じ。）

評価の実施時期等について記載する。
(11) 実施要領第5の1の(11)の「その他必要な事項」については、交付金交付等の適正かつ円滑な実施に当たって市町村が必要と認める(1)から(10)まで以外の事項について記載する。
　なお、耕作放棄地の解消に対する支援として「遊休農地解消総合対策事業」のうち土地条件整備事業を実施する場合は、「遊休農地解消総合対策事業実施要領（平成12年4月1日付け12構改Ｂ第313号農林水産事務次官依命通知）」及び「遊休農地解消総合対策事業実施要領の運用について（平成12年4月1日付け12構改Ｂ第314号構造改善局長通知）」の規定に基づき記載する。

2　基本方針の認定
(1) 市町村長は、基本方針認定（変更）申請書（参考様式第3号）に基本方針（参考様式第4号）を添付の上、当該年度の4月30日（平成12年度については、7月31日）までに都道府県知事に提出するものとする。
(2) 基本方針の提出を受けた都道府県知事は、対象地域、対象農用地等の記載内容等について審査し、適正であると認められる場合は、参考様式第5号により市町村長に通知する。

第6　対象者

1　実施要領第6の1の構造改善局長が定める者とは、次の者をいう。
(1) 集落協定の場合においては、当該協定参加農業者で次のアの式で算定される農業従事者一人当たりの農業所得が同一都道府県内の都市部の勤労者一人当たりの平均所得を上回る者（当該農業者が水路・農道等の管理や集落内のとりまとめ等集落営農上の基幹的活動において中核的なリーダーとしての役割を果たす担い手として集落協定で指定された者であって、当該農業者の農用地に対して交付される交付額を集落の共同取組活動に充てる場合を除く。）
　ア　農業者の所得の算定
　　　（確定申告に基づく農業所得＋専従者給与額－負債の償還額）／農業従事者数
　　当該農業者が生産組織、農業生産法人等の構成員であり、当該生産組織、農業生産法人等から給与額又は役員報酬等を受けている場合は、上記農業所得に当該給与額又は役員報酬等を含めるものとする。
　イ　算定に当たっての留意事項
　　(ｱ) アの負債の償還額とは、次に掲げるものとする。
　　　a　農業生産活動のための建物・機械等の固定資産に係る負債の償還額（当該負債に係る減価償却額を上回る場合の差引額に限る。）
　　　b　a以外の農業生産活動に係る負債の当該年におけるネット償還額（当該年の期首の負債額から期末の負債額を差し引いた実償還額）
　　(ｲ) 農業従事者数の換算は、年間自家農業従事日数が150日以上の農業従事者を「1」とし、農業従事日数が60日以上150日未満の者を「0.5」とする。この他に、家族内に、30日以上60日未満の農業従事者が2名以上いる場合（合計就農日数が60日以上となる。）には、これらの者をまとめて「0.5」とすることができる。

2 対象行為
　交付金の交付の対象となる行為（以下「対象行為」という。）は、次の(1)又は(2)に掲げる協定（その策定又は変更につき構造改善局長が別に定めるところにより市町村長の認定を受けたものに限る。）に基づき、5年間以上継続して行われる農業生産活動等とする。
(1) 集落協定
　ア　集落協定は、対象農用地において、農業生産活動等を行う農業者等の間で締結されるものであって、次の㈠から㈣までの事項を規定したもの（ただし、㈢、㈣については、任意的事項）とする。
　　㈠　協定の対象となる農用地の範囲

　　㈡　構成員の役割分担

　　㈢　農業生産活動等として取り組むべき事項

　　　　　なお、農業従事者とは、所得税法における青色事業専従者給与の特例又は事業専従者控除の特例の対象となる者と同等の就業形態を有する者（当該事業に専ら従事する期間がその年を通じて6ヶ月を超える者）をいう。
　　　ウ　農作業従事日数の確認方法は、作業日誌等により行うこととする。
　　　エ　実施要領第6の1の「同一都道府県内の都市部の勤労者一人当たりの平均所得」とは直近3ヶ年の「家計調査年報（総務庁統計局）」の各都道府県の県庁所在地の年平均勤労者所得（月平均世帯主収入×12ヶ月）とする。
　　　(2)　個別協定の場合においては、実施要領第6の2の(2)のイの認定農業者等で、(1)の規定に該当する者。
　　(3)　実施要領第6の2の(2)のイの(イ)の経営の規模（田、畑については基幹的農作業を3種類（草地については1種類）以上の受託を含む。）とは、対象農用地に存する農用地面積をいう。
　2　農用地の所有者と作業の受託者等が共同して維持・管理等を行っている場合等は当事者間の話合いにより対象者を決定する。

第7　対象行為

1　集落協定
　(1)　実施要領第6の2の(1)のアの「集落」とは、一団の農用地において協定参加者の合意の下に農業生産活動等を協力して行う集団とする。
　(2)　集落協定は平成13年度以降に締結することもできる。また、集落協定を締結した複数の集落が、次年度以降にこれらの協定を包含した集落協定を新たに締結することもできる（この場合でも交付金の交付は、平成16年度までとする。）。
　(3)　集落協定の内容については、次の事項を参考に記載する。
　　ア　実施要領第6の2の(1)のアの(イ)の「構成員の役割分担」については、農用地等の管理者及び受託等の方法、水路・農道等の管理活動の内容と作業分担、経理担当者、市町村に対する代表者等を記載する。
　　イ　実施要領第6の2の(1)のアの(ウ)の「農業生産活動等として取り組むべき事項」については、適正な農業生産活動に加え、地域の中で、国土保全機能を高める取組、保健休養機能を高める取組又は自然生態系の保全に資する取組等多面的機能の増進につながるものとして、次の表に例示される行為（これに準ずる行為及び基盤整備への取組みも含む。）から集落が集落の実態に合った活動を一つ以上（法律で義務づけられている行為及び国庫補助事業の補助対象として行われている行為以外のものを一つ以上）記載する。

分　　類	具体的に取り組む行為
（必須事項） 農業生産活動	耕作放棄の防止等の活動	適正な農業生産活動を通じた耕作放棄の防止、耕作放棄地の復旧や畜

(エ) 交付金の使用方法

(オ) 生産性や収益の向上による所得の増加、担い手の定着等に関する目標

(カ) 食料自給率の向上に資するよう規定される米・麦・大豆・草地畜産等に関する生産の目標

等			産的利用、高齢農家・離農者の農用地の賃借権設定、法面保護・改修、鳥獣被害の防止、林地化等
	水路、農道等の管理活動		適切な施設の管理・補修(泥上げ、草刈り等)
(選択的必須事項) 多面的機能を増進する活動	国土保全機能を高める取組		土壌流亡に配慮した営農の実施、農用地と一体となった周辺林地の管理等
	保健休養機能を高める取組		景観作物の作付け、市民農園・体験農園の設置、棚田のオーナー制度、グリーンツーリズム
	自然生態系の保全に資する取組		魚類・昆虫類の保護(ビオトープの確保)、鳥類の餌場の確保、粗放的畜産、環境の保全に資する活動

ウ　実施要領第6の2の(1)のアの(エ)の「交付金の使用方法」については、集落の各担当者の活動に対する報酬、生産性の向上や担い手の育成に資する活動、鳥獣害防止対策及び水路、農道等の維持・管理等集落の共同取組活動に要する経費の支出や集落協定に基づき農用地の維持・管理活動を行う者に対する経費の支出について記載する。

エ　実施要領第6の2の(1)のアの(オ)の「生産性や収益の向上による所得の増加、担い手の定着等に関する目標」については、次のとおり記載する。
　(ア)　生産性や収益の向上による所得の増加に関する集落としての取組活動については、例えば、農用地の連担化、交換分合等による生産性向上、高付加価値型農業等の推進、農作業の受委託、農業機械・施設の共同利用、コントラクターによる飼料生産等とする。
　(イ)　担い手の定着等に関する集落としての取組活動については、例えば、新規就農者に対する地域農業改良普及センターの指導、集落リーダー・オペレーターの新技術研修会や先進集落視察への参加、新規就農者に対する離農者の家屋の提供、利用権設定による農用地の面的集積及び酪農ヘルパーの活用等とする。

オ　実施要領第6の2の(1)のアの(カ)の「食料自給率の向上に資するよう規定される米・麦・大豆・草地畜産等に関する生産の目標」については、集落で主に生産している作物等の作付面積の目標を数値で記載する。なお、米の生産に関する目標については、「水田農業経営確率対策(水田農業経営確立対策実施要綱(平成12年4月1日付け12農産第1932号農林水産事務次官依命通知)に基づくものをいう。)において配分された米の生産数量及び作付面積に関するガイドライン(平成12年度にあっては、米の生産数量及び生産調整目標面積をいう。)」との整合を図り、毎年度、これを定めることとする。

㈥　集落の総合力の発揮に資する事項

　　　㈦　将来の集落像についてのマスタープラン

　　　㈧　市町村の基本方針により規定すべき事項

　イ　集落協定は一団の農用地ごとに締結する。ただし、複数の一団の農用地を含めて1つの協定を締結することもできる。

(2) 個別協定
　ア　個別協定は、第4の2の(1)から(5)までのいずれかの基準を満たす農用地において、認定農業者等が農用地の権原を有する者との間において基盤強化法第4条第3項第1号に規定する利用権の設定等又は同一生産行程における基幹的農作業のうち3種類以上（草地にあっては1種類以上）の作業の受委託について締結されるものであって、次の㈠から㈤までの事項を規定したものとする。
　　㈠　協定の対象となる農用地
　　㈡　設定権利等の種類
　　㈢　設定権利者、委託者名（出し手）
　　㈣　設定権利等の契約年月日、契約期間
　　㈤　交付金の使用方法
　イ　次のいずれかに掲げる認定農業者等が、アに掲げる事項に加えて、農業生産活動等として取り組むべき事項を協定に規定する場合は、第4の2の(1)から(5)までのいずれかの基準を満たす当該認定農業者等の自作地も協定の対象とすることができる。
　　㈠　一団の農用地すべてを耕作している者
　　㈡　都府県にあっては3ha以上、北海道にあっては30ha以上（草地では100ha以上）の経営の規模を有している者

カ　実施要領第6の2の(1)のアの㈹の「集落の総合力の発揮に資する事項」については、例えば、一集落一農場制度による農業機械コストの低減、集落外農家との連携、畜産農家との連携等を記載する。

　キ　実施要領第6の2の(1)のアの(ク)の「将来の集落像についてのマスタープラン」については、集落が目指す将来の集落像を記載する。

　ク　実施要領第6の2の(1)のアの(ケ)の「市町村の基本方針により規定すべき事項」については、市町村の基本方針に基づき、集落が集落の実情に応じて集落協定に盛り込むことが適当と判断した事項を記載する。

(4)　市町村は、協定による共同取組活動を通じて耕作放棄を防止するとの観点から、集落が交付金の交付額の概ね1/2以上を集落の共同取組活動に充てるよう指導する。

2　個別協定
(1)　実施要領第6の2の(2)のアの利用権の設定等のうち所有権の移転については、交付を受けようとする年の前年の7月1日から当該年の6月30日までに移転があったものとする。ただし、平成12年度は平成12年1月1日から平成12年8月31日までとする。
(2)　受委託等の契約期間については、次のとおりとする。
　　賃借権の設定、農作業受委託契約は、残存期間が5年以上の契約とする（契約の残存期間が5年未満であっても、交付金の交付期間に契約を更新する場合においては、引き続き対象とすることができる。）。
(3)　実施要領第6の2の(2)のアの同一生産行程における基幹的農作業とは、次に掲げるとおりとする。
　ア　田及び畑においては、耕起、代かき又は整地、田植え又は播種、病害虫防除、収穫、乾燥・調製とする。
　イ　草地においては、耕起、播種、収穫、乾燥・調製とする。

3　農業委員会（農業委員会等に関する法律（昭和26年法律第88号）第3条第1項但書又は第5項の規定により農業委員会を置かない市町村にあっては、市町村長。以下同じ。）は、集落協定又は個別協定が円滑に締結されるよう、必要に応じて利用権の設定等について調整を行うものとする。

4 集落協定、個別協定の認定等
(1) 集落協定を策定又は変更する集落は、「中山間地域等直接支払交付金に係る集落協定の認定（変更）申請書（参考様式第6号）」（以下「集落協定認定申請書」という。）に集落協定（参考様式第7号）を添付の上、協定農用地が存する市町村長に当該年度の6月30日（平成12年度においては、当該年度の8月31日）までに提出する。
　なお、協定農用地が複数以上の市町村にまたがる場合は、協定農用地が存する市町村長に上記によりそれぞれ提出する。この場合、当該市町村長に提出する申請書には、他の市町村長に提出する申請書の写しを添付する。
(2) 個別協定を策定又は変更する認定農業者等は、「中山間地域等直接支払交付金に係る個別協定の認定申請書（参考様式第8号）」（以下「個別協定認定申請書」という。）を協定農用地が存する市町村の長に当該年度の6月30日（平成12年度においては、当該年度の8月31日）までに提出する。なお、協定農用地が複数以上の市町村に存する認定農業者等は、協定農用地が存する市町村長に上記によりそれぞれ提出する。この場合、当該市町村長に提出する申請書には、他の市町村長に提出する申請書の写しを添付する。
(3) 市町村長は、集落協定又は個別協定が基本方針に即していると認められるときは、集落協定の代表者又は個別協定申請者に「中山間地域等直接支払交付金に係る集落協定（個別協定）認定書（変更認定書）（参考様式第9号）」により、当該年度の7月31日（平成12年度においては、当該年度の9月30日）までに通知する。
(4) 集落協定、個別協定の変更認定事項
　実施要領第6の2の締結協定内容の変更に当たって、市町村長の認定を要する事項は次のとおりとし、その他の事項については市町村長への届出とする。
　ア　集落協定内容の変更認定事項
　　(ｱ)　協定農用地の面積の追加
　　(ｲ)　農業生産活動等として取り組むべき事項の変更
　　(ｳ)　食料自給率の向上に資するよう規定される米・麦・大豆・草地畜産等に関する生産の目標のうち米の生産目標に関する生産目標の変更
　　(ｴ)　市町村の基本方針により規定すべき事項に基づき定めた事項の変更
　イ　個別協定内容の変更認定事項
　　(ｱ)　協定農用地の面積の追加
　　(ｲ)　利用権の設定等及び農作業受委託契約の更新
(5) 集落協定、個別協定内容の変更禁止事項
　ア　集落協定内容の変更禁止事項
　　(ｱ)　協定農用地面積の全部又は一部の除外（第10の2の(1)から(4)までの場合を除く。）
　　(ｲ)　耕作放棄地等の復旧面積又は林地化する面積の全部又は一部のとりやめ
　イ　個別協定内容の変更禁止事項
　　協定農用地面積の全部又は一部の除外（第10の2の(1)から(4)までの場合を除く。）

第8　農業生産活動等の実施状況の確認
1　集落協定に定められた農業生産活動等及び多面的機能を増進する活動の実施状況の確認及び個別協定に定められた農業生産活動等の実施状況の確認については、別記4

3 交付額
(1) 農業者等への交付額は、集落協定又は個別協定に位置づけられている農用地について、(2)に掲げる地目及び区分毎の交付金の交付単価に各々に該当する対象農用地面積をそれぞれ乗じて得た額の合計額とする。
(2) 国の交付金による交付単価は、次に掲げるア及びイの表中の①とする。
　　また、地方公共団体が、国の交付金と併せて一体化して行う交付金の交付の上限単価は、同表中の②とする。
　　なお、地方公共団体において、国の交付金と一体化した交付金の交付等が行えるよう、所要の地方財政措置が講じられている。
　ア　傾斜農用地等の10a当たりの交付単価

地　目	区　分	①国の交付金による交付単価	②国の交付金と併せて地方公共団体が一体化して行う交付金の交付の上限単価
田	急傾斜	10,500円	21,000円
	緩傾斜	4,000円	8,000円
畑	急傾斜	5,750円	11,500円
	緩傾斜	1,750円	3,500円
草　地	急傾斜	5,250円	10,500円
	緩傾斜	1,500円	3,000円
	草地比率の高い草地	750円	1,500円
採草放牧地	急傾斜	500円	1,000円
	緩傾斜	150円	300円

注1：第4の2の(2)及び(4)のイに該当する農地については緩傾斜の単価と同額とする。
注2：特認基準に係る国の交付金による交付単価は、①に2/3を乗じた額とする。

　イ　規模拡大加算（認定農業者等及び集落協定の構成員である新規就農者が平成12年度以降、新たに利用権の設定等又は農作業受委託契約の締結を行った対象農用地について、5年以上の期間継続して農業生産活動等を行う場合に加算される額）の10a当たりの交付単価

のとおりとする。
2　1の確認は、当該年度の9月30日（平成12年度においては、当該年度の10月31日）までに行うものとする。

第9　交付額
1　傾斜農用地等

実施要領第6の3の(2)のアの表中①国の交付金による交付単価及び②国の交付金と併せて地方公共団体が一本化して行う交付金の交付の上限単価は、実施要領第6の3の(2)のアの表の区分によるほかは、次のとおりとする。

(1)　第4の1の(2)のイの既耕作放棄地及び3の現に自然災害を受けている農用地を復旧した場合の単価は、復旧後の地目の単価とする。なお、田から田以外に地目を変更する場合は、変更後の地目の区分に該当する単価（対象要件を満たさなくなった場合には、変更後の地目の区分の緩傾斜の単価）を適用するものとする。

(2)　第4の1の(2)のイ及び2の(2)の林地化の単価は、地目別の単価にかかわらず畑の単価（林地化後の単価が林地化前の地目の単価を上回る場合は、林地化前の地目の単価）とする。

(3)　第4の5の(3)の土地改良事業等の実施等により対象要件に変更があった場合は、次の単価とする。

　ア　土地改良事業等により勾配の判定に変更があった場合
　　(ｱ)　集落協定認定年度以降に採択された事業による場合は、集落協定認定年度の単価とする。
　　(ｲ)　集落協定認定年度以前に採択されている事業による場合は、改善されたほ場で農業生産活動等を行う年度から改善されたほ場の勾配の単価（勾配が区分外となった場合は、地目の区分の緩傾斜の単価）とする。

　イ　地目の変更により勾配の区分に変更があった場合は、変更後の地目の区分の傾斜単価（勾配が区分外となった場合は、変更後の地目の区分の緩傾斜の単価）とする。

2　規模拡大加算

(1)　実施要領第6の3の(2)のイの「新規就農者」とは、平成12年1月1日以降、新たに農業経営を開始した者とする。

(2)　農作業受託とは、第7の2の(3)に定める基幹的農作業を田及び畑においては、3種類以上、草地においては、1種類以上受託することをいう。

(3)　利用権の設定等及び農作業受委託契約の締結が、交付金の交付を受けようとする年度の前年の7月1日から当該年の6月30日（平成12年度は平成12年1月1日から

地　目	①国の交付金による交付単価	②国の交付金と併せて地方公共団体が一体化して行う交付金の交付の上限単価
田	750円	1,500円
畑	250円	500円
草　地	250円	500円

注：特認基準に係る国の交付金による交付単価は、①に2/3を乗じた額とする。

(3) 一農業者等当たりの受給額の上限は100万円とする。ただし、多数のオペレーターを雇用する第3セクター及び多数の構成員からなる生産組織等には適用しないものとする。

4　交付金の返還等
(1) 集落協定又は個別協定に違反した場合には、市町村長は、構造改善局長が別に定める基準により交付金の返還等の措置を講ずることとする。
(2) 市町村及び農業委員会は、交付金を返還するような事態を防止するため、認定農業者等に利用権の設定等又は農作業の受委託をあっせんし、耕作放棄が生じないよう指導することとする。

平成12年8月31日）までに行われたものとする。
　(4)　規模拡大加算は平成16年度までの交付とする。

3　実施要領第6の3の(3)の第3セクターのオペレーター及び生産組織の構成員に係る「多数」とは、第3セクターにあっては、オペレーターが原則として3人以上、生産組織にあっては、構成員が原則として3戸以上をいう。
4　3の生産組織とは、生産を実質的に共同化、組織化しているものであって、組織規約、総会議事録及び収支予算・決算書等を備えている組織をいう。
5　実施要領第6の3の(2)のアの注2及びイの注には、特認地域の通常基準に該当する農用地を含むものとする。

第10　交付金の返還等
1　交付金の返還
　　実施要領第6の4の(1)の「構造改善局長が別に定める基準」とは、次に掲げるとおりとする。
　(1)　集落協定違反となる場合及びその場合の措置
　　ア　協定農用地について耕作又は維持管理が行われなかった場合は、協定農用地のすべてについての交付金を協定認定年度に遡って返還する。
　　イ　多面的機能を増進する活動が行われなかった場合は、協定農用地のすべてについての交付金を協定認定年度に遡って返還する。
　　ウ　協定農用地に含まれる耕作放棄地若しくは自然災害地の復旧又は当該耕作放棄地若しくは限界的農地の林地化が行われなかった場合は、当該耕作放棄地、自然災害地又は限界的農地分については、協定認定年度に遡って返還するものとし、協定農用地のその他農用地については、当該年度以降の交付金の交付対象としない。
　　エ　協定農用地外で協定農用地の農業生産活動等に悪影響を及ぼす耕作放棄地として当該集落協定に管理することが位置づけられた耕作放棄地について、管理が行われなかった場合は、協定農用地のすべてについて、次年度以降の交付金の交付対象としない。
　　オ　水路・農道等の維持管理が行われなかった場合は、協定農用地のすべてについての交付金を協定認定年度に遡って返還する。
　　カ　米・麦・大豆・飼料作物等に関する生産の目標のうち、米の作付面積の目標を超えて米の作付が行われた場合には、協定農用地のすべてについて、次年度以降

の交付金の交付対象としない。
 (2) 個別協定違反となる場合及びその場合の措置
  ア 個別協定期間中に、協定農用地の全部又は一部について第三者への所有権の移転若しくは賃借権の設定又は賃借権若しくは作業受委託契約の解除が行われた場合は、当該農用地分の交付金を協定認定年度に遡って返還する。
  イ 協定農用地について、耕作又は維持管理が行われなかった場合（２の農業者の死亡、病気等の不可抗力を除く。）は、当該農用地分の交付金を協定認定年度に遡って返還する。
  ウ 個別協定において、受託者等に責がない事由により受委託契約等が解除された場合は、当該農用地について、次年度以降の交付金の交付対象としない。
 (3) 規模拡大加算について、返還となる場合及びその場合の措置
  ア 協定期間中、協定農用地について第三者への所有権の移転若しくは賃借権の設定又は賃借権若しくは作業受委託契約の解除が行われた場合は、当該農用地分の交付金を協定認定年度に遡って返還する。
  イ 協定農用地について、耕作又は維持管理が行われなかった場合（２の農業者の死亡、病気等の不可抗力の場合を除く。）は、当該農用地分の交付金を協定認定年度に遡って返還する。
  ウ 受託者等に責がない事由により受委託契約等が解除された場合は、当該農用地について、次年度以降の交付金の交付対象としない。
2 返還の免責事由
　１において、次の(1)から(4)のいずれかに該当する場合は、交付金の返還を免除することとする。ただし、病気の回復、災害からの復旧等を除き、当該農用地については当該年度以降の交付金の交付は行わないこととする。
 (1) 農業者の死亡、病気等の場合
 (2) 自然災害の場合
 (3) 土地収用法（昭和26年法律第219号）等に基づき収用若しくは使用を受けた場合又は収用適格事業（土地収用法第３条）の要請により任意に売渡もしくは使用させた場合
 (4) 農地転用の許可を受けて農業用施設用地等とした場合
  ア 農業者等が農業用施設を建設するに当たり、農用地区域内の農用地を農業用施設用地に転用した場合（農用地区域内の土地の用途区分が農業用施設用地とされたものに限る。）
  イ 公共事業により資材置き場等として農用地が一時的に使用（当該事業が土地収用事業等であり、事業終了後に農用地に復旧されるものに限る。）される場合。この場合は、農用地として農業生産活動等が開始された年度から交付金の交付対象とする。
3 集落協定の構成員が高齢化等により当該農用地の耕作等が困難となった場合には、集落の代表者は、速やかに市町村、農業委員会等に当該農用地に対する利用権の設定等又は農作業受委託のあっせん等を申し出ることとする。
4 返還の手続き
 (1) 市町村長は、１の協定違反の事態が生じた場合には、該当集落協定代表者又は個別協定申請者に速やかに通知し、１の措置に基づき、市町村長が交付した交付金を

5 実施状況の確認
 (1) 市町村は、集落協定又は個別協定に定められている事項の実施状況について確認する。
 (2) 確認事務、確認体制等については、「中山間地域等直接支払推進事業実施要領」（平成12年4月1日付け12構改B第137号農林水産事務次官依命通知）による。

6 証拠書類の保管
 (1) 市町村は、交付金の交付申請の基礎となった証拠書類及び交付に関する証拠書類を交付金の交付を完了した日から起算して5年間保管しなければならない。
 (2) 交付金の交付を受けた者は、会計経理を適正に行うとともに、交付を受けた日から起算して5年間経理書類を保管しなければならない。

7 交付金の交付の終了
 交付金の交付は、次の(1)から(3)までのいずれかに掲げる場合には終了する。

返還させることとする。
(2) 市町村長は、集落協定代表者又は個別協定申請者から返還された交付額のうち都道府県知事から交付された額を都道府県に返還するものとする。

第11 交付金の会計経理

1 実施要領第6の6の(2)の「交付金の交付を受けた者」とは、集落協定にあっては、集落の代表者、個別協定にあっては、協定の認定を受けた認定農業者等をいう。
2 証拠書類の保管
　市町村及び交付金の交付を受けた者は、次の証拠書類を保管するものとする。
　(1) 市町村
　　ア　予算書及び決算書
　　イ　交付金の交付から実績報告に至るまでの申請書類及び承認指令書類
　　ウ　集落協定及び個別協定の申請書類及び承認書類
　　エ　その他交付金に関する書類
　(2) 交付金の交付を受けた者
　　ア　集落協定代表者
　　　(ｱ)　集落協定認定書
　　　(ｲ)　金銭出納簿
　　　(ｳ)　領収書
　　イ　認定農業者等
　　　(ｱ)　個別協定認定書
　　　(ｲ)　交付金の受け取りを示す受領書
3 会計経理の適正化
　交付金の交付を受けた集落協定代表者は、次の事項に留意して会計経理を行うものとする。
　(1) 交付金の経理は、独立の帳簿を設ける等の方法により、他の経理と区別して行うこと。
　(2) 交付金の使用は、集落協定に規定した内容に基づき行い、その都度領収書を受領しておくこと。また、集落協定の会計責任者は、個人毎の支出状況や共同取組活動への支出内容が明確になる書類を整備しておくこと。
　(3) 金銭の出納は、金銭出納簿により行うこと。この場合、必要に応じて金融機関に預金口座等を設けること。
　(4) 領収書等金銭の出納に関する書類は、日付順に整理しておくこと。

第12 交付金交付の終了

1 実施要領第6の7の(1)の場合として想定される形態とは、次のとおりである。

(1) 集落においては、担い手が規模拡大等により集落の中核として定着すること等により、本交付金の交付がなくても集落全体として農業生産活動等の継続が可能となり、耕作放棄のおそれがないと判断される場合
(2) 市町村においては、当該市町村内のほとんどの集落で(1)の状態となり、未達成集落の農用地について、達成集落の担い手が利用権の設定等又は基幹的農作業の受委託により農業生産活動等の継続が可能となり、耕作放棄のおそれがないと判断される場合
(3) 農業者においては、農業所得が同一都道府県内の都市部の勤労者一人当たりの平均所得を上回る場合（当該農業者が水路・農道の管理や集落内のとりまとめ等において中核的なリーダーとしての役割を果たす担い手となっている場合及び当該農業者が個別協定により農用地を利用権の設定等又は基幹的農作業の受委託により農業生産活動等を行っている場合を除く。）

第7 各種施策との連携

市町村は交付金の交付に当たっては、農地法（昭和27年法律第229号）、農振法、基盤強化法等関連諸制度との調和を図るとともに、次に掲げる施策と連携しつつ、耕作放棄の防止等に努めるものとする。
1 農業の生産基盤の整備に関する施策
2 農業の経営構造改善に関する施策
3 農産物の生産体質強化、農産物の需要の動向に即した生産の誘導に関する施策
4 畜産経営の生産基盤の整備に関する施策
5 農村における環境整備及び生活の改善に関する施策
6 農村と都市との交流に関する施策
7 遊休農地の解消による優良農地の確保に関する施策

第8 第三者機関の設置

1 国は、交付金の交付が計画的かつ効果的に推進されるよう都道府県に助言するとともに、交付金の交付状況の点検及び効果の評価、特認地域及び特認基準についての調整等を行う中立的な第三者機関を設置する。
2 都道府県は、交付金の交付が計画的かつ効果的に推進されるよう市町村及び関係団体に助言するとともに、交付金の交付状況の点検、市町村の対象農用地の指定の評価、特認地域及び特認基準についての審査検討を行う中立的な第三者機関を設置する。

第9 実施期間

実施期間は平成12年度から平成16年度までの5年間とする。

第10 助成措置

国は、毎年度、予算の範囲内において、市町村が交付金の交付に要する経費のうち、第6の3の(2)のア及びイの表中①により算定された額に相当する額として都道府県が

(1) 集落に中核となる担い手がいなくても、農業生産活動を特定農業法人、生産組織等が安定的に担うという形態の実現
  (2) 中核となる担い手に集落の相当程度の農地が集積され、これを残りの集落のメンバーが補完するという形態の農業生産活動の実現
  (3) 水路・農道等の管理などの共同作業については全戸で行われつつ、数戸の農家に土地利用型農業が集中され、残りの農家が高付加価値型農業を営むという集落ぐるみによる生産性の高い複合経営の実現
  (4) 酪農については、個々の経営が負債から脱却し、フリーストール・ミルキングパーラー方式等の生産性の高い技術の導入により所得を確保するとともに、単一又は複数の集落が新規参入者となりうる酪農ヘルパーや飼料生産のコストダウンに資するコントラクター組織の活用による安定的な生産形態の実現
 2 実施要領第6の7の(3)の交付金交付の終了の対象とならない農業者のうち、集落内のとりまとめ等において中核的なリーダーとしての役割を果たす担い手となっている農業者は、当該農業者の農用地に対して交付される交付額を集落の共同取組活動に充てる者とする。

第13 第三者機関
　実施要領第8の「中立的な第三者機関」の構成員は、中山間地域問題等について高い学識経験を有する者であって、交付金の執行に当たって利害関係を有しない者とする。
　なお、既存の審議会、協議会等を活用する場合にあっても、交付金に係る利害関係者を除くものとする。

第14 都道府県の資金
 1 資金の積立て
　都道府県は、国から交付される交付金の全額を資金として積み立てる。

資金を積み立てるための経費につき、交付するものとする。

第11 交付金の交付実績の報告
　　市町村長は、毎年度、4月末日までに前年度の交付金の交付実績を都道府県知事に報告し、都道府県知事は報告をとりまとめの上、5月末日までに地方農政局長（北海道にあっては構造改善局長、沖縄県にあっては沖縄総合事務局長）に提出する。

第12 実施状況の公表
　　市町村長は、集落協定を認定した場合には、その概要を公表する。また、国、都道府県及び市町村は、毎年、集落協定の締結状況、各集落等に対する交付金の交付状況、協定による農用地の維持・管理等の実施状況、生産性向上、担い手の定着等の目標として掲げている内容及び当該目標への取組状況等直接支払いの実施状況を当該実施年度の翌年度の6月末日までに公表する。

第13 交付金交付の評価
　1　市町村長は集落等の取組状況を評価し、その結果を都道府県知事に報告することとする。
　2　都道府県知事は市町村長からの報告内容を、中立的な第三者機関において検討し、評価するとともに、その結果を地方農政局長（北海道にあっては直接、沖縄県にあっ

2 資金の管理・運用
 (1) 都道府県は、資金の管理・運用等を条例を定めて行う。
 (2) 都道府県における本資金の経理は、他の事業の経費と区分して行う。
 (3) 都道府県は、資金の運用により生じた運用益を資金に繰り入れる。
 (4) 都道府県は、平成16年度末に残額が生じたときは、当該残額を国に返還する。

第15 交付金の交付方法
 1 国は、対象農用地の総量及び集落協定、個別協定の締結状況等を勘案し、都道府県が資金を積立てるための経費に交付金を交付する。
 2 都道府県は、直接支払いを実施する市町村からの申請に基づき、実施要領第6の3の(1)の合計額の範囲内で市町村に交付金を交付する。
 3 都道府県から交付金の交付を受けた市町村は、実施要領第6の3の(1)の合計額の範囲内で集落代表者又は認定農業者等に交付金を交付する。

第16 交付金の交付実績の報告
   実施要領第11の交付金の交付実績の報告は、次により行う。
 1 市町村長は、都道府県知事に「中山間地域等直接支払交付金実績報告書（参考様式第10号）」を提出する。
 2 都道府県知事は、市町村からの報告をとりまとめの上、地方農政局長（北海道にあっては構造改善局長、沖縄県にあっては沖縄総合事務局長）に「中山間地域等直接支払交付金実績報告書（参考様式第11号）」を提出する。

第17 実施状況の公表
 1 国は都道府県毎の、都道府県は市町村毎の、市町村は集落毎の次に掲げる事項等を公表する。
 (1) 集落協定の概要
 (2) 対象農用地の基準別の面積及び交付額
 (3) 集落協定締結数、個別協定締結数及び各集落等への交付額
 (4) 農業生産活動等の実施状況
 (5) 生産性・収益の向上、担い手の定着等に関する取組状況
 2 国は、1の実施状況等を農林水産省のホームページ・広報誌等への掲載及び文書閲覧に供する等により公表する。
 3 都道府県及び市町村は、1の実施状況等の広報誌への掲載等のほか、地方公共団体で定められている情報公開に関する規定に基づき公表（個人又は法人の権利、競争上の地位その他正当な利益を害するおそれがあるものについて、地方公共団体の判断によりその全部又は一部を公表しないこととしたものは除く。）する。

第18 交付金交付の評価
 1 実施要領第13の交付金交付の評価は、原則として隔年ごとに実施する。
 2 評価は、集落協定で規定した農業生産活動等として取り組むべき事項及び生産性・収益の向上、担い手の定着等に関する目標等の達成状況等について行う。
 3 市町村は、集落協定で規定した目標への取組が不十分（自然災害等による不可抗力

ては沖縄総合事務局長）を経由して構造改善局長に報告することとする。
3　構造改善局長は都道府県知事の報告を受け、中立的な第三者機関において交付金に係る効果等を検討し、評価するとともに、中山間地域農業をめぐる諸情勢の変化、協定による目標達成に向けての取組を反映した農用地の維持・管理の全体的な実施状況等を踏まえ、5年後に制度全体の見直しを行う。ただし、必要があれば、3年後に所要の見直しを行う。

第14　委任

交付金の交付の実施に関し必要な事項は、この要領に定めるもののほか、構造改善局長が別に定めることとする。

の場合を除く。)な集落に対しては、取組の改善に向けた適切な指導・助言を行う。

4　中山間地域等総合振興方針

〔平成12年8月9日〕
〔12構改B第761号〕

第1　中山間地域等の役割と課題
1　中山間地域等の役割
　　中山間地域等は、総人口の約14パーセントが居住する地域であるが、国土の骨格部分に位置し、全国土の約7割の面積を占めている。質的に見ても、平野の外縁部から山間地に至るこの地域は、河川の上流域に位置し、傾斜地が多い等の立地特性から、森林の整備や農業生産活動等を通じ国土の保全、水源のかん養等の多面的機能を発揮しており、全国民の生活基盤を守る重要な役割を果たしている。また、これらに加えて、多様な食料や林産物の供給機能、豊かな伝統文化や自然生態系を保全し都市住民に対し保健休養の場を提供する等の機能を有している。
　　近年、国民の価値観・ライフスタイルが量的拡大よりも質的充実の重視へと変化する中で、中山間地域等には、「新たなライフスタイルの実現を可能とする国土のフロンティア」や「環境への負荷が少なく人と自然とがよりよい状況で共存できる地域」としての期待が高まっており、今後、地域の特性に応じた振興を図っていくことが求められている。

2　中山間地域等の現状
　　しかしながら、中山間地域等の農業は、傾斜農地の割合が高く基盤整備が遅れている等農業生産条件が不利な状況にあることから、農業生産性は他地域に比べて低く、過疎化・高齢化の進展により担い手の脆弱化が進行している。林業及び水産業についても、木材価格の長期にわたる低迷、我が国周辺水域の資源や漁場環境の悪化等により、その経営はさらに厳しさを増している。
　　定住条件についても、就業機会に恵まれず農業所得等は他の地域に比べて低い状況にあるとともに、生活環境の整備も遅れている。
　　林業の採算性の悪化等による森林所有者の経営意欲の低下等に伴い整備が不十分な森林が増加しているほか、耕作放棄農地の増大により、農地のみならず水路、農道等の多面的機能を担ってきた地域資源の管理の粗放化も懸念される状況にある。
　　さらに、中山間地域等は、自然的・経済的・社会的条件が多様であることが特徴であり、それぞれの地域が抱えている問題も一様ではない。

3　中山間地域等の課題と対策
　　このような状況に対応し、中山間地域等の振興を図っていくためには、①地域の基幹産業である農林水産業の振興、②多様な所得機会の確保及び生活環境の整備等による定住の促進、③多面的機能の維持・発揮を図るための対策を地域の実情に応じて総合的に講じていく必要がある。
　　このため、これまでも、
(1)　高付加価値型農業の推進、生産基盤の整備、多様な担い手の確保、地域食品の表示・認証、鳥獣被害の防止等による農林水産業及び関連産業の振興
(2)　他産業の振興や都市農山漁村交流の推進等による所得機会の確保、生活基盤の総合的整備、高齢者・女性対策の推進等による定住の促進
(3)　中山間地域等への直接支払いや農林地の一体的整備による多面的機能の確保

等に関する種々の事業を講じてきたところである。
　これらの事業の多くが市町村単位を基本として実施されてきていることは、地域の発想を極力尊重するという観点から重要であるが、各市町村が行う事業については、地域間の連携・調整が必ずしも十分ではなく、広域的・整合的・計画的な中山間地域等の振興につながっていないという問題がある。平成12年度から実施される中山間地域等直接支払制度においては、地方裁量主義、集落裁量主義が強調されたところである。中山間地域等における各種事業の実施に当たっては、このようなボトム・アップの思想を最大限尊重しながら、これに市町村内の集落間や旧村間の調整、市町村間の調整という面的な調整を加えていくことが中山間地域等対策を整合的・効果的に実施するために重要な課題となっている。
　さらに、集落等からボトム・アップで出されてきた提案を基に、既存の事業を適宜見直していくことも重要である。
　同時に、国レベルにおいても、各種事業の総合性・整合性を確保する観点から、事業間の連携強化や事業の大括り化等を図っていくことが重要である。

第2　中山間地域等の総合振興対策
1　地域特性に応じた合理的な地域区分
　都道府県単位で広域的に中山間地域等を振興していくためには、各市町村の自然的・経済的・社会的条件、人的・物的・自然的資源の賦存状況やこれまでの地域振興対策への取組状況等の地域特性を踏まえ、課題を共有する地域を区分し、設定する（1～数市町村）とともに、当該地域と周辺地域との整合性のとれた対策を実施することが重要である。
　（必要に応じ、複数の県が県境を越える地域を共同で設定することも想定される。）
2　地域特性に応じた目標の設定及び地域別振興アクションプランの策定
　都道府県は、このような地域について、集落、旧村や市町村から出された主体的・積極的な意見を踏まえながら、今後、概ね5年間にわたり取り組むべき「農林水産業その他の産業の振興」、「生活基盤の総合的整備」及び「快適性の向上・多面的機能の維持・増進による定住・交流環境の改善」について、地域内の補完性や各種事業の効果の相乗性も考慮しながら地域全体についての具体的な目標（必要に応じて当該地域内のより狭い地域についての目標を含む。）を設定し、その実現に向けて地域資源や施策の集中を図ることとする。
　さらに、都道府県は、本対策に取り組む体制が整備されていると判断する地域から順次、当該地域に係る市町村と連携し、目標の実現に必要な各種中山間地域等関係事業（基幹事業及び関連事業）を選択し、これらを総合的・計画的に実施することを内容とする地域別振興アクションプランを策定する。
3　対策の推進
　国は、本方針に即したものとして認定した地域別振興アクションプランに位置づけられた基幹事業については、各事業毎に定められた事業実施手続に従い採択要件への合致等その妥当性が確認された場合には、予算の範囲内においてその優先的な採択及び計画的実施に配慮する。
　また、都道府県は、目標の達成に向けた適切な事業執行のため、市町村と連携して同計画に基づく事業の進行管理を行い、事業を計画的に実施する。

第3　対策の推進体制
(1)　第三者機関

　　国及び都道府県に、本対策の推進方法や事業効果の評価等について意見を聴くための中立的な第三者機関を設置する。

　　また、地域の創意工夫を活かした主体的な取組を促進するため、各地方農政局等の推薦による優れた地域別振興アクションプランを策定した都道府県、優れた事業効果をあげた地域、独自の発想や取組により優れたまちおこし等を行っている市町村等について、第三者機関の評価を踏まえ、特に優れたものについては農林水産大臣賞等として表彰し、広く紹介していく。

(2)　本省及び地方農政局

　　本対策を効果的・効率的に推進するための農林水産省内の横断的な推進体制として、本省に設置され、各局庁により構成される中山間地域等総合振興部会を活用する。地方農政局においても本省と同様の推進体制を整備する。

(3)　都道府県及び市町村等の推進体制

　　都道府県は、関係部局の連携を強化する横断的体制を整備する。また、出先機関と当該地域内の市町村等との連携による協議会組織等の地域別推進体制の整備を図る。この協議会等においては、必要に応じてJAや民間企業等の参画を求める等により多様な人材の活用を図る。

　　なお、市町村は、各集落や旧村等からの意見の掘起こし、集落間や旧村間の意見調整を行う。

5　直接支払いに類似した県単独事業の実績・効果

県名・事業名	事業の内容	実　　績	評価・効果
(京都府) 中山間地域規模拡大支援事業	中山間地域の急斜面や小区画の水田を対象に、担い手が規模拡大を行う場合に、平坦な地域との生産又は作業コストの格差に応じた助成金を交付する。 ・6年以上の利用権設定 　24千円／10a（6年間交付） ・3年以上の農作業受託 　8千円／10a（3年間交付） 〈実施期間〉 平成6年度〜 〈10年度予算額〉 40,000千円	(平成9年度) ・利用権設定 　面積　179ha 　金額　43,669 　　　　　　千円 ・農作業受託 　面積　189ha 　金額　15,048 　　　　　　千円 合計 　面積　368ha 　金額　58,717 　　　　　　千円 注：対象田面積5,456haに対し、利用権設定で面積比をみると3％となる。	・事業の仕組みがわかりやすい（利用権設定等したら受け手に助成金が交付される）。 ・ヤミ小作の解消 ・受委託組織の育成 ・利用権設定率の増加 利用権設定面積の状況 5年　2,734ha(7.9%)〔6.2%〕 6年　2,766ha(8.1%)〔6.3%〕 9年　2,936ha(8.9%)〔7.2%〕 注：（　）は利用権設定率 　　　（府全体） 　　〔　〕は全国平均 ・受委託から利用権設定に移行 ・市町村の裏負担に反発はなし。裏負担を伴うと市町村が責任をもって審査する。
(鳥取県) ふるさと農地保全組織育成支援事業 〔中山間農作業受託支援事業〕	中山間地域における第3セクターが農作業の受託を行う場合に、平坦地域との農作業に要する機械利用経費の差額を助成する。 ・耕起　　1,500円／10a ・代かき　1,300円／10a ・田植え　2,300円／10a ・刈取り　7,300円／10a 〈実施期間〉 平成7〜11年度 〈10年度予算額〉 11,675千円	(平成9年度) 作業受託面積 　耕起　　108ha 　代かき　101ha 　田植え　129ha 　刈取り　289ha ・対象第3セクター 　12法人のうち 　9年度は9法人に助成	・助成期間が3年間となっているが、町村会より継続要望がある。 ・議会からの3セク支援の要望がある。 ・3セクが受け手がいない地域での受皿となっている。 ・農作業の受託収支でみると、11法人のうち5法人が黒字経営、他の法人は赤字が縮小。
(佐賀県) 担い手育成・農地有効活用促進事業	認定農業者等が賃借権設定した場合、生産組織が受託した場合に農地集積助成金を交付する。 ①若い農業者育成型 　各市町村毎の標準小作料の2／3(24,000円/aが限度) 　5年間交付 ②担い手育成型 　各市町村毎の標準小作料の1／2(18,000円/aが限度) 　1年間交付 ③中山間農地活用型 ・賃借権設定型 　24,000円／10a　5年間 ・農作業受託型 　16,000円／10a　5年間	(平成9年度) ①若い農業者育成型 　116件、86.9ha 　　　　17,932千円 ②担い手育成型 　166件、155.4ha 　　　　24,032千円 ③中山間農地活用型 ・賃借権設定型 　106件、41.0ha 　　　　2,354千円 ・農作業受託型 　1件、13.5ha 　　　　2,152千円 注：中山間の対	・中山間の担い手の育成が図られている。 認定農業者数　3,245 　うち特定農山村　1,242 ・3セクの経営支援 　(赤字分の補填) ・利用権設定率の増加 7年　10.4%〔6.5%〕 8年　11.3%〔6.9%〕 9年　12.2%〔7.2%〕 注：利用権設定率は県全体 　　〔　〕は全国平均

	〈実施期間〉 平成8～12年度 〈10年度予算額〉 37,519千円	象面積 　39,900ha（32市町村） 平成12年度の予算額約112百万円	

(参考) 中山間地域におけるデカップリング的施策の概要

事業名	中山間地域規模拡大支援事業〔京都府〕
事業目的	中山間地域の急斜面や小区画等のほ場整備済の水田を対象に、農業経営に意欲ある多様な担い手が経営規模拡大等を行う場合に、平坦な地域との生産又は作業コストの格差に応じた助成金を交付することにより、水田の有効利用を促進し地域農業の発展に資する。
対象者	認定担い手（市町村長が定める基準に基づき農業経営に意欲ある担い手）
対象地域	〔条件不利農地〕 ・ほ場整備工区の平均傾斜度が概ね1／120以上の区域の水田 ・1区画がおおむね10ａ以下のほ場整備田 ・山林等で分断され効率的な利用が図れないなど、市町村長が特に必要と認めるほ場整備田
事業内容	認定担い手が条件不利農地の所有者と次の契約を行い、農作業を行う際の経費について、平坦地との格差分を助成 　（契約内容） ・新たに6年以上の利用権設定 ・新たに同一ほ場で、3作業以上の基幹作業の3年以上の受託契約
助成単価	利用権設定　　　　　24千円／10ａ（6年間） 農作業受託　　　　　 8千円／10ａ（3年間）
負担区分	府1／2以内
積算根拠	○　利用権設定 　・収量格差 　京都府で最も栽培面積の多いコシヒカリで、単位面積当たりの所得格差を換算すると、34kg（平坦地と中山間の反収の差）／10ａ×21,000円／60kg＝11,900円／10ａ① 　・労働時間格差 　9.7時間（平坦地と中山間の差）／10ａ×10,913円／1日／8時間／日＝13,200円／10ａ② 　10,913円は1日当たり京都府平均所得 　　　　　　　　　　　①＋②＝24,000円／10ａ ○　農作業受託 　・オペレーター賃金による格差 　1,600円／10ａ③ 　・労働時間格差 　5時間（平坦地と中山間の差）／10ａ×1,550円／時間＝7,750円／10ａ④ 　1,550円は1時間当たりの京都府平均単価 　　　　　　　　　　　③＋④＝8,000円／10ａ
実績（面積等）	（単位、ａ、千円） |		5年度	7年度	8年度	9年度(見込)
---	---	---	---	---	---
利用権設定	面積	865.7	5,203.8	11,702.2	14,200.0
	金額	2,064	12,437	27,989	34,000
農作業受託	面積	2,003.4	9,474.0	14,894.4	22,460.0
	金額	1,595	7,597	11,879	18,000
合計	面積	2,869.1	14,667.8	26,569.6	36,660.0
	金額	3,659	20,034	39,868	52,000
計(補助金)		1,827	10,016	19,932.5	26,000	 面積毎の交付金金額は、以下の理由から、単に10ａ当たりの金額による計算結果とは符合しない。 ・対象者毎に面積を10㎡未満切り捨て ・対象者1人（組織）当たり500千円が限度

事業名	担い手育成・農地有効活用促進事業〔佐賀県〕
事業目的	認定農業者等担い手への農地の利用集積を促進するとともに、山間地域等での農業生産を通じた農地の維持・管理体制を確立する。
事業内容 [対象地域、対象者、助成単価]	○ 平坦地対策（賃貸借のみ） 　① 若い農業者育成型 　　・概ね30歳未満の認定農業者、又はその親が認定農業者である専業後継者 　　・賃借権（設定期間5年以上）の設定を受けた面積が10a以上であること。 　助成単価：各市町村毎の標準小作料の2／3(24,000千円／10aが限度) 　② 担い手育成型 　　・認定農業者 　　・賃借権（設定期間5年以上）の設定を受けた面積が30a以上であること。 　助成単価：各市町村毎の標準小作料の2／3(18,000千円／10aが限度) ○ 中山間対策（賃貸借＋農作業受託） 　① 中山間農地活用型　〔対象地域は、振興山村地域並びに勾配1／20以上の土地にある田の占める割合が50％以上の市町村及び原則として50％以上の旧市町村の区域〕 　ア）賃借権設定型 　　・認定農業者等 　　・賃借権（設定期間5年以上）の設定を受けた面積が10a以上であること。 　助成単価：24,000千円／10a（水稲生産におけるかかり増し経費） 　イ）農作業受託型 　　・農作業受託を行う生産組織（ただし法人格を有するもの） 　　・当該年に基幹的農作業のうち3種類以上を受託する面積が5haであること。 　助成単価：16,000千円／10a　（農作業受託のかかり増し経費）
負担区分	県1／2、市町村1／2
実績（面積等）	平成8年度実績 |	
---	---:
若い農業者育成型	27.8ha
担い手育成型	89.8ha
中山間農地活用型（賃貸借）	9.8ha
中山間農地活用型（農作業受託）	11.3ha
合　　計	138.7ha	

事業名	棚田保全緊急対策事業〔兵庫県〕
事業目的	耕作放棄が急速に進行しつつある棚田を保全し、中山間地域の農地が持つ公益的機能の維持を図るため、守るべき棚田を指定し保全計画を策定したうえで支援措置を実施する。
対象地域	1　山村振興法、過疎地域活性化特別措置法、離島振興法及び特定農山村法のいずれかで指定された地域を有する市町村であること。 2　傾斜度1/20以上かつ概ね1ha以上のほ場整備計画のない棚田を有すること。
事業内容	棚田保全地域指定のガイドラインの作成（兵庫県） 　↓ 棚田現況調査（市町） 　↓ 棚田保全地域の指定（市町）　　　　本年度は地域指定まで 　↓ 棚田保全計画の策定（市町）　　具体化→　既存施策の活用 （棚田保全区域の設定、作付け計画、基盤整備計画、　　　簡易な基盤整備 作業受委託計画、棚田活用計画　等）　　　　　　　　農作業受託への助成 　　　　　　　　　　　　　　　　　　　　　　　　　集落の推進活動への助成
作業受託に係る単価及びその積算根拠	〔水稲作業受託〕 10a当たり助成額 　耕起（代かき含む）　　10,000円 　田植え　　　　　　　　 4,000円 　稲刈り　　　　　　　　10,000円 　　合計　　　　　　　　24,000円 棚田地域と平坦地域の水稲生産の営農経費の比率を算出し、平坦地の水稲基幹3作業の標準受託料金を算出した。平坦地と棚田の受託料金の差額を助成額とした。 〔賃借権の設定〕 10a当たり　　24,000円（賃借者の損益額から算出）
作業受託助成に係る対象者	棚田保全計画において棚田保全区域に指定された棚田を、作業受託もしくは賃借権の設定により保全した者 ・農協、公社 ・農業者（棚田保全士） 　（集落内及び近隣集落で棚田の作業受託に意欲ある者で、保全計画で位置付けられた者）

事業名	ふるさと農地保全組織育成支援事業（中山間農作業受託支援事業）〔鳥取県〕
事業目的	本県においては、地域ぐるみで農地の利用調整等を通じ、担い手の育成と経営基盤の強化を図ってきたところであるが、中山間地域を中心に、農地の出し手農家や農作業委託を希望する一方、受け手となる担い手の減少等から、耕作放棄による遊休農地が増加するなど地域農業の健全な営みが困難になっている。 　このため、当面受け手のいない農地の作業受託を行う第3セクター等の設立を促進するとともに、その運営の円滑化を図り、市町村における農地保全体制の確立に資するものとする。
対象地域	1　農業振興地域であること。 2　過疎地域、振興山村地域、特定農山村地域のいずれかであること。 3　担い手育成のための農用地利用調整に関して、市町村、農協等の推進体制が整った熟度の高い地域であること。
対象者	農地保有を目的として市町村等の出資により設立された第3セクター又は公益法人
事業内容	○　中山間農作業受託支援事業 　事業主体である第3セクターが行う受託作業に要する経費について、平坦地域との差額を助成
助成単価	・耕起　　1,500円／10a ・代かき　1,300円／10a ・田植え　2,300円／10a ・刈取り　7,300円／10a
負担区分	県1/2
積算根拠	平坦地と中山間地域の機械利用経費の差 　　耕起　　1,500円／10a　（中山間 4,782円－平坦地 3,234円≒1,500円） 　　代かき　1,300円／10a　（中山間 4,149円－平坦地 2,778円≒1,300円） 　　田植え　2,300円／10a　（中山間 7,737円－平坦地 5,339円≒2,300円） 　　刈取り　7,300円／10a　（中山間22,756円－平坦地15,411円≒7,300円）
実績（面積等）	（下表参照）

	平成7年度実績	平成8年度実績	平成9年度計画
	作業受託面積(a)	作業受託面積(a)	作業受託面積(a)
耕起	3,329	5,991	12,913
代かき	3,197	6,896	12,360
田植え	2,555	8,915	14,310
刈取り	14,236	29,168	41,519
合計	**23,317**	**50,970**	**81,102**

6 平成12年度の中山間地域等直接支払制度の全国の取組状況

H12.11.30現在

都道府県	実施市町村数	集落協定数	個別協定数	協定締結面積 (ha) (概定値)
北海道	71	434	0	306,324
青森県	27	357	8	6,568
岩手県	55	1,187	90	16,463
宮城県	22	273	11	1,995
秋田県	43	520	31	5,057
山形県	37	618	28	6,845
福島県	61	1,207	32	10,907
東北計	245	4,162	200	47,835
茨城県	11	104	3	457
栃木県	12	88	3	519
群馬県	25	178	7	1,337
埼玉県	10	31	2	112
千葉県	11	97	0	486
東京都	3	8	0	32
神奈川県	5	27	0	115
山梨県	45	378	7	3,630
長野県	88	1,055	14	6,555
静岡県	36	544	3	4,310
関東計	246	2,510	39	17,553
新潟県	67	1,070	9	14,686
富山県	20	226	0	2,870
石川県	26	443	4	2,818
福井県	31	299	0	2,080
北陸計	144	2,038	13	22,455
岐阜県	64	823	11	6,905
愛知県	13	166	3	888
三重県	28	162	0	923
東海計	105	1,151	14	8,716
滋賀県	15	86	0	1,082
京都府	30	424	3	3,983
大阪府	1	19	0	50
兵庫県	42	536	0	3,834
奈良県	15	238	47	1,101
和歌山県	36	1,008	3	11,712
近畿計	139	2,311	53	21,762
鳥取県	30	661	8	6,125
島根県	50	1,292	46	12,698
岡山県	47	1,302	12	8,647
広島県	57	1,136	42	14,247
山口県	44	854	8	10,786
徳島県	36	570	14	3,812
香川県	20	420	2	2,414
愛媛県	54	1,256	17	13,637
高知県	42	599	6	4,179
中四計	380	8,090	155	76,545
福岡県	51	763	12	5,492
佐賀県	35	618	2	7,548
長崎県	55	792	5	5,010
熊本県	67	1,344	11	26,581
大分県	48	998	19	11,129
宮崎県	26	411	1	4,345
鹿児島県	70	389	5	2,556
九州計	352	5,315	55	62,661
沖縄県	8	11	59	3,347
合計	1,690	26,022	588	567,199

注： 四捨五入の関係で計と内訳は一致しない。

7 都道府県の特認基準の概要

NO	都道府県	8法内 農地基準 独自基準	8法外 地域基準 ガイドライン ①8法地域に地理的に接する農地	8法外 地域基準 ガイドライン ②農林統計上の中山間地域	8法外 地域基準 ③三大都市圏の既成市街地等に該当せず、次のアからウまでの要件を満たす地域 ア 農業従事者割合10％以上又は農林地率75％以上 イ DIDから30分以上かつ人口減少率35％以上 ウ 人口減少率35％以上かつ人口密度150人/km²未満	8法外 独自基準 ④独自基準	農地基準 通常基準 ①急傾斜農用地	農地基準 通常基準 ②緩傾斜農用地	農地基準 通常基準 ③小区画・不整形田	農地基準 通常基準 ④草地比率が高い地域の草地	農地基準 通常基準 ⑤高齢化・耕作放棄率の高い農地	備考
1	北海道					○	○	○	○	○		
2	青森県			○		○	○	○	○			
3	岩手県		○	○			○	○			○	
4	宮城県		○	○	○		○	○			○	
5	秋田県		○	○			○	○			○	
6	山形県		○	○			○	○			○	
7	福島県		○	○		○	○					
8	茨城県					○						
9	栃木県			○								
10	群馬県						○	○				
11	埼玉県											H12特認なし
12	千葉県											H12特認なし
13	東京都		○				○	○			○	
14	神奈川県											H12特認なし
15	山梨県		○	○		○	○	○			○	
16	長野県		○	○		○	○	○			○	
17	静岡県											
18	新潟県					○						
19	富山県			○			○					
20	石川県		○	○			○					
21	福井県		○	○	○							
22	岐阜県						○					
23	愛知県											H12特認なし
24	三重県		○	○			○				○	
25	滋賀県			○		○						
26	京都府		○	○			○				○	
27	大阪府											H12特認なし
28	兵庫県		○	○			○					
29	奈良県		○	○			○					
30	和歌山県						○					
31	鳥取県						○					
32	島根県			○			○	○				
33	岡山県			○			○					
34	広島県			○			○		○			
35	山口県			○			○					
36	徳島県			○			○					
37	香川県			○			○					
38	愛媛県											
39	高知県		○	○	○		○	○		○		
40	福岡県					○						
41	佐賀県		○	○			○					
42	長崎県		○	○			○					
43	熊本県		○	○			○					
44	大分県		○	○			○					
45	宮崎県		○	○	○		○					
46	鹿児島県		○	○	○		○					
47	沖縄県	○										
	計	1	31	37	13	16	41	20	20	1	14	H12特認なし 5

あとがき

　本書は私にとって「WTOと農政改革」に次ぐ第二の著作である。

　農林省に入省以来農林水産行政にはそれなりに貢献してきたという思いがある。入省直後の食糧庁時代には「食糧管理法」の改正案の素となるものを作成して留学した。食品流通局時代には、設置されて以来約15年間にわたり新しい法律制度を制定していなかった食品流通局において、「流通食品への毒物の混入等の防止等に関する特別措置法」、「特定農産加工業経営改善臨時措置法」の制定等に関わった。畜産局時代には、学校給食用牛乳供給事業の制度改正、牛肉の輸入自由化対策等を担当した。

　しかし、これらの過去のいずれの仕事も、1993年のウルグァイ・ラウンド交渉の妥結、2000年の中山間地域等直接支払制度の創設ほど、我が国農業、農政に与えたインパクトの大きさ及び私自身に対する教育という点から印象に残るものはない。前者の経験を基礎として「WTOと農政改革」を上梓し、後者を基に本書を上梓することとなった。ウルグァイ・ラウンド交渉は1993年12月15日サザランド・ガット事務局長が木槌を振り下ろすことにより終了した。中山間地域等直接支払制度についてはこのような華々しいイベントはなかった。しかし、少なくとも担当課長の私にとっては本制度の実現に至るプロセスは1つの大きなドラマであった。

　直接支払いをめぐっては、農林水産省内、与党、大蔵省、自治省との折衝、検討会での討議、国会答弁資料の作成等今から顧みればよくこれだけやったものだという気がしないではない。地域振興課長就任時にこれだけの業務量をこなさなければならないと解っていたら、暗然たる気持ちになっていたに違いない。

　しかも、このドラマは大きな政治的混乱もなく終了した。「特認」についての大臣折衝はあったが、農林水産省と財政当局が鋭く対立し、農林水産省の局長、部長があわただしく動き回るという状況とはならなかった。このため、他の人にはあっけなく農政史上初の直接支払いが実現したと写ったかもしれない。しかし、私としては制度の実現に至るまでの取進め方を何度も練り直していたのであり、幸いにも本制度が誕生時に悪いイメージを一般国民から持たれることは避けることができた。

「農林族」という著作において、「何度か農政をめぐる騒動を見せられてきた一般の国民が、農協や農林議員に愛想をつかしてしまい、さらにその先にある農業そのものにも関心を失いつつあるように思えることである。」（P.221〜P.222）と心配されるＮＨＫ解説委員の中村靖彦氏は、中山間地域等直接支払いについては、「環境を守る――これも政治家には取組み甲斐のあるテーマだ。農村では、条件が悪く人もあまり住まなくなっている、中山間地と呼ばれる地域への対策が進められている。平成12年度から、国がそんな地域で暮らす人たちに、一定の条件の下にお金を支給する対策が始まった。ヨーロッパではとっくに行われているが、日本も、このままでは過疎化がますます深刻になるとの心配から、新たな政策に踏み切ったのである。僅かな額ではあるが、棚田を維持していこうとしている人たちなどには何がしかの恩恵になる。
　けれども私が見るところ、この中山間地対策への農林議員の取組みは実に複雑だと思う。なにしろ、あまり人が住んでいない場所なのである。熊の数の方が多い地域もある。票にはほとんど関係ない。しかし、その地域への配慮があることも見せなければならない。私の印象では、中山間地への直接支払いの額について、自民党が行政とぎりぎりのやりとりをした形跡は感じられない。これまでなかった新しいテーマになじめないということもあるだろうし、選挙民の数への意識もあったろうとは思う。そして何よりも、こうした過疎の地域でなくても農村の人口は減り続けている。支持者そのものの層が薄くなっているのだ。」（P.212〜P.213）とコメントしている。大きな混乱なく直接支払いが実現したことは事実である。しかし、それが票が少なくなっているからだとするのは的を得たものとはいえない。中山間地域等直接支払いの関係市町村は全国の市町村の３分の２以上に及ぶものであり、小選挙区制度の下で過疎地域等を選挙区とする国会議員の方々の関心は極めて高いものがあった。事実、同時期に改訂された過疎法をめぐっては与党と政府との間にはげしい議論がなされたし、本制度についても与党の基本政策小委員会のみならず、新基本法の国会審議でも白熱した議論がなされた。にもかかわらず、混乱なく誕生をみたことは私のささやかな誇りとするところである。与党内のとりまとめにあたられた農林幹部の方々も、農家に直接交付金が出されるという本制度の実現のためには都市住民を含めた国民合意が必要であることは私以上に認識されていたと思う。
　2001年３月農林水産省が新しい経営所得安定対策のため地方意見交換会を開催したところ、ある国立大学教授から「農業以外の国民からも中山間直接所得補償には

大きな反対はなかったがこれは驚くべきこと。それほど一般国民が農家の多面的機能等に理解を示しているということ。地域維持のためますます充実すべき。」という意見が出されたそうである。ただし、私からコメントさせていただくと、直接支払いに批判や反対が出ないよう制度の設計に意を尽くしたつもりである。マスコミからバラマキ等の批判を招かないように努めた。私の地域振興課長在任中マスコミの反応は農林水産省の他の施策に比較しても、極めて好意的であったように思われる。しかし、検討会においてもマスコミ出身の委員から「マスコミはすぐ掌を返したような対応をするので制度の仕組みについては慎重にすべきである。」という意見が出されている。制度の見直しに当たっても注意すべき視点である。

　本制度は検討会に参加された諸先生方から相当程度肉付けをしてもらったものである。検討会に参加された服部信司教授、小田切徳美助教授等には制度の普及にもご尽力いただいた。法学部出身でありながら、これらの諸先生との議論についていけたのはミシガン大学経済学部大学院での留学経験のおかげである。ハル・ヴァリアン、アラン・ディアドルフ、カール・サイモン、ジョージ・ジョンソン等の教授の下で学んでいた頃の経済学の知識はかなりの昔に失ってしまったが、経済学的な考え方はある程度身につけることができた。アメリカに留学させていただいた農林水産省に感謝する次第である。

　もちろん、私自身の教育という点では農林水産省におけるＯＪＴ（on the job training）に最も感謝したい。故人となられた石川弘氏、京谷昭夫氏をはじめ数多くの先輩、同僚からご薫陶を受けることができた。今ではこれらの諸先輩から学んだことを後輩に伝える立場になってきている。

　佐伯尚美東大名誉教授は直接支払制度の今後に次のような期待を表明されている。「この制度は農業政策としてはきわめて異例かつ異質である。それはＥＵの条件不利地域対策に比べて大きく異なっているばかりでなく、従来のわが国の農業諸施策に比べてもまったくといっていい程違っている。………
　わが国の中山間地域対策が本制度によって大きく一歩前進を遂げたことは間違いない。ここにみられる新しい農政の芽をどのように生かし、どのように伸ばしていくかが今後の農政の重要課題となろう。地域において何かが確実に変わり始めているのである。」(『月刊NOSAI』2001年5月)
　中山間地域等直接支払制度の意義は、後藤論文も指摘しているように投資補助と

いう従来型の助成に代えて、新たに農業の担い手に直接働きかける政策を導入したことである。今日では、農産物価格の低下等により本来育成すべき担い手の体力が弱まっている。この直接支払い制度の導入を契機として農政がさらに発展、深化することを期待してやまない。特に、我が国農政史上初のこの直接支払いが農政史上最後の直接支払いとならないことを念じている。

　私には農政の大先輩である小倉武一氏や後藤康夫氏のような識見、力量があるわけではなく、晋の謝安のように「安石出でずんば蒼生を如何せん」と請われることもないであろう。しかし、「WTOと農政改革」で述べたように、私は農政に対してささやかではあるが一つの「志」を持っている。その実現に時間がかかったとしても、光武帝から「志ある者事竟に成る」と言われた後漢の耿弇のようになりたいと考えている。中山間地域等直接支払いに続き、唐の魏徴のように人生意気に感じる仕事を行い、できれば新たな仕事を基に第三作を著したいと思う。

参考文献

安藤光義　『中山間地域農業の担い手と農地問題』
　　　　　（財農政調査委員会）1997年2月
小倉武一　『誰がための食料生産か』（家の光協会）1987年
小田切徳美　『日本農業の中山間地帯問題』（農林統計協会）1994年
　　　　　『直接支払制度と多自然居住地域政策の課題』
　　　　　（農業土木学会誌第68巻第8号）2000年8月
　　　　　『中山間地域等直接支払制度の現状と課題』
　　　　　（日本農業年報47）（農林統計協会）2001年
柏　雅之　『現代中山間地域農業論』（御茶の水書房）1994年
　　　　　『中山間地域農業の担い手再建問題』
　　　　　（財農政調査委員会）2000年3月
倉内宗一　『集落営農の実態と課題』
　　　　　"地域農業の多様な担い手と地域資源の維持管理"
　　　　　（財農政調査委員会）1998年3月
後藤康夫　『欧州の条件不利地域政策が示唆するもの』
　　　　　"条件不利地域の農林業政策"（財森とむらの会）1992年3月
佐伯尚美　『スタートする中山間地域直接支払制度―日本型デカップリングの特徴と問題点―』（『月刊NOSAI』2000年1月号）
　　　　　『中山間地域等直接支払制度―初年度の実績と評価―』（『月刊NOSAI』2001年5月号）
生源寺真一　『現代農業政策の経済分析』（東京大学出版会）1998年
　　　　　『アンチ急進派の農政改革論』（農林統計協会）1998年
　　　　　『農政大改革』（家の光協会）2000年
長濱健一郎　『中山間地域における農地管理主体』
　　　　　（財農政調査委員会）1999年3月
山下一仁　『WTOと農政改革』（農山漁村文化協会）2000年
　　　　　『中山間地域の直接支払い制度について』
　　　　　（財食料・農業政策研究センター農業構造問題研究）2000年第2号
　　　　　『中山間地等における直接支払い制度について』
　　　　　（農村と都市をむすぶ）1999年11月
　　　　　『中山間地域等直接支払い制度の発足と課題』（農村と都市をむすぶ）2001年5月
ふるさと情報センター　『中山間地域等直接支払制度関係通知集』
ふるさと情報センター　『中山間地域等直接支払制度の手引』

著者略歴

山下　一仁（やましたかずひと）
1955年　岡山県笠岡市生まれ。
1977年　東京大学法学部卒業
1977年　農林省入省
1982年　ミシガン大学
　　　　行政学修士
　　　　応用経済学修士
1984年　大臣官房企画室企画官
1986年　食品流通局企画課課長補佐
1989年　畜産局牛乳乳製品課課長補佐
1991年　畜産局畜政課課長補佐
1993年　経済局交渉調整官
1994年　経済局ガット室長
1995年　欧州連合日本政府代表部参事官
1998年　構造改善局地域振興課長
2001年　食糧庁総務課長
（著書）
「詳解WTOと農政改革」（農山漁村文化協会）2000年11月

―制度の設計者が語る―
わかりやすい中山間地域等直接支払制度の解説

2001年8月10日　第1版第1刷発行

著　者　山　下　一　仁

発行者　松　林　久　行
発行所　株式会社 大成出版社
東京都世田谷区羽根木1-7-11
〒156-0042　電話 03 (3321) 4131 (代)

©2001　山下一仁
落丁・乱丁はおとりかえいたします
印刷　亜細亜印刷
ISBN4-8028-5994-5

図書のご案内

[逐条解説] 食料・農業・農村基本法解説

食料・農業・農村基本政策研究会■編著
Ａ５判・上製函入・370頁・定価4200円（本体4000円）図書コード5955

38年ぶりに新たに衣替えした、日本の農業政策の憲法となる本法について、制定の背景・経緯から、各条項の趣旨とそれに基づき講じられる施策の基本方向までを体系的に解説。

わかりやすい食料・農業・農村基本計画

「わかりやすい食料・農業・農村・基本計画」編集委員会■編集
Ｂ５判・230頁・定価3,150円（本体3,000円）図書コード5970

「食料・農業・農村基本計画」と、その策定過程で農林水産省から食料・農業・農村政策審議会（内閣総理大臣の諮問機関）に提出された資料や「平成11年度食料・農業・農村白書」といった公表資料を収集分類し、わかりやすく編纂。

大成出版社

〔改訂版〕
農業振興地域の整備に関する法律の解説

農業振興地域制度研究会■編著
A5判・600頁・定価4200円（本体4000円）　図書コード5980

本書は、平成11年の法改正を踏まえ、農振法の条文の趣旨とそれに基づき講じられる施策の基本方向を体系的に解説するとともに関連資料を収録。

2001
美しい日本のむら

美しい日本のむら研究会■編集
A4変型・110頁・定価1,995円（本体1,900円）　図書コード5978

本書は「美しい日本のむら景観コンテスト」第1回から第8回までの受賞景観を、日本の「実り」「集落」「伝統」を紹介する写真集として再編集。

㈱大成出版社